ArcGIS Engine 组件式开发及应用

（第二版）

李崇贵　陈　峥　谢　非　臧守信　等　编著

高分辨率对地观测系统重大专项（项目号：21-Y30B05-9001-13/15-7）
西安科技大学测绘科学与技术学科基金
资助

科　学　出　版　社
北　京

内 容 简 介

“ArcGIS Engine 组件式开发及应用”是西安科技大学为地理信息系统本科专业开设的一门专业课。本书在积累作者近年来讲授这门课经验的基础上，结合具体 GIS 软件项目开发实践，采用 C#语言编写应用实例，并以 ArcGIS Engine 10.1 为开发平台编写而成，系统讲述了 ArcGIS Engine 组件式开发的方法和具体应用。

全书共 12 章，内容涉及 ArcGIS Engine 基础、使用 ArcGIS Engine 控件编程、插件式工具集的实现、几何形体对象 Geometry、地图组成、空间数据符号化、空间数据管理、空间分析、空间数据编辑、地图输出、三维可视化及三维分析和基于 ArcGIS Server 的 Web GIS 开发。对每部分所涉及的接口，实现接口的类，以及对应的属性和方法均进行了详细介绍。为便于读者理解和练习，在各部分还结合实际 GIS 项目开发实践，列举了大量采用 C#语言编程实现的工程实例，突出编程实践和具体应用，以使读者能有效了解和掌握 ArcGIS Engine 开发的实战技术。

本书可作为地理信息系统及相关专业高年级本科生和研究生的教材，也可供各行业从事 ArcGIS Engine 软件开发工程技术人员参考。

图书在版编目 (CIP) 数据

ArcGIS Engine 组件式开发及应用/李崇贵等编著. —2 版. —北京：科学出版社，2016.2

ISBN 978-7-03-047247-2

I. ①A… II. ①李… III. ①地理信息系统-应用软件-软件开发 IV. ①P208

中国版本图书馆 CIP 数据核字(2016)第 022878 号

责任编辑：杨 红/责任校对：赵桂芬

责任印制：赵 博/封面设计：迷底书装

科学出版社 出版

北京东黄城根北街 16 号

邮政编码：100717

http://www.sciencep.com

北京凌奇印刷有限责任公司印刷

科学出版社发行 各地新华书店经销

*

2012 年 2 月第 一 版 开本：787×1092 1/16

2016 年 3 月第 二 版 印张：28 1/2

2025 年 1 月第十一次印刷 字数：708 000

定价：88.00 元

（如有印装质量问题，我社负责调换）

第二版前言

ArcGIS Engine 是 ESRI 公司在 ArcGIS 系列产品的开发平台 ArcObject 上将一些组件单独打包，得到的一套完备的嵌入式 GIS 组件库。利用它开发软件，无需安装 ArcGIS 桌面程序，只需购买单独的运行许可即可运行，这对特定行业进行 GIS 软件开发有很大的应用前景。因不同行业的特殊性，GIS 软件开发需依托具体行业的专业知识、业务需求和行业经验。这种高度定制的 GIS 服务，即便是 ArcGIS 和 SuperMap 等主流 GIS 软件平台开发商也很难有效完成。因此，掌握特定行业专业知识，具备 GIS 二次开发能力的专业人才很受市场欢迎。

目前，国内很多高校都开设了地理信息科学专业，各高校均有一定的行业背景和优势。在学生培养方面，除强调地理信息系统原理的理论教学，ArcGIS 和 SuperMap 等软件平台的实际操作及工程应用外，还重视对学生 GIS 底层开发和 GIS 二次开发能力的培养和实训。本书编写的目的是让学生在掌握 GIS 软件工程和.NET 面向对象软件开发的基础上，系统了解 ArcGIS Engine 开发所涉及的接口、实现类，以及相关属性和方法的使用。为方便读者有效理解和快速掌握，每个部分均结合实际开发成果列举了大量的开发案例。

本书于 2012 年正式出版，三年来经过三次印刷，在全国范围内已有一定的发行量。通过三年的教学实践，考虑全国各地读者提出的修改意见和建议，结合研发团队近年来的开发实践，利用 ArcGIS Engine10.1 版本重新对本书进行了编写。与第一版相比，本书更加强调代码编写的规范性、接口编程和类封装。各个章节都增强了具体应用案例。在搭建 GIS 应用程序框架时，使用接口来组织软件架构。新增了目前较为流行的插件式 GIS 开发技术，系统介绍了插件式编程原理和插件式 GIS 架构的构建。

全书共 12 章，涵盖了利用 C#语言和 ArcGIS Engine 进行 GIS 软件开发的各个方面。第 1 章简单介绍 ArcGIS Engine 组件库、如何阅读对象模型图、ArcGIS Engine 中所包含的类及类与类之间存在的关系、接口和组件编程的概念等；第 2 章系统介绍 Controls 命名空间所包含的控件种类，以及如何利用接口和控件快速构建 GIS 独立应用程序；第 3 章系统介绍插件式程序开发的思想，以及如何构建插件式 GIS 程序框架；第 4 章主要介绍 ArcGIS Engine 中几何形体对象及其层次关系、空间参考等内容；第 5 章重点讲述地图的组成、如何创建地图及操作地图的组成对象等内容；第 6 章主要介绍颜色和符号对象的种类及应用，图层的渲染方法及实现、地图标注等；第 7 章主要介绍地理数据库 GeoDatabase 模型结构及其模型中主要对象的功能、相互关系及使用方法等内容；第 8 章重点介绍 ArcGIS Engine 空间分析和空间拓扑运算的基本算法；第 9 章主要介绍 ArcGIS Engine 中矢量地图编辑的任务流及编辑功能的实现案例；第 10 章介绍地图打印输出和地图输出相关组件及编程实现等内容；第 11 章重点介绍如何利用 SceneControl 控件加载数据，进行插值分析、坡度、坡向和通视分析等内容；第 12 章主要介绍 ArcGIS Server 的安装、地理信息发布环境的搭建，数据发布的流程及案例实现等高级 Web 应用程序开发内容。

本书编写分工如下：李崇贵修订第 1、2、4 章，陈峥、谢非撰写第 3 章，谢非修订第 6、7、9 章，臧守信修订第 5、8、10、11 章，刘霜辰修订第 12 章，贾嘉辉参与修订第 5、6 章。全书由李崇贵制定大纲和统稿。

书中案例程序及示例数据可从专业从事 GIS 软件开发的西安瑞特森信息科技有限公司网站 www.ruitesen.com 下载。

因作者水平和经验所限，书中不妥和疏漏之处在所难免，恳请读者批评指正。

作　者

2015 年 12 月

第一版前言

针对特定行业的具体 GIS 项目进行软件开发，需要相应行业的专业知识、特殊需求和系列实践，即便是 ArcGIS 和 SuperMap 等软件供应商也很难有效完成涉及具体行业、有特定专业需求的 GIS 软件开发。在我国，很多高校开设的地理信息系统专业均有一定的行业优势和背景。西安科技大学地理信息系统专业已有十年的办学历史，在制定培养方案时，兼顾了对学生利用 ArcGIS 和 SuperMap 等软件平台进行具体 GIS 工程应用、GIS 底层开发和 GIS 二次开发等能力的培养和实训。编写本书的目的主要是系统培训学生进行 GIS 二次开发的能力，以便利用 ArcGIS Engine 等 GIS 平台，针对特定行业进行软件开发，并尽可能考虑专业背景需求，以满足具体行业 GIS 项目的需要。

本书共 11 章，涵盖了利用 C#语言和 ArcGIS Engine 进行 GIS 软件开发的各个方面。第 1 章简要介绍 ArcGIS Engine 组件库、如何阅读对象模型图、ArcGIS Engine 中所包含的类及类和类之间存在的关系、接口和组件编程的概念等；第 2 章系统介绍 ArcGIS 的 Controls 命名空间所包含控件的种类，以及如何利用这些控件快速构建 GIS 独立应用程序，包括地理数据的加载、鼠标与控件的交互、数据选择、鹰眼功能的实现、地图制图、自定义菜单、工具和命令的实现及应用等；第 3 章介绍 ArcGIS Engine 中丰富的几何形体对象及它们之间的层次关系，主要讲述 Geometry 对象、点对象、包络线对象、曲线对象、Geometry 集合接口和空间参考等内容；第 4 章重点讲述地图的组成、如何创建地图及如何操作地图的组成对象等内容；第 5 章重点介绍颜色和符号对象的种类及应用，专题着色渲染方法及编程实现、地图标注等内容；第 6 章主要介绍 GeoDatabase 和 ArcSDE、Workspace 及相关对象、Dataset 对象、表及对象类和要素类、行及对象和要素，关系及关系类等内容；第 7 章主要讲述空间查询、空间拓扑运算、空间关系运算、缓冲区分析、叠加分析和网络分析等内容；第 8 章主要讲述 ArcGIS Engine9.2 编辑任务流、DisplayFeedback 对象、EngineEditor 对象、ArcGIS Engine9.3 编辑任务流、ArcGIS Engine9.3 编辑命令类和制作 ArcGIS Engine9.3 编辑工具条等内容。第 9 章介绍地图打印输出和地图转换输出及具体编程实现等内容；第 10 章重点介绍 ArcGIS Server 架构、特点和管理与服务发布、创建 Web GIS 应用程序的几种方法、简单 Web 应用程序开发和高级 Web 应用程序开发等内容，本章以 ArcGIS Engine10.0 为基础编写而成；第 11 章重点讲述如何利用 SceneControl 控件加载 DEM 和 TIN 等数据，实现地理数据的三维显示，并对插值分析、坡度分析、坡向分析和通视分析等进行了介绍。

本书在撰写过程中，作者注重对 ArcGIS Engine 开发所涉及的接口、实现接口的类，以及相关属性和方法的介绍。为便于读者有效理解和快速掌握，每个部分均结合实际开发成果，列举了大量的开发实例，以使读者能实时加强编程练习，从而促进行业应用。

本书编写分工如下：李崇贵撰写第 1、2、3 章，陈峥撰写第 5、6 章，丰德恩撰写第 4、

8 章，郭帆撰写第 7 章、参编第 10 章，党立波撰写第 9 章，仵君侠撰写第 10 章，牟秋蕾撰写第 11 章。全书由李崇贵统稿。书中第 3 章的空间参考部分引用了钟小明开发的相关实例。在此表示衷心的感谢。

书中示例数据可以从网址 www.ruitesen.com 下载。

因作者水平和经验所限，书中不妥和疏漏之处在所难免，恳请读者批评指正。

作 者

2011 年 11 月

目　　录

第 1 章　ArcGIS Engine 基础

1.1　ArcGIS Engine 概述

ArcObjects 是 ESRI 公司 ArcGIS 系列产品的开发平台，它是基于 Microsoft COM 技术构建的一系列 COM 组件产品。开发人员利用 ArcObjects 组件，可以开发出功能强大的 GIS。在 ArcGIS9.0 以前的版本，ArcObjects 还不是一个独立的应用产品，利用它开发的 GIS 软件，不能脱离 ArcGIS 平台独立运行。出于产品战略上的考虑，ESRI 为了进一步开拓市场，就将 ArcObjects 中的一些组件单独打包，并将其命名为 ArcGIS Engine。ArcGIS Engine 是一套用于构建 GIS 应用的嵌入式 GIS 程序组件库，利用它开发软件，无需安装 ArcGIS 桌面版程序，只需购买单独的运行许可就可以运行。这套产品在灵活性和费用上均有优势，软件开发人员利用 ArcGIS Engine 可快速构建针对特定行业的 GIS 系统，以降低开发的难度和成本，为 GIS 在具体行业的推广应用奠定了良好基础。

1.2　ArcGIS Engine 组件库

ArcGIS Engine 是一套庞大的 COM 组件集合，为有效管理 ArcGIS Engine 中数目众多的 COM 对象，ESRI 将它们放在不同的组件库中，在.NET 开发环境下，它们被组织在了不同的命名空间内。

组件库是对一个或多个 COM 组件中所包含的组件类、接口、方法和类型的描述，这种描述属于二进制级别。所有组件库中的组件均位于<ArcGIS 安装目录>\com 文件夹中，但其真正实现却是在<ArcGIS 安装目录>\bin 文件夹的众多 DLL 文件中。

命名空间将功能相同或相似的 COM 对象在逻辑上松散组织起来。在 ArcGIS Engine 中，众多的组件被放在不同的命名空间内。若要进行地理数据操作，需要引入 GeoDatabase 等命名空间；若要涉及对几何形体对象的处理，则需要引入 Geometry 等命名空间。借助这种方式，软件开发人员在寻找具体的 COM 对象时，将更具有目标性。

ArcGIS Engine 有数目庞大的组件库，不同的组件库功能各不相同，软件开发人员要熟悉每个组件库相对比较困难，但有必要了解一些基本的组件库，再在实际软件开发过程中逐步学习需要掌握的组件库。学习 ArcGIS Engine 开发的过程，就是不断了解这些组件库本身及其库与库之间关系的过程。下面简要介绍 ArcGIS Engine 的基本组件库，以便能够开始 ArcEngine 软件开发。若要详细了解每个组件库，请读者参阅 *ArcGIS Engine Developer Guide*。

1. System 类库

System 类库，即 ESRI.ArcGIS.esriSystem 命名空间，是 ArcGIS 体系结构中最底层的类库。System 类库包含了为构成 ArcGIS 其他类库提供服务的组件，如数组(Array)、集合(Set)、Xml 对象、Stream 对象、分级（Classify）和数字格式（NumberFormat）对象等。数组和集合均是基本的数据单元，Xml 对象给 ArcGIS Engine 提供了操作 Xml 类型文件的功能，Stream 对象则可以将数据以流的形式保存为任何格式的文件。分级和数字格式对象与数值数据有关，前者使用统计函数将数值数据进行不同类型的分级，大多使用在分级着色中；后者可以使输出的数值格式互相转换，如弧度转角度和设置小数点等。

System 类库中定义了大量开发者可以实现的接口。例如，AoInitializer 对象就是在 System 类库中定义的，所有的开发者必须使用这个对象来初始化 ArcGIS Engine 和解除 ArcGIS Engine 的初始化。开发者不能扩展这个类库，但可以通过实现这个类库中包含的接口来扩展 ArcGIS 系统。

2. SystemUI 类库

SystemUI 类库，即 ESRI.ArcGIS.SystemUI 命名空间，包含了用户界面组件接口的定义，这些用户界面组件可以在 ArcGIS Engine 中进行扩展，包含 ICommand、ITool 和 IToolControl 接口。开发者用这些接口来扩展 UI 组件，ArcGIS Engine 开发人员自己的组件将使用这些 UI 组件。这个类库中包含的对象是一些实用工具对象，开发人员可以通过使用这些对象简化用户界面的开发。开发者不能扩展这个类库，但可以通过实现这个类库中包含的接口来扩展 ArcGIS 系统。

3. Geometry 类库

Geometry 类库，即 ESRI.ArcGIS.Geometry 命名空间。它包含了核心几何形体对象，如点、线、面几何类型和定义等。在 ArcGIS Engine 中的要素和图形元素的几何形体都可以在这个组件库中找到。这个库还包含了空间参考对象，包括地理坐标系统（Geographic Coordinate System）、投影坐标系统（Projected Coordinate System）和地理变换对象（Geotrans Formations）等。

4. Display 类库

Display 类库，即 ESRI.ArcGIS.Display 命名空间，它包含了用于显示 GIS 数据、负责图像输出和控制实体显示等所需的组建对象，如 Display、Color、ColorRamp、RubberBand、Tracker 和 Symbol 等对象。其中，Color 和 ColorRamp 对象可以产生颜色，它们配合 Symbol 对象，就能对地理数据进行符号化操作，以便产生丰富多彩的地图；Symbol 对象，用于修饰几何形体对象，任何几何形体对象都必须用某种符号才能显示在地图上；RubberBand 对象相当于“橡皮筋”，可用于在 Display 上绘制丰富的几何形体对象。该类库还包含了为用户提供可视化反馈，从而实现显示结果与用户之间交互的对象，如 DisplayFeedback 对象，它可完成 Circle、Rectangle、Polyline 和 Polygon 等图形的绘制和移动等高级任务。

5. Server 类库

Server 类库包含了允许用户连接并操作 ArcGIS Server 的对象。开发人员用 GIS Server Connection 对象来访问 ArcGIS Server。通过 GIS Server Connection 可以访问 Server Objects Mananger 对象。使用这个对象，开发人员可以操作 Server Context 对象，以处理运行于服务器上的 ArcObjects。开发人员还可以用 GIS Client 类库与 ArcGIS Server 进行交互。

6. Output 类库

Output 类库用于创建图形输出到诸如打印机和绘图仪等设备及诸如增强型元数据文件和栅格图像格式文件。开发人员可用这个类库中的对象与其他类库（如 Display 和 Carto 类库）的对象相结合创建图形输出，并可以为自定义设备和输出格式扩展 Output 类库。

7. GeoDatabase 类库

GeoDatabase 类库，即 ESRI.ArcGIS.GeoDatabase 命名空间，包含的 COM 组件对象用于

操作地理数据库。地理数据库是以关系型数据库和面向对象型数据库为基础，发展起来的全新的数据库模型，被称为“第三代地理数据库”。这个库中包括工作空间（Workspace）和数据集（DataSet）等核心的地理数据对象，也包含了几何网络、拓扑、TIN 数据、版本对象和数据转换等多方面的内容。

8. GISClient 类库

GISClient 类库允许开发者使用 Web 服务，这些 Web 服务可由 ArcIMS 和 ArcGIS Server 提供。GISClient 类库中包含了用于连接 GIS 服务器以使用 Web 服务的对象。该类库支持 ArcIMS 的图像和要素服务。GISClient 类库提供以无态方式直接操作或通过 Web 服务目录操作 ArcGIS Server 对象的通用编程模型。在 ArcGIS Server 上运行的 ArcObjects 组件不能通过 GISClient 接口来访问。要直接获得访问在服务器上运行的 ArcObjects，开发人员应使用 Server 类库中的功能。

9. DataSourcesFile 类库

DataSourcesFile 类库，即 ESRI.ArcGIS.DataSourcesFile 命名空间。它为基于文件的数据源提供了应用程序接口。这些基于文件的数据源包括 Coverage、TIN、Shapefile 或 CAD 等。为了在 GIS 程序中获取这些数据，需要使用 DataSourceFile 库中的工作空间工厂（WorkspaceFactory）对象来打开这些数据。

10. DataSourcesGDB 类库

DataSourcesGDB 库，即 ESRI.ArcGIS.DataSourcesGDB 命名空间，该库中的 COM 对象用于打开数据源为 Access 的数据库或任何 ArcSDE 支持的大型关系型数据库的地理数据，库中的对象不能被开发人员扩展。DataSourcesGDB 库中的主要对象是工作空间工厂，一个工作空间工厂可以让用户在设置了正确的连接属性后打开一个工作空间，而一个工作空间就代表一个数据库，数据库中保存着一个或多个数据集对象。数据集包括表、要素类和关系类等。这个库的对象主要有 AccessWorkspaceFactory，用于打开一个基于 Access 数据库的 Personal GeoDatabase。ScratchWorkspaceFactory 用于产生一个临时的工作空间，以存放选择集对象。SdeWorkspaceFactory 用于打开 SDE 数据库。

11. GeoDatabaseDistributed 类库

GeoDatabaseDistributed 库包含了支持分布式地理数据库的检出和检入操作所必需的对象。

12. DataSourcesOleDB 类库

DataSourcesOleDB 库，即 ESRI.ArcGISDataSourcesOleDB 命名空间，该库中的对象具有专门的 API 函数，可用于操作任何一种支持 OLE DB 的数据库。这个库还可以使用 TextFileWorkspaceFactory 对象打开一个文本文件，这对 GIS 系统载入某些文本数据非常有用。DataSourcesOleDB 库还提供了一种使用 ADO 连接已经打开工作空间的方式，这是一种高效的数据获取方法。

13. DataSourcesRaster 类库

DataSourcesRaster 库，即 ESRI.ArcGIS.DataSourcesRaster 命名空间，该库中的 COM 对象用于获取保存在多种数据源中的栅格数据，这些数据源包括文件系统、个人地理数据库和 SDE 企业地理数据库。这个库还提供了栅格数据转换等功能的对象。

14. Carto 类库

Carto 类库，即 ESRI.ArcGIS.Carto 命名空间，该库包含了服务于数据显示的各种组件对象。例如，MapSurrounds 是与一个 Map 对象相关联的用于修饰地图的对象集，包括指北针、图例和比例尺；MapGrids 是地图格网；Renderers 用于地图着色与专题图制作；Labeling、Annotation 和 Dimensions 为标注对象，用于修饰在地图上产生文字标记以显示信息；Layers 是图层对象，用于传递地理数据到 Map 或 Pagelayout 对象中去显示等。

15. Location 类库

Location 类库包含了支持地理编码和操作路径事件的对象。地理编码功能可通过细粒度对象来完全控制访问，或通过 GeocodeServer 对象提供的简化 API 来访问。开发者可以创建自己的地理编码对象。线性参考功能提供的对象用于向线性要素添加事件，用各种绘制方法来绘制这些事件，开发者可以扩展线性参考功能。

16. NetworkAnalysis 类库

NetworkAnalysis 类库提供了用于在地理数据库中加载网络数据和分析网络数据的对象。开发者可以扩展 NetworkAnalysis 类库，以便支持自定义网络跟踪。该类库的目的在于操作诸如供气管线和电力供应线网等公共网络。

17. Controls 类库

Controls 类库，即 ESRI.ArcGIS.Controls 命名空间，包含了在程序开发过程中可以使用的可视化组件对象，如 MapControl、PageLayoutControl 等。该库包含以下 7 个子库：

（1）MapControl，对应 ESRI.ArcGIS.MapControl 命名空间；

（2）PageLayoutControl，对应 ESRI.ArcGIS.PageLayoutControl 命名空间；

（3）TOCControl，对应 ESRI.ArcGIS.TOCControl 命名空间；

（4）ToolbarControl，对应 ESRI.ArcGIS.ToolbarControl 命名空间；

（5）ControlCommands，对应 ESRI.ArcGIS.ControlCommands 命名空间；

（6）ReadderControl，对应 ESRI.ArcGIS.ReaderControl 命名空间；

（7）LicenseControl，对应 ESRI.ArcGIS.LicenseControl 命名空间。

18. GeoAnalyst 类库

GeoAnalyst 类库包含了支持核心空间分析功能的对象。这些功能用在 SpatialAnalyst 和 3DAnalyst 两个类库中。开发者可通过创建新类型的栅格操作来扩展 GeoAnalyst 类库。为了使用这个类库中的对象，需要 ArcGIS 的 SpatialAnalyst 或 3DAnalyst 扩展模块许可。

19. 3DAnalyst 类库

3DAnalyst 类库包含操作三维场景的对象，其方式与 Carto 类库包含操作二维地图数据的对象类似。Scene 对象是 3DAnalyst 类库中的主要对象之一，该对象与 Map 对象一样，是数据的容器。一个 Scene 可以由一个和多个图层组成，这些图层规定了 Scene 中包含的数据及这些数据如何显示。Camera 和 Target 对象规定在考虑要素位置与观察者关系时场景如何浏览。开发者很少扩展 3DAnalyst 类库。为了使用这个类库中的对象，需要 ArcGIS 3DAnalyst。

20. GlobeCore 类库

GlobeCore 类库包含了操作 Globe 数据的对象，其方式与 Carto 类库包含了操作二维地图数据的对象类似。Globe 对象是 GlobeCore 类库中的主要对象之一，该对象与 Map 对象一样，是数据的容器。GlobeCamera 对象规定在考虑 Globe 位置与观察者关系时 Globe 如何浏览。一个 Globe 有一个和多个图层，这些图层规定了 Globe 中包含的数据及这些数据如何显示。GlobeCore 类库中有一个开发控件和与其一起使用的命令和工具。该开发控件可以与 Controls 类库中的对象协同使用。

21. SpatialAnalyst 库

SpatialAnalyst 库包含了用于进行栅格与矢量数据空间分析的对象。操作该库中的对象需要一个空间分析授权。

通过上面对 ArcGIS Engine 组件库的介绍，软件开发人员便可根据实际开发需求，选择引用不同的命名空间，进而可利用该命名空间中的类、接口、属性和方法，以便完成相应的开发任务。

上述 21 个类库之间的依赖关系如图 1.1 和图 1.2 所示。在图中，于每个类库框的右上角标注了其顺序号。

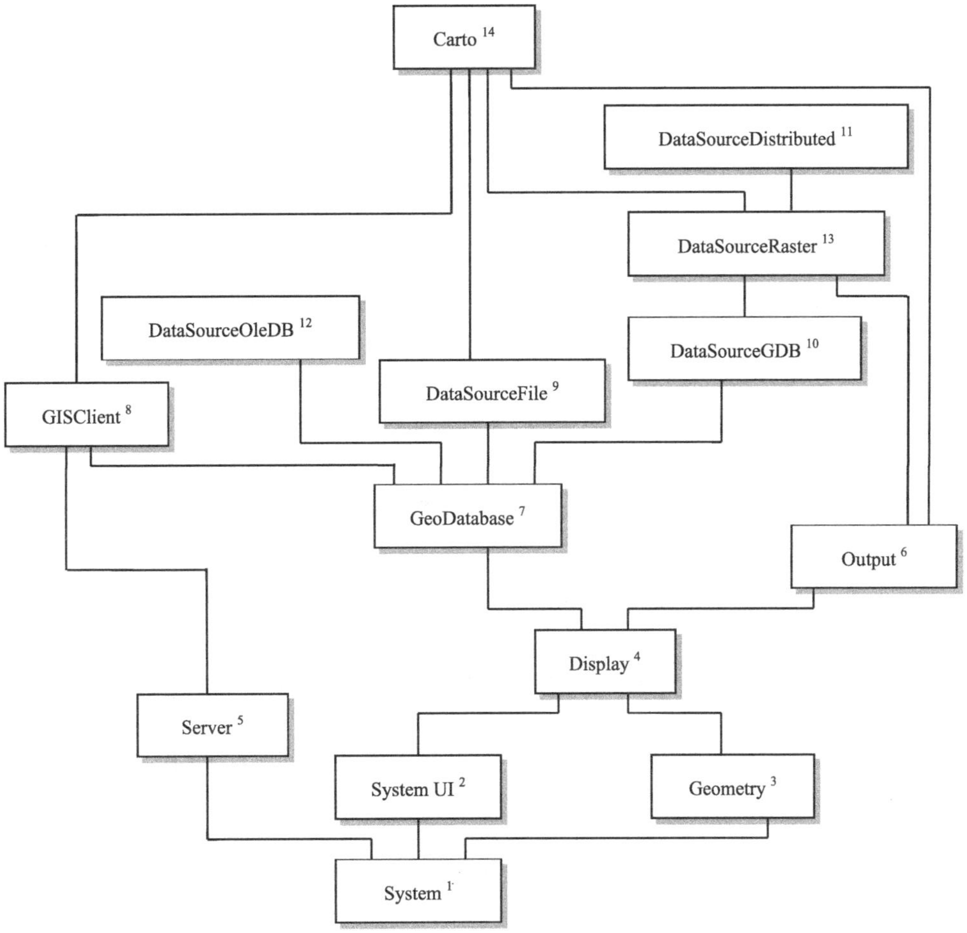

图 1.1　ArcGIS Engine 类库之间的关系

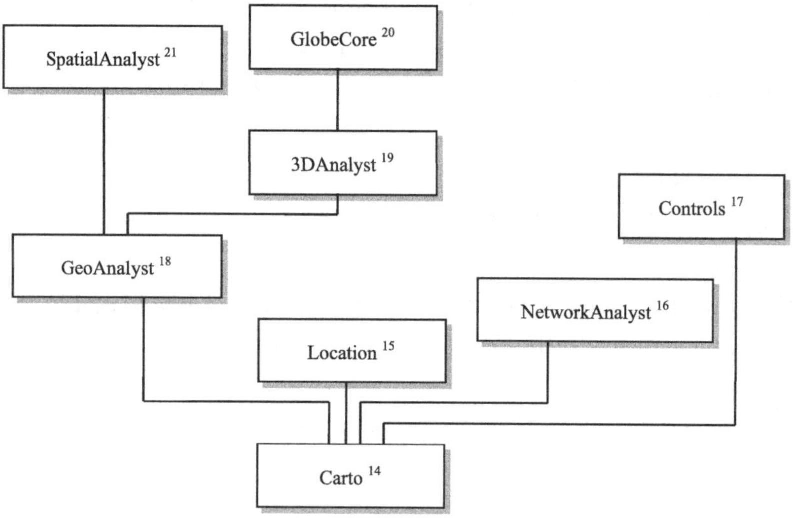

图 1.2　ArcGIS Engine 类库之间的关系续

1.3　阅读对象模型图

要学习 ArcGIS Engine 软件开发，阅读和理解对象模型图（Object Model Diagram，OMD）是关键。OMD 以统一建模语言（Unified Modeling Language）为基础，它好比城市的道路，可以帮助软件开发人员有效了解类之间的相互关系，如何从一个类到另一个类，如何选择正确的接口，获取所需的属性和方法等。通过阅读 ArcGIS Engine 对象模型图，就能很快熟悉 ArcGIS Engine 的结构和不同组件之间的关系。

ESRI 提供了多种方法让用户了解 ArcGIS Engine 组件和不同组件之间的关系，一种方法是利用 ESRI 自己开发的对象浏览器（ESRI Object Browser）。在 VS.NET 开发环境中，可以利用对象浏览器来查看 ArcGIS Engine 组件库中与各种对象有关的信息，如图 1.3 所示。

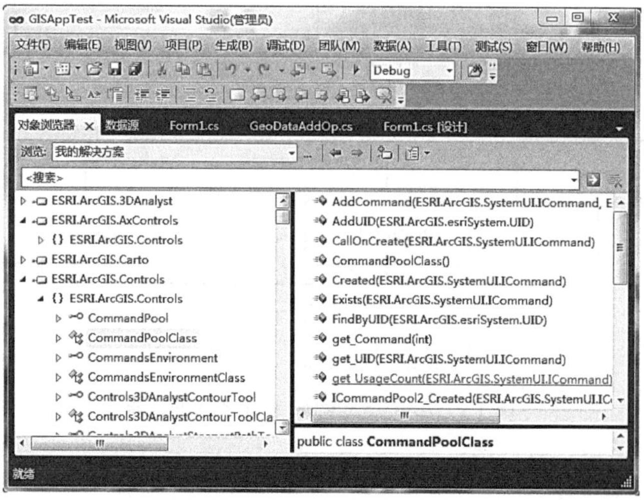

图 1.3　ESRI Object Browser

另一种方法是通过阅读 ESRI 提供的 OMD 的 PDF 格式文件。这些文档能以更加直观的方法揭示 ArcGIS Engine 的内部结构。在 ArcGIS Engine 二次开发中，养成阅读 OMD 对象模型图的习惯，灵活使用对象浏览器、开发帮助和 OMD 图，是熟悉和掌握 ArcGIS Engine 软件开发的有效途径。

1.3.1　ArcGIS Engine 中的类与对象

在 ArcGIS Engine 中存在三种类型的类，它们分别是抽象类（Abstract Class）、组件类（CoClass）和普通类（Class）。抽象类不能直接产生一个新的对象，但可以用于定义一个子类。组件类是可直接用于创建对象实例的类，它的实例不依赖于其他对象的存在而存在，其生存周期也不依赖其他的对象来管理。在 C#.NET 环境中，可以使用如下语句创建组件类对象。

IMap pMap=new MapClass(); //MapClass 是一个组件类，可以用 new 关键字来产生一个 pMap 对象。

普通类不能直接用 new 关键字产生一个对象，但它可通过其他普通类或组件类的方法产生对象，如 A 和 B 为普通类对象，C 为组件类对象，D 为一个普通类。

A=B.writeA(); //A 可由普通类 B 的方法产生，正确。

A 的生命周期由产生它的对象 B 来控制，若 B 对象从内存中被释放，则 A 对象也将从内存中消失。

A=C.writeA(); //A 可由组件类 C 的方法产生，正确。

A 对象的生命周期与 C 对象的生命周期相同。

A=new D(); //A 试图由普通类 D 用 new 关键字来产生，将发生错误。

通过上述分析，读者应该充分理解 ArcGIS Engine 中类的种类，每种类如何产生对象。

1.3.2　类与类的关系

在 ArcGIS Engine 中，三种类之间存在不同的关系，可以利用统一建模语言来进行描述。这些关系主要包括：依赖关系、关联关系、组合关系和继承关系。图 1.4 是 OMD 中的类结

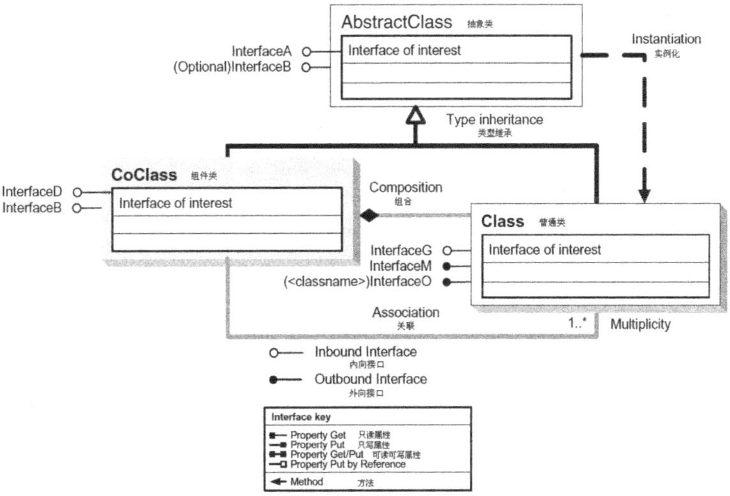

图 1.4　ArcGIS Engine 类结构关系图

构关系，包含了类之间存在的各种关系的表示方法，内向接口、外向接口，只读属性、只写属性、可读可写属性和通过引用赋值属性的标识方法。它们是理解整个 OMD 的基础。

1. 依赖关系

依赖关系表示一个对象有方法产生另外一个对象，如图 1.5 所示，当 A 对象状况发生变化时，B 对象也会发生变化，即后者因前者的存在而存在。

图 1.5　依赖关系

在 ArcGIS Engine 中，抽象类 WorkspaceFactory 有三种方法，分别是 Create、Open 和 OpenFromFile，可用于创建和打开一个 Workspace，即 Workspace 依赖于 WorkspaceFactory。

2. 关联关系

关联关系是指可从一个类的对象访问到另一个类的对象，它是一种松散的关系，如图 1.6 所示。关联关系是有方向的，若只存在一个方向，则为单向关联；若存在两个方向，就是双向关联。在 ArcGIS Engine 中，Workspace 与数据集（Dataset）；数据表（Table）与字段（Fields）；MapControl 与 Map 的关系均是关联关系。

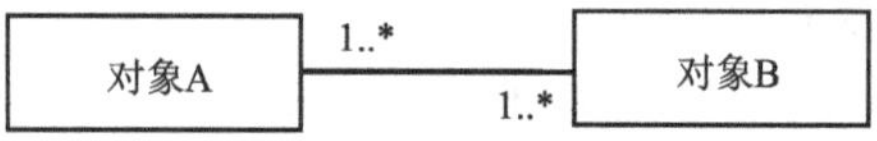

图 1.6　关联关系

3. 组合关系

组合关系指其中一个类对象是另外一个类对象的组成部分，如图 1.7 所示。对象 B 是对象 A 的组成部分，当 A 消失时，B 将不复存在。在 ArcGIS Engine 中，地图文档由多个地图组成；地图（Map）由多个图层组成（Layer）；工具条控件对象（ToolbarControl）由多个工具项组成，这些均是组合关系。

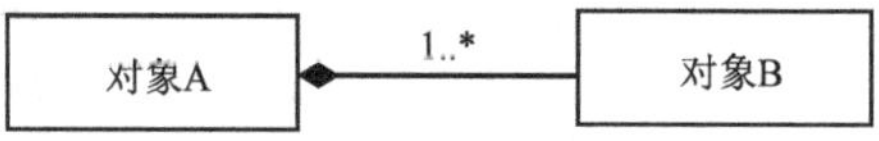

图 1.7　组合关系

4. 继承关系

类型继承是面向对象编程的重要特点之一。在 C#中已经讲过，抽象类不能直接产生类对象，只能通过派生子类的方法来实现自己。子类继承父类的全部非私有属性和方法，且子类对象可以被看做是父类对象的一种。类之间的继承可看做是类功能的扩展，即在继承父类属性和方法的基础上，子类可增加自己特有的属性和方法，这种扩展可以提高软件开发的效率。子类对父类的继承关系如图 1.8 所示。

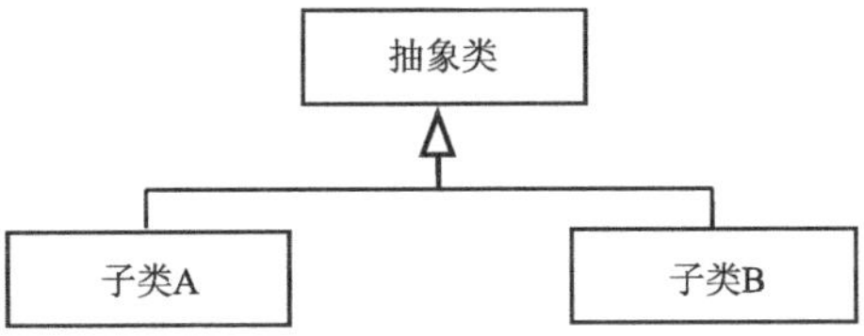

图 1.8　继承关系

1.4　组件对象模型

1.4.1　软件开发历史

计算机语言经历从面向过程到面向对象的发展，主要目的是不断提高软件重用和软件开发的效率。面向对象语言的出现，极大地提高了编程的力度，面向对象语言的基本单位是类（Class），它封装了数据成员（属性）和函数成员（方法）。程序员需要直接操作的不再是过程和函数，而是更高层次的类。但是类并没有解决所有的问题，一个类提供了很多种方法和属性，这些方法和属性又可以分组，以便为不同的功能服务。类并没有这样做，它只是属性和方法的容器。例如，在 ArcGIS Engine 中，Map 类对象有很多类型的功能，如管理图层、管理元素、管理选择集、显示地图等，每种不同的功能群，又有很多方法和属性。在类中这些方法和属性没有任何区别地堆积在一起，当软件开发人员需要寻找某个方法时，感觉很不方便。

接口（Interface）的出现解决了这个问题，接口将类的内部属性和方法进行分类，如在 Map 类中有多个接口，这些接口定义了不同功能组的方法和属性，Map 类实现了这些接口。例如：

```
IGraphicsContainer pGraphicsContainer;
pGraphicsContainer=pActiveView.FocusMap as IGraphicsContainer。
```

pGraphicsContainer 对象现在可以使用的属性和方法只能是 IGraphicsContainer 接口定义的属性和方法。而不能使用该类中其他接口定义的属性和方法。

在同一类中，一个接口变量应该如何使用其他接口定义的属性和方法，这涉及接口跳转（Query Interface，QI）功能，即从对象的一个接口查询另一个接口定义的属性和方法，这在 ArcGIS Engine 开发中会经常用到。

```
IActiveView pActiveView;
pActiveView=pGraphicsContainer as IActiveView;
```

通过上面的操作，实现了从 Map 类的 IGraphicsContainer 接口到 IActiveView 接口之间的转换。pActiveView 现在就可以使用 Map 类中 IActiveView 接口定义的属性和方法。

接口是用来定义程序的协议，实现接口的类要与接口的定义严格一致。有了这个协议，系统就可以抛开编程语言的限制。接口可以从多个父接口继承，而类可以实现多个接口。接口可以包含方法、属性、事件和索引器，但它并不提供对所定义成员的实现。

接口可看做是一个特殊的类形式，除了不能被实例化为一个对象外，它可实现类能够完成的任何任务，如申明对象为某种接口类型。接口也可以继承等，接口继承机制非常有用，如一个子类对象可以看成是一个父类对象，接口也具备这样的特性。在具体软件开发中，程序员可以将一个子接口类型的对象定义为父接口类型的对象，从而实现一般化的操作，例如：

```
private void CreateGeometry(IPolygon pPolygon)
private void CreateGeometry(IGeometry pPolygon)
```

在上面两个过程中的参数，一个使用 IPolygon 对象，另一个使用 IGeometry 对象，后者的使用更广泛和安全。若传入过程的参数为 IPoint 对象，第一种将发生错误，第二种则是适合的。

一个类可以实现多个接口，一个接口也可以被多个类实现。

1.4.2 组件对象模型

对于软件开发者来说，软件重用和开发效率始终是要考虑的核心问题。软件开发人员希望编写一次代码，在任何地方和任何环境下都能运行。为此程序界开始试图建立一种组件（Component）标准去实现代码在二进制级别上的共用。组件将数据和操作数据的方法隐藏在被封装好的接口后面，以便保证系统的安全性。因组件是面向对象的，支持继承性和多态性。继承性是一种可以重用其他组件的机制，多态则保证一个组件可以在不同的环境中被正常使用。

微软提出的 COM 技术被认为是开发高效、交互式桌面程序和服务器/客户端程序最好的选择。它具有良好的定义，标准成熟、易于理解，且微软开发了很好的开发工具。

COM 模型可以看做是一种客户端/服务器的关系。在 COM 中一个组件若可以提供服务，它就是一个 COM 服务器，服务器将提供客户端所需要的功能，两者之间是隔绝的。客户端只需要知道哪些功能可以使用，在这种情况下，COM 表现为两者之间的通信协议。

遵守 COM 标准的类实例称为 COM 对象，COM 对象有抽象、多态和继承三个特点。抽象是指 COM 对象被很好地封装起来，程序员无法获得对象的内部实现细节，但程序员可以通过接口来访问 COM 对象中的相关属性和方法，COM 对象之间不能直接联系，它们是通过接口来接触的。COM 具有以下优越性：

（1）COM 技术使编程技术难度和工作量降低，开发周期缩短，开发成本降低。

（2）COM 使软件的复用性得到提高，并延长了使用寿命。组件编程体系使大量的编程问题局部化，使软件的更新和维护变得快速和容易。

（3）COM 对象是语言独立的，可以使用任何语言去编写 COM 组件，而这些组件使用的语言只要支持 COM 标准即可，不必和组件编写语言一致。

在使用 ArcGIS Engine 编程时，程序员只是使用别人做好的“积木块”，不需要用深奥的 ArcGIS Engine 知识来编写 COM 对象。学习 ArcGIS Engine 应该重点关注以下内容：

（1）COM 不是接口，也不是类，而是一种二进制级别的组件通信标准。它告诉组件之间如何通信，一个 COM 对象之间的不同接口如何查询等。

（2）符合 COM 标准的对象，即 COM 对象，实现了很多接口，也是基于面向对象标准的。COM 对象可以以 DLL 或者 EXE 文件的形式存在，它包含着接口的具体实现方法，使用者可以通过接口来获取它内部的函数或方法。

（3）COM 对象必须实现 IUnknown 接口，它负责管理 COM 对象的生命周期，并在运行时提供类型查询，在 COM 对象不使用时，这个接口定义的方法负责释放内存。该接口是缺省接口。

（4）查询接口（Query Interface，QI）。一个 COM 对象有很多接口，不同的接口管理着 COM 不同类型的方法，从一个接口可以使用的方法转到另外一个接口可以使用方法的过程，就称为 QI，该过程也是由 IUnknown 接口来管理的。

（5）一个 COM 对象可以有多个接口，一个接口也完全可以被多个 COM 对象实现。

（6）接口分为内向接口（Inbound Interface）和外向接口（Outbound Interface）两种类型，前者是组织 COM 对象相关的方法和属性，COM 对象必须实现所有的接口内容；后者用于组织与 COM 对象相关的事件。

（7）COM 组件必须被注册后才能使用，即它必须到注册表那里去登记“户口”。

（8）COM 对象可以被编译为 DLL 或 EXE 两种格式的文件进行传播。

1.5　使用控件构建独立应用程序

本章的前面了节分别介绍了 ArcGIS Engine 的由来、ArcGIS Engine 的组件库及如何阅读对象模型图来了解 AE 的接口及其属性和方法。第 4 节介绍了组件对象模型的相关知识。本节就以一个实例来简单介绍在 VS.NET 开发环境中，如何利用 ArcGIS Engine 组件开发应用程序。

1.5.1　程序功能描述

在窗体上添加菜单栏 MenuStrip、状态栏 StatusStrip、ToolbarControl、TOCControl 和 MapControl 等控件，要求能以打开文件对话框的形式选择矢量图形数据，并在 MapControl 控件中显示出来，需要建立 ToolbarControl、TOCControl 和 MapControl 控件之间的伙伴关系，通过拉框，可以放大显示拉框范围内的地图。窗体需要最大化显示。本书后续示例软件，均在此架构下进行编写。

1.5.2　程序控件设计

启动 Visual Studio 2010 开发环境，点击“新建项目”，在“Visual C#”新建项目栏中，选择“Windows 应用程序”，如图 1.9 所示。输入新建项目名 ArcGISEngineApplication，在确定项目保存位置后，点击“确定”按钮，系统就能新建一个窗体。

若是在开发环境初次进行 ArcGIS Engine 组件式开发，则需要将 ArcGIS Engine 的控件添加到工具箱。具体做法是在工具箱的空白处右键选择“添加选项卡”，并为新增的选项卡设置名称。再右键新建的选项卡，选择“选择项”，弹出如图 1.10 所示的对话框，在对话框中.NET Framework 组件选项卡下勾选需要添加的如 AxMapControl、AxTOCControl、AxPageLayoutControl、AxToolbarControl 等组件，最后点击“确定”，即可完成 ArcGIS Engine 控件在工具箱中的添加。

拖放工具箱中的 MenuStrip 控件到窗体上，其对象 MenuStrip1 将自动位于窗体顶部，可用于设计菜单。拖放 ToolbarControl 控件到窗体上，设置其对象 axToolbarControl1 的 Dock 属性为 Top，它将自动位于窗体顶部的菜单栏之下。拖放 StatusStrip 控件到窗体上，其对象 statusStrip1 将自动位于窗体底部，拖放 ToolStripContainer 工具到窗体上，设置其对象

图 1.9　新建 Windows 应用程序项目对话框

图 1.10　在.NET 开发环境工具箱中添加 AE 控件

toolStripContainer1 的 Dock 属性为 Fill，使其填充整个窗体，将 SplitContainer 控件拖到 toolStripContainer1 上，其对象 splitContainer1 将 toolStripContainer1 分为左右两个部分，分别为 Panel1 和 Panel2。再将 SplitContainer 控件拖到左侧的 Panel1 上，其对象 splitContainer2 将左侧的 Panel1 再分为左右两个部分，将 splitContainer2 的 Orientation 属性设置为 Horizontal，以便将左侧的 Panel1 分为上下两个部分。

将工具箱中的 TabControl 控件拖放到窗体右侧的 Panel2 上，点击其对象 tabControl1 的 TabPges 属性，设置三个 TabPage 页面，分别将这三个页面的 Text 属性设置为地图视图、地图制图和三维视图。

将工具箱中的 MapControl 控件拖放到窗体右侧的 tabControl1 对象的第一个页面上，设置其对象 axMapControl1 的 Dock 属性为 Fill，用于显示打开的地图。拖放 TOCControl 控件到窗体左侧上部的 Panel1 上，设置其对象 axTOCControl1 的 Dock 属性为 Fill，用于显示地图的图层。将工具箱中的 MapControl 控件拖放到窗体左侧下部的 Panel2 上，将其实例对象

axMapControl2 的 Dock 属性设置为 Fill，用于显示主视地图的鸟瞰图。将工具箱中的 LicenseControl 控件拖放到窗体上，以便取得 AE 控件的运行许可。

需要特别注意，在添加完成 LicenseControl 后，应查看 MapControl、TOCControl 控件上是否还有“需要许可初始化地图控件”的文字提示，若有，则需右击 LicenseControl 控件查看其属性，并勾选相应的许可，否则地图控件将无法正常使用。

设计菜单栏，包括“文件”和“地图操作”菜单，在“文件”菜单下添加“地图加载”和“结束”两项子菜单，在“地图操作”菜单下，添加“拉框放大”子菜单。设计好的窗体界面布局如图 1.11 所示。程序控制流程如下：

（1）添加类，在类所在的命名空间中定义地理数据加载和地图操作等接口，并用类实现这些接口。

（2）在“文件”菜单中，编写代码，显示打开文件对话框，让用户选择需要加载的地理数据文件，并利用相应的接口和实现接口的类完成地理数据的加载和显示。

（3）点击“地图操作”菜单下的“拉框放大”子菜单，设置地图操作类型为拉框放大。

（4）在 axMapControl1 的 MouseDown 事件中，利用接口和实现接口的类，完成地图的拉框方法。

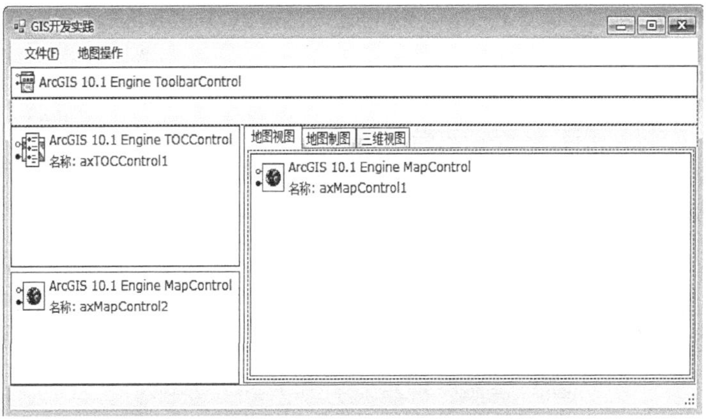

图 1.11　设计好的窗体界面布局

为利用 ArcGIS Engine 组件开发程序，还需添加引用。在新建的项目中，点击开发环境“项目（P）”菜单下的“添加引用（R）...”子菜单或在解决方案资源管理器的相应类库右击“引用”选择“添加引用”，弹出如图 1.12 所示的添加引用对话框，可根据前面讲述的内容和实际开发需要添加相应的引用。

如果采用的开发环境版本较高，而 ArcGIS Engine 的版本较低（如 VS2013，ArcGIS Engine10.1），将导致 ArcGIS Engine 的 SDK 无法安装使用。这种情况下，在罗列的添加引用列表里将无法找到 ArcGIS Engine 类库的引用，需要手动添加，方法是在引用管理器中点击“浏览”，在 C:\Windows\assembly\GAC_MSIL 目录下的相应文件夹中即可找到相应的引用。

在使用 ArcGIS Engine10.0 以上的版本时，需要添加版本控制的引用：ESRI.ArcGIS.Version。在应用程序主窗体类的构造函数中，InitializeComponent();语句前，需要添

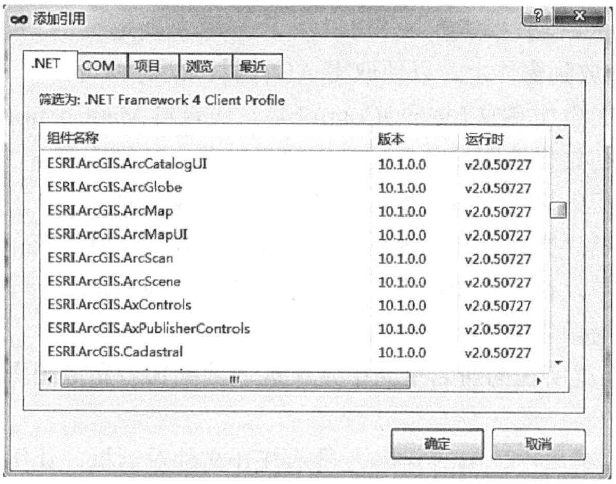

图 1.12 添加引用对话框

加如下语句：

ESRI.ArcGIS.RuntimeManager.Bind(ESRI.ArcGIS.ProductCode.EngineOrDesktop);

1.5.3 代码编写

为规范代码编写，本书尽可能使用类对软件功能进行封装，当类比较大时，定义接口，通过类实现接口，以便分类管理实现不同软件功能的属性和方法。就本例而言，需添加一个新类，其名称定义为 GeoMapAO，在该类中定义三个接口，分别负责控件的设置、地理数据的加载和地图数据的操作。

1. 添加类

鼠标左键点击开发平台“项目(P)”菜单下的“添加类”，如图 1.13 所示。输入类名 GeoMapAO，点击“确定”，即可完成类的添加。

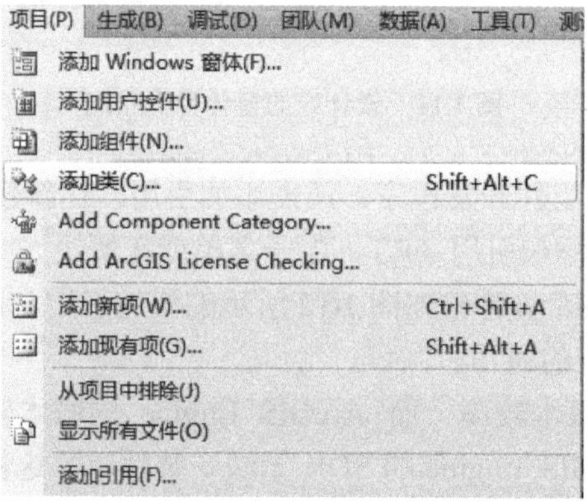

图 1.13 添加新类

添加类后，需要在命名空间前面添加下列引用：

```
using ESRI.ArcGIS.Carto;
using ESRI.ArcGIS.Controls;
```

```
using ESRI.ArcGIS.DataSourcesFile;
using ESRI.ArcGIS.DataSourcesGDB;
using ESRI.ArcGIS.DataSourcesOleDB;
using ESRI.ArcGIS.DataSourcesRaster;
using ESRI.ArcGIS.Display;
using ESRI.ArcGIS.esriSystem;
using ESRI.ArcGIS.Geodatabase;
using ESRI.ArcGIS.Geometry;
using ESRI.ArcGIS.GlobeCore;
using ESRI.ArcGIS.Output;
using ESRI.ArcGIS.SystemUI;
```

2. 定义接口

在包含类GeoMapAO的命名空间内，在类GeoMapAO代码块的前面，定义接口。为方便管理ArcGIS控件，单独将用到的控件定义在一个接口中，管理控件的接口名为IComControl，该接口的定义如下：

```
//定义设置控件的接口
interface IComControl
{
    //主视图控件
    AxMapControl AxMapControl1{ get; set; }
    //鹰眼视图控件
    AxMapControl AxMapControl2{ get; set;}
    //版面视图控件
    AxPageLayoutControl AxPageLayoutControl1{get;set;}
    //定义设置颜色的方法
    IRgbColor GetRGB(int r,int g,int b);
}
```

定义管理地理数据加载的接口名为IAddGeoData,该接口需继承IComControl接口：

```
interface IAddGeoData : IComControl
{
    //存放用户选择的地理数据文件
    string[] StrFileName{get; set;}
    //加载地理数据的方法
    void AddGeoMap();
}
```

定义管理地图操作的接口名为 IGeoDataOper，该接口需继承 IComControl 接口：

```
    interface IGeoDataOper:IComControl
{
```

```
        //地图操作的类型
        string StrOperType{ get;set;}
        //鼠标按下事件的参数
        IMapControlEvents2_OnMouseDownEvent E{ get; set; }
        void OperMap();//实现地图交互操作的方法
    }
```

3. 实现接口

由类 GeoMapAO 实现上面定义的三个接口，实现代码如下：

```
class GeoMapAO : IAddGeoData, IGeoDataOper
    {    //实现地图控件的接口
        AxMapControl axMapControl1;
        public AxMapControl AxMapControl1
        {
            get { return axMapControl1; }
            set { axMapControl1 = value; }
        }
        AxMapControl axMapControl2;
        public AxMapControl AxMapControl2
        {
            get { return axMapControl2; }
            set { axMapControl2 = value; }
        }
        AxPageLayoutControl axPageLayoutControl1;
        public AxPageLayoutControl AxPageLayoutControl1
        {
            get { return axPageLayoutControl1; }
            set { axPageLayoutControl1 = value; }
        }
        //定义实现获取RGB颜色的方法
        public IRgbColor GetRGB(int r,int g,int b)
        {
            IRgbColor pColor= new RgbColorClass();
            pColor.Red = r;
            pColor.Green = g;
            pColor.Blue = b;
            return pColor;
        }
        //实现地图加载的接口
```

```
string[] strFileName;//保存用户选择地理数据文件名
public string[] StrFileName
{
    get { return strFileName; }
    set { strFileName = value; }
}
//定义加载地图的方法
public void AddGeoMap()
{
    for (int i = 0; i < strFileName.Length; i++)
    {
        string strExt = System.IO.Path.GetExtension(strFileName[i]);
        switch (strExt) //判断文件类型，然后采用不同的方式加载文件
        {
            case ".shp"://用户选择了矢量格式的地理数据
            {
                string strPath = System.IO.Path.GetDirectoryName(strFileName[i]);
                string strFile = System.IO.Path.GetFileNameWithoutExtension(strFileName[i]);
                //向控件加载地图
                axMapControl1.AddShapeFile(strPath, strFile);
                axMapControl2.AddShapeFile(strPath, strFile);
                axMapControl2.Extent = axMapControl2.FullExtent;
            }
            break;
            default:
                break;
        }
    }
}
//实现鼠标与地图交互的接口
string strOperType;//标识地图操作类型
public string StrOperType
{
    get { return strOperType; }
    set { strOperType = value; }
}
//定义鼠标按下事件的变量
IMapControlEvents2_OnMouseDownEvent e;
public IMapControlEvents2_OnMouseDownEvent E
```

```
        {
            get { return e; }
            set { e = value; }
        }
        //定义鼠标与地图交互的方法
        public void OperMap()
        {
        switch (strOperType)
            {
                case "LKZoomIn":
                    {
                        axMapControl1.Extent = axMapControl1.TrackRectangle();
axMapControl1.ActiveView.PartialRefresh(esriViewDrawPhase.esriViewGeography, null, null);
                    }
                    break;
                default:
                    break;
            }
        }
    }
```

4. 在主窗体上需要添加的代码

1）引用 ArcGIS Engine 的组件库

在主窗体代码区最顶部的命名空间引用部分，添加如下命名空间的引用：

```
using System.Windows.Forms;
using ESRI.ArcGIS.Carto;
using ESRI.ArcGIS.Controls;
using ESRI.ArcGIS.DataSourcesFile;
using ESRI.ArcGIS.Display;
using ESRI.ArcGIS.esriSystem;
using ESRI.ArcGIS.Geometry;
using ESRI.ArcGIS.GlobeCore;
using ESRI.ArcGIS.Output;
using ESRI.ArcGIS.SystemUI;
```

2）定义窗体层全局变量

```
string GeoOpType = string.Empty;
```

在窗体的Form_Load事件中添加以下代码，使窗体显示最大化，并设置伙伴控件关系。

```
this.WindowState = FormWindowState.Maximized;
axTOCControl1.SetBuddyControl(axMapControl1);
```

```
axToolbarControl1.SetBuddyControl(axMapControl1);
```

3）在地图加载子菜单下添加如下代码

```
//加载地图数据
OpenFileDialog OpenDlg = new OpenFileDialog();
OpenDlg.Title = "请选择地理数据文件";
OpenDlg.Filter = "矢量数据文件(*.shp)|*.shp";
OpenDlg.Multiselect = true;//可以多选
OpenDlg.ShowDialog();
string[] strFileName = OpenDlg.FileNames;
if (strFileName.Length > 0)
{
    IAddGeoData pAddGeoData = new GeoMapAO();//实例化类对象
    pAddGeoData.StrFileName = strFileName;
    pAddGeoData.AxMapControl1 = axMapControl1;
    pAddGeoData.AxMapControl2 = axMapControl2;
    pAddGeoData.AddGeoMap();
}
```

4）拉框放大显示地图

在 axMapControl1 的 MouseDown 事件中添加下列代码：

```
if (GeoOpType == string.Empty)
        return;
IGeoDataOper pGeoMapOp= new GeoMapAO();
pGeoMapOp.StrOperType = GeoOpType;
pGeoMapOp.AxMapControl1 = axMapControl1;
pGeoMapOp.AxMapControl2 = axMapControl2;
pGeoMapOp.E = e;
pGeoMapOp.OperMap();
```

运行程序，先加载矢量地图，用鼠标点击“地图操作”菜单下的“拉框放大”子菜单，用鼠标在主视图上拉框选择范围，所选范围将在主视图上显示出来。程序运行效果如图 1.14 和图 1.15 所示。

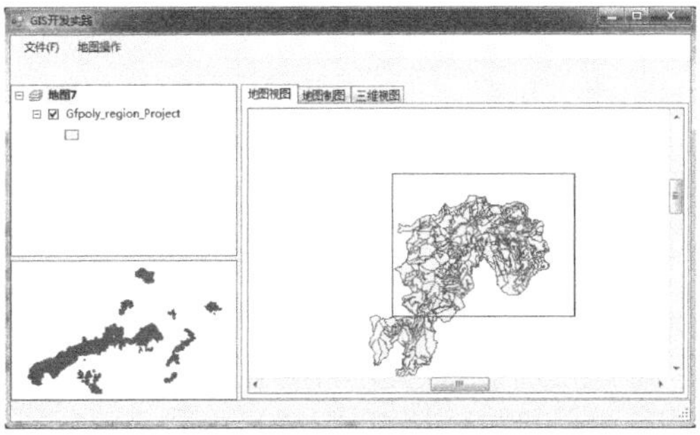

图 1.14　拉框放大地图

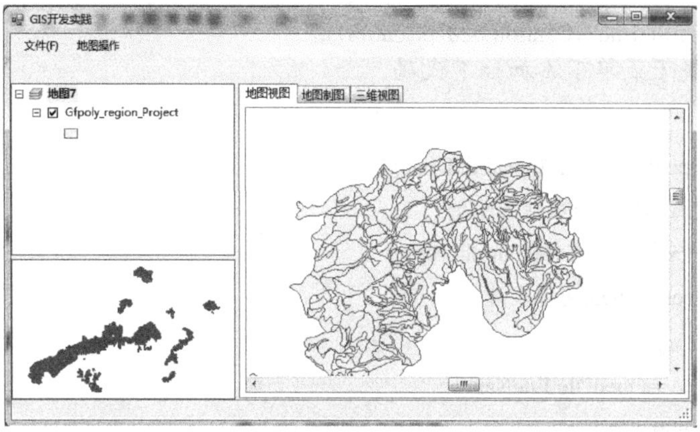

图 1.15　拉框放大后的效果

第 2 章　使用 ArcGIS Engine 控件编程

在 ESRI.ArcGIS.Controls 命名空间中包含了可用于快速构建 GIS 独立应用程序的控件，如 MapControl、PageLayoutControl、TOCControl 和 ToolbarControl 等。其中，MapControl 和 PageLayoutControl 对应 ArcMap 桌面应用程序的“数据”和“布局”视图。前者封装了 Map 对象，用于地图数据的显示和分析，后者封装了 PageLayout 对象，用于对地图的修饰和整理，以便生成一幅成品地图。这两个控件均实现了 IMxdContents 接口，可读取和写入地图文档（MapDocument）。

TOCControl 和 ToolbarControl 控件分别对应 ArcMap 中的“Table of Contents”和各种工具条。这两个控件都需要一个“伙伴控件”协同工作，伙伴控件可以是 MapControl、PageLayoutControl、SceneControl 或 GlobeControl。TOCControl 用交互树视图的方式来显示伙伴控件的地图、图层和符号体系内容，并保持其内容与伙伴控件同步。而 ToolbarControl 则可以驻留操作其伙伴控件的命令、工具和菜单。

在 Visual Studio.NET 开发环境中使用 ArcGIS Engine 开发 GIS 应用程序，需要使用 ESRI interop 程序集（Interop Assemblies）。它为 ArcGIS 控件提供了能够位于.NET 窗体上的控件，当这些控件被拖放在窗体上生成具体的实例对象时，均带有前缀“ax”，如 axMapControl1、axPageLayoutControl1 等。

本章将详细介绍 MapControl、PageLayoutControl、TOCControl 和 ToolbarControl 四个常用的控件，并在 C#.NET 开发平台上，结合 GIS 软件开发的基本需求进行讲述。

2.1　MapControl 控件

MapControl 控件对应于 ArcMap 中的数据视图，它封装了 Map 对象，并提供了相应的属性、方法和事件。该控件能够完成 ArcMap 所能完成的绝大部分任务，它实现的主要接口包括：IMapControlDefault、IMapControl2、IMapControl3、IMapControl4 和 IMapControlEvents2 事件接口。

2.1.1　主要接口

1. IMapControlDefault 接口

IMapControlDefault 接口是 MapControl 的缺省接口，是代表控件最新版本的接口。一般的开发环境将自动使用这个接口定义的属性和方法。在 C#开发平台上，当用户将该控件拖放到窗体上时，会自动生成一个名为 axMapControl1 的对象，此对象可以直接使用缺省接口对应的属性和方法。该控件当前最新版本的接口为 IMapControl4。以下示例代码是定义该接口的变量并进行实例化的方法：

```
IMapControlDefault pMapcontrol;
pMapcontrol = axMapControl1.Object as IMapControlDefault;//实例化
```

2. IMapControl2 接口

该接口是所有与 MapControl 相关任务的出发点，包括设置控件外观、设置 Map 对象及控件的显示属性，添加、管理数据层，在控件上绘制图形并返回 Geometry 等。该接口定义了控制控件外观界面的各种属性，如 Apperaance、BorderStyle 和 BackColor。它定义了 AddLayer、AddLayerFromFile、AddshapeFile、CenterAt、ClearLayers、DeleteLayer、LoadMxFile、MoveLayerTo、Pan、ReadMxMaps 等添加、移动、删除和清除图层的方法，以及 TrackLine、TrackPolygon、TrackRectangle 和 TrackCircle 等让程序员可以直接在控件上获得 Geometry 对象的方法。此外还提供了 DrawShape 和 DrawText 让程序员可以在控件上绘制图形的方法。

3. IMapControl3 接口

该接口在继承 IMapControl2 的基础上，增加了以下属性和方法：

（1）CustomProperty，设置自定义控件属性；

（2）DoucumentFilename，返回加入到 MapControl 中的地图文档的文件名；

（3）DocumentMap，返回 MapControl 最后装入 Map 的名称；

（4）KeyIntercept，返回或设置 MapControl 截取的键盘按键信息，按键信息类型如表 2.1 所示；

（5）Object，返回潜在的 MapControl 控件；

（6）ShowMap Tips、TipDelay、TipStyle；

（7）SuppressResizeDrawing()，控件尺寸发生变化时，阻止数据实时重绘。

表 2.1　esriKeyIntercept 的可能取值

枚举值	Value	功能描述
EsriKeyInterceptNone	0	没有截取鼠标按键
EsriKeyInterceptArrowKeys	1	截取了箭头按键
EsriKeyInterceptAlt	2	截取了 Alt 按键
EsriKeyInterceptTab	4	截取了 Tab 按键
EsriKeyInterceptEnter	8	截取了回车按键

4. IMapControl4 接口

该接口在 IMapControl3 接口的基础上，增加了两个属性，分别是 AutoKeyboardScrolling 和 AutoMouseWheel。新增的属性主要实现利用鼠标和键盘进行地图导航。

5. IMapControlEvents2 接口

该接口为事件接口，它定义了 MapControl 能够处理的全部事件，如 OnMouseDown、OnMouseMove、OnAfterDraw、OnExtentUpdated 等。在实际 GIS 软件开发中，经常需要用到这些事件，如 AfterScreenDraw 是绘屏结束后触发的事件，OnExtentUpdate 是地图的 Extent 属性发生变化时触发的事件等。

2.1.2　用 MapControl 控件加载地理数据

1. 用 MapControl 加载 Shape 格式文件

用 MapControl 控件的 AddShapeFile 方法可加载 Shape 格式文件，调用该方法需要传入两个参数，分别是文件路径和不带扩展名的文件名，其调用格式如下：

```
axMapControl1.AddShapeFile(strFilePath, strFileName);
```

也可以利用工作空间工厂打开Shape格式文件。基本思路是利用工作空间工厂抽象类的IWorkspaceFactory接口定义接口变量pWorkspaceFactory，再利用其子类ShapefileWorkspace-Factory对应的组件类ShapefileWorkspaceFactoryClass对pWorkspaceFactory进行实例化。利用IWorkspace接口定义工作空间变量pWorkspace，并使用pWorkspaceFactory的OpenFromFile方法打开工作空间，对其进行实例化。该方法需传入两个参数，其一为需要打开工作空间的路径（文件的路径，此处指shape格式文件的路径）。接下来利用IFeatureWorkspace接口定义接口变量pFeatureWorkspace，并对该变量利用接口跳转的方式进行实例化：

```
pFeatureWorkspace = pWorkspace as IFeatureWorkspace;
```

利用IFeatureClass接口定义变量pFeatureClass，并利用pFeatureWorkspace的OpenFeature-Class方法对该变量进行实例化，该方法包含的参数是需打开Shape文件的文件名。定义数据集对象、特征图层对象，定义特征图层的特征数据类及特征图层的名称，再定义图层，最后将图层添加到MapControl的Map对象上，就能显示所选择的Shape格式文件，具体示例代码如下：

```
public ILayer AddShap(string strFileName)
{
    string WorkSpacePath = System.IO.Path.GetDirectoryName(strFileName);
    string strShapeFileName = System.IO.Path.GetFileName(strFileName);
    IWorkspaceFactory pWorkspaceFactory = new ShapefileWorkspaceFactoryClass();
    IWorkspace pWorkspace = pWorkspaceFactory.OpenFromFile(WorkSpacePath, 0);
    IFeatureWorkspace pFeatureWorkspace = pWorkspace as IFeatureWorkspace;
    IFeatureClass pFeatureClass = pFeatureWorkspace.OpenFeatureClass(strShapeFileName);
    IDataset pDataset = pFeatureClass as IDataset;
    IFeatureLayer pFeatureLayer = new FeatureLayerClass();
    pFeatureLayer.FeatureClass = pFeatureClass;
    pFeatureLayer.Name = pDataset.Name;
    ILayer pLayer = pFeatureLayer as ILayer;
    return pLayer;
}
```

利用上述方法加载Shp格式文件，将图层添加到MapControl的Map对象上的调用方式如下：

```
ILayer mLayer = AddShap(strPath);
axMapControl1.Map.AddLayer(mLayer);
```

在上述两种方式中，到底哪种方式显示图形的效率高，需要读者通过编程进行实例测试。

2. 用 MapControl 加载 Mxd 格式文件

MapControl控件可以“链接”或“包含”地图文档。若为链接文档，控件将保存对地图文档的引用，以后任何对文档的修改都会出现在控件上，若为包含文档，则控件会复制当前的文档状态，而不会受到后来修改的影响。

在ArcGIS Engine编程中，可以直接使用MapControl的LoadMxFile方法载入地图文档。在进行加载时，一般需通过MapControl提供的CheckMxFile()方法检查所选文件是否是合法的Mxd文档。若合法，则调用MapControl提供的LoadMxFile方法打开文档。

```
if (axMapControl1.CheckMxFile(strFileName))//strFileName是用户所选地图文档文件
{
    //加载MXD文档
    axMapControl1.MousePointer = esriControlsMousePointer.esriPointerHourglass;
    axMapControl1.LoadMxFile(strFileName, 0, Type.Missing);
    axMapControl1.MousePointer = esriControlsMousePointer.esriPointerDefault;
}
else
{
    MessageBox.Show("所选文件不是地图文档文件！", "信息提示");
    return;
}
```

3. 用 MapControl 加载栅格格式文件

利用MapControl控件也可以加载各种栅格格式的文件，如*.bmp、*.tif和*.jpg等。在加载栅格格式文件时，需引入ESRI.ArcGIS.DataSourcesRaster命名空间。具体步骤如下：

（1）利用工作空间工厂抽象类定义接口变量，利用工作空间工厂的子类RasterWorkspace-Factory对应的组件类RasterWorkspaceFactoryClass实例化该接口变量。

（2）定义并实例化工作空间变量，定义并实例化栅格工作空间变量。

（3）定义栅格数据集，并利用所选栅格数据文件进行实例化，判断该文件是否具有金字塔，若没有，则创建金字塔，以提高大数据量图像的显示效率。

（4）定义栅格数据、栅格数据层和数据层，并向MapControl控件中添加数据层数据，具体实现过程可参考以下示例代码。

```
public ILayer OpenRasterFile(string strFileName)
{
        string pathName = System.IO.Path.GetDirectoryName(strFileName);
        string fileName = System.IO.Path.GetFileName(strFileName);
        IWorkspaceFactory pWSF= new RasterWorkspaceFactoryClass();
        IWorkspace pWS = pWSF.OpenFromFile(pathName, 0); //声明并实例化工作空间变量
        IRasterWorkspace pRWS = pWS as IRasterWorkspace; //声明并实例化栅格工作空间变量
        IRasterDataset pRasterDataset= pRWS.OpenRasterDataset(fileName);
        //影像金字塔判断与创建
```

```
        IRasterPyramid pRasPyrmid= pRasterDataset as IRasterPyramid;
        if (pRasPyrmid != null)
        {
            if (!(pRasPyrmid.Present))
            {
                pRasPyrmid.Create();//在进度条中说明正在创建金字塔
            }
        }
        IRaster pRaster = pRasterDataset.CreateDefaultRaster();
        IRasterLayer pRasterLayer = new RasterLayerClass();
        pRasterLayer.CreateFromRaster(pRaster);
        ILayer pLayer = pRasterLayer as ILayer;
        return pLayer;
    }
```

调用上述加载栅格文件的方法，并向 axMapControl1 控件中添加栅格图层的方式如下：

```
ILayer mLayer= OpenRasterFile(strPath);//strPath为栅格文件的存储全路径
axMapControl1.AddLayer(pLayer, 0); //向axMapControl1控件中添加栅格图层
```

通过前面的介绍，读者可体会MapControl控件的AddLayer、AddShapeFile和AddLayer-FromFile等方法。此外，该控件还包括DeleteLayer和MoveLayerTo等诸多方法，这些包含方法的具体种类请查看MapControl控件的对象模型图，各种方法的使用请参阅ESRI ArcGIS Engine开发帮助文档。

IMapDocument接口定义了操作和管理文档对象的属性和方法。MapDocument类能够封装地图文档文件，如mxd、mxt和pmf等，它也可以封装一个图层文件（*.lyr）。使用这个对象可以获取和更新一个文档的内容，设置文档文件的属性，以及读、写和保存一个文档文件。下面举例说明打开、保存、另存一个文档文件，主要代码如下：

```
//打开文档文件
IMapDocument pMapDocument = new MapDocumentClass();//实例化地图文档对象
//将数据加载入pMapDocument并与map控件联系起来
pMapDocument.Open(strFileName, "");//strFileName是用户选择的文档文件
for (int i = 0; i < pMapDocument.MapCount; i++)
{
    axMapControl1.Map = pMapDocument.get_Map(i); //遍历所有可能的Map对象
}
axMapControl1.Refresh();//刷新地图
//保存文档文件
//判断文档是否为只读文档
if (pMapDocument.get_IsReadOnly(pMapDocument.DocumentFilename) == true)
{
    MessageBox.Show("此地图文档为只读文档！", "信息提示");
```

```
        return;
    }
    pMapDocument.Save(pMapDocument.UsesRelativePaths, true);//用相对路径保存地图文档
    MessageBox.Show("保存成功！", "信息提示");
    //文档文件另存
    //strFilePath是用户输入的需要保存的文档/文件的名称
    if (strFilePath == pMapDocument.DocumentFilename)
    {
        SaveDocument(axMapControl1); //将修改后的地图文档保存在原文件中
    }
    else
    {
        //将修改后的地图文档保存为新文件
        pMapDocument.SaveAs(strFilePath, true, true);
        MessageBox.Show("保存成功！", "信息提示");
    }
```

下面编写一个类，用于封装打开矢量格式（*.shp）、栅格格式和文档格式（*.mxd）、CAD数据、TIN数据等类型的地理数据。同时，也将封装新建、打开、保存和另存地图文档的方法。由于在第1章已经定义了一个名为GeoMapAO实现数据操作和地图操作的类，这里就继续丰富这个类，不再创建新的类。具体要做的工作如下：

（1）修改AddGeoMap方法，以支持多种格式数据文件的批量加载。还添加了专门打开TIN格式数据的方法AddTinDataset()；

（2）在IGeoDataOper接口中添加OperateMapDoc方法，以实现新建、打开、保存地图文档的操作。

对IAddGeoData接口所作的修改如下：

```
interface IAddGeoData : IComControl
{
    //存放用户选择的地理数据文件
    string[] StrFileName{get; set;}
    //加载地理数据的方法
    void AddGeoMap();
    //加载TIN数据集的方法
    void AddTINDataset();
}
```

对IGeoDataOper接口的修改如下：

```
interface IGeoDataOper:IComControl
{
    //地图操作的类型
    string StrOperType{ get;set;}
```

```
        //鼠标按下事件的参数
        IMapControlEvents2_OnMouseDownEvent E{ get; set; }
        //实现地图交互操作的方法
        void OperMap();
        //实现地图文档操作的方法
        void OperateMapDoc();
}
```

对GeoMapAO类所作的更新和调整如下：

```
//添加ArcGIS命名空间
using ESRI.ArcGIS.Carto;
using ESRI.ArcGIS.Controls;
using ESRI.ArcGIS.Display;
using ESRI.ArcGIS.esriSystem;
using ESRI.ArcGIS.Geometry;
using ESRI.ArcGIS.Output;
using ESRI.ArcGIS.SystemUI;
using ESRI.ArcGIS.DataSourcesFile;
using ESRI.ArcGIS.DataSourcesRaster;
using ESRI.ArcGIS.Geodatabase;
//修改AddGeoMap()方法
public void AddGeoMap()
    {
        for (int i = 0; i < strFileName.Length; i++)
        {
            string strExt = System.IO.Path.GetExtension(strFileName[i]);
            //判断文件类型，然后采用不同的方式加载文件
            switch (strExt)
            {
                case ".shp":
                {
                    //用户选择了*.shp格式文件
                    string strPath = System.IO.Path.GetDirectoryName(strFileName[i]);
                    string strFile = System.IO.Path.GetFileNameWithoutExtension(strFileName[i]);
                    AxMapControl1.AddShapeFile(strPath, strFile); //向地图控件中加载地图
                    //对鸟瞰图进行控制
                    AxMapControl2.ClearLayers();
                    AxMapControl2.AddShapeFile(strPath, strFile);
                    AxMapControl2.Extent = axMapControl2.FullExtent;//进行全图显示
                    break;
```

```
}
case ".bmp":
case ".tif":
case ".jpg":
case ".img":
{
    IRasterLayer pRasterLayer = new RasterLayerClass();
    string pathName = System.IO.Path.GetDirectoryName(strFileName[i]);
    string fileName = System.IO.Path.GetFileName(strFileName[i]);
    IWorkspaceFactory pWSF = new RasterWorkspaceFactoryClass();
    IWorkspace pWS = pWSF.OpenFromFile(pathName, 0);
    IRasterWorkspace pRWS = pWS as IRasterWorkspace;//QI
    IRasterDataset pRasterDataset = pRWS.OpenRasterDataset(fileName);
    //影像金字塔判断与创建
    IRasterPyramid pRasPyrmid = pRasterDataset as IRasterPyramid;
    if (pRasPyrmid != null)
    {
        if (!(pRasPyrmid.Present))
        {
            pRasPyrmid.Create();
            //在进度条中说明正在创建金字塔
        }
    }
    IRaster pRaster = pRasterDataset.CreateDefaultRaster();
    pRasterLayer.CreateFromRaster(pRaster);
    ILayer pLayer = pRasterLayer as ILayer;
    //向主控视图中添加图像
    AxMapControl1.AddLayer(pLayer, 0);
    AxMapControl2.ClearLayers();
    AxMapControl2.AddLayer(pLayer, 0);
    AxMapControl2.Extent = axMapControl2.FullExtent;
    break;
}
case ".dwg"://加载CAD格式文件
    {
        string strFilePath = System.IO.Path.GetDirectoryName(strFileName[i]);
        string strSeleFileName = System.IO.Path.GetFileName(strFileName[i]);
        AddCADFeatures(strFilePath, strSeleFileName);
        break;
```

```
                }
            default:
                break;
        }
    }
}
//加载.dwg格式CAD数据的方法
private void AddCADFeatures(string strPath, string strCAD)
{
    IWorkspaceFactory pCADWorksacefactory = new CadWorkspaceFactoryClass();
    IFeatureWorkspace pFeatureWorkspace;
    pFeatureWorkspace = pCADWorksacefactory.OpenFromFile(strPath, 0) as IFeatureWorkspace;
    //打开一个要素数据集
    IFeatureDataset pFeatDataset = pFeatureWorkspace.OpenFeatureDataset(strCAD);
    //pFeatClassContainer可以管理pFeatureDataset中的每个要素集
    IFeatureClassContainer pFeatClassContainer= pFeatDataset as IFeatureClassContainer;
    IFeatureClass pFeatureClass;
    IFeatureLayer pFeatureLayer;
    //对CAD文件的要素集进行遍历操作
    for (int i = 0; i < pFeatClassContainer.ClassCount - 1; i++)
    {
        pFeatureClass = pFeatClassContainer.get_Class(i);
        if (pFeatureClass.FeatureType == esriFeatureType.esriFTCoverageAnnotation)
        {
            //标注类型，必须设置为单化的标注图层
            pFeatureLayer = new CadAnnotationLayerClass();
        }
        else
        {
            pFeatureLayer = new FeatureLayerClass();
        }
        pFeatureLayer.Name = pFeatureClass.AliasName;
        pFeatureLayer.FeatureClass = pFeatureClass;
        AxMapControl1.AddLayer(pFeatureLayer, 0);
        //鹰眼视图
        AxMapControl2.ClearLayers();
        AxMapControl2.AddLayer(pFeatureLayer, 0);
        AxMapControl2.Extent = axMapControl2.FullExtent;
    }
```

```
    }
    //实现IAddGeoData接口新添加的方法AddTINDataset
    public void AddTINDataset()
    {
        FolderBrowserDialog openFolder = new FolderBrowserDialog();
        if (openFolder.ShowDialog() == DialogResult.OK)
        {
                string strFullPath = openFolder.SelectedPath;
                string strPath = System.IO.Path.GetDirectoryName(strFullPath);
                string strTin = System.IO.Path.GetFileName(strFullPath);
                IWorkspaceFactory pTinWorkspaceFactory = new TinWorkspaceFactoryClass();
                IWorkspace pWorkspace = pTinWorkspaceFactory.OpenFromFile(strPath, 0);
                ITinWorkspace pTinWorksace = pWorkspace as ITinWorkspace;
                ITin pTin = pTinWorksace.OpenTin(strTin);
                ITinLayer pTinLayer = new TinLayerClass();
                pTinLayer.Dataset = pTin;
                AxMapControl1.AddLayer(pTinLayer as ILayer, 0);
         }
    }
    //实现IGeoDataOper接口新增方法OperateMapDoc
    public void OperateMapDoc()
    {
        OpenFileDialog OpenFileDlg = new OpenFileDialog();
        SaveFileDialog SaveFileDlg = new SaveFileDialog();
        OpenFileDlg.Filter = "地图文档文件(*.mxd)|*.mxd";
        SaveFileDlg.Filter = "地图文档文件(*.mxd)|*.mxd";
        string strDocFileN = string.Empty;
        IMapDocument pMapDocument = new MapDocumentClass();
        //判断操作文档地图的类型
        switch (StrOperType)
        {
              case "NewDoc":
              {
                    SaveFileDlg.Title = "输入需要新建地图文档的名称";
                    SaveFileDlg.ShowDialog();
                    strDocFileN = SaveFileDlg.FileName;
                    if (strDocFileN == string.Empty)
                          return;
                    pMapDocument.New(strDocFileN);
```

```
            pMapDocument.Open(strDocFileN, "");
            AxMapControl1.Map = pMapDocument.get_Map(0);
            break;
        }
        case "OpenDoc":
        {
            OpenFileDlg.Title = "选择需要加载的地图文档文件";
            OpenFileDlg.ShowDialog();
            strDocFileN = OpenFileDlg.FileName;
            if (strDocFileN == string.Empty)
                return;
            //将数据加载入pMapDocument并与map控件联系起来
            pMapDocument.Open(strDocFileN, "");
            for (int i = 0; i < pMapDocument.MapCount; i++)
            {
                AxMapControl1.Map = pMapDocument.get_Map(i); //遍历可能的Map对象
            }
            AxMapControl1.Refresh();//刷新地图
            break;
        }
        case "SaveDoc":
        {
            //判断文档是否为只读文档
            if (pMapDocument.get_IsReadOnly(pMapDocument.DocumentFilename) == true)
            {
                MessageBox.Show("此地图文档为只读文档！", "信息提示");
                return;
            }
            //用相对路径保存地图文档
            pMapDocument.Save(pMapDocument.UsesRelativePaths, true);
            MessageBox.Show("保存成功！", "信息提示");
            break;
        }
        case "SaveDocAs":
        {
            SaveFileDlg.Title = "地图文档另存";
            SaveFileDlg.ShowDialog();
            strDocFileN = SaveFileDlg.FileName;
            if (strDocFileN == string.Empty)
```

```
                return;
            if (strDocFileN == pMapDocument.DocumentFilename)
            {
                //将修改后的地图文档保存在原文件中
                //用相对路径保存地图文档
                pMapDocument.Save(pMapDocument.UsesRelativePaths, true);
                MessageBox.Show("保存成功！ ", "信息提示");
                break;
            }
            else
            {
                //将修改后的地图文档保存为新文件
                pMapDocument.SaveAs(strDocFileN, true, true);
                MessageBox.Show("保存成功！ ", "信息提示");
            }
            break;
        }
        default:
            break;
    }
}
```

2.1.3　鼠标与控件的交互

用鼠标与地图控件进行交互是最常用的操作，如改变地图显示范围、移动地图、在控件上绘制几何图形等。使用 ArcGIS Engine 控件实现上述操作，用户不用进行复杂的坐标转换工作，可直接使用控件产生的事件和鼠标在控件上产生的点对象。常用的鼠标与控件的交互类型包括：用鼠标拖曳确定显示范围、移动地图、在控件上绘制图形、数据选择等，可利用菜单选项选择不同的交互类型，并利用在第 1 章开发实例中的窗体层全局变量来标识用户选择的互操作类型，从而调用相应的方法完成操作。下面通过接口编程实现鼠标与控件的交互操作。接口定义与第 1 章开发实例中的 IGeoDataOper 相同，这里只需修改实现交互的方法 OperMap()，修改后的结果如下：

```
//定义地图操作的方法
public void OperGeoMap()
{
    IMap pMap = axMapControl1.Map;
    IActiveView pActiveView= pMap as IActiveView;
    //判断地图操作种类
    IEnvelope pEnv;
    switch (strOperType)
```

```
            {
                case "ZoomInLK"://拉框放大
                {
                    pEnv = axMapControl1.TrackRectangle();
                    pActiveView.Extent = pEnv;
                    pActiveView.Refresh();
                    break;
                }
                case "GeoMapLkShow"://拉框显示
                {
                    axMapControl1.MousePointer = esriControlsMousePointer.esriPointerCrosshair;
                    axMapControl1.Extent = axMapControl1.TrackRectangle();
                    axMapControl1.ActiveView.PartialRefresh(esriViewDrawPhase.esriViewGeography, null,
null);
                    break;
                 }
                case "MoveMap"://移动地图
                {
                    axMapControl1.Pan();
                    break;
                }
                case "DrawPoint"://绘制点
                {
                    //新建点对象
                    IPoint pPt = new PointClass();
                    pPt.PutCoords(e.mapX, e.mapY);
                    //产生一个Marker元素
                    IMarkerElement pMarkerElement = new MarkerElementClass();
                    //产生修饰Marker元素的symbol
                    ISimpleMarkerSymbol pMarkerSymbol= new SimpleMarkerSymbolClass();
                    pMarkerSymbol.Color = GetRGB(220, 120, 60);
                    pMarkerSymbol.Size = 2;//符号大小
                    pMarkerSymbol.Style = esriSimpleMarkerStyle.esriSMSDiamond;//类型
                    IElement pElement = pMarkerElement as IElement;
                    //得到Element的接口对象，用于设置元素的Geometry
                    pElement.Geometry = pPt;
                    pMarkerElement.Symbol = pMarkerSymbol;
                    IGraphicsContainer pGraphicsContainer = pMap as IGraphicsContainer;
                    //将元素添加到Map中
```

```
        pGraphicsContainer.AddElement(pMarkerElement as IElement, 0);
        pActiveView.PartialRefresh(esriViewDrawPhase.esriViewGraphics, null, null);
        break;
    }
    case "DrawLine"://绘制线
    {
        IPolyline pPolyline = axMapControl1.TrackLine() as IPolyline;
        //产生一个SimpleLineSymbol符号
        ISimpleLineSymbol pSimpleLineSym= new SimpleLineSymbolClass();
        //需要用户动态选择
        pSimpleLineSym.Style = esriSimpleLineStyle.esriSLSSolid;
        pSimpleLineSym.Color = GetRGB(120, 200, 180); //设置符号颜色
        pSimpleLineSym.Width = 1;
        //产生一个PolylineElement对象
        ILineElement pLineEle = new LineElementClass();
        IElement pEle = pLineEle as IElement;
        pEle.Geometry = pPolyline;
        //将元素添加到Map对象之中
        IGraphicsContainer pGraphicsContainer= pMap as IGraphicsContainer;
        pGraphicsContainer.AddElement(pEle, 0);
        pActiveView.PartialRefresh(esriViewDrawPhase.esriViewGraphics, null, null);
        break;
    }
    case "DrawPolygon"://绘制面
    {
        IPolygon pPolygion= axMapControl1.TrackPolygon() as IPolygon;
        //产生一个SimpleFillSymbol符号
        ISimpleFillSymbol pSimpleFillSym= new SimpleFillSymbolClass();
        pSimpleFillSym.Style = esriSimpleFillStyle.esriSFSDiagonalCross;
        pSimpleFillSym.Color = GetRGB(220, 112, 60); //设置符号颜色
        //产生一个PolygonElement对象
        IFillShapeElement pPolygonEle = new PolygonElementClass();
        pPolygonEle.Symbol = pSimpleFillSym;
        IElement pEle = pPolygonEle as IElement;
        pEle.Geometry = pPolygion;
        //将元素添加到Map对象之中
        IGraphicsContainer pGraphicsContainer = pMap as IGraphicsContainer;
        pGraphicsContainer.AddElement(pEle, 0);
        pActiveView.PartialRefresh(esriViewDrawPhase.esriViewGraphics, null, null);
```

```
            break;
        }
        case "LabelMap"://地图标注
        {
            IElement pEles;
            //建立文字符号对象，并设置相应的属性
            ITextElement pTextEle = new TextElementClass();
            pTextEle.Text = "西安科技大学";//需要动态设定
            IElement pEles = pTextEle as IElement;
            //设置文字字符的几何形体属性
            IPoint pPoint= new PointClass();
            pPoint.PutCoords(e.mapX, e.mapY);
            pEles.Geometry = pPoint;
            //添加到Map对象中，并刷新显示
            IGraphicsContainer pGraphicsContainer = pMap as IGraphicsContainer;
            pGraphicsContainer.AddElement(pEles, 0);
            pActiveView.PartialRefresh(esriViewDrawPhase.esriViewGraphics, null, null);
            //定义颜色的方法
            break;
        }
        case "SelectMap"://数据选择
        {
            //要素选择
            pEnv = axMapControl1.TrackRectangle();//得到一个Envelope对象
            //新建选择集环境对象
            ISelectionEnvironment pSelectionEnv = new SelectionEnvironmentClass();
            pSelectionEnv.DefaultColor = GetRGB(110, 120, 210); //改变选择集默认颜色
            //选择要素，并将其放入选择集
            axMapControl1.Map.SelectByShape(pEnv, pSelectionEnv, false);
            axMapControl1.ActiveView.PartialRefresh(esriViewDrawPhase.esriViewGeoSelection,
null, null);
            //需要遍历所选要素
            break;
        }
        default:
            break;
    }
}
```

在主视图控件的 OnMouseDown 事件中添加下列代码，即可实现鼠标与控件的交互操作。

```
//地图操作
IGeoDataOper pGeoMapOper = new GeoMapAO();
pGeoMapOper. strOperType = GeoMapOpType;
pGeoMapOper.E = e;
pGeoMapOper.AxMapControl1 = axMapControl1;
pGeoMapOper.AxMapControl2 = axMapControl2;
pGeoMapOper.OperGeoMap();
```

上述代码中，GeoMapOpType 是窗体层字符串变量，用于保存用户用鼠标点击菜单选择的鼠标与控件交互操作类型。

当在地图上选择数据选择集后，可以采用如下代码进行清除：

```
axMapControl1.Map.Clearselection();
axMapControl.ActiveView.Refresh();
```

2.1.4 实现鹰眼功能

绝大部分的 GIS 软件都能看到鹰眼窗口，利用鹰眼窗口，用户可以很直观地看到主视图中的地图范围在整个地图范围内的位置。下面将讲述如何实现鹰眼功能，基本思路如下：

（1）在布局窗体控件时，需要两个 MapControl 控件，一个作为主视图，一个作为鹰眼视图。

（2）在主视图和鹰眼视图两个控件中显示的数据需保持一致。

（3）在主视图中当前显示的地图范围，需用一个红色矩形框在鹰眼视图中标绘出来。当主视图显示的地图范围发生变化时，红色矩形框的位置也要发生相应变化。

（4）当用户用鼠标在鹰眼视图中移动或改变红色矩形框的位置或大小时，主视图的地图范围也要发生相应变化。

可采用接口编程的方式实现鹰眼功能，接口定义如下：

```
interface IEagOpt: IComControl
{    //定义属性字段信息
     IMapControlEvents2_OnMouseMoveEvent Em {get; set;} //处理鼠标移动的事件参数
     IMapControlEvents2_OnMouseDownEvent Ed { get;set;}
     IMapControlEvents2_OnExtentUpdatedEvent Eu { get;set;}
     void NewGeoMap();//使主视图和鹰眼视图同步的方法
     void MoveEagl();//移动鹰眼视图中的红色矩形框
     void MouseMov();//处理鹰眼视图中鼠标的移动
     void DrawrRec();//绘制红色矩形框的过程
}
```

利用第 1 章实例程序的 GeoMapAO 类实现鹰眼接口的代码如下：

```
class GeoMapAO: IEagOpt
{
         IMapControlEvents2_OnMouseMoveEvent em;
         public IMapControlEvents2_OnMouseMoveEvent Em
```

```
{
    get { return em; }
    set { em = value; }
}
IMapControlEvents2_OnMouseDownEvent ed;
public IMapControlEvents2_OnMouseDownEvent Ed
{
    get { return ed; }
    set { ed = value; }
}
IMapControlEvents2_OnExtentUpdatedEvent eu;
public IMapControlEvents2_OnExtentUpdatedEvent Eu
{
    get { return eu; }
    set { eu = value; }
}
public void NewGeoMap()//主视图与鹰眼视图地图同步
{
    IMap pMap = axMapControl1.Map;
    for (int i = 0; i < pMap.LayerCount; i++)
    {
        axMapControl2.Map.AddLayer(pMap.get_Layer(i));
    }
    //使鹰眼视图中显示加载地图的全图
    axMapControl2.Extent = axMapControl2.FullExtent; //使鹰眼视图中显示加载地图的全图
}
public void MoveEagl()
{
    if (ed.button == 1)//探测鼠标左键
    {
        IPoint pPt = new PointClass();
        pPt.X = ed.mapX;
        pPt.Y = ed.mapY;
        IEnvelope pEnvelope = axMapControl1.Extent as IEnvelope;
        pEnvelope.CenterAt(pPt);
        axMapControl1.Extent = pEnvelope;
        axMapControl1.ActiveView.PartialRefresh(esriViewDrawPhase.esriViewGeography, null,
null);
    }
```

```
            else if (ed.button == 2)//鼠标右键按下
            {
                IEnvelope pEnvelope = axMapControl2.TrackRectangle();
                axMapControl1.Extent = pEnvelope;
                axMapControl1.ActiveView.PartialRefresh(esriViewDrawPhase.esriViewGeography, null,
null);
            }
        }
        public void MouseMov()
        {
            if (em.button != 1)
                return;
            IPoint pPt = new PointClass();
            pPt.X = em.mapX;
            pPt.Y = em.mapY;
            axMapControl1.CenterAt(pPt);
            axMapControl2.ActiveView.PartialRefresh(esriViewDrawPhase.esriViewGraphics, null, null);
        }
        public void DrawrRec()
        {
            //绘制鹰眼图中红色矩形框的代码
            IGraphicsContainer pGraphicsContainer = axMapControl2.Map as IGraphicsContainer;//以
MapControl2为图形容器
            IActiveView pAv = pGraphicsContainer as IActiveView;
            // 在绘制前，清除axMapControl2 中的任何图形元素
            pGraphicsContainer.DeleteAllElements();
            IRectangleElement pRecElement = new RectangleElementClass();
            IElement pEle = pRecElement as IElement;
            IEnvelope pEnv = eu.newEnvelope as IEnvelope;
            pEle.Geometry = pEnv;
            //设置颜色
            IRgbColor pColor = new RgbColorClass();
            pColor = GetRGB(200, 0, 0);
            pColor.Transparency = 255;
            //产生一个线符号对象
            ILineSymbol pLineSymbol = new SimpleLineSymbolClass();
            pLineSymbol.Width = 2;
            pLineSymbol.Color = pColor;
            //设置填充符号的属性
```

```
        IFillSymbol pFillSymbol = new SimpleFillSymbolClass();
        //设置透明颜色
        pColor.Transparency = 0;
        pFillSymbol.Color = pColor;
        pFillSymbol.Outline = pLineSymbol;
        IFillShapeElement pFillShapeElement = pRecElement as IFillShapeElement;
        pFillShapeElement.Symbol = pFillSymbol;
        pGraphicsContainer.AddElement(pEle, 0);
        axMapControl2.ActiveView.PartialRefresh(esriViewDrawPhase.esriViewGraphics, null, null);
    }
```

当主视图中的地图发生变化时，鹰眼视图中的地图也要发生变化。为此，需在 axMapControl1 的 OnMapReplaced 事件中添加以下代码，使主视图和鹰眼视图中的数据保持一致。

```
//主视图与鹰眼视图中的地图同步显示
IEagOpt pEagOpt = new GeoMapAO();
pEagOpt.AxMapControl1 = axMapControl1;
pEagOpt.AxMapControl2 = axMapControl2;
pEagOpt.NewGeoMap();
```

在鹰眼视图中移动红色矩形框时，主视图中的地图范围要发生相应变化，包括范围变化和位置移动。当用鼠标右键在鹰眼视图中改变红色矩形框的大小时，主视图中显示的地图数据也要进行刷新。为此，需要在鹰眼视图的 OnMouseDown 事件中添加下列代码：

```
//实现鹰眼功能
IEagOpt pEagOpt= new GeoMapAO();
pEagOpt.AxMapControl1 = axMapControl1;
pEagOpt.AxMapControl2 = axMapControl2;
pEagOpt.Ed = e;
pEagOpt.MoveEagl();
```

当主视图的显示范围发生变化时，会触发控件的 OnExtentUpdated 事件，绘制鹰眼图中红色方框的代码应放在主视图的 OnExtentUpdated 事件中，以确保主视图显示范围与鹰眼视图中红色矩形框的大小保持变化同步。

```
//实现鹰眼功能
IEagOpt pEagOpt= new GeoMapAO();
pEagOpt.AxMapControl1 = axMapControl1;
pEagOpt.AxMapControl2 = axMapControl2;
pEagOpt.Eu =e;
pEagOpt.DrawrRec();
```

2.2　PageLayoutControl 控件

PageLayoutControl控件主要用于地图制图，利用该控件可以方便地操作各种制图元素对象，以便生产精美的地图。在PageLayoutControl中封装了一个名为PageLayout的组件类，它提供了在布局视图中控制元素的属性和方法。

除PageLayout对象外，PageLayoutControl控件还拥有许多附加的属性、方法和事件。例如，Printer属性用于处理地图打印时的系列设置、Page属性用于处理控件的页面效果、Element属性用于管理控件中的地图元素。因地图总是包含在Map对象中，而Map对象是由一个MapFrame对象所持有，因此PageLayout对象至少拥有一个MapFrame对象。

PageLayoutControl控件实现了多个接口，如IPageLayoutControlDefault、IPageLayoutControl、IPageLayoutControl2和IPageLayoutControlEvents等。这些接口定义了该控件对象可以使用的属性、方法和事件。

利用PageLayoutControl控件，可以检查和加载Mxd文档文件、实现诸如元素的添加和移动、版式页面等在ArcMap布局视图中可以实现的功能。

2.2.1　用 PageLayoutControl 操作 Mxd 文件

使用该控件操作Mxd文档，需要使用Carto库中的IMapDocument接口定义的属性和方法，利用这些属性和方法可以读取*.mxd、*.mxt和*.pmf地图文档文件，也可以保存Mxd文件。IMapDocument接口提供的多种属性和方法，可方便用户获取一个Mxd文件的内容。如Map属性使用一个索引号返回文档中的一个Map对象；MapCount则用于返回文档中包含Map对象的数目；PageLayout属性则可返回一个PageLayout页面视图，这个对象包含了Map和MapSurround集合。DocumentType用于返回当前载入地图文档的类型，如果是Mxd文档，返回值为0；若为Pmf文档，返回值为1；图层文件，返回值为2；若为未知类型，则返回值为3。

利用下面这段代码，可以选择Mxd文档，并将选择的文件在PageLayout控件上打开。

```
OpenFileDialog openFileDlg = new OpenFileDialog();
openFileDlg.Title = "选择需要打开的地图文档";
openFileDlg.Filter = "地图文档(*.mxd)|*.mxd";
openFileDlg.ShowDialog();
string strFileN = string.Empty;
strFileN = openFileDlg.FileName;
if (strFileN == string.Empty)
    return;
IMapDocument pMapDocument = new MapDocumentClass();
//将数据载入到pMapDocument并与Map控件联系起来
pMapDocument.Open(strFileN, "");
//将IMapDocument的数据传给控件
axPagelayoutControl1.PageLayout = pMapDocument.PageLayout;
axPagelayoutControl1.Refresh();
```

2.2.2　PageLayout 与 MapControl 联动

操作过ArcMap的读者都应该知道，数据视图和布局视图中的数据是实时联动的，因为它们本来就是在处理同一份数据。在ArcGIS Engine开发中，因MapControl控件和PageLayout-Control控件并不能共享一个文档文件，若要实现联动，一般需通过数据拷贝的方法传递两个控件中的数据内容。仍以接口编程的方式实现PageLayout和MapControl控件的联动，接口定义如下：

```
interface IMapCooper: IComControl
{
    string StrMxdFile { get; set;} //用户选择的文档文件名
    void CopyAndWriteMap();//拷贝并复制地图
    void repGeoMap();//替换新的地图
    void AddGeoDoc();//向PageLayoutControl控件加载地图文档文件
}
```

//GeoMapAO 类中实现上述接口的代码如下：

```
public void CopyAndWriteMap()
{
    IObjectCopy objectCopy = new ObjectCopyClass();
    object toCopyMap = axMapControl1.Map;
    object copiedMap = objectCopy.Copy(toCopyMap);//复制地图到copiedMap中
    //获取视图控件的焦点地图
    object toOverwiteMap = axPageLayoutControl1.ActiveView.FocusMap;
    objectCopy.Overwrite(copiedMap, ref toOverwiteMap);//复制地图
}
public void repGeoMap()
{
    IActiveView pActiveView = axPageLayoutControl1.ActiveView.FocusMap as IActiveView;
    IDisplayTransformation displayTransformation =
pActiveView.ScreenDisplay.DisplayTransformation;
    //设置焦点地图的可视范围
    displayTransformation.VisibleBounds = axMapControl1.Extent;
    axPageLayoutControl1.ActiveView.Refresh();
    CopyAndWriteMap();
}
//加载地图文档
string strMxdFile;
public string StrMxdFile
{
    get { return strMxdFile; }
```

```
            set { strMxdFile = value; }
        }
        public void AddGeoDoc()
        {
            //定义IMapDocument接口变量，并实例化
            IMapDocument pMapDocument = new MapDocumentClass();
            pMapDocument.Open(strMxdFile,"");
            //将pMapDocument的数据传给控件
            axPageLayoutControl1.PageLayout = pMapDocument.PageLayout;
            axPageLayoutControl1.Refresh();
        }
```

在完成上述接口定义，并用类实现接口后，需按下列步骤调用接口提供的属性和方法，建立PageLayoutControl和MapControl控件的联动。

（1）当在axMapControl1控件中加载的地理数据发生重绘时，与其联动的axPageLayout-Control1控件中的地理数据也需发生相应变化。因此，在axMapControl1控件的OnAfterScreen-Draw事件中，需添加下列代码，以获取axMapControl1控件中当前所显示地理数据的范围，并将当前显示范围传到axPageLayoutControl1控件的ActiveView对象的FocusMap中。

```
//判断用户是否点击了地图制图菜单项
if (strUnion == false)
    return;
IMapCooper pMapCoOpt = new GeoMapAO();
pMapCoOpt.AxPageLayoutControl1 = axPageLayoutControl1;
pMapCoOpt.AxMapControl1 = axMapControl1;
pMapCoOpt.repGeoMap();
```

在上述代码中，strUnion是窗体层布尔类型的变量，用于标示用户是否选择了地图制图的视图项。

（2）当在axMapControl1控件中加载的地理数据发生变化时，axPageLayoutCOntrol1控件中的地理数据也要发生相应变化。因此，在axMapControl1控件的OnMapReplaced事件中添加下列代码：

```
if (strUnion == false)
    return;
IMapCooper pMapCoOpt = new GeoMapAO();
pMapCoOpt.AxPageLayoutControl1 = axPageLayoutControl1;
pMapCoOpt.AxMapControl1 = axMapControl1;
pMapCoOpt.CopyAndWriteMap();
```

（3）当在MapControl控件中的地理数据显示状况发生变化时，与其联动的PageLayout-Control中的地理数据也要发生变化。因此，在axMapControl1控件的OnViewRefreshed事件中应添加下列代码：

```
if (strUnion == false)
```

```
        return;
    axTOCControl1.Update();
    IMapCooper pMapCoOpt = new GeoMapAO();
    pMapCoOpt.AxPageLayoutControl1 = axPageLayoutControl1;
    pMapCoOpt.AxMapControl1 = axMapControl1;
    pMapCoOpt.CopyAndWriteMap();
```

2.3　TOCControl 控件

2.3.1　TOCControl 控件概述

TOCControl控件要与一个伙伴控件或实现了IActiveView接口的对象协同工作。伙伴控件可以是MapControl、PageLayoutControl、ReaderControl、SceneControl或GlobeControl。伙伴控件可以利用TOCControl控件的属性页设置，也可以通过编程设置。该控件的伙伴控件都实现了ITOCBuddy接口。TOCControl控件用来显示其伙伴控件里的地图、图层和符号体系等内容，并保持其内容与伙伴控件同步。例如，若TOCControl控件的伙伴控件是MapControl，若从MapControl中删除一个图层，则该图层也会从TOCControl中删除。若用户与TOCControl交互，取消了某个图层的可见（Visibility）复选框，则该图层在MapControl中将不再可见。

TOCControl以树形结构显示其“伙伴控件”的地图、图层和符号体系，该控件通过ITOCBuddy接口来访问其伙伴控件、TOCControl管理图层的可见性和标签的编辑。该控件的主要接口包括ITOCControl和ITOCControlEvents。

1. ITOCControl

ITOCControl接口是任何与TOCControl有关任务的出发点，如设置控件的外观、设置伙伴控件、管理图层的可见属性和标签的编辑等。可通过如下方式定义该接口的变量，并进行实例化：

```
ITOCControl pTOCControl;
pTOCControl = axTOCControl1.Object as ITOCControl;
或pTOCControl = axTOCControl1.GetOcx() as ITOCControl;
```

2. ITOCControlEvents

ITOCControlEvents接口是一个事件接口，它定义了TOCControl能够处理的全部事件，如OnMouseDown、OnMouseMove、OnMouseUp、OnBeginLabelEdit、OnEndLabelEdit等。在实际GIS软件开发中，会经常用到这些事件，如OnBeginLabelEdit和OnEndLabelEdit分别为当TOCControl中的标签（地图、图层或图例）开始编辑和结束编辑时触发的事件。这两个事件的参数e都有一个名为canEdit的成员变量，可将这个变量设置为true或false，以便控制标签是否可编辑。

2.3.2　TOCControl 控件应用开发实例

1. 调整 TOCControl 控件中图层的显示顺序

在ArcMap中，用户只需通过鼠标拖动，就能调整“Table of Contents”中图层的显示顺序。但TOCControl控件本身并没有实现此功能，需要开发人员编程实现。利用鼠标拖放调整图层显示顺序的基本思路如下：

（1）利用鼠标将需要调整显示顺序的图层拖放到目标位置，需利用TOCControl控件的OnMouseDown和OnMouseUp两个事件，以及HitTest()和Update()方法。

（2）利用OnMouseDown事件获取需要调整显示顺序的图层，利用OnMouseUp事件，获得目标图层及其索引号，利用IMap提供的MoveLayer方法，将需要调整显示顺序的图层移到目标图层的下方，再使用TOCControl控件提供的Update()方法，更新TOCControl控件中显示的内容即可。

2. 利用鼠标右键点击某图层显示其属性表

在 ArcMap 中，"Table of Contents"中右键菜单功能非常丰富，在利用 ArcGIS Engine 进行 GIS 软件开发时，TOCControl 控件本身并没有提供右键菜单功能，而需要通过自己编程来实现。通过 ArcGIS Engine 开发，可在 TOCControl 控件中右键选择某图层，查看所选图层的属性表。

下面通过接口编程实现上述两个方面的功能，现定义接口如下：

```
//定义调整图层显示顺序及查看所选图层属性表的接口ILaySequAttr
interface ILaySequAttr : IComControl
{
        AxTOCControl AxTOCControl1 { get; set; }
        ITOCControl MTOCControl { get;    set;    }
        ITOCControlEvents_OnMouseDownEvent Ted { get; set; }
        ITOCControlEvents_OnMouseUpEvent Teu { get; set; }
        //查看所选图层属性表
        ILayer Player { get; set; }
        string TableName { get; set; }
        string FCname { get; set; }
        void AdjLayMd();//处理TOCControl控件鼠标按下事件
        void AdjLayMu();//处理TOCControl控件鼠标释放事件
        DataTable CreateDataTable();//打开属性表
}
```

利用类GeoMapAO实现上述接口的代码如下：

```
ILayer pMovelayer;
int toIndex;
AxTOCControl axTOCControl1;
public AxTOCControl AxTOCControl1
{
    get{return axTOCControl1;}
    set { axTOCControl1 =value;}
}
```

```
ITOCControl mTOCControl;
public ITOCControl MTOCControl
{
    get { return mTOCControl;}
    set { mTOCControl =value;}
}
ITOCControlEvents_OnMouseDownEvent ted;
public ITOCControlEvents_OnMouseDownEvent Ted
{
    get{return ted;}
    set { ted = value; }
}
ITOCControlEvents_OnMouseUpEvent teu;
public ITOCControlEvents_OnMouseUpEvent Teu
{
    get { return teu; }
    set { teu = value; }
}
public void AdjLayMd()
{
    esriTOCControlItem item = esriTOCControlItem.esriTOCControlItemNone;
    if (ted.button == 1)
    {
        IBasicMap map = null;
        ILayer layer = null;
        object other = null;
        object index = null;
        mTOCControl.HitTest(ted.x, ted.y, ref item, ref map, ref layer, ref other, ref index);
        if (item == esriTOCControlItem.esriTOCControlItemLayer)
        {
            if (layer is IAnnotationSublayer)
                return;
            else
            {
                pMovelayer = layer;
            }
        }
    }
    //鼠标右键按下
```

```
            else if (ted.button == 2)//探测鼠标右键按下
            {
                //鼠标右键按下
                if (axMapControl1.LayerCount > 0)//主视图中要有地理数据
                {
                    esriTOCControlItem mItem = new esriTOCControlItem();
                    IBasicMap pMap = new MapClass();
                    ILayer pLayer = new FeatureLayerClass();
                    object pOther = new object();
                    object pIndex = new object();
                    axTOCControl1.HitTest(ted.x, ted.y, ref mItem, ref pMap, ref pLayer, ref pOther, ref
pIndex);
                    //显示所选图层的属性表
                    ILaySequAttr GeoDataTab = new EagWinDow();
                    GeoDataTab.PLayer = pLayer;
                    GeoDataTab.FCname = pLayer.Name;
                    DataTable pTable = new DataTable();
                    pTable = GeoDataTab.CreateDataTable();
                    GeoMapAttribute frmTable = new GeoMapAttribute();//GeoMapAttribute为添加的窗体，
在其上拖放一个dataGridView控件，其实例为dataGridView1,用以显示所选图层的属性表。
                    frmTable.Show();
                    frmTable.dataGridView1.DataSource = pTable;
                }
            }
        }
        public void AdjLayMu()
        {
            if (teu.button == 1)
            {
                esriTOCControlItem item = esriTOCControlItem.esriTOCControlItemNone;
                IBasicMap map = null;
                ILayer layer = null;
                object other = null;
                object index = null;
                mTOCControl.HitTest(teu.x, teu.y, ref item, ref map, ref layer, ref other, ref index);
                IMap pMap = axMapControl1.ActiveView.FocusMap;
                if (item == esriTOCControlItem.esriTOCControlItemLayer || layer != null)
                {
                    if (pMovelayer != layer)
```

```
                {
                    ILayer pTempLayer;
                    for (int i = 0; i < pMap.LayerCount; i++)
                    {
                        pTempLayer = pMap.get_Layer(i);
                        if (pTempLayer == layer)
                        toIndex = i;//获取鼠标点击位置的图层索引号
                    }
                    pMap.MoveLayer(pMovelayer, toIndex);//移动原图层到目标图层位置
                    axMapControl1.ActiveView.Refresh();
                    mTOCControl.Update();
                }
            }
        }
    }
    //处理打开所选图层属性表
    ILayer pLayer;
    public ILayer PLayer
    {
        get { return pLayer; }
        set { pLayer = value; }
    }
    string tableName;
    public string TableName
    {
        get { return tableName; }
        set { tableName = value; }
    }
    string fCname;
    public string FCname
    {
        get { return fCname; }
        set { fCname = value; }
    }
    //创建所选图层的属性表
    public DataTable CreateDataTable()
    {
        //根据选择的图层创建空DataTable
        DataTable pDataTable = CreateDataTableByLayer();
```

```
    pDataTable.TableName = pLayer.Name;
    string shapeType = getShapeType();//取得图层类型
    DataRow pDataRow = null; //创建DataTable的行对象
    //从ILayer查询到ITable
    ITable pTable = pLayer as ITable;
    ICursor pCursor = pTable.Search(null, false);
    //取得ITable中的行信息
    IRow pRow = pCursor.NextRow();
    int n = 0;
    while (pRow != null)
    {
        //新建DataTable的行对象
        pDataRow = pDataTable.NewRow();
        for (int i = 0; i < pRow.Fields.FieldCount; i++)
        {
            //如果字段类型为esriFieldTypeGeometry，则根据图层类型设置字段值
            if (pRow.Fields.get_Field(i).Type == esriFieldType.esriFieldTypeGeometry)
            {
                pDataRow[i] = shapeType;
            }
            //当图层类型为Anotation时，要素类中会有esriFieldTypeBlob类型的数据，
            //其存储的是标注内容，如此情况需将对应的字段值设置为Element
            else if (pRow.Fields.get_Field(i).Type == esriFieldType.esriFieldTypeBlob)
            {
                pDataRow[i] = "Element";
            }
            else
            {
                pDataRow[i] = pRow.get_Value(i);
            }
        }
        //添加DataRow到DataTable
        pDataTable.Rows.Add(pDataRow);
        pDataRow = null;
        n++;
        pRow = pCursor.NextRow();
    }
    return pDataTable;
}
```

```
private string getShapeType()
{
    IFeatureLayer pFeatLyr = (IFeatureLayer)pLayer;
    switch (pFeatLyr.FeatureClass.ShapeType)
    {
        case esriGeometryType.esriGeometryPoint:
            return "Point";
        case esriGeometryType.esriGeometryPolyline:
            return "Polyline";
        case esriGeometryType.esriGeometryPolygon:
            return "Polygon";
        default:
            return "";
    }
}
private DataTable CreateDataTableByLayer()
{
    DataTable pDataTable = new DataTable(tableName); //创建一个DataTable表
    ITable pTable = pLayer as ITable; //取得ITable接口
    IField pField = null;
    DataColumn pDataColumn;
    //根据每个字段的属性建立DataColumn对象
    for (int i = 0; i < pTable.Fields.FieldCount; i++)
    {
        pField = pTable.Fields.get_Field(i);
        //新建一个DataColumn并设置其属性
        pDataColumn = new DataColumn(pField.Name);
        if (pField.Name == pTable.OIDFieldName)
        {
            pDataColumn.Unique = true;//字段值是否唯一
        }
        pDataColumn.AllowDBNull = pField.IsNullable; //字段值是否允许为空
        pDataColumn.Caption = pField.AliasName; //字段别名
        //字段数据类型
        pDataColumn.DataType = System.Type.GetType(ParseFieldType(pField.Type));
        pDataColumn.DefaultValue = pField.DefaultValue; //字段默认值
        //当字段为String类型时设置字段长度
        if (pField.VarType == 8)
        {
```

```
                pDataColumn.MaxLength = pField.Length;
            }
            //字段添加到表中
            pDataTable.Columns.Add(pDataColumn);
            pField = null;
            pDataColumn = null;
        }
        return pDataTable;
    }
    private string ParseFieldType(esriFieldType fieldType)
    {
        switch (fieldType)
        {
            case esriFieldType.esriFieldTypeBlob:
                return "System.String";
            case esriFieldType.esriFieldTypeDate:
                return "System.DateTime";
            case esriFieldType.esriFieldTypeDouble:
                return "System.Double";
            case esriFieldType.esriFieldTypeGeometry:
                return "System.String";
            case esriFieldType.esriFieldTypeGlobalID:
                return "System.String";
            case esriFieldType.esriFieldTypeGUID:
                return "System.String";
            case esriFieldType.esriFieldTypeInteger:
                return "System.Int32";
            case esriFieldType.esriFieldTypeOID:
                return "System.String";
            case esriFieldType.esriFieldTypeRaster:
                return "System.String";
            case esriFieldType.esriFieldTypeSingle:
                return "System.Single";
            case esriFieldType.esriFieldTypeSmallInteger:
                return "System.Int32";
            case esriFieldType.esriFieldTypeString:
                return "System.String";
            default:
                return "System.String";
```

```
        }
    }
    private string getValidFeatureClassName()
    {
        int dot = fCname.IndexOf(".");
        if (dot != -1)
        {
            return fCname.Replace(".", "_");
        }
        return fCname;
    }
    private DataTable CreateAttributeTable()
    {
        DataTable attributeTable = new DataTable();
        string tableName = getValidFeatureClassName();
        attributeTable = CreateDataTable();
        return attributeTable;
    }
```

为调整图层的显示顺序和右键查看所选图层的属性表，需要按下列步骤添加相应代码：

（1）在主窗体上定义窗体层全局变量，并进行实例化。

```
ILaySequAttr AdjLay = new GeoMapAO();//定义接口变量，并进行实例化
```

在TOCControl的OnMouseDown事件中添加下列代码：

```
AdjLay.AxMapControl1 = axMapControl1;
AdjLay.AxTOCControl1 = axTOCControl1;
AdjLay.Ted = e;
AdjLay.MTOCControl = axTOCControl1.Object as ITOCControl;
AdjLay.AdjLayMd();
```

（2）在TOCControl的OnMouseUp事件中添加如下代码：

```
//调整图层显示顺序
AdjLay.Teu = e;
AdjLay.AdjLayMu();
```

右键查看图层的属性表，需添加一个新的窗体，新添加的窗体被命名为GeoMapAttribute，在该窗体上需要拖放一个dataGridView控件，将该控件的实例对象dataGridView1的Modifiers属性设置为public。

至此，已经可以利用鼠标调整TOCControl中图层的显示顺序，而位于主视图中的地图显示顺序也会进行相应调整。在TOCControl控件中右键某图层，就能查看该图层的属性表。

2.4　ToolbarControl 及相关对象

2.4.1　概述

ToolbarControl命名空间包含六个对象及相关接口，它们分别是ToolbarControl、ToolbarItem、ToolbarMenu、CommandPool、CustomizeDialog、MissingCommand。这些对象之间的结构关系如图2.1所示。

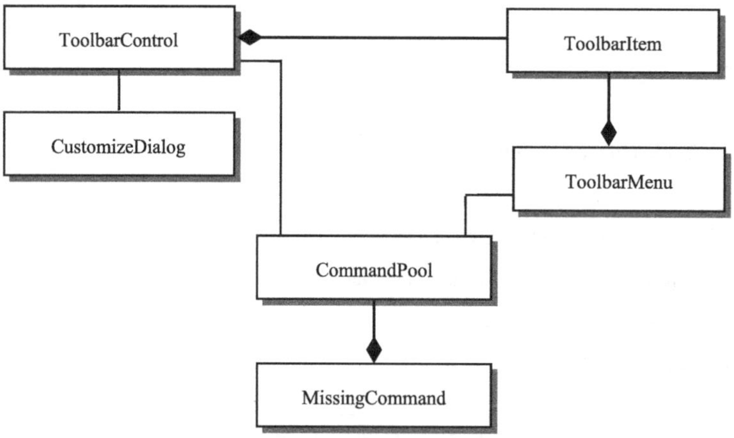

图 2.1　ToolbarControl 及相关对象之间的关系

ToolbarControl控件要与一个伙伴控件协同工作。伙伴控件可以是MapControl、PageLayoutControl、ReaderControl、SceneControl或GlobeControl。伙伴控件可以利用ToolbarControl控件的属性页设置，也可以通过编程设置。该控件的伙伴控件都实现了IToolbarBuddy接口，此接口用于设置伙伴控件的CurrenTool属性。ToolbarControl不仅提供了部分用户界面，而且还提供了部分应用程序框架。ArcGIS Desktop应用程序，如ArcMap、ArcGlobe和ArcScene等具有强大而灵活的框架，包括诸如工具条、命令、菜单、泊靠窗口和状态条等用户界面组件。这种框架使终端用户可以通过改变位置、添加和删除这些用户界面组件来定制应用程序。

2.4.2　ToolbarControl 控件

Hook(钩子)实际是一个对象传出的自身的引用或者叫做指针或者叫做句柄。例如，一个程序，加载一个 Dll 内的对象时通过把 Hook 传递给要调用的对象，这样 Dll 内的对象就得到了应用程序传递给它的这个 Hook，对象可以通过这个 Hook 查看程序内部的结构。实际实现时就是对象间传递指向自身的指针传递给另一个对象。

ToolbarControl 使用钩子（Hook）来联系命令对象和 MapControl 或 PageLayoutControl 控件，并提供属性、方法和事件来管理控件外观、设置伙伴控件、添加和删除命令项、设置当前工具和定制工具。该控件的主要接口包括：IToolbarControl、IToolbarControl2 和 IToolbarControlEvents。

1. IToolbarControl

该接口是任何与 ToolbarControl 有关任务的出发点，如设置控件外观、设置伙伴控件、添加或取出命令、工具、菜单、定制 ToolbarControl 的内容等。

IToolbarControl 接口提供的主要属性包括：Buddy、CommandPool、CurrentTool、Customize、CustomProperty、Enabled、Object、OptionStack、ToolTips、TextAlignment、UpdateInterval 等。

IToolbarControl 接口提供的主要方法包括：AddItem、AddMenuItem、AddToolbarDef、Find、GetItemRect、HitTest、MoveItem、Remove、RemoveAll、SetBuddyControl、Update 等。

2. IToolbarControl2

该接口在继承 IToolbarControl 接口的基础上，又添加了一些新的属性和方法，是目前最新版本接口的代表。

3. IToolbarControlEvents

该接口是一个事件接口，它定义了 ToolbarControl 能够处理的全部事件，如 OnDoubleClick、OnItemClick、OnKeyDown、OnKeyUp、OnMouseDown、OnMouseUp 和 OnMouseMove 等。

4. 在 ToolbarControl 上的命令

在ToolbarControl上可以驻留以下三种类型的命令：

（1）实现了相应单击事件的 ICommand 接口的单击命令，即简单命令。用户单击事件会导致对 ICommand 接口中 OnClick 方法的调用，并执行某种操作。通过改变 ICommand 接口 Checked 属性的值，可以启用或停止简单命令项。单击命令是可以驻留在菜单中的唯一命令类型。

（2）实现了 ICommand 接口和 ITool 接口，需要终端用户与其伙伴控件的显示进行交互的工具。ToolbarControl 维护着一个 CurrentTool 属性，当终端用户单击 ToolbarControl 上的工具时，该工具就成为 CurrentTool，而前一个工具就处于非活动状态。ToolbarControl 会设置其伙伴控件的 CurrentTool 属性，当某个工具为 CurrentTool 时，该工具会从 ToolbarControl 的伙伴控件收到鼠标和键盘事件。

（3）实现了 ICommand 接口和 IToolControl 接口的工具控件。通常为用户界面组件，像 ToolbarControl 上的列表框和组合框。ToolbarControl 驻留了来自 IToolControl 接口 hWnd 属性窗口句柄提供的一个小窗口，只能向 ToolbarControl 添加特定工具控件的一个例程。

有三种方法可以将命令添加到 ToolbarControl 中。第一种方法是指定唯一识别命令的一个 UID 对象（使用 GUID），使用示例如下：

```
UID uID = new UIDClass();
uID.Value = "esriControlCommands.ControlsMapFullExtentCommand";
axToolbarControl1.AddItem(uID, -1, -1, false, 0, esriCommandStyles.esriCommandStyleIconOnly);
```

第二种方法指定一个progID，使用示例如下：

```
string progID = "esriControlCommands.ControlsMapFullExtentCommand";
axToolbarControl1.AddItem(progID, -1, -1, false, 0, esriCommandStyles.esriCommandStyleIconOnly);
```

第三种方法是提供某个现有命令对象的一个例程，使用示例如下：

```
ICommand command = new ControlsMapFullExtentCommandClass();
```

axToolbarControl1.AddItem(command, -1, -1, false, 0, esriCommandStyles.esriCommandStyleIconOnly);

上述三种方法都是通过调用 AddItem 方法将命令添加到 ToolbarControl 控件中，该方法各参数的具体含义请查阅相应的帮助文档。

5. 更新命令

在默认情况下，ToolbarControl 每半秒就自动更新其自身一次，以确保驻留在 ToolbarControl 上的每个工具条命令项的外观与其底层命令的 Enabled、Bitmap 和 Caption 属性同步。通过改变 UpdateInterval 属性，可更改其更新的频率。在应用程序首次调用 Update 方法时，ToolbarControl 会检查每个工具条命令项底层命令的 OnCreate 方法，来检查是否已经被调用过。若还没有调用过该方法，则 ToolbarControl 将作为钩子（Hook）被自动传递给 OnCreate 方法。

6. 定制

利用鼠标选择窗体上的 ToolbarControl 控件实例对象，再单击鼠标右键，将弹出该 axToolbarControl 实例对象的属性对话框，选择属性对话框面板上的 Items 页面，利用其中的 Add 和 Remove All 命令按钮，就可以定制 ToolbarControl 控件上的命令、工具和菜单等。

2.4.3　ToolbarItem

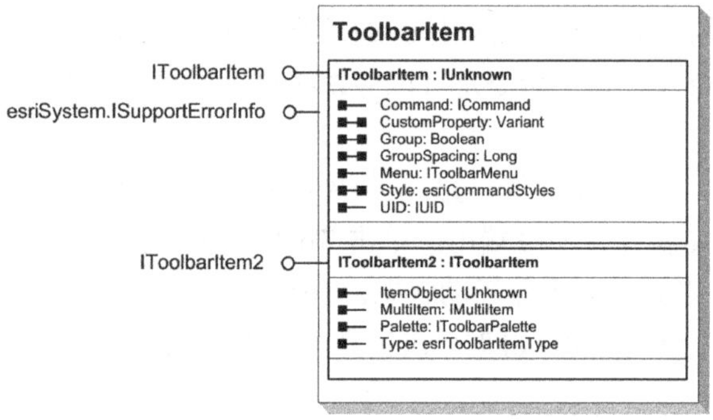

图 2.2　ToolbarItem 接口的主要成员

ToolbarItem 就是驻留在 Toolbarcontrol 或工具条菜单上的单个 Command、Tool、ToolControl 或 Menu Item 菜单。IToolbarItem 接口的属性决定了工具条命令项的外观，如工具条命令项是否在其左侧有一条垂直线，是否开始一个命令组（Group），以及命令项的样式是否有一个位图、标题或两者都有。

ToolBarItem 是一个不可创建的对象，引用不可创建的对象必须通过其他对象获得。ToolbarItem 的主要接口是 IToolbarItem，该接口的主要成员如图 2.2 所示。

2.4.4　ToobarMenu 组件类

ToolbarControl 可以驻留工具条菜单。工具条菜单（ToolbarMenu）表示单击命令项的一个垂直列表。用户必须选择工具条菜单上的一个命令项，或单击工具条菜单之外的地方使其消失。工具条菜单只能驻留命令项（不允许驻留工具或工具控件），工具条菜单本身可以驻留在 ToolbarControl 上，作为子菜单驻留在另一个工具条菜单上，或者作为右键单击弹出式菜单。

每个 Toolbarcontrol 和工具条菜单都有一个命令池（CommandPool），用于管理其使用的命令对象集。命令池中的对象可以重复添加，软件开发人员可以通过编程探测命令池中的对象是否已经被添加过，在实际 GIS 软件开发中，相同的命令对象在命令池中只需添加一次。

ToolbarMenu的主要接口是IToolbarMenu，该接口包含的主要成员如图2.3所示。

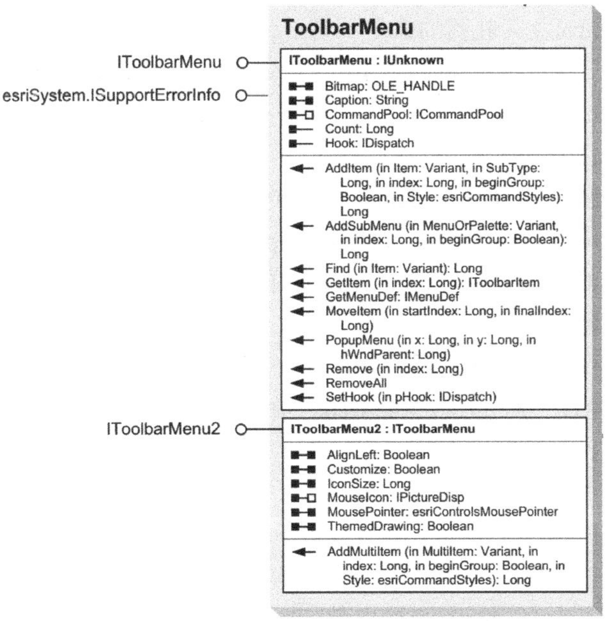

图 2.3　ToolbarMenu 接口的主要成员

2.5　ControlCommands

在ControlCommands命名空间中，提供了大量的命令、工具条及工具、工具控件和菜单。利用ArcGIS Engine进行GIS软件开发，可以直接使用这些对象，使用这些对象包括两种方式：一是通过Toolbarcontrol控件使用；另一种是不通过Toolbarcontrol控件使用。开发人员在实际软件开发过程中，可以创建自己的自定义命令、工具和菜单来扩展ArcGIS Engine提供的命令集。HookHelper、GlobeHookHelper和SceneHookHelper对象可以简化这种开发。

2.5.1　通过 ToolbarControl 控件使用 ControlCommands

通过Toolbarcontrol控件使用ControlCommands有以下三条途径：

（1）在程序设计阶段，利用ToolbarControl控件的属性页设置；

（2）在程序代码中，使用AddItem、AddMenuItem或AddToolbarDef方法将要用到的ControlCommands的实例对象添加到ToolbarControl控件中。命令可以使用AddItem或AddSubMenu方法添加到ToolbarMenu上。

（3）最终用户可以通过Customize对话框进行设置。

2.5.2　不通过 ToolbarControl 控件使用 ControlCommands

利用ToolbarControl控件建立GIS应用程序，可快速构建类似ArcGIS DeskTop应用程序样式的框架组成部分，但在下列情况下应用程序可能并不需要ToolbarControl：

（1）ToolbarControl的可视化外观可能不符合应用程序需要；

（2）不需要实现ToolbarControl的命令对象；

（3）应用程序中已有一个现有的应用程序框架；

（4）ToolbarControl及其驻留的命令不易于跨多个伙伴控件使用。

在上述情况下，开发人员必须直接操作 MapControl、PageLayoutControl、SceneControl、GlobeControl 和 ReaderControl。应用程序可能需要诸如命令按钮、状态条和列表框等用户界面组件，这些组件可由开发环境提供。

作为选择，可使用 ArcGIS Engine 提供的控件命令（ControlCommands）或者使用 HookHelper、GlobeHookHelper 或 SceneHookHelper 直接操作单个的 ArcGIS Engine 控件。但开发人员只需在适当的时候调用 ICommand 接口的 OnCreate 和 OnClick 方法，读取 ICommand 接口上的属性，以便建立用户界面。

通过编程创建命令的一个新例程，并将单个 ArcGIS Engine 控件传递给 OnCreate 事件。如要用 3D 的放大到全图"ZoomToFullExtent"命令操作 GlobeControl，则 GlobeControl 必须作为钩子传递给 OnCreate 方法。

开发人员可以使用脱离 ToolbarControl 的命令池（CommandPool）对象，以便管理应用程序所使用的命令。命令池支持基于命令的钩子属性，调用各个命令的 OnCreate 方法。

若命令只实现了 ICommand 接口，开发人员可在适当的时候调用 OnClick 方法，以执行特定行为。若命令为实现 ICommand 接口和 ITool 接口的工具，开发人员必须将该工具设置为 ArcGIS Engine 控件中的 CurrentTool，ArcGIS Engine 控件会将任何键盘和鼠标事件传送给该工具。如下面的示例代码所示：

```
ICommand pCmd;
pCmd = new ControlsSelectFeaturesToolClass();
pCmd.OnCreate(axMapControl1.Object);
axMapControl1.CurrentTool = pCmd as ITool;//将pCmd定义为操控当前axMapControl1的工具
```

2.6 应用开发实例

2.6.1 概述

命令和工具是 ToolbarControl 控件上最常用的两种对象。当命令对象被驻留到 ToolbarControl 控件上后，就会立即调用 ICommand 接口的 OnCreate 方法，将一个句柄（Handle）或钩子（Hook）传递给该命令操作的应用程序。在命令实现时，先要查看被传递的钩子是否是命令可以操作的对象，若被传递的钩子不被支持，命令将自动失效。若钩子被支持，命令将存储该钩子，以便以后使用。例如，"打开地图文档"命令要操作 MapControl 或 PageLayoutControl，则 MapControl 或 PageLayoutControl 将作为钩子被传递给 OnCreate 方法，该命令就会存储该钩子，以便后续使用。

若 ToolBarControl 被作为钩子传递给 OnCreate 事件，则命令一般会通过 Buddy 属性检查与该工具条协同使用的伙伴控件类型。例如，当驻留在 ToolbarControl 上的一个命令只能操作 ReaderControl，而该 ToolbarControl 控件的伙伴控件却是 MapControl，该命令将自动失效。

HookHelper、GlobeHookHelper 和 SceneHookHelper 可以帮助开发人员创建自定义命令，以操作 ArcGIS Engine 控件。

（1）HookHelper 用于帮助开发人员创建能操作 MapControl、PageLayoutControl 和 ToolbarControl 桌面应用程序的自定义命令。

（2）SecneHookHelper 用于帮助开发人员创建能操作 SceneControl 和 ToolbarControl 桌面应用程序的自定义命令。

（3）GlobeHookHelper 用于帮助开发人员创建能操作 GlobeControl 和 ToobarControl 桌面应用程序的自定义命令。

并不是由开发人员向命令的 OnCreate 方法中添加代码，以确定传递给该命令的钩子类型，而是由 Helper 对象来处理这个任务。Helper 对象用于控制钩子，并返回 ActiveView、PageLayout、Map、Globe 或 Scene 对象，而不管被传递的是何种类型的钩子。当终端用户单击工具条上的某个命令项时，ICommand 接口的 OnClick 方法将被调用，根据钩子类型，利用钩子访问来自伙伴控件的所需对象，以便完成某项工作。IHookHelper 是 HookHelper 的主接口，其属性如表 2.2 所示。

表 2.2　IHookHelper 接口的主要属性

属性类型	属性名称	功能描述
■—	ActiveView	被关联控件或应用程序的活动视图
■—	FocusMap	被关联控件或应用程序的焦点地图
■—□	Hook	关联对项，该对象与 ICommand 接口的 OnCreate 中被传递的对象一致
■—	OperationStack	被关联控件或应用程序的操作栈，用于取消与恢复操作
■—	PageLayout	被关联控件或应用程序的 PageLayout

一般情况下，所有的命令对象都要实现 ICommand 接口的所有成员，所有的工具对象都要实现 ICommand 和 ITool 两个接口的所有成员。为简化自定义命令和工具的开发，ESRI 提供了 BaseCommand 和 BaseTool 两个抽象基类。这两个类都是抽象类，不能直接被实例化，只能被其他类继承使用。这两个基类被定义在 ESRI.ArcGIS.Utility 程序集中，属于 ESRI.ArcGIS.Utility.BaseClasses 命名空间。

这两个基类为 ICommand 和 ITool 每个成员提供了缺省实现，这样就简化了创建自定义命令和工具的过程。开发者不用为每个成员提供实现代码，只需重载自定义命名或工具所需的成员，如 ICommand 接口的 OnCreate 方法，该成员在初始化的类中，必须重载，以便完成用户希望的操作。

在 VS.NET 开发环境中，为 ArcGIS 应用程序创建命令和工具，推荐使用这些基类。以便能够快速、简单、更少出错地创建命令和工具。BaseClasses 有两种：BaseCommand 和 BaseTool，它们都有重载的构造函数，使用户可快速通过构造函数参数设置命令和工具的许多属性。

重载的BaseCommand构造函数有以下签名：

```
public BaseCommand(System.Drawing.Bitmap bitmap,
    string caption,
    string category,
    int helpContextId,
    string helpFile,
```

```
        string message,
        string name,
        string toolTip);
```

重载的BaseTool构造函数有以下签名：

```
public BaseTool(System.Drawing.Bitmap bitmap,
        string caption,
        string category,
        System.Windows.Forms.Cursor cursor,
        int helpContextId,
        string helpFile,
        string message,
        string name,
        string toolTip);
```

1）继承基类

当编写一个新类时，可以使用这些参数化的构造函数。下面是一个名为 PanTool 的新类，它继承了 BaseTool 类。

```
public PanTool():base(null,"地图漫游","My Custom Tool",CursorType,0,"","地图漫游","PanTool","Pan")
{
    //...
}
```

2）直接设置基类成员

作为使用参数化构造函数的备选方案，可以直接设置基类成员。基类暴露其内部成员变量给继承类，每个属性一个，这样就可以在继承类中直接访问它们。例如，代替使用构造函数设置 Caption 属性或重载 Caption 函数，可以在继承类的构造函数中，设置基类中声明的 m_caption 类成员变量。

3）重载成员

当创建继承一个基类的自定义命令和工具时，可能需要重载几个成员。当重载类中的一个成员时，会执行用户提供给该成员的实现代码，而不会执行从基类继承而来的实现代码。

在下面的开发实例中，将结合 HookHelper 和基类（BaseCommand 或 BaseTool）进行自定义命令、工具及菜单的开发。

2.6.2　自定义命令开发实例

当定义新类开发自定义命令时，需继承基类 BaseCommand，一般只需要重写 OnCreate() 和 OnClick()方法。在类的构造函数中，需要对自定义命令类进行初始化。下面通过两个自定义命令进行举例说明。

1. 清除当前活动工具的命令

在 GIS 应用程序操作过程中，某个工具一旦使用，若不使用下一个工具，它将一直处于活动状态，这将给软件操作带来不便。可以开发一个工具，清除 ToolbarControl 上当前的活动工具，具体步骤如下：

（1）右键点击开发环境中的项目，选择其中的添加新类，将弹出如图 2.4 所示的对话框，在该对话框中作如下设置，选择左侧类别列表框中的 ArcGIS，选择右侧模板列表框中的 BaseCommand，输入新建类的名称，本例为 ClearCurruntActiveToolCmd，点击底部的添加按钮，将弹出如图 2.5 所示的对话框，在该对话框中选择 MapControl or PageLayoutControl Tool 选项，点击确定，就能生成一个名为 ClearCurruntActiveToolCmd 的新类。

（2）在类中定义 IToolbarControl 的接口变量 m_ToolbarControl，并在类的构造函数中改变所继承的基类属性。

（3）在 OnCreate 重载函数中，将 Hook 转换为 IToolbarControl，并赋给 m_ToolbarControl 变量。

（4）在 OnClick 重载函数中，将 m_ToolbarControl 接口变量的 CurrentTool 属性设置为空即可。

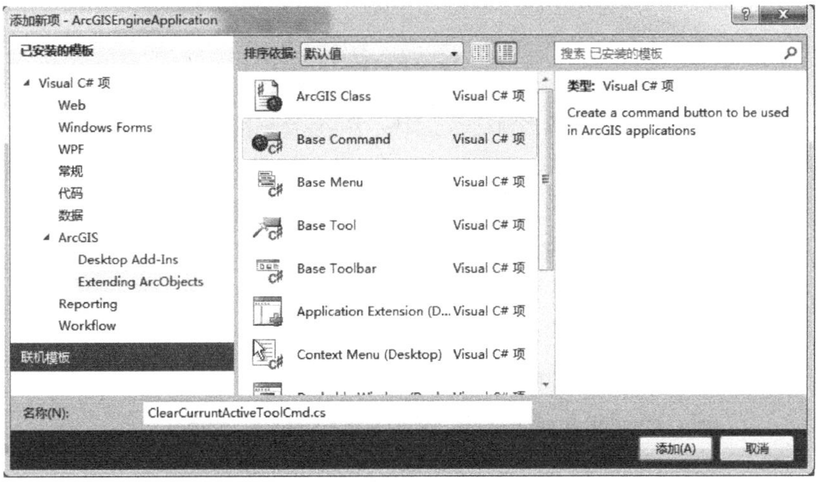

图 2.4　自定义命令类继承 BaseCommand 基类

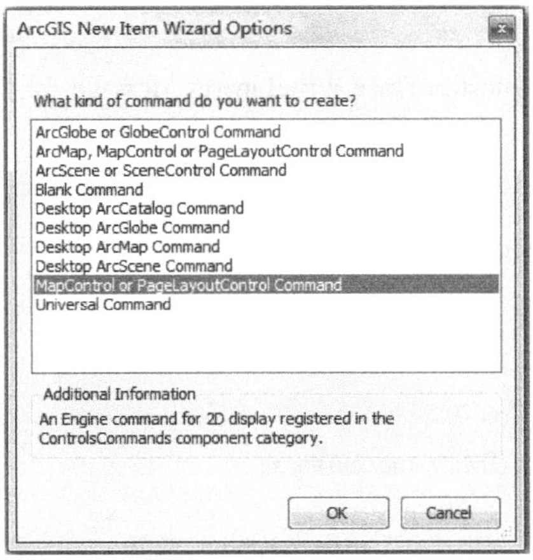

图 2.5　自定义命令用于操作 MapControl 或 PageLayoutControl 控件

（5）全部实现代码如下：

```
using System;
using System.Drawing;
using System.Runtime.InteropServices;
using ESRI.ArcGIS.ADF.BaseClasses;
using ESRI.ArcGIS.ADF.CATIDs;
using ESRI.ArcGIS.Controls;
//命名空间此处略去
public sealed class ClearCurruntActiveToolCmd : BaseCommand
{
    private IMapControl4 m_MapControl;
    //private IToolbarControl m_ToolbarControl;
    public ClearCurruntActiveToolCmd()
    {
        base.m_category = "Custom Command"; //将命令进行归类
        base.m_caption = "清除当前活动工具";  //表明命令标题
        base.m_message = "清除当前活动工具";  //信息提示
        base.m_toolTip = "清除当前活动工具";  //鼠标提示信息
        base.m_name = "清除当前活动工具";    //命令名称
        try
        {
            //设置命令图标和鼠标显示状态
            string bitmapResourceName = GetType().Name + ".bmp";
            base.m_bitmap = new Bitmap(GetType(), bitmapResourceName);
        }
        catch (Exception ex)
        {
            System.Diagnostics.Trace.WriteLine(ex.Message, "无效图标");
        }
    }
    public override void OnCreate(object hook)
    {
        if (hook == null)
            return;
        m_MapControl = (IMapControl4)hook;
}
    public override void OnClick()
    {
        m_MapControl.CurrentTool = null; //将当前活动工具置空
```

```
        }
    }
```

（6）需要注意的是，为了便于介绍将该命令添加到 ToolStrip 控件上，注解了在 ToolbarControl 控件上实现该命令的相应代码，读者可以根据自己的需要注释或取消注释相应的代码，以实现该功能在不同控件上的实现。利用下面的代码可将命令添加到 ToolbarControl 控件上：

```
axToolbarControl1.AddItem(new ClearCurruntActiveToolCmd (), -1, -1, false, 0, esriCommandStyles.esriCommandStyleIconOnly);
```

在 ToolStrip 上新建 Button 按钮，并在该按钮的 Click 事件添加如下代码，即可实现同样的功能：

```
ClearCurruntActiveToolCmd clearCurrentTool = new ClearCurruntActiveToolCmd();
clearCurrentTool.OnCreate(axMapControl1.Object);
clearCurrentTool.OnClick();
```

2. 清除当前地图中的选择要素

下面利用自定义命令，清除当前地图中的选择要素。步骤与上例一样，所建新类名为 ClearFeaSelected，具体软件代码如下：

```
using System;
using System.Drawing;
using System.Runtime.InteropServices;
using ESRI.ArcGIS.ADF.BaseClasses;
using ESRI.ArcGIS.Controls;
using ESRI.ArcGIS.Carto;
namespace AppGIS1
{
    public sealed class ClearFeaSelected : BaseCommand
    {
        private IHookHelper m_hookHelper;
        public ClearFeaSelected()
        {
          //改变继承类的属性
            base.m_category = "Custom Command";
            base.m_caption = "清除当前地图选择要素";
            base.m_message = "清除当前地图选择要素";
            base.m_toolTip = "清除当前地图选择要素";
            base.m_name = "清除当前地图选择要素";
            try
            {
                //设置命令的图标
```

```
                string bitmapResourceName = GetType().Name + ".bmp";
                base.m_bitmap = new Bitmap(GetType(), bitmapResourceName);
            }
            catch (Exception ex)
            {
                System.Diagnostics.Trace.WriteLine(ex.Message, "无效图标");
            }
        }
        public override void OnCreate(object hook)
        {
            if (hook == null)
                return;
            if (m_hookHelper == null)
                m_hookHelper = new HookHelperClass();
            //将mapControl作为钩子传递
            m_hookHelper.Hook = hook;
        }
        public override void OnClick()
        {
            m_hookHelper.FocusMap.ClearSelection();
            //获取焦点地图的IActiveView接口
            IActiveView pActiveView = m_hookHelper.FocusMap as IActiveView;
            pActiveView.Refresh();
        }
    }
}
```

2.6.3　自定义开发工具

自定义工具的开发需继承基类 BaseTool，在类的构造函数中，需对自定义工具进行初始化。因工具需要用户用鼠标与 MapControl、PageLayoutControl 等地图类控件进行交互，以完成某个特定的功能。除需重写 OnCreate 方法外，还要根据具体情况重写其他方法，如 OnMouseDown、OnMouseMove 和 OnMouseUp 等。下例通过开发实现地图缩小的 ZoomOut 工具进行举例说明，基本步骤如下：

（1）建立新类 MapZoomOutTool，需要继承 BaseTool 基类，如图 2.6 所示。在随后弹出的对话框中仍然选择 MapControl or PageLayoutControl Tool 选项。

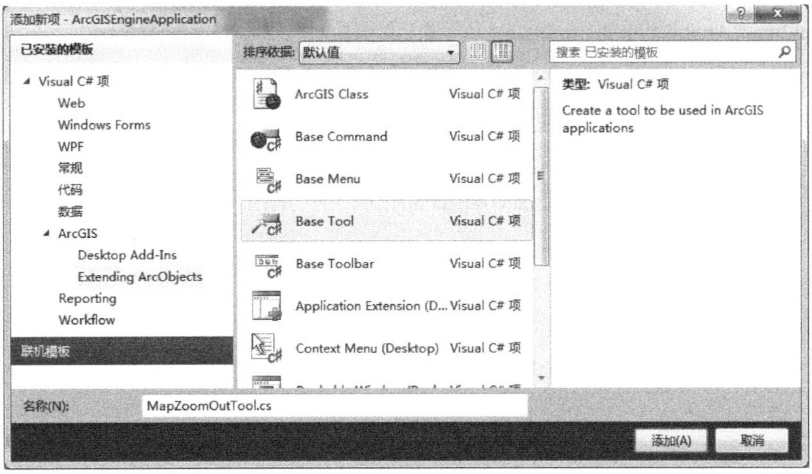

图 2.6　自定义工具类

（2）在类中需要判断用户是点击缩小还是拉框缩小，具体实现代码如下：

```
using System.Runtime.InteropServices;
using ESRI.ArcGIS.ADF.CATIDs;
using ESRI.ArcGIS.Carto;
using ESRI.ArcGIS.Controls;
using ESRI.ArcGIS.esriSystem;
using ESRI.ArcGIS.Geometry;
using ESRI.ArcGIS.ADF.BaseClasses;
using ESRI.ArcGIS.ADF;
using ESRI.ArcGIS.Display;
public sealed class MapZoomOutTool : BaseTool
{
    private INewEnvelopeFeedback m_feedBack;
    private IPoint m_point;
    private Boolean m_isMouseDown;
    private IHookHelper m_HookHelper = new HookHelperClass();
    public MapZoomOutTool()
    {
        //设置command属性
        base.m_caption = "缩小";
        base.m_message = "缩小";
        base.m_toolTip = "缩小";
        base.m_name = "缩小";
        base.m_category = "GeoMapPlane";
        base.m_bitmap = new System.Drawing.Bitmap(string.Format("{0}\\软件开发统一图标
```

```
\\ZoomOut.bmp",Application.StartupPath));//设置工具图标
            base.m_cursor = new System.Windows.Forms.Cursor(string.Format("{0}\\软件开发统一图
标\\ZoomOut.cur",Application.StartupPath));
        }
        public override void OnCreate(object hook)
        {
            m_HookHelper.Hook = hook;
        }
        public override bool Enabled
        {
            get
            {
                if (m_HookHelper.FocusMap == null) return false;
                    return true;
            }
        }
        public override void OnMouseDown(int button, int shift, int x, int y)
        {
            if (m_HookHelper.ActiveView == null) return;
            //如果是视图
            if (m_HookHelper.ActiveView is IActiveView)
            {
                //图上创建一个点
                IPoint pPoint =
m_HookHelper.ActiveView.ScreenDisplay.DisplayTransformation.ToMapPoint(x, y) as IPoint;
                //得到地图框
                IMap pMap = m_HookHelper.ActiveView.HitTestMap(pPoint);
                if (pMap == null) return;
                if (pMap != m_HookHelper.FocusMap)
                {
                    m_HookHelper.ActiveView.FocusMap = pMap;
    m_HookHelper.ActiveView.PartialRefresh(esriViewDrawPhase.esriViewGraphics, null, null);
                }
            }
            //在焦点图上创建一个点
            IActiveView pActiveView = (IActiveView)m_HookHelper.FocusMap;
            m_point = pActiveView.ScreenDisplay.DisplayTransformation.ToMapPoint(x, y);
            m_isMouseDown = true;
        }
```

```
public override void OnMouseMove(int button, int shift, int x, int y)
{
    if (!m_isMouseDown) return;
    IActiveView pActiveView = m_HookHelper.FocusMap as IActiveView;
    //初始一个范围
    if (m_feedBack == null)
    {
        m_feedBack = new NewEnvelopeFeedbackClass();
        m_feedBack.Display = pActiveView.ScreenDisplay;
        m_feedBack.Start(m_point);
    }
    base.m_cursor = new System.Windows.Forms.Cursor(string.Format("{0}\\软件开发统一图
标\\ MoveZoomOut.cur",Application.StartupPath));
    m_feedBack.MoveTo(pActiveView.ScreenDisplay.DisplayTransformation.ToMapPoint(x,
y));
}
public override void OnMouseUp(int button, int shift, int x, int y)
{
    base.m_cursor = new System.Windows.Forms.Cursor(string.Format("{0}\\软件开发
统一图标\\ ZoomOut.cur",Application.StartupPath));
    if (!m_isMouseDown) return;
    IEnvelope pEnvelope;
    IEnvelope pFeedEnvelope;
    double newWidth, newHeight;
    IActiveView pActiveView = (IActiveView)m_HookHelper.FocusMap;
    //如果不画范围
    if (m_feedBack == null)
    {
        //点击缩小当前范围
        pEnvelope = pActiveView.Extent;
        pEnvelope.Expand(1.5, 1.5, true);
        pEnvelope.CenterAt(m_point);
    }
    else
    {
        //停止画框
        pFeedEnvelope = m_feedBack.Stop();
        if (pFeedEnvelope.Width == 0 || pFeedEnvelope.Height == 0)
        {
```

```
                    m_feedBack = null;
                    m_isMouseDown = false;
                }
                newWidth = pActiveView.Extent.Width * (pActiveView.Extent.Width / pFeedEnvelope.Width);
                newHeight = pActiveView.Extent.Height * (pActiveView.Extent.Height / pFeedEnvelope.Height);
                //建立新的范围坐标
                pEnvelope = new EnvelopeClass();
                pEnvelope.PutCoords(pActiveView.Extent.XMin - ((pFeedEnvelope.XMin - pActiveView.Extent.XMin) * (pActiveView.Extent.Width / pFeedEnvelope.Width)),
                    pActiveView.Extent.YMin - ((pFeedEnvelope.YMin - pActiveView.Extent.YMin) * (pActiveView.Extent.Height / pFeedEnvelope.Height)),
                    (pActiveView.Extent.XMin - ((pFeedEnvelope.XMin - pActiveView.Extent.XMin) * (pActiveView.Extent.Width / pFeedEnvelope.Width))) + newWidth,
                    (pActiveView.Extent.YMin - ((pFeedEnvelope.YMin - pActiveView.Extent.YMin) * (pActiveView.Extent.Height / pFeedEnvelope.Height))) + newHeight);
            }
            //建立新的视图范围
            pActiveView.Extent = pEnvelope;
            pActiveView.Refresh();
            m_feedBack = null;
            m_isMouseDown = false;
        }
    }
```

2.6.4 自定义菜单开发实例

在 ToolbarControl 上不仅可以驻留命令和工具，还可以驻留菜单条。要在工具条上驻留菜单条，首先需要实现 IMenuDef 接口，在工具条上实现菜单功能，还需将菜单中的所有命令类组织在一个项目文件（DLL）中，再在其他项目中添加该项目的引用。下面通过举例来说明如何将地图符号化的六个命令类和实现 IMenuDef 接口的类 SymbologyMenu 组织在一个项目 Symbology 中。

本实例将自定义下拉菜单和六种符号化的方法封装在一个动态链接库文件 DLL 中，并在新建的工程中引用封装好的 DLL，具体步骤如下：

（1）新建 DLL 文件。打开 Visual Studio2010 以上版本的开发环境，选择新建项目对话框中的“类库”，如图 2.7 所示，输入一个项目名，点击“确定”。

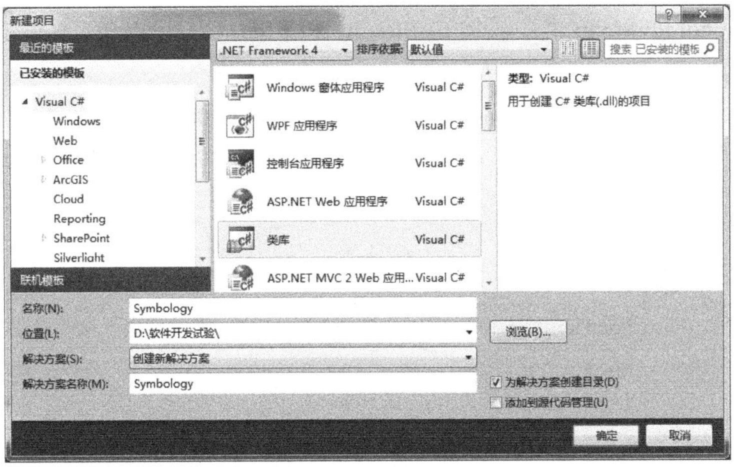

图 2.7　新建名为 Symbology 的类库

（2）用鼠标右击新建的项目，选择添加“类”，如图 2.8 所示。在已内置的模板中选择“Base Menu”，如图 2.9 所示，将其命名为“SymbologyMenu”，并点击“添加”。

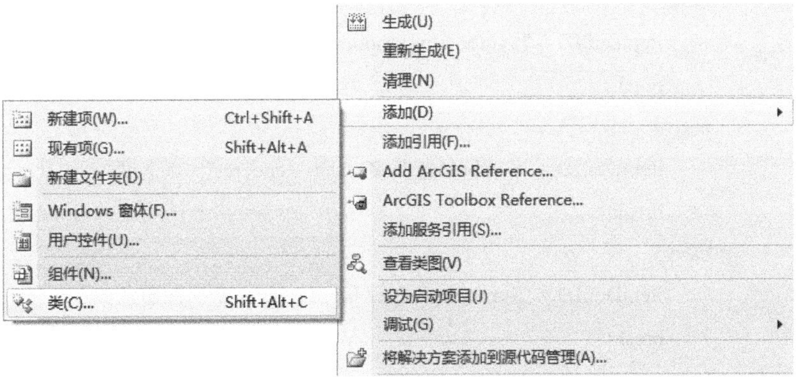

图 2.8　在新建类库中添加类

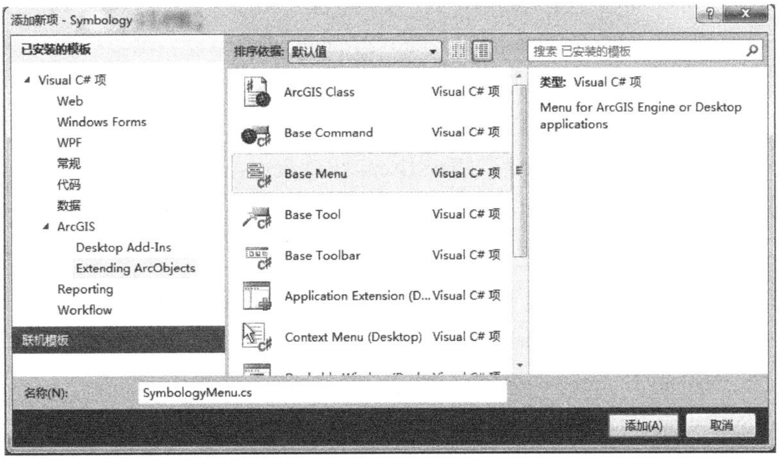

图 2.9　选择 ArcGIS 内置模板选项中的 Base Menu

（3）在 SymbologyMenu 类中添加 GetItemInfo 和 ItemCount 方法，重写 Caption 和 Name 属性，实现代码如下：

```
public void GetItemInfo(int pos, IItemDef itemDef)    //GetItemInfo方法
{
    switch (pos)
    {
        case 0:
            itemDef.ID = "Symbology.SimpleRender";//简单着色
            break;
        case 1:
            itemDef.ID = "Symbology.UniqueValueRenderer";//唯一值着色
            break;
        case 2:
            itemDef.ID = "Symbology.ClassBreaksRender";//分级着色
            break;
        case 3:
            itemDef.ID = "Symbology.ProportionalSymbol";//按比例着色
            break;
        case 4:
            itemDef.ID = "Symbology.DotDensityRenderer";//点密度图
            break;
        case 5:
            itemDef.ID = "Symbology.BarChartRenderer";//饼图着色
            break;
    }
}
public int ItemCount    { get{ return 6;}} //ItemCount方法
public override string Caption { get{ return "SymbologyMenu";} }//重写 Caption 属性
public override string Name { get{ return "SymbologyMenu";}}//重写Name属性
```

分别添加六个新类，选择新类的派生类为“Base Command”，将这些类分别命名为 SimpleRender、UniqueValueRenderer、ClassBreaksRender、ProportionalSymbol、DotDensity-Renderer、BarChartRenderer，在六个新建类中分别加入符号化的代码（具体代码将随后举例说明）。

（4）在Symbology的构造函数中添加下拉菜单项，实现代码如下：

```
AddItem("Symbology.SimpleRender");
AddItem("Symbology.UniqueValueRenderer");
AddItem("Symbology.ClassBreaksRender");
AddItem("Symbology.ProportionalSymbol");
AddItem("Symbology.DotDensityRenderer");
```

```
AddItem("Symbology.BarChartRenderer");
```

（5）确定自定义菜单和自定义工具无误后，在 Visual Studio 开发环境中选择“生成”→“生成解决方案”菜单选项，在新建项目的“bin-debug”文件夹中将生成所需的 DLL 文件。

（6）在需要引用该菜单的工程中选择“项目”→“添加引用”→“浏览”找到上一步生成的 DLL 文件，并利用“using Symbology”将其导入程序，如图 2.10 所示。

（7）要在ToolbarControl控件上添加该菜单，需要在主窗体的Load事件中加入以下代码：

```
IMenuDef menuDef = new Symbology.SymbologyMenu();
axToolbarControl1.AddItem(menuDef, -1, -1, false, -1, esriCommandStyles.esriCommandStyleTextOnly);
```

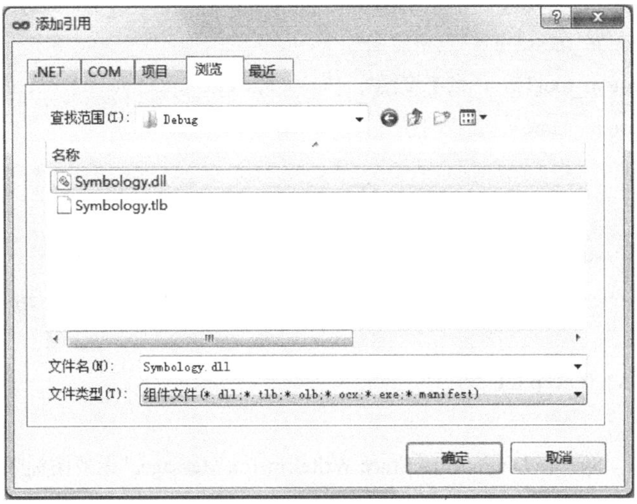

图 2.10　在项目中引用 Symbology.dll

下面是生成点密度图命令的示例代码，其他着色方法的实现代码请参阅本书后续章节的介绍。

```
//点密度图的命令代码
using System;
using System.Drawing;
using System.Runtime.InteropServices;
using ESRI.ArcGIS.ADF.BaseClasses;
using ESRI.ArcGIS.ADF.CATIDs;
using ESRI.ArcGIS.Controls;
using ESRI.ArcGIS.Carto;
using ESRI.ArcGIS.Geodatabase;
using ESRI.ArcGIS.esriSystem;
using ESRI.ArcGIS.SystemUI;
using ESRI.ArcGIS.Geometry;
using ESRI.ArcGIS.Display;
using ESRI.ArcGIS.ADF;
```

```
namespace Symbology
{
    public sealed class DotDensityRenderer : BaseCommand
    {
        private IHookHelper m_hookHelper;
        public DotDensityRenderer()
        {
            base.m_category = "点密度图";
            base.m_caption = "点密度图";
            base.m_message = "点密度图";
            base.m_toolTip = "点密度图";
            base.m_name = "点密度图";
            try
            {
                string bitmapResourceName = GetType().Name + ".bmp";
                base.m_bitmap = new Bitmap(GetType(), bitmapResourceName);
            }
            catch (Exception ex)
            {
                System.Diagnostics.Trace.WriteLine(ex.Message, "无效图标");
            }
        }
        public override void OnCreate(object hook)
        {
            if (hook == null)
                return;
            if (m_hookHelper == null)
                m_hookHelper = new HookHelperClass();
            m_hookHelper.Hook = hook;
        }
        public override void OnClick()
        {
            string strPopField = "YBD";
            IActiveView pActiveView = m_hookHelper.ActiveView;
            IMap pMap = m_hookHelper.FocusMap;
            IGeoFeatureLayer pGeoFeatureL = pMap.get_Layer(0) as IGeoFeatureLayer;
            IDotDensityRenderer pDotDensityRenderer = new DotDensityRendererClass();
            IRendererFields pRendererFields = (IRendererFields)pDotDensityRenderer;
            pRendererFields.AddField(strPopField, strPopField);
```

```
                IDotDensityFillSymbol pDotDensityFillS = new DotDensityFillSymbolClass();
                pDotDensityFillS.DotSize = 0.5;
                pDotDensityFillS.Color = GetRGB(0, 0, 0);
                pDotDensityFillS.BackgroundColor = GetRGB(239, 228, 190);
                ISymbolArray pSymbolArray = (ISymbolArray)pDotDensityFillS;
                ISimpleMarkerSymbol pSimpleMarkerS = new SimpleMarkerSymbolClass();
                pSimpleMarkerS.Style = esriSimpleMarkerStyle.esriSMSCircle;
                pSimpleMarkerS.Size = 0.5;
                pSimpleMarkerS.Color = GetRGB(128, 128, 255);
                pSymbolArray.AddSymbol((ISymbol)pSimpleMarkerS);
                pDotDensityRenderer.DotDensitySymbol = pDotDensityFillS;
                pDotDensityRenderer.DotValue =0.5;
                pDotDensityRenderer.CreateLegend();
                pGeoFeatureL.Renderer = (IFeatureRenderer)pDotDensityRenderer;
                pActiveView.PartialRefresh(esriViewDrawPhase.esriViewGeography, null, null);
            }
        }
    }
```

注：上述代码中点密度着色的字段是“YBD”，为实例数据的属性字段。本书提供了软件运行的示例图层文件。读者可根据自己的数据设置该字段参数。

2.6.5　生成上下文菜单

若要在 axMapControl1 中使用 2.6.4 节中定义的菜单作为上下文菜单，首先需要在包含 axMapControl1 控件窗体的类的变量声明部分声明一个 IToolbarMenu 类型的变量 m_ToolbarMenu，声明方式如下：

```
IToolbarMenu m_ToolbarMenu=new ToolbarMenuClass();
```

然后在包含axMapControl1窗体的Load事件中加入以下代码：

```
//往m_ToolbarMenu中添加菜单项，并设置其Hook
m_ToolbarMenu.AddItem(menuDef, -1, -1, false, esriCommandStyles.esriCommandStyleMenuBar);
m_ToolbarMenu.SetHook(axToolbarControl1); //设置ToolbarMenu的钩子
```

最后在axMapControl1的onMouseDown事件中加入以下代码：

```
if (e.button == 2)
{
    m_ToolbarMenu.PopupMenu(e.x, e.y, axMapControl1.hWnd); //弹出菜单
}
```

按上述方法就能实现axMapControl1的右键菜单功能。

在上面的分析中，将实现地图符号化的命令以菜单的方式放置在 ToolbarControl 上，同样也可以将这些功能放置在 Visual Studio.NET 提供的菜单上。例如，在 System.Windows.Forms.MainMenu 上，添加点密度图菜单项，在其 click 事件中添加下列代码：

```
ICommand pCmd;
pCmd = new Symbology.DotDensityRenderer();
pCmd.OnCreate(axMapControl1.GetOcx());
if (pCmd.Enabled)
{
    pCmd.OnClick();
}
```

点击该菜单项，就能生成点密度图。

第 3 章　插件式工具集的实现

第 2 章中介绍 ICommand 的制作，理清了其与 AxMapControl 之间的关系。事实上，ArcObjects 中的四大主控件 AxMapControl、AxPageLayoutControl、AxSceneControl 和 AxGlobeControl 都是通过 ICommand 及其扩展 ITool 实现与用户进行交互的。本章将结合插件式开发的基本思想和 ArcGIS Engine 组件式开发技术，在处理好四大控件和工具集之间关系的基础上，搭建一个简单的插件式 GIS 平台，供读者理解、参考及延伸。

在 ArcGIS Engine 程序中，ICommand 工具有两种使用方式：可以单独实例化来调用，也可以添加到 AxToolbarControl 工具栏控件。但在实际开发过程中，直接使用 ArcEngine 内置的工具栏控件虽然很方便（在设计器中添加所列的工具项即可），但开发者无法控制工具按钮的状态及外观，因此本章中使用前者，以便灵活控制。

3.1　插件式设计简介

软件开发过程中，软件产品应具有合理的组织结构和良好的可扩展性，以适应用户不断变更的需求。研发团队希望软件系统各功能模块相对独立，代码有统一的集成方式和良好的可移植性，便于维护。

在通常情况下，软件系统总是被设计成很多个独立的模块，彼此之间通过公共接口或共享容器进行交互。目前通行的做法是把这些独立模块设计为插件，再用一个主程序来调用和管理这些插件，这就是开发插件式应用程序的基本思想。

插件式程序设计有以下优势：

（1）软件系统由若干相互独立的功能模块组成，各模块的设计、编码和维护有统一的规范，插件开发工作可并行实施，也便于在现有程序中扩展功能、动态组装。

（2）当增加或删减功能模块时，不会影响主程序的运行，即主程序和子模块之间以一种很松的方式耦合，两者在保持接口不变的情况下，可以独立变化和发布；

（3）开源与闭源共存于一体，通常的插件框架运行主体比较复杂，成本较高，因此以闭源的形式发布，并公开插件接口，再以开源形式发布部分插件。

熟悉 ArcMap 的读者可注意到其本身即为插件式结构，而 ArcObjects 在部分模型的设计上，也使用了典型的插件式思想。插件式的实现方式多样，如 C++中常用的加载动态链接库的方式，还有基于微软的 COM 组件技术，本章中使用 java 和 C#都具备的反射技术。后续章节中，将只针对 ArcGIS Engine 中工具类（ICommand）的特点，建立一套对其调用及扩展的简单方式，以介绍插件式框架的工作机制及构建流程。

3.2　插件式开发框架的工作机制

3.2.1　插件式的体系结构

常用的插件式应用框架由主程序、通用契约（服务接口）和插件三个部分组成，主程序作为宿主程序存在，它可以获取插件对象，并且能够提供各插件的应用环境，挂载插件的功能。主程序作为插件的载体，主要负责程序启动和插件运行环境的建立，其本身的工作不受插件的制约；插件是具体业务功能的实施者，实现了契约中所规定的服务接口；主程序和插件之间通过契约通信，契约规定了主程序以何种方式调用插件。程序启动时，按照契约接口，在插件目录中搜寻功能模块，一次性加载到程序框架中，或者动态加载所需展示的功能入口。插件的体系结构如图 3.1 所示。

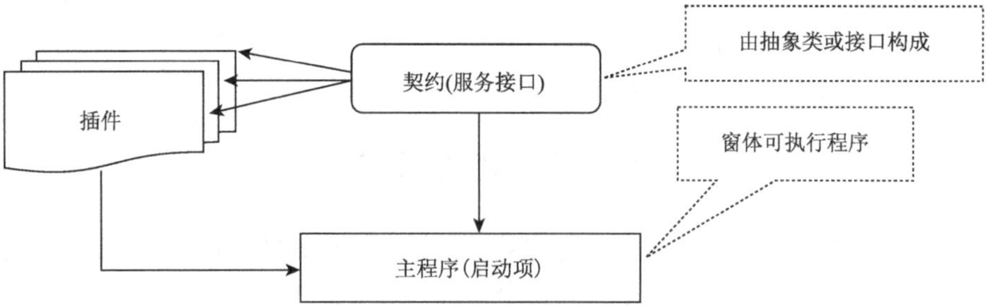

图 3.1　插件体系结构

合理组织同类插件，可利用抽象类封装其共享的属性和方法，由派生自该抽象类的插件功能类来具体实现。由此，接口仍是插件与主程序间的通信协议。

3.2.2　插件的实现原理

为达到灵活扩展程序功能的目的，最终可利用插件机制动态地生成上述菜单栏和工具栏中的功能项。插件式的工作机制本质是主程序对插件程序集的引用，有别于静态链接的固定引用方式。在插件式框架中，程序运行之前，主程序对插件的存在状态不可预知。在程序运行时，主程序才通过一定方法来动态加载程序集，并获取程序集中的相关类型信息，再调用相应方法以获取各类型的实例。这种机制被称为反射。

反射机制可理解为由一个编程系统提供的一种功能，该功能使程序员可以在不用了解其标识或正式结构的情况下，检查或操作程序集功能。因此，以反射为中心的任务包括：检查和操作。

（1）检查，即用于分析对象和类型，以便收集其定义和行为的结构化信息。

（2）操作是利用检查收集到的信息创建已发现类型的新实例，调用方法和属性，或动态重新结构化类型和对象。

在.NET 平台中，反射机制的功能实现位于 System.Reflection 命名空间。它提供了一种良好的对象模型，开发人员利用 Assembly 类可加载程序集，浏览程序集的元数据和构成部分，了解程序集中包含的类型、父类型及创建这些类型实例的方法。

本章中对于 AE 工具集的插件式组织结构，则是利用了.NET 平台的反射机制来动态获取插件的，按以下步骤进行：

（1）利用 System.IO.DirectoryInfo 类的 GetFiles 方法查找所有的以“.dll”为扩展名的文件，以便获取到各插件的物理路径。

（2）得到路径字符串数组，利用 System.Reflection.Assembly 类的 LoadFrom 方法，把各路径下的文件加载到 Assembly 类的实例中。

（3）加载一个程序集后，再利用 Assembly 类的 GetTypes 方法，获取此程序集中定义的类型。遍历所有类型，再通过 Assembly 类的 GetInterfaces 方法，获取一个类型所有实现的接口。

（4）遍历各接口，检查是否包含插件接口，对满足条件的，则通过 Assembly 类的 CreateInstance 方法，创建对应类型的实例，并将实现同一类接口的实例存放在各自的容器中。

（5）主程序在实例化的插件容器里就可以得到各插件实例，进行初始化及调用操作。

以上步骤的具体实现方法，可参考本章 3.4 节。

3.3　插件逻辑模型

任何插件体系必须形成可统一组织和调配的整体，各类插件功能类虽然内容不同，但可抽象出统一的布局和调用方式，与其关联的容器也可抽象成相同的管理方式。因此按插件功能类的行为，设计出较高内聚程度的模型体系，以提高系统代码的扩展性和可读性是十分必要的。以下，将插件逻辑模型的对象全部定义在“APrimaryAbstractLib”类库中，其中类型所在的命名空间即“APrimaryAbstractLib”。

3.3.1　插件基类及接口的定义

本章为各插件功能定义了公共基类（AbstratcPluginBaseCls），以封装插件功能在被主程序引用时的统一动作。其中，包含功能名称、类别、点击方法、界面事件委托、所在程序集路径和功能适用的控件种类。该基类的具体实现可参看示例代码，其所对应的接口如下：

```
public interface IPluginBaseItem
{
    string Name { get; }                    /// 名称，同类型下具有唯一性
    string Category { get; }                /// 所属类别
    CmdHookObjType HookType { get; }        /// 界面工具所操作的控件类型，可组合
    EventHandler ClickHandler { get; }      /// 按钮点击事件
    void OnClick();                         /// 按钮点击时触发的方法
    string DllFilePath { get; }             /// 为其所在Dll的路径
}
```

其中，定义了控件类型枚举属性(CmdHookObjType HookType)，即该功能具体可操作哪些控件由其标记，该枚举类型的具体定义如下：

```
public enum CmdHookObjType                  /// 控件对象类型
{
    MapControl = 1,                         /// 地图视图
```

```
        PageLayout = 2,                         /// 版面视图
        SceneControl = 4,                       /// 三维场景视图
        GlobeControl = 8,                       /// 三维球体视图
    }
```

例如，某功能类需定义为地图视图、版面视图及三维场景视图可适用，则可在其派生类中重载控件类别属性（HookType），具体代码如下：

```
public override CmdHookObjType HookType
{
    get
    {
        CmdHookObjType reHkObjType =
                CmdHookObjType.MapControl | CmdHookObjType.PageLayout
                | CmdHookObjType.SceneControl ;
        return reHkObjType;
    }
}
```

而具体进行判断时，可将功能类所标记的类型与各类型进行位“与”运算。例如，当取得功能类的控件类型属性为“ctrlType”变量，需判断其是否包含 CmdHookObjType.PageLayout 的定义，则可写为“bool isDenfi = (wds & CmdHookObjType.PageLayout) != 0;”，其中“isDenfi”为“true”可确定为包含。

3.3.2 插件容器基类及接口的定义

3.2 节中为各插件功能定义了公共基类和基础接口，根据插件功能的管理和调用方式，设计插件容器的接口如下：

```
public interface IPluginManager
{   /// <param name="nameKey">功能项的唯一名称</param>
    /// <returns>存在则返回true</returns>
    bool IsExistPluginItem(string nameKey);                 /// 判断功能项是否已存在
    /// <param name="item">新添加的功能项</param>
    /// <returns>存在则添加不成功，返回false</returns>
    bool AddPluginItem(IPluginBaseItem item);               /// 添加新的插件功能对象
    List<string> AllItemsNameKeys {get;}                    /// 得到所有已添加注册的功能项
    /// <param name="nameKeyStr">功能项名称</param>
    /// <returns>取得的功能项</returns>
    IPluginBaseItem this[string nameKeyStr] { get; }        /// 按名称取得容器中的功能项
    /// 按类别得到功能（项）的集合
    /// <param name="captionName">所检索的类别名</param>
    /// <returns>该类型的所有功能项</returns>
    List<IPluginBaseItem> GetItemByCategory(string categoryName);
```

```
    /// <param name="type">控件类型</param>
    /// <param name="ctrHook">控件对象</param>
    void SetControl(CmdHookObjType type, object ctrHook);        /// 添加控件及其类型
    /// <param name="type">控件类型</param>
    void RemoveCtrl(CmdHookObjType type);                        /// 移除对应的类型
    void ClearTypeCtrl();                                        /// 清除控件及其类型
    /// <param name="typeKey">控件类型</param>
    /// <returns>存在则返回true</returns>
    bool IsExistTypeKey(CmdHookObjType typeKey);                 /// 判断控件类型是否已设置
    /// <param name="hookType">控件类型</param>
    /// <returns>控件对象</returns>
    object this[CmdHookObjType hookType] { get; }                /// 按类型取得所注册的控件
    List<string> Categorys { get; }                              /// 得到所有的菜单（项）的类别
}
```

由注释中可了解到其中各成员的具体作用，而在其实现类（AbstractPluginManager）中，定义了两个受保护成员变量，用以管理展示性主控件和插件功能类，以下列出该类中的部分实现方法，其完整源码可查看示例项目。

```
public class AbstractPluginManager
{
    protected IDictionary<CmdHookObjType, object> m_typeCtrlObj =
        new Dictionary<CmdHookObjType, object>();
    protected List<IPluginBaseItem> m_pluginItemLis =
        new List<IPluginBaseItem>();
    public bool IsExistPluginItem(string nameKey)
    {   foreach (IPluginBaseItem perItem in this.m_pluginItemLis)
            if (perItem.Name == nameKey) return true;
        return false;
    }
    public IPluginBaseItem this[string nameKeyStr]
    {
        get
        {   IPluginBaseItem item = null;
            foreach (IPluginBaseItem perItem in this.m_pluginItemLis)
                if (perItem.Name == nameKeyStr)   item = perItem;
            return item;
        }
    }
    public virtual void SetControl(CmdHookObjType type, object ctrlHook)
    {
```

```
            if (m_typeCtrlObj.ContainsKey(type))
                m_typeCtrlObj[type] = ctrlHook;
            else
                m_typeCtrlObj.Add(type, ctrlHook);
        }
        public object this[CmdHookObjType hookType]
        {
            get
            {
                if (m_typeCtrlObj.ContainsKey(hookType))
                    return m_typeCtrlObj[hookType];
                else
                    return null;
            }
        }
        ……
    }
```

上述代码片段中的最后一项是该容器按控件类型的索引器，故其派生类可按控件类型获得已加入其中的控件对象，使用方法可参考 3.3.5 节。

3.3.3 插件容器的设计

为管理菜单项和工具栏上的各功能类，需为两者定义不同的插件管理容器。为此，设计 IMenuManager 接口及其实现类 MenuManagerCls，用于管理菜单项的插件接口 IBaseMenu（参见后文）。并定义工具项的插件容器类 CommandManagerCls 及其接口 ICommandManager，以管理工具栏上的插件接口 IBaseCommd（后文将介绍）。而这两类，都继承了容器的基类（AbstractPluginManager），其接口也继承了容器的基础接口（IPluginManager）。

各接口和类的详细实现代码如下：

（1）IMenuManager 接口及 MenuManagerCls 类。

```
public interface IMenuManager : IpluginManager {  }
public class MenuManagerCls : AbstractPluginManager, ImenuManager {  }
```

用于管理菜单栏的 MenuManagerCls 直接继承 AbstractPluginManager，目前基类的定义已满足菜单项插件管理的要求，且没有针对菜单管理的特有方法，但为保证与工具栏容器层次的一致性，仅定义了该类而未扩展任何方法及属性。

（2）ICommandManager 接口及 CommandManagerCls 类。

```
public interface ICommandManager : IpluginManager          /// 地图及其他工具相关命令
{
    CmdHookObjType CurrentHookType { get; set; }           /// 当前焦点控件的类型
    List<CmdHookObjType> AllHookType { get; }              /// 得到最全的控件类型集合
    /// 清除当前控件类型相关工具的选中状态，需按CurrentHookType判断
```

```
        void ClearCheckedOther(IBaseCommand senderCmd);
    }
    public class CommandManagerCls : AbstractPluginManager, ICommandManager
    {
        protected List<CmdHookObjType> mC_allTypeArr = new List<CmdHookObjType>();
        CmdHookObjType m_foucsHookType;
        public CommandManagerCls()
        {
            foreach (CmdHookObjType perType in Enum.GetValues(typeof(CmdHookObjType)))
                mC_allTypeArr.Add(perType);
        }
        public CmdHookObjType CurrentHookType
        {
            get { return m_foucsHookType; }
            set { m_foucsHookType = value; }
        }
        public List<CmdHookObjType> AllHookType
        {
            get { return mC_allTypeArr; }
        }
        public void ClearCheckedOther(IBaseCommand senderCmd)
        {
            foreach (IBaseCommand perCmdItem in m_pluginItemLis)
            {
                if ((perCmdItem.HookType & this.CurrentHookType) != 0 &&
                    perCmdItem .ContextString!=senderCmd.ContextString)
                    perCmdItem.ClearChecked();
            }
        }
    }
```

上述工具项管理类的实现中，“ClearCheckedOther”方法用于按工具项的适用控件类型和工具项唯一标记，清除参照项“SenderCmd”外的其他所有工具项的“Checked”状态，以达到界面上工具按钮互斥的效果。此外，将所有控件类型的集合定义为枚举数组的属性，以提供给需要遍历枚举类型的操作。控件类型在 3.3.1 节中已被定义为枚举类型，而为遍历放入 List 集合中，可在类的构造函数中使用 Enum.GetValues 得到所有类型的集合。

3.3.4　工具项插件设计

1. RelatedCommandCls 对象

ArcGIS Engine 的 ICommand 在与控件交互，不使用其自带的 AxToolbarControl 控件的情

况下，同种类型的 ICommand 在与每个控件绑定的时候需要有不同的实例，但对界面上的工具按钮而言，用户交互对象是唯一的。这需要单一工具项中按其适用的控件类型，包含多对控件类型和 ICommand 的组合，这种组合中如果工具对象是 ITool 类型，则需标记该工具是否正在被控件使用，因此定义了 Checked 属性。该对象定义为“RelatedCommandCls”，接口“IRelatedCommand”代码从略。以下是该对象的实现代码：

```
public class RelatedCommandCls : IRelatedCommand
{
    ESRI.ArcGIS.SystemUI.ICommand m_aeCmd = null;
    CmdHookObjType m_hookType;
    bool m_needCreate = true;
    bool m_checked = false;
    public RelatedCommandCls(ESRI.ArcGIS.SystemUI.ICommand aeCmd, CmdHookObjType hookType)
    {   m_aeCmd = aeCmd;
        m_hookType = hookType;
    }
    /// 所关联的Ae工具对象
    public ESRI.ArcGIS.SystemUI.ICommand CommandAE { get { return m_aeCmd; } }
    /// 与工具相关联控件类型
    public CmdHookObjType RelatedCtrlType { get { return m_hookType; } }
    public bool NeedCreate                  /// 指示是否需要调用OnCreate方法
    {
        get { return m_needCreate; }
        set { m_needCreate = value; }
    }
    public bool Checked
    {
        get { return m_checked; }
        set { m_checked = value; }
    }
    public void DoCreate(object hk)   /// 创建工具类，hk为控件对象
    {
        m_aeCmd.OnCreate(hk);
        this.NeedCreate = false;
    }
}
```

这其中所引用的“ESRI.ArcGIS.SystemUI.ICommand”即 AE 中自带的工具接口，也可在当前项目中按接口内容自定义一个该类型的工具。在第 2 章已经详细介绍了如何利用 ICommand 和 ITool 接口自定义组件，在此不再赘述，但为了区别 ICommand 和 ITool 类型，定义了如下枚举。

```
public enum CmdToolType       /// 工具类型
{
    Command,                  /// 命令，不与控件进行界面交互
    Tool                      /// 工具，需利用鼠标事件与控件进行界面交互
}
```

2. AbstractBaseCommand 及其接口

上小节中“RelatedCommandCls”类即控件类型和同种 ICommand 的组合，还需要定义插件工具项（AbstractBaseCommand）以包含这些组合的对象，该对象中“IRelatedCommand”集合的属性名为“RelatedCommands”，其接口定义如下：

```
public interface IBaseCommand : IpluginBaseItem /// 界面工具的基础接口
{
    string ContextString { get; }                           /// 工具资源ID
    CmdToolType Type { get; }                               /// 工具类型,Command或Tool
    string BitmapUrl { get; }                               /// 按钮的图标资源路径
    bool Checked { get; set; }                              /// 命令按钮是否被选择
    void ClearChecked();                                    /// 清除选择状态
    bool Enabled { get; }                                   /// 命令按钮是否可用
    string Message { get; }                                 /// 鼠标移到按钮上时状态栏出现的文字
    /// <returns>新实例化生成的工具对象</returns>
    ESRI.ArcGIS.SystemUI.ICommand ConstructAeCmd();         /// Ae工具的构造方法
    /// <param name="type">控件类型</param>
    /// <param name="ctrl">控件对象</param>
    void ImportControls(CmdHookObjType type, object ctrl);  /// 输入控件对象
    string Tooltip { get; }                                 /// 鼠标移到按钮上弹出的文字
    List<IRelatedCommand> RelatedCommands { get; }          /// 该界面工具所对应的工具组合
    ICommandManager CommandManager { get; set; }            /// 包含该工具的容器
}
```

上述接口中 ConstructAeCmd()方法即 AE 定义的 ICommand 类型对象的构造方法，仅仅做“new”构造，随后将在确定好有哪些控件后，按控件对象调用“OnCreate”方法进行初始化。因此主界面上有多少个四大主控件，每个工具按钮则需对应多少个 IRelatedCommand 对象。而该插件工具项有哪些可操作的控件对象，则通过 ImportControls 方法注入控件类型及控件对象。

以下是插件工具抽象类的具体实现：

```
public abstract class AbstractBaseCommand : AbstratcPluginBaseCls, IBaseCommand
{
    protected ICommandManager m_commandManager;
    protected List<IRelatedCommand> m_relatedCmds = new List<IRelatedCommand>();
    public override string Name
    {
```

```
        get
        {
            if (this.RelatedCommands.Count > 0)
                return this.RelatedCommands[0].CommandAE.Name;
            else    return "";
        }
    }
    public override string Category
    {
        get
            {
                if (this.RelatedCommands.Count > 0)
                    return this.RelatedCommands[0].CommandAE.Category;
                else     return "";
            }
    }
    public override void OnClick()
    {
        CmdHookObjType type = this.CommandManager.CurrentHookType;
        foreach (IRelatedCommand perRelCmd in this.RelatedCommands)
            if (perRelCmd.RelatedCtrlType == type)
            {
                object hokObj = this.CommandManager[type];
                ESRI.ArcGIS.Controls.IToolbarBuddy toolBudy = hokObj
                    as ESRI.ArcGIS.Controls.IToolbarBuddy;
                if (perRelCmd.NeedCreate)
                        perRelCmd.DoCreate(hokObj);
                if (this.Type == CmdToolType.Tool)
                {
                    toolBudy.CurrentTool = perRelCmd.CommandAE
                        as ESRI.ArcGIS.SystemUI.ITool;
                    this.Checked = ! perRelCmd.Checked;
                }
                else if (this.Type == CmdToolType.Command)
                {
                    perRelCmd.CommandAE.OnClick();
                }
                break;
            }
```

```
}
public void ImportControls(CmdHookObjType type, object ctrl)
{
    foreach (IRelatedCommand perRelCmd in this.RelatedCommands)
        if (perRelCmd.RelatedCtrlType == type)
        {
        perRelCmd.DoCreate(ctrl); break;
        }
}
public abstract string ContextString { get; }
public abstract CmdToolType Type { get; }
public abstract string BitmapUrl { get; }
public bool Checked
{
    get
    {
        CmdHookObjType currentType = this.CommandManager.CurrentHookType;
        foreach (IRelatedCommand perRelCmd in this.RelatedCommands)
            if (perRelCmd.RelatedCtrlType == currentType)
                return perRelCmd.Checked;
        return false;
    }
    set
    {
        this.CommandManager.ClearCheckedOther(this);
        CmdHookObjType currentType = this.CommandManager.CurrentHookType;
        foreach (IRelatedCommand perRelCmd in this.RelatedCommands)
            if (perRelCmd.RelatedCtrlType == currentType)
                perRelCmd.Checked = value;
    }
}
public void ClearChecked()
{
    CmdHookObjType currentType = this.CommandManager.CurrentHookType;
    foreach (IRelatedCommand perRelCmd in this.RelatedCommands)
        if (perRelCmd.RelatedCtrlType == currentType)
            perRelCmd.Checked = false;
}
public bool Enabled
```

```
{
    get
    {
        CmdHookObjType type = this.CommandManager.CurrentHookType;
        foreach (IRelatedCommand perRelCmd in this.RelatedCommands)
            if (perRelCmd.RelatedCtrlType == type)
            {    return perRelCmd.CommandAE.Enabled;    }
        return false;
    }
}
public string Message
{
    get
    {
        if (this.RelatedCommands.Count > 0)
            return this.RelatedCommands[0].CommandAE.Message;
        else    return "";
    }
}
public abstract ESRI.ArcGIS.SystemUI.ICommand ConstructAeCmd();
public string Tooltip
{
    get
    {
        if (this.RelatedCommands.Count > 0)
            return this.RelatedCommands[0].CommandAE.Tooltip;
        else    return "";
    }
}
public List<IRelatedCommand> RelatedCommands { get { return m_relatedCmds; } }
public ICommandManager CommandManager
{
    get { return m_commandManager; }
    set
    {    m_commandManager = value;
        GetRelatedCommand();
    }
}
void GetRelatedCommand()
```

```
        {
            m_relatedCmds.Clear();
            ESRI.ArcGIS.SystemUI.ICommand newAeCmd = this.ConstructAeCmd();
            foreach (CmdHookObjType perHkType in this.CommandManager.AllHookType)
            {
                if ((this.HookType & perHkType) != 0)
                {
                    if (newAeCmd != null)
                    {
                        IRelatedCommand relateCmd = new RelatedCommandCls(newAeCmd,
perHkType);
                        m_relatedCmds.Add(relateCmd);
                    }
                }
            }
        }
    }
```

该工具抽象类中，也包含是否正在被使用，即 Checked 的定义，参照以上代码片段可知，该工具同 Checked 相关的操作，都按焦点控件类型设置或获取其相关的 IRelatedCommand 对象的 Checked 属性。当设置该对象的 Checked 属性时，需调用工具容器中清除其他工具使用状态的方法，即“this.CommandManager.ClearCheckedOther(this);”语句，以保证在一个控件上，当前只使用一种方法（Checked 为 true），其他工具的使用状态都为 false。

此外，当为该工具设置容器时，即 CommandManager 属性的 set 过程中，调用了“GetRelatedCommand()”方法，用以按该工具所有适用的控件构造多个 IRelatedCommand 类型的对象，构造时的参数为所构造的 ICommand 对象和控件类型，随后将在调用工具 OnClick 方法或注入控件对象时进行 OnCreate 方式的初始化。

3.3.5 菜单项插件设计

菜单项插件定义为抽象类 AbstractBaseMenu 并实现了 IBaseMenu，封装动态菜单的公用属性和方法。该类插件中的接口用以在主程序界面上动态生成菜单项，仅需点击就可实现相应功能，无需跟地图主控件绑定，故未再过多定义特有方法及属性。详细的实现代码如下：

1. IBaseMenu 接口

```
public interface IBaseMenu : IPluginBaseItem
{   string Caption { get; }                        /// 标题，即菜单上显示的文本
    string SuperMenuFullPath { get; }              /// 获取父子菜单项的全路径表达式
    IMenuManager MenuManager { get; set; }         /// 菜单管理器，通过它可以管理绑定的控件
}
```

2. AbstractBaseMenu 抽象类

```
public abstract class AbstractBaseMenu : AbstratcPluginBaseCls, IBaseMenu
```

```
{   private IMenuManager m_menuManager;
    public abstract string Caption { get; }
    public abstract string SuperMenuFullPath { get; }
    public IMenuManager MenuManager
    {   get { return m_menuManager; }
        set { m_menuManager = value; }
    }
    /// 重载了适用的控件类型属性，在具体菜单项类中无需再定义
    public override APrimaryAbstractLib.CmdHookObjType HookType
    {   get
        {   APrimaryAbstractLib.CmdHookObjType reHkObjType =
            APrimaryAbstractLib.CmdHookObjType.MapControl
            | APrimaryAbstractLib.CmdHookObjType.PageLayout
            | APrimaryAbstractLib.CmdHookObjType.SceneControl
            | APrimaryAbstractLib.CmdHookObjType.GlobeControl;
            return reHkObjType;
        }
      }
}
```

IBaseMenu 定义了生成菜单所需的属性和触发方法，其中封装了 IMenuManager 属性，便于在菜单功能中得到注册的四大展示性控件进行操作。例如，在其派生类中需得到地图控件 IMapControl2，则可参考如下代码片段：

```
IMenuManager meunManger = this.MenuManager;
object obj = meunManger[CmdHookObjType.MapControl];    //根据类型获取
if (obj == null)   return;
IMapControl2 mapCtrl = obj as IMapControl2;
……                                                     //对地图控件进行操作
```

3.4 插件式平台建立

由第 2 章可知，操作 axMapControl、axPageLayoutControl 、axSceneControl 和 axGlobeControl 这四种控件时，都通过 ICommand 及派生接口 ITool 实现。以上四种主控件都可调用与其适用的绑定 ICommand 来处理控件相关事务，并通过将 ITool 对象设置到控件 CurrentTool 属性的方式，实现用户与控件交互，因此建立插件的调用平台，处理好工具和目标控件之间的调用关系、状态更新及管理问题，是本节的重点。

3.4.1 插件功能类的获取

首先，在系统初始化过程中，需要按所协定的插件存放目录（本项目中定义为程序运行同目录下的 ToolItems 文件夹）遍历插件程序集，以反射的方式得到所有插件功能类，并按

菜单项及工具栏项的类别，将各类插件放置到对应的容器中。现定义 FunctionSourceInit 类以包含获取插件功能的静态方法及静态插件容器，该类的具体代码如下：

```
public class FunctionSourceInit
{
    static readonly string pluginDir = @".\ToolItems";
    static readonly ICommandManager m_cmdManager = new CommandManagerCls();
    static readonly IMenuManager m_menuManager = new MenuManagerCls();
    public static ICommandManager CommandManager      //工具项的插件容器
    {
        get { return m_cmdManager; }
        private set { value = m_cmdManager; }
    }
    public static IMenuManager MenuManager            //菜单项的插件容器
    {
        get { return m_menuManager; }
        private set { value = m_menuManager; }
    }
    public static void GetPluginToolsManager()
    {
        DirectoryInfo dirInfoPlug = new DirectoryInfo(pluginDir);
        m_cmdManager.CurrentHookType = CmdHookObjType.MapControl;
        if (dirInfoPlug.Exists)
        {   //获得插件文件夹中的每一个dll文件
            FileInfo[] fileInfoArr = dirInfoPlug.GetFiles("*.dll", SearchOption.AllDirectories);
            foreach (FileInfo perFileInfo in fileInfoArr)
            {   //根据程序集文件名加载程序集
                Assembly assemblyObj = Assembly.LoadFrom(perFileInfo.FullName);
                if (assemblyObj != null)
                {   Type[] dllAlltypes = null;
                    try
                    {   //获得程序集中定义的类型
                        dllAlltypes = assemblyObj.GetTypes();
                    } catch{ }
                    if (dllAlltypes != null)
                        foreach (Type perType in dllAlltypes)
                        {   //获得一个类型所有实现的接口
                            Type[] interfsArr = perType.GetInterfaces();
                            //遍历接口类型
                            foreach (Type perInterface in interfsArr)
```

```
                                        {    if (perInterface.FullName ==
"APrimaryAbstractLib.IBaseCommand")//其中字符串为工具项接口的类型全名
                                             {
                                                 APrimaryAbstractLib.IBaseCommand baCmd =
(APrimaryAbstractLib.IBaseCommand)assemblyObj.CreateInstance(perType.FullName);
                                                 baCmd.CommandManager = m_cmdManager;
                                                 m_cmdManager.AddPluginItem(baCmd);
                                                 CommandManager = m_cmdManager;
                                                 break;
                                             }
                                             if (perInterface.FullName == "APrimaryAbstractLib.IBaseMenu")//其
中字符串为菜单项接口的类型全名
                                             {   APrimaryAbstractLib.IBaseMenu baseMenu =
(APrimaryAbstractLib.IBaseMenu)assemblyObj.CreateInstance(perType.FullName);
                                                 baseMenu.MenuManager = m_menuManager;
                                                 m_menuManager.AddPluginItem(baseMenu);
                                                 MenuManager = m_menuManager;
                                                 break;
                                             }
                                        }
                                    }
                                }
                            }
                        }
                    }
                }
```

该类初始化插件的调用方法为 GetPluginToolsManager，可将其安置在系统启动程序的入口，然后将两个插件容器赋给程序主窗体，以供在主窗体上布置菜单项及工具栏插件。该主窗体类定义为 MainView，而在程序入口（默认为项目的“Program.cs”类文件）中初始化插件的调用方式可参照如下代码：

```
static class Program
{
    [STAThread]          /// 应用程序的主入口点
    static void Main()
    {   Application.EnableVisualStyles();
        Application.SetCompatibleTextRenderingDefault(false);
        //ArcGIS许可初始化
        ESRI.ArcGIS.RuntimeManager.Bind(ESRI.ArcGIS.ProductCode.EngineOrDesktop);
        FunctionSourceInit.GetPluginToolsManager();
```

```
            MainView mainFrm = new MainView()//初始化主窗体，并输入插件容器
            {    CommandManager = FunctionSourceInit.CommandManager,
                 MenuManager = FunctionSourceInit.MenuManager
            };
            Application.Run(mainFrm);
        }
    }
```

其中主窗体类 MainView 的设计与实现，将在后续小节中详细介绍。

3.4.2　主程序窗体定义

插件式 GIS 程序的主窗体包含 MapControl、PageLayoutControl、TOCControl 等 ArcGIS Engine 控件，用以展示及控制地理数据，并提供菜单栏和工具栏控件，作为各插件功能的载体。主程序作为整个程序的入口，负责插件功能的获取并将其布局在主界面上，并协调主程序上的 GIS 控件、其他 UI 控件的交互。另外，应包含一些通用 GIS 控件，如图层内容控制控件 axTOCControl。

利用 Visual Studio.NET 2010 及以上版本，新建 Window 窗体程序。在主窗体 MainView 上添加 MapControl、TOCControl、PageLayoutControl、MenuStrip、ToolStrip 等控件，合理布局构建程序主界面，具体设计细节与本书 1.5.2 节所介绍的方法类似。程序主界面的文档大纲如图 3.2 所示，设计好的程序主界面如图 3.3 所示。

图 3.2　主界面文档大纲

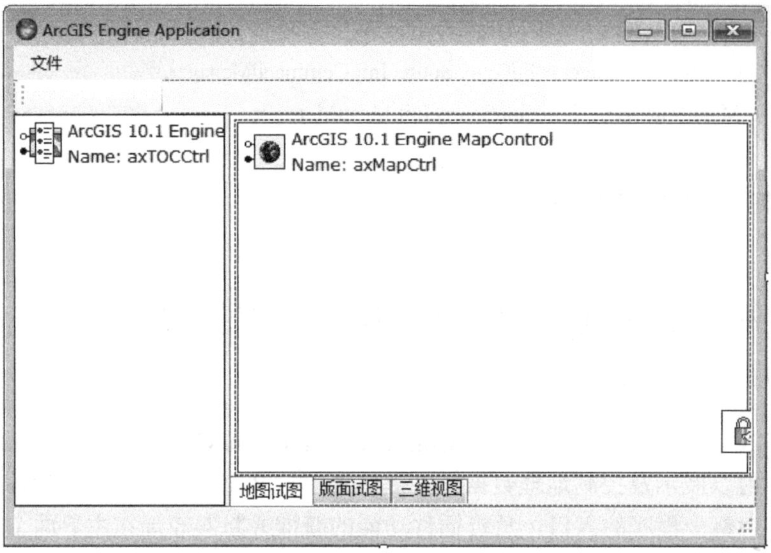

图 3.3　主界面设计效果

常用的应用程序主窗体，紧贴标题栏下部即功能菜单栏，其中一般对应 GIS 无关的一些通用功能。菜单栏正下方是工具栏，其中的工具按钮对应 AE 中的一个工具（ICommand 对象）。再往下，即 VS 通用控件 TabControl，目前 TabPage 分别放置了 axMapControl 和 axPageLayoutControl，也可以再添加多个 TabPage 以分别放置 Scene 和 Globe 对应的三维控件。以上即为窗体的主体结构，此外，还在下部的边侧放置 axTOCControl 以控制所加入的图层。

启动程序需按类型管理各功能插件，故在主窗体程序中分别定义了 CommandManager 和 MenuManager 属性，以存放反射得到的插件实例集合。同时，还定义了 SetCmdFoucusType 方法，以标记和切换当前焦点控件的类型（具体是地图视图、版面视图还是其他），所叙述的代码片段如下：

```
ICommandManager m_commandManager = null;
IMenuManager m_menuManager = null;
public MainView()
{
    InitializeComponent();
    Application.Idle += OnApplicationIdle;        //应用程序界面更新事件
    this.tabMainCtrl.SelectedIndexChanged += (sder, para) =>
    {
        SetCmdManagerFoucsType();
    };//为TabPage页添加切换页的事件，以确定当前所操作的焦点控件类型
}
public ICommandManager CommandManager              //工具项插件容器
{
```

```
        set
        {
            m_commandManager = value;
            if (m_commandManager != null)
                InitialToolBar();
        }
        get { return m_commandManager; }
    }
    public IMenuManager MenuManager                    //菜单项插件容器
    {
        set
        {
            m_menuManager = value;
            if (m_menuManager != null)
                InitialMenu();
        }
        get { return m_menuManager; }
    }
    void SetCmdManagerFoucsType()
    {
        switch (tabMainCtrl.SelectedIndex)          //按TabPage页的索引确定控件类型
        {   case 0:
                CommandManager.CurrentHookType = CmdHookObjType.MapControl;
                break;
            case 1:
                CommandManager.CurrentHookType = CmdHookObjType.PageLayout;
                break;
        }
    }
    ……                                                  //其他成员的定义
```

以上 MainView 类的构造函数中，为主选项页 tabMainCtrl 注册了 SelectedIndexChanged 事件，调用了按选项页的当前页索引设置焦点控件类型的函数，并设置到工具栏容器中，最终用以按焦点控件初始化 ICommand 工具及其使用状态。此外，构造函数中还为应用程序注册了界面更新事件，以按焦点控件更新工具栏按钮的能否使用和正在被使用的状态。

3.4.3　插件功能的界面配置

3.4.2 节工具项和菜单项的插件容器的设置中分别调用了初始化菜单和工具栏的函数，本小节则讲述主程序在获得插件后，如何生成工具栏及菜单栏上的功能项，自动布局用户功能界面，实现控件与工具的关联。

```
void InitialToolBar()                              /// 配置工具栏的方法
{
    CommandManager.ClearTypeCtrl();
    CommandManager.SetControl(CmdHookObjType.MapControl, axMapCtrl.Object);
    CommandManager.SetControl(CmdHookObjType.PageLayout, axPageLyOutCtrl.Object);
    toolBarMain.Items.Clear();
    List<string> categoryNames = this.CommandManager.Categorys;
    foreach (string perCateName in categoryNames)
    {
        System.Drawing.Size icSize = new System.Drawing.Size(16, 16);
        List<IPluginBaseItem> currCategoryCmd =
this.CommandManager.GetItemByCategory(perCateName);
        foreach (IBaseCommand perNewBaseCmd in currCategoryCmd)
        {
            Bitmap btnImg = null;
            string fileImgStr = perNewBaseCmd.BitmapUrl;
            if (System.IO.File.Exists(fileImgStr))
                btnImg = new Bitmap(fileImgStr);
            if (btnImg == null) btnImg = new Bitmap(@".\Icons\emptyBtnImange.png");//未定义
其按钮图片，则指定默认图片
            ToolStripButton btnItem = new ToolStripButton("", btnImg,
perNewBaseCmd.ClickHandler);              //为工具栏按钮绑定事件
            btnItem.Name = perNewBaseCmd.ContextString;
            btnItem.ToolTipText = perNewBaseCmd.Tooltip;
            btnItem.Tag = perNewBaseCmd;
            toolBarMain.Items.Add(btnItem);
        }
        if (currCategoryCmd.Count > 0)
            toolBarMain.Items.Add(new ToolStripSeparator());
    }
    int itemCount = toolBarMain.Items.Count;
    if (itemCount > 0)
       toolBarMain.Items.RemoveAt(itemCount - 1);
}
```

上述片段中，先将插件集合中的所有类别取出，再按照类型从容器中依次取出插件功能类，布置到工具栏 toolBarMain 上，每个类别之前以 ToolStripSeparator（即工具栏上的小竖线“｜”）分开，以便分类排布。

```
void InitialMenu()                                  /// 配置菜单栏的方法
{
```

```
            MenuManager.ClearTypeCtrl();
            MenuManager.SetControl(CmdHookObjType.MapControl, axMapCtrl.Object);
            MenuManager.SetControl(CmdHookObjType.PageLayout, axPageLyOutCtrl.Object);
            Dictionary<string, ToolStripMenuItem> menuItem = new Dictionary<string,
ToolStripMenuItem>();
            menuStripMain.Items.Clear();
            List<string> categoryNames = this.MenuManager.Categorys;
            foreach (string perCategory in categoryNames)
            {
                List<IPluginBaseItem> CategoryMenu =
this.MenuManager.GetItemByCategory(perCategory);
                foreach (IBaseMenu perMenu in CategoryMenu)
                {
                    string fullPath = perMenu.SuperMenuFullPath;
                    if (fullPath != null)
                    {
                        string[] allPath = fullPath.Split('.'); //菜单级别的分隔符
                        for (int i = 0; i < allPath.Length; i++)
                        {
                            string str = allPath[i];
                            if (i == 0 && !menuItem.Keys.Contains(str) && allPath.Length == 1)
                            {
                                ToolStripMenuItem tspMenuItem = new ToolStripMenuItem();
                                tspMenuItem.Text = str;
                                tspMenuItem.AccessibleName = str;
                                tspMenuItem.Click += new
EventHandler(perMenu.ClickHandler); //为菜单项按钮绑定事件
                                menuStripMain.Items.Add(tspMenuItem);
                                menuItem.Add(str, tspMenuItem);
                            }
                            else if (i == 0 && !menuItem.Keys.Contains(str) && allPath.Length != 1)
//找到有下层子菜单项的菜单项
                            {
                                ToolStripMenuItem tspMenuItem = new ToolStripMenuItem();
                                tspMenuItem.Text = str;
                                tspMenuItem.AccessibleName = str;
                                menuStripMain.Items.Add(tspMenuItem);
                                menuItem.Add(str, tspMenuItem);
                            }
```

```
                        else if (i == allPath.Length - 1)
                        {
                            ToolStripMenuItem itemCommand = new ToolStripMenuItem();
                            itemCommand.Text = perMenu.Name;
                            itemCommand.AccessibleName = perMenu.ToString();
                            itemCommand.Click += new EventHandler(perMenu.ClickHandler); //
为菜单项按钮绑定事件
                            ToolStripMenuItem fatherMenu = new ToolStripMenuItem();
                            fatherMenu = menuItem[allPath[allPath.Length - 2]];
                            fatherMenu.DropDownItems.Add(itemCommand);
                        }
                        else
                        {
                            if (!menuItem.Keys.Contains(str))
                            {
                                ToolStripMenuItem itemCommand = new ToolStripMenuItem();
                                itemCommand.Text = str;
                                itemCommand.AccessibleName = str;
                                ToolStripMenuItem fatherMenu = new ToolStripMenuItem();
                                fatherMenu = menuItem[allPath[i - 1]];
                                fatherMenu.DropDownItems.Add(itemCommand);
                                menuItem.Add(str, itemCommand);
                            }
                        }
                    }
                }
            }
        }
    }
```

应用程序的主菜单一般为树状结构，具树状特征的菜单项有两种类型：一种为承载子菜单项的菜单，其作用仅为包含下级菜单项；另一种为树中类似叶子节点的菜单项，其绑定了功能类的具体点击事件。因此，菜单项在初始化时，需要得到每个插件功能类的菜单项全路径表达式，按表达式在树状结构的菜单中寻找或新建对应位置，以添加菜单项。例如，所定义的菜单项插件中 SuperMenuFullPath 为"文件.新建.新建点击.菜单项测试"，则其在菜单中的对应位置为“文件→新建→新建点击→菜单项测试”。

3.4.4　刷新插件功能状态

在 3.4.2 节中，主窗体的构造函数中注册了应用程序界面更新的事件，该事件函数名称为 OnApplicationIdle，用以更新工具栏上按钮的 Checked 和 Enabled 状态，具体代码如下：

```
void OnApplicationIdle(object sender, EventArgs e)
{
    ToolItemRefresh();
}
void ToolItemRefresh()//刷新工具栏的方法
{
    foreach (ToolStripItem perToolStrItem in toolBarMain.Items)
    {
        if (perToolStrItem is ToolStripButton)
        {
            ToolStripButton toolStripBtn = perToolStrItem as ToolStripButton;
            if (toolStripBtn.Tag != null)
            {
                IBaseCommand baseCmd = (IBaseCommand)toolStripBtn.Tag;
                toolStripBtn.Checked = baseCmd.Checked;
                toolStripBtn.Enabled = baseCmd.Enabled;
            }
        }
    }
}
```

读者在调试中可知，当用户通过外设与应用程序交互时，该事件即可被触发，从而按各功能类中的状态重新设定界面上工具按钮的状态。

3.4.5　插件功能类的制作

前述章节中，已完成了插件式平台主体的建立，此后便可新建 Dll 项目的程序集，在其中定义插件功能类，并将 Dll 生成至平台中的插件目录（ToolItems 文件夹）中。例如，需生成基础地图操作工具的程序集，在 VS 中新建插件类库项目，命名为“BaseToolsPlugins”，然后添加插件逻辑模型所在类库“APrimaryAbstractLib”，并设置项目属性中的生成位置为平台插件目录。随后即可在插件类库中定义菜单项和工具项功能类。

1. 菜单项功能类

此种功能类派生自“AbstractBaseMenu”，其具体定义可参考如下内容：

```
public class MenuItemTest : AbstractBaseMenu
{
    public override string SuperMenuFullPath
    {    get { return "文件.新建.新建点击.菜单项测试"; }    }
    public override string Caption
    {    get { return "菜单项测试"; }    }
    public override string Name
```

```
    {    get { return "菜单项测试"; }    }
    public override string Category
    {    get { return "文件"; }    }
    public override void OnClick()
    {
        IMenuManager meunManger = this.MenuManager;
        object obj = meunManger[CmdHookObjType.MapControl];//根据类型获取
        if (obj == null) return;
        IMapControl2 mapCtrl = obj as IMapControl2;
        //可在此添加具体功能代码
        MessageBox.Show("测试成功");
    }
}
```

该类中设置菜单项的位置、菜单文本和名称后，重载 OnClick 方法，在该函数中即可定义具体操作代码，如果需要得到主控件，即可通过插件容器中按控件类型的索引器获得。

2. 工具项功能类

此功能类继承“AbstractBaseCommand”，例如，要定义地图及版本视图的“地图漫游”工具，则先定义类“MapPanUiCmd”，具体实现代码如下。

```
public class MapPanUiCmd :AbstractBaseCommand
{    public override string ContextString
    {    get { return "BaseToolsPlugins.MapPanUiCmd"; }    }
    public override ESRI.ArcGIS.SystemUI.ICommand ConstructAeCmd()
    {    return new ESRI.ArcGIS.Controls.ControlsMapPanToolClass();    }
    public override APrimaryAbstractLib.CmdHookObjType HookType
    {    get
        {    APrimaryAbstractLib.CmdHookObjType reHkObjType =
                APrimaryAbstractLib.CmdHookObjType.MapControl
                | APrimaryAbstractLib.CmdHookObjType.PageLayout;
            return reHkObjType;
        }
    }
    public override APrimaryAbstractLib.CmdToolType Type
    {    get { return APrimaryAbstractLib.CmdToolType.Tool; }    }
    public override string BitmapUrl
    {    get
        {    string startUpPatnh =
AppDomain.CurrentDomain.SetupInformation.ApplicationBase;
            startUpPatnh = startUpPatnh.Remove(startUpPatnh.Length - 5, 5);
```

```
                return startUpPatnh + "\\BaseToolsPlugins\\Icons\\MapPanCmd.bmp";
            }
        }
    }
```

以上片段中，定义了对开发包自带地图漫游工具的调用，其中 ConstructAeCmd 方法仅提供了 ICommand 的构造方法，当然也可以按 ICommand 接口自定义 AE 工具类，以同样的方式提供类构造即可。该地图漫游为可与用户交互的工具，因此其 Type 定义为 CmdToolType.Tool。而工具按钮上所显示的图片，由 BitmapUrl 属性指定为返回图片资源的绝对路径，也可按主程序位置的相对路径进行获取。

第 4 章　几何形体对象 Geometry

GIS 的矢量数据模型是一种基于对象的地理认知模型，它以点、线、面等基本的几何对象及其组合体来表达地理实体。几何形体对象 Geometry 在 ArcGIS Engine 中主要用于描述空间要素的几何形体特征和空间位置特征。它是 GIS 矢量数据空间特征的重要体现，是对空间要素进行不同空间分析和空间运算的基础。

Geometry 对象在地理实体的可视化表达中扮演着重要的角色，它实现了地物要素到地图元素的抽象。对创建一个要素或图形元素而言，几何形体对象是必不可少的基本属性。正因为有 Geometry 属性存在，用户才能以图形的方式看到 GIS 要表示的信息。

本章将介绍 ArcGIS Engine 中丰富的几何形体对象及它们之间的层次关系。在利用 ArcGIS Engine 进行 GIS 软件开发时，所有与空间要素操作相关的部分几乎都涉及 Geometry 的运用，作为 GIS 的重要基础部分，有必要熟练掌握 Geometry 的相关知识。本章将重点讲解以下内容：①Geometry 模型；②Point 和 Multipoint 对象；③包络线对象；④各种曲线对象；⑤Geometry 集合对象；⑥空间参考。

4.1　Geometry 模型

Geometry 是 GIS 矢量数据模型的核心，是 ArcGIS Engine 中使用最广泛的对象集之一。用户在新建、删除、编辑空间要素及进行地理分析时，本质上是在处理一个个包含几何形体的矢量对象。除显示要素外，在空间要素选择、符号化、制作专题图等诸多过程中，也需要使用 Geometry 对象。图 4.1 是 Geometry 模型的主要对象模型图。

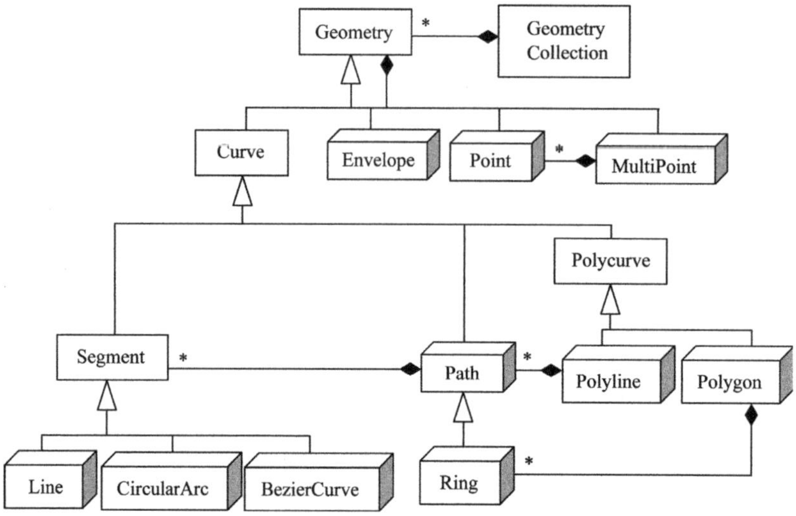

图 4.1　Geometry 模型中的主要几何对象

在 Geometry 模型中，几何形体对象被分为两个层次：其一是构成要素的几何图形；其二是组成这些形状的构件。前者称为高级几何对象，具体包括 Point、Multipoint、Envelope、Polyline 和 Polygon 五种类型。

（1）Point（点）对象是一个 0 维的几何图形，具有 *X*、*Y* 坐标值，以及诸如高程（*Z* 值）、测量值（*M* 值）和 ID 号等可选属性。可用于描述需要精确定位的对象。

（2）Multipoint（点集）对象是无序点的群集，用于表示具有相同属性设置的同一组点，如一家公司不同的营业场所可以使用点集来表示。

（3）Envelope（包络线）是一个矩形，用于描述要素的空间范围。它覆盖了几何对象的最小坐标和最大坐标，同时也记录了几何形体对象的 *Z* 值和 *M* 值的变化范围。所有的几何形体对象都有一个包络线，包络线本身也不例外。

（4）Polyline（多义线）是一个有序路径（Path）的集合，这些路径既可以是连续的，也可以是离散的。这个对象可以用于表示如河流、公路和等高线等线状特征的对象。用户可以使用单路径构成的多义线来表示简单线，如简单公路；使用具有多个路径的多义线来表示复杂线类型，如具有多个分支的河流。

（5）Polygon（多边形）是环(Ring)的集合，环是一种封闭的路径。Polygon 可以由一个或多个环组成，甚至环内套环，形成环岛的情况，但内外环之间不能重叠。

上面谈到的 Geometry 都是二维及以下的平面几何形体，在实际工作中，因三维 GIS 的需要，ArcGIS Engine 也提供了三维几何形体对象，请大家查阅相关的帮助文档。

除“高级几何对象”外，Geometry 模型中的其他对象都是构件几何对象，它们组合构成了高级几何对象，如 Segment 对象构成了 Path，而一个或多个 Path 对象组成了 Polyline。

Geometry 是一个要素的基本组成部分，它确定了要素在地球上的位置。用户可利用空间过滤器（SpatialFilter）对这些要素进行空间查询操作，如查询与某个几何对象相交的其他几何形体等，以得到满足需要的几何对象。

GIS 也可以对几何形体对象进行空间运算，如产生缓冲区、相交、合并和差集等。有些空间运算还涉及拓扑关系等方面的内容。除缓冲区分析外，这些操作一般都在两个 Geometry 对象之间进行。

在 Geometry 模型中，某些几何对象可以组合产生新的几何形体，如 Polyline 由 Path 组成，而 Path 则可以由 Segment 组成。但这并不意味着用户必须有“层次”地建立高级几何对象，即在新建一个 Polyline 时，并不需要先生成一个 Line，然后由多个 Line 生成 Path，再由 Path 生成 Polyline，实际上可由 Point 对象构建所有的几何形体。

ArcGIS Engine 提供了 IGeometryCollection 接口，GeometryCollection 是具有相同类型几何对象的集合，即可以是描述 Polyline 路径的集合，或者是描述路径片段（Segement）的集合，甚至是可以直接组成 Polyline 点的集合。表 4.1 列举了这种组合关系及可使用的集合接口。

表 4.1　IGeometryCollection 接口中的几何对象及其组合关系

几何对象	构建对象	用于创建和编辑此形状的接口
Path	Segment	ISegmentCollection
Ring	Segment	ISegmentCollection

续表

几何对象	构建对象	用于创建和编辑此形状的接口
MultiPatch	TriganleFan、TriangleStrip、Ring	IGeometryCollection
MultiPoint	Point	IPointCollection、IGeometryCollection
Polyline	Path	IGeometryCollection
Polygon	Ring	IGeometryCollection
TriangleFan	Point	IPointCollection、IGeometryCollection
TriangleStrip	Point	IPointCollection、IGeometryCollection

Geometry 类是所有几何形体对象的父类，它是一个抽象类。IGeometry 接口定义了所有几何对象都拥有的属性和方法。例如，Dimension 属性可以查询几何形体对象的维度，Envelope 属性可返回几何对象的包络线，GeometryType 属性则可返回对象的几何类型。

在 Geometry 模型中，很多对象都是组件类，因此可直接创建一个几何形体对象。当开发者使用 new 关键字创建一个几何对象后，该几何对象其实是空的，使用之前必须先添加具体信息。例如，新建一个 Point 对象，若不设置其 *X* 和 *Y* 坐标，这个点将无法明确显示。

用户可以使用 IsEmpty 属性来查看该对象是否为空，用 SetEmpty 方法可将一个几何对象设置为空，若该对象已设置了空间参考，此方法可仅保留其空间参考属性。

Project 方法用于设置一个几何对象的空间参考属性，用户可以产生或引用系统自定义的空间参考，如下面的示例代码所示：

```
IGeometry pGeometry;
//设置Geometry的空间参考
//pGeomtry实例化省略
ISpatialReferenceFactory2 pFactory = new SpatialReferenceEnvironmentClass();
ISpatialReference pNewSR;
//使用系统中已经定义的墨卡托投影
pNewSR = pFactory.CreateProjectedCoordinateSystem(54004);//定义为北京54坐标系
pGeometry.Project(pNewSR);
```

4.2　Point 和 MultiPoint 对象

点（Point）代表了一个 0 维的、具有 *X*、*Y* 坐标的几何对象。点没有形状，既可以用于表示描述点类型的要素，也可以在寻址、符号化和用于组成一个网络（Network）中使用，且任何几何对象都可以使用点来产生。

构成几何形状的顶点，存在三种可选择的属性，即 *Z* 值、*M* 值和 ID 值。*Z* 值大多数情况下可用于表示一个点的高程，也可将 *Z* 值作为一点的辅助值来使用，如某点的降雨量、空气污染指数等，这些 *Z* 值的存在，就可构成一个三维表面。*M* 值是 Mesasure 值，即度量值，专门用来对线性数据进行定位。例如，一条公路，可以用一个数字来确定某个地点的位置。例如，在 10 号公路的 58km 处发生了一起交通事故，那 58km 就是 *M* 值，通过这个 *M* 值就可以确定发生事故的地点。ID 号是一个点的唯一标识值，用于唯一确定一个点对象。

点集（MultiPoint）是具有相同属性点的集合，它在构成高级几何对象和几何对象动态模拟等方面起到重要作用。

4.2.1　Point 对象

1. IPoint 接口

IPoint 定义了 Point 对象的属性和方法，ID 属性用于返回点对象的 ID 号，*M*、*Z* 值则返回点的测量值和高程值。利用 *X* 和 *Y* 属性可获得一个点的 *X* 和 *Y* 坐标值。

PutCoords 方法用于设置一个点的 *X*、*Y* 坐标值，当用户实例化一个新点后，就可以用这个方法来建立一个实际的点对象。

ConstrainAngle 和 ConstrainDistance 方法可以使用参数来改变已经存在点的位置。例如，ConstrainAngle 只要确定旋转角度和描述点等参数，就可以精确移动点。

2. IConstructPoint 接口

ArcGIS Engine 中 Geometry 模型的一个重要特点是它具有一套丰富的，利用已经存在几何对象的距离、角度和空间关系，生成新几何形体对象的方法。使用这些方法常涉及使用角度和偏转角。在利用 ArcGIS Engine 进行软件开发时，角度使用的是弧度单位，而长度单位则使用地图投影单位。

在 IConstructPoint 接口中，包含了 10 种方法来创建所需要的点，所包含的方法种类如图 4.2 所示。

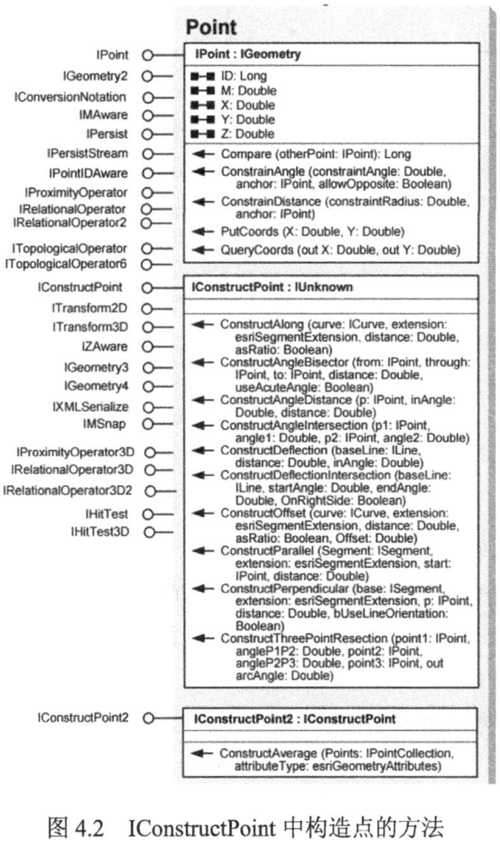

图 4.2　IConstructPoint 中构造点的方法

下面简要介绍每种创建新点的方法。

1）ConstructAlong 沿线创建法

该方法基于一个曲线上的起始点对象，通过给定距离、比例和扩展类型，沿着曲线来创建一个新点。若距离比曲线的长度要长，那么点将沿着曲线的切线生成。该方法的调用形式如下：

```
private IPoint PtContructAlong(ICurve pCurve, esriSegmentExtension extension,double dDist, bool aRatio)
{
    IConstructPoint pCPoint = new PointClass();
    pCPoint.ConstructAlong(pCurve, extension, dDist, aRatio);
    return pCPoint;
}
```

在该方法中，Extension参数的取值类型如表4.2所示。

表 4.2　esriSegment Extension Constant 取值

Extension Constant	取值	Extension Constant	取值
esriNoExtension	0	esriExtendTagents	5
esriExtendTagentAtFrom	1	esriExtendEmbeded	10
esriExtendEmbededAtFrom	2	esriExtendAtFrom	3
esriExtendTagentAtTo	4	esriExtendAtTo	12
esriExtendEmbededAtTo	8		

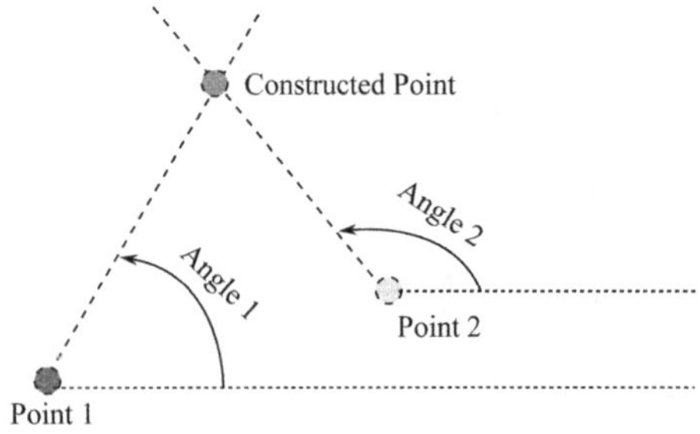

图 4.3　构造角度交点法

2）ConstructAngleBisector 角平分线创建法

该方法使用起始点（FromPoint）、通过点（Through Point）和终止点（ToPoint）来创建新点。通过平分三点形成的夹角，并设置一个距离在平分线上定点。若设置的距离为负值，则沿着反方向放置点。

3）ConstructAngleIntersection 构造角度交点

通过给定的两点和两个角度，该方法可在两条射线的交点处创建新点，两条射线由点和角度来确定，如图4.3所示。

这种方法的调用形式如下：

```
private IPoint PtConstructAngleIntersetion(IPoint pPt1, double dAngle1, IPoint pPt2, double dAngle2)
{
    double PI = 3.14159265358979;
    IConstructPoint pCPoint = new PointClass();
    //角度转弧度
    double dAngle1Rad1 = dAngle1 * 2 * PI / 360;
```

```
    double dAngleRad2 = dAngle2 * 2 * PI / 360;
    pCPoint.ConstructAngleIntersection(pPt1, dAngle1Rad1, pPt2, dAngleRad2);
    return pCPoint as IPoint;
}
```

4）ConstructAngleDistance 构造角度距离点

该方法通过一个给定点和一个相对给定点的绝对角度和距离，就可以创建一个新点，如图 4.4 所示。

5）ConstructDeflection 构造偏转角度点

给定一个基准线段、一个偏转角度和一个距离，该方法沿着偏转角度的射线方向以给定的距离设置一个新点。

另外，还有 ConstructDeflectionIntersection 构造偏转角交点、ConstructOffset 构造偏移点、ConstructParallel 构造平行线上点、Construct-Perpendicular 构造垂直线上点和 ConstructThree-PointResection 后方交会点。这些方法的含意和具体调用形式，可参考 ArcGIS Engine 帮助文档。

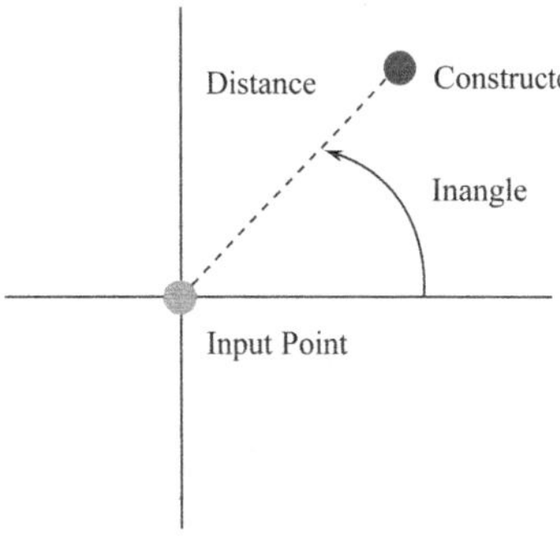

图 4.4　构造角度距离点

4.2.2　MultiPoint 对象

MultiPoint 对象是无序点的群集，它用于表示具有相同属性设置的同一组点，如一家公司不同的营业场所就可使用点集来表示。

MultiPoint 对象可以使用 Add 方法来添加一个点到它的集合中去，该过程需要使用 IPointCollection 接口来完成。

```
IPointCollection pPointCollection = new MultipointClass();
Object Missing=Type.Missing;
Object val=1;
pPointCollection.AddPoint(point, ref Missing, ref val);
```

同 Point 对象一样，MultiPoint 对象也有很多构造方法，这些构造方法都在 IConstruct-Multipoint 接口中定义，它们能够基于一个已经存在的几何对象来产生一个点集，下面介绍几种。

1）ConstructArcPoints 构造圆弧点

该方法可返回给定圆弧的起始点、终止点、圆心和切线的交点四个点对象。其调用示例如下：

```
private IMultipoint ConstructArcPoints(ICurve pCurve)
{
    IMultipoint pConstructMultiPoint = new MultipointClass();
    IConstructMultipoint pConstructMultiPoint.ConstructArcPoints(pCurve as ICircularArc);
    pMultipoint = pConstructMultiPoint as IMultipoint;
    return pMultipoint;
```

}

该函数返回 pMultipoint 对象中的四个点，可利用 IPointCollection 接口来取出这些点。

2）ConstructDivideLength 来构造等长度点

该方法通过给定的一条曲线对象和已经定义的长度，返回所有处于这条曲线上的点，这些点包含在一个点集对象中。

3）ConstructDivideEqual 构造等分点

这个构造器能根据输入的一条曲线和需要返回点的数目来产生一个点集对象。

4.3　Envelope 包络线对象

Envelope 包络线对象是一个矩形区域，它作为任何一个几何形体的最小边框区域而存在，每一个 Geometry 对象都有一个包络线对象，包括包络线本身。除此以外，它常作为地图的视图或地理数据库的范围和用户交互操作的结果而被返回。

Envelope 通过它的最大和最小 *X* 和 *Y* 坐标来定义一个矩形区域，如图 4.5 所示。包络线对象也定义了最大和最小的 *Z* 值和 *M* 值，这两个值可分别通过 IZAware 和 IMAware 接口来定义。

IEnvelope 是包络线对象的主要接口，它定义了 *X*Max、*X*Min、*Y*Max、*Y*Min、Height 和 Width 属性，用于获取或设置一个已存在包络线对象的空间参考，如图 4.6 所示。

Expand 方法用于按比例缩放包络线范围，以产生新的包络线对象，在缩放地图的视图操作中经常使用该方法，其调用格式如下：

pEnvelope.Expand(5,0,false);

该方法有三个参数，前两者是 d*x* 和 d*y*，第三个参数是是否设置比例，若该值为 false，则新包络线对象的坐标变为

$$XMin=XMin-dx，YMin=YMin+dy$$

$$XMax=XMax+dx，YMax=YMax+dy$$

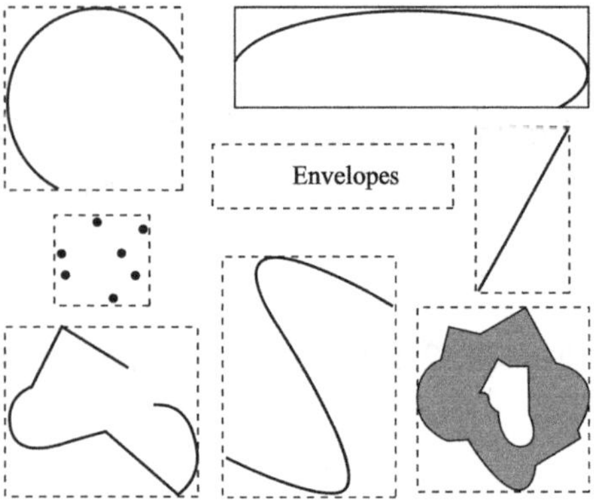

图 4.5　不同类型几何图形的包络线

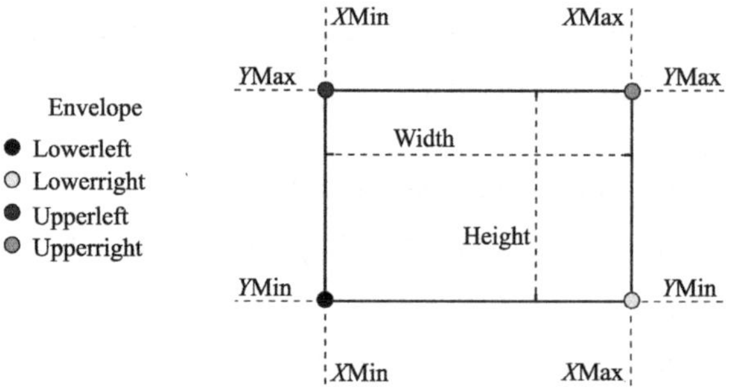

图 4.6　包络线的最大最小坐标

若为 true，则新包络线的坐标为

$$XMin=XMin-dx\cdot Width/2，YMin=YMin-dy\cdot Height/2$$

$$XMax=XMax+dx\cdot Width/2，YMax=YMax+dy\cdot Height/2$$

无论怎么变化，这两个包络线的中心都在同一位置，如图 4.7 所示。

该方法的使用实例如下面的示例代码所示：

```
IEnvelope pEnvelope = new EnvelopeClass();
pEnvelope.PutCoords(100, 100, 200, 200);
pEnvelope.Expand(0.5, 0.5, true);
```

Offset 是一种偏移方法，它通过添加一个 *X* 和 *Y* 值给 *X*Min、*X*Max、*Y*Min 和 *Y*Max，以便移动包络线本身。在移动过程中，包络线的面积保持不变，如图 4.8 所示。

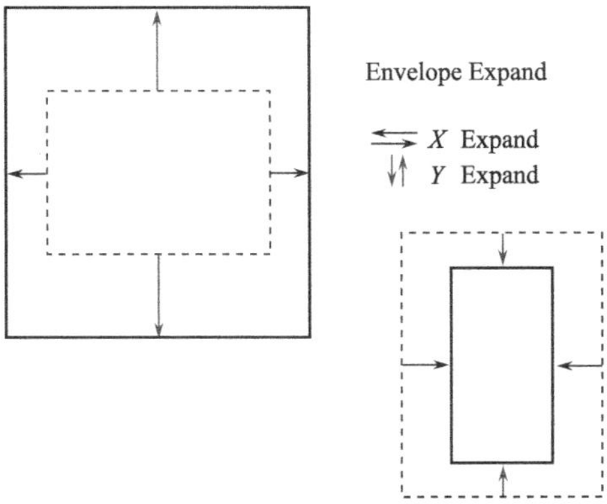

图 4.7　用 Expand 方法缩放包络线对象

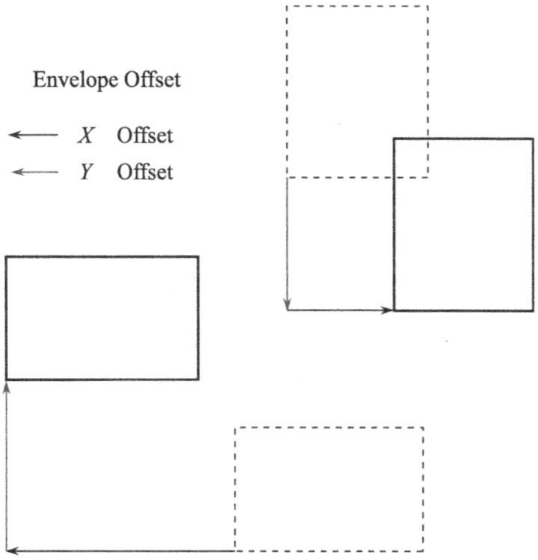

图 4.8　用 Offset 方法移动包络线对象

该方法的使用实例如下面的示例代码所示：

```
IEnvelope pEnvelope = new EnvelopeClass();
pEnvelope.PutCoords(100, 100, 200, 200);
pEnvelope.Offset(10, 20);
```

CenterAt 方法则是通过改变包络线的中心点来移动包络线对象。调用实例如下面的示例代码所示：

```
IEnvelope pEnvelope = new EnvelopeClass();
pEnvelope.PutCoords(100, 100, 200, 200);
IPoint centerPoint = new PointClass();
centerPoint.PutCoords(0, 0);
pEnvelope.CenterAt(centerPoint);
```

一个包络线的四个角点可直接通过 UpperLeft、UpperRight、LowerLeft 和 LowerRight 得到，利用这四个属性，可以产生一个环对象（Ring）。

IEnvelope 接口还为包络线提供了拓扑运算方法 Intersect 和 Union。Intersect 用于求两个包络线的相交部分，Union 用于返回两个包络线的并集，这两个方法返回的都是包络线对象。两个包络线对象求交的可能情况如图 4.9 所示，调用该方法的示例代码如下：

```
IEnvelope pEnvelope1 = new EnvelopeClass();
```

```
IEnvelope pEnvelope2 = new EnvelopeClass();
pEnvelope1.PutCoords(100, 100, 200, 200);
pEnvelope2.PutCoords(150, 150, 50, 250);
pEnvelope1.Intersect(envelope2);
```

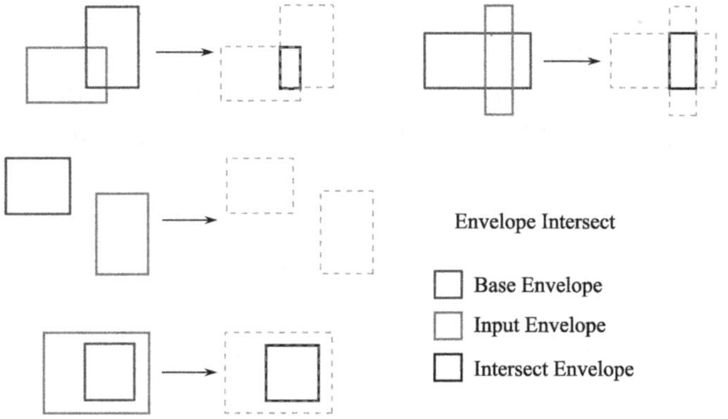

图 4.9　两个包络线对象求交的可能情况

两个包络线求并的可能情况如图 4.10 所示，调用该方法的示例代码如下：

```
IEnvelope pEnvelope1 = new EnvelopeClass();
IEnvelope pEnvelope2 = new EnvelopeClass();
pEnvelope1.PutCoords(100, 100, 200, 200);
pEnvelope2.PutCoords(150, 150, 250, 250);
pEnvelope1.Union(envelope2);
```

PutCoords 是构造一个包络线的方法，通过传入 *X*Min、*Y*Min、*X*Max 和 *Y*Max 四个点对象，可返回一个包络线对象。QueryCoords 方法可返回一个包络线对象的最大最小坐标值。Envelope 对象也支持 IEnvelope2 接口，该接口提供了设置 *Z* 值和 *M* 值的属性，如 PutMCoords 和 PutZCoords 用于设置 *M* 和 *Z* 值。而 QueryMCoords 和 QueryZCoords 则可以查询包络线对象的 *M* 值和 *Z* 值。

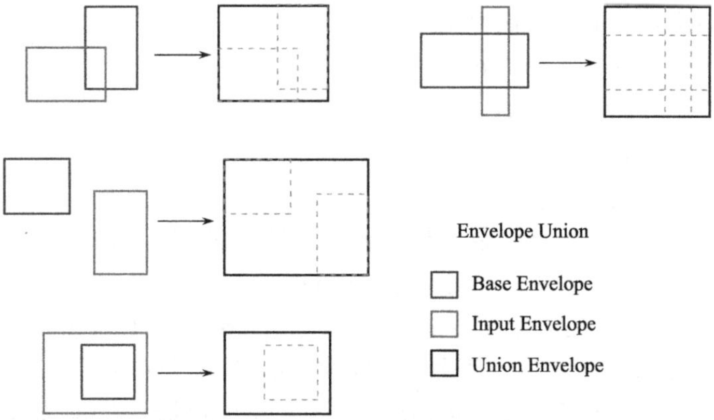

图 4.10　两个包络线求并的可能情况

4.4　Curve 曲线对象

除去点、点集和包络线对象外，几乎其他所有的几何形体都可以看做是曲线（Curve），Curve 是具有一维视图或者二维边界形状的几何对象，如 Line、Polyline、Polygon、CircularArc、BezierCurve、EllipticArc 和 CircularArc 等都是曲线的一种，这些对象都实现了 ICurve 接口。

ICurve 接口提供了操作任何一种一维形状或二维边界形状的属性和方法，但它并不能用于产生一个新的曲线对象。该接口的 Length 属性用于返回一个曲线对象的长度。FromPoint 和 ToPoint 属性用于获取或设置一个曲线的起始点和终止点。

ReverseOrientation 方法用于改变一个曲线的节点次序，即改变一个曲线对象的起始点和终止点的顺序。IsClosed 属性说明一个曲线的起始点和终止点是否在同一个位置。

Polygon 可能在它们的组成对象中存在非连接情况。例如，组成一个 Ring 对象的两个 Segment，并没有首尾相连，而是分离的。ICurve 接口的 IsClosed 属性不能检查这种情况，为保证 Polygon 和 Ring 中不出现这种情况，需确保它们是简单几何对象。

QueryPoint 方法依据特定的长度或比例来获取一条曲线对象上某一点的位置，若查询长度超过了曲线本身的长度，就需要设置片段扩展。GetSubcurve 方法可用于复制一条曲线对象的某个特定部分。QueryTangent 和 QueryNormal 方法可得到基于曲线对象上某一点曲线的切线和法线。

4.4.1　Segment 对象

Segment（片段）是由一个起始点、一个终止点及定义两点之间的曲线函数组成的一维几何形体对象，它是一条单一的曲线对象，如图 4.11 所示。

Segment 对象是一个抽象类。它可能是线性的，如线段（Line），也可能是非线性的，如圆弧（CircularArc）、椭圆弧（EllipticArc）和贝塞尔曲线（BezierCurve）等。这些片段对象可以独立存在，也可以用于构成其他几何形体对象，如 Path、Ring 或 Polycurve 等。一个片段对象可以有 *Z* 值、*M* 值和 ID 值。

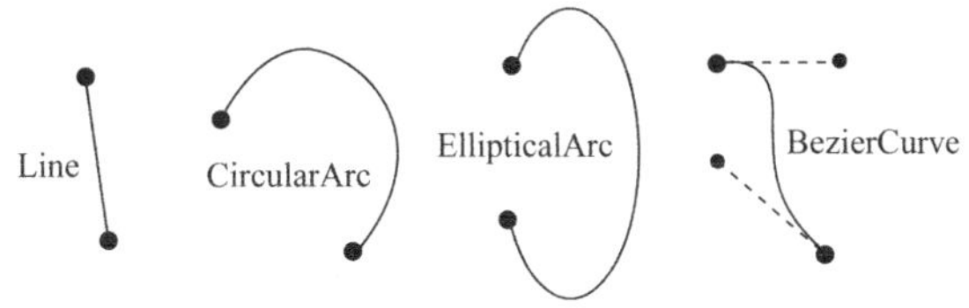

图 4.11　Segment 对象

Segment 也是 Curve 的一个子类，它从 Curve 类继承了最基本的属性和方法，如 FromPoint 和 ToPoint 确定了所有曲线的起点和终点。

ISegment 是 Segment 对象的主要接口，它提供了两个方法，用于将一个 Segment 分割为两个或多个 Segment，但原始的 Segment 并没有被破坏。该接口的 SplitAtDistance 方法需要传入一个给定的长度或比率值，该长度值用于在 Segment 对象的起点和终点之间的路径上确定一个分割点，以便将 Segment 对象分割为两个 Segment，可通过该方法的第三个和第四个参数，得到两个新的 Segment 对象，如图 4.12 所示。

SplitDivideLength 方法可将一个 Segment 对象分割为不限数目的新 Segment，这些新产生的 Segment 是一个 Segment 数组，而这个方法将返回一个指向数组中第一个元素的指针。分割示例如图 4.13 所示。

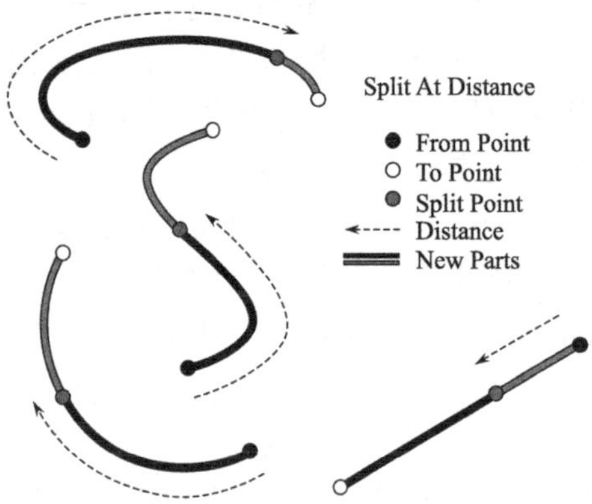

图 4.12　使用 SplitAtDistance 方法

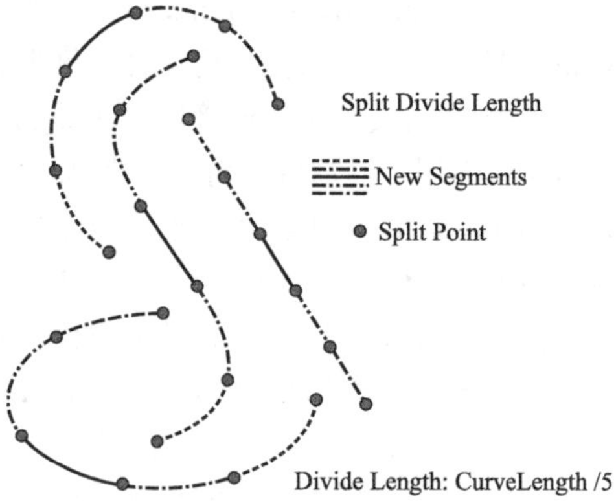

图 4.13　使用 SplitDivideLength 方法

SplitDivideLength 方法的应用实例可参考以下示例代码：

```
public void SplitDivideLength()
{
    //构造曲线
    IPoint fromPoint = new PointClass();
    fromPoint.PutCoords(0, 0);
    IPoint toPoint = new PointClass();
    toPoint.PutCoords(100, 0);
    ILine line = new LineClass();
    line.FromPoint = fromPoint;
    line.ToPoint = toPoint;
    double offset = 0;//偏移值为0，标识从曲线的起点开始
    double length = 10;
    bool asRatio = false;
    int numberOfSplittedSegments;
    ISegment[] splittedSegments = new ISegment[2];
    for (int i = 0; i < 2; i++)
    {
        splittedSegments[i] = new PolylineClass() as ISegment;
    }
    ISegment segment = line as ISegment;
    IGeometryBridge2 geometryBridge = new GeometryEnvironmentClass();
    geometryBridge.SplitDivideLength(segment, offset, length, asRatio, out numberOfSplittedSegments, ref
splittedSegments);
```

```
        for (int i = 0; i < splittedSegments.Length; i++)
        {
            System.Windows.Forms.MessageBox.Show(splittedSegments[i].Length.ToString(),"分割后的片段
    数目");
        }
    }
```

更复杂的几何形体对象，如 Ring 、Path、Polyline 和 Polygon 等，都可由 Segment 对象集合来创建。其中，Ring 和 Path 类支持 ISegmentCollection 接口，而 Polyline 和 Polygon 则支持 IGeometryCollection 接口。利用 ISegmentCollection 接口定义的 AddSegment、RemoveSegment 等方法，可以将一个 Segment 集合变成复杂度更高的几何形体对象。

下面介绍四种 Segment 对象。

1. CircularArc 对象

该对象是一个圆弧，它是圆的一部分，如果使用 CircularArc 来表示一个整圆，则它的 CentralAngle 为 2π，且其起始点和终止点的位置是同一个点。在几何对象中，CircularArc 是 EllipticArc 的特殊情况。一个 CircularArc 对象的主要属性如图 4.14 所示。

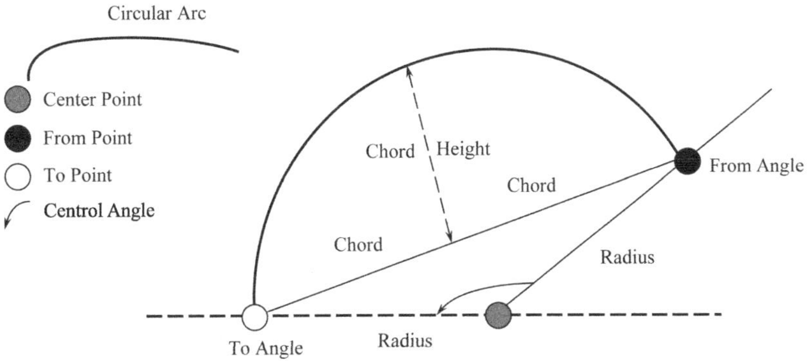

图 4.14　CircularArc 对象的主要属性

ICircularArc 是 CircularArc 的主要接口，通过该接口可获得它的 FromAngle、ToAngle、CentralAngle、CenterPoint、ChordHeight 和 Radius 属性。除 CenterPoint 外，这些属性均是可读写的。

ICircularArc 接口有几个属性用于检查圆弧对象的特征，具体情况如表 4.3 所示。

表 4.3　ICircularArc 接口几个取值为布尔类型的属性

属性名称	取值类型	圆弧对象特征
IsLine	真	圆弧的 Radius 为无穷大
IsPoint	真	Radius 为 0
IsCounterClockwise	真	CentralAngle 为正值
IsMinor	真	CentralAngle 小于半圆

对于一个存在的 CircularArc 对象，可使用 Complement 方法对其进行封闭，以便产生一个圆对象，圆弧对象是新返回圆对象的一部分。

因 CircularArc 是一个组件类，ICircularArc 接口除了直接使用 FromAngle、ToAngle、Radius 和 IsCounterClockwise 等属性设置一个圆弧的属性外，还可以使用 PutCoords、PutCoordsByAngle 等方法来设置。ArcGIS Engine 推荐使用 PutCoords 方法，以便精确确定一个圆弧的位置和形状。

IConstructCircularArc 接口提供了数目多达 35 种的构造器，以便产生一个 CircularArc 对象，这些方法的使用通常取决于已经存在的集合对象，下面具体介绍几种常用的构造方法。

1）ConstructCircle 构造器

该构造器是产生一个圆对象的最简单方法，通过传入 CenterPoint（圆心）和 Radius（半径）两个属性，可以唯一确定一个圆对象。下面的代码给定一个点作为圆心，并设置半径，然后构造圆，并进行显示。前 4 行代码在本书后续部分示例程序中若有重复，将被称为为“4 行公共代码”。

```
IMap pMap;
IActiveView pActiveView;
pMap = axMapControl1.Map;
pActiveView = pMap as IActiveView;
IPoint point_Center = new PointClass();//定义圆心点
point_Center.X = 500;
point_Center.Y = 500;
double radius = 150;//设置半径
ICircularArc circularArc = new CircularArcClass();
IConstructCircularArc construtionCircularArc = circularArc as IConstructCircularArc;
construtionCircularArc.ConstructCircle(point_Center, radius, true);//构造圆
ISegmentCollection    pPolyline = new PolylineClass();
object Missing1 = Type.Missing;
object Missing2 = Type.Missing;
pPolyline.AddSegment(circularArc as ISegment, ref Missing1, ref Missing2);
IGeometry pGeo = pPolyline as IGeometry;
IElement element = drawLineSymbol(pGeo, GetRGB(120,180,100));
IGraphicsContainer pGraphicsContainer;
pGraphicsContainer = pMap as IGraphicsContainer;
pGraphicsContainer.AddElement(element, 0);
pActiveView.PartialRefresh(esriViewDrawPhase.esriViewGraphics, null, null);
```

上述代码调用的GetRGB方法，定义如下，本章的后续章节将不再赘述。

```
private IRgbColor GetRGB(int r, int g, int b)
{
    IRgbColor pColor;
    pColor = new RgbColorClass();
```

```
        pColor.Red = r;
        pColor.Green = g;
        pColor.Blue = b;
        return pColor;
    }
```

2）ConstructArcDistance 构造器

该构造器是通过传入圆心点，起始点和圆弧长度来产生一个新的圆弧对象，圆弧长度不能超过圆的周长 $2\pi r$。下面代码是给定起始点、圆心和圆弧长度，构造圆弧的示例代码。

```
//此处需插入4行公共代码
IPoint point_From = new PointClass();//定义起始点
point_From.X = 200;
point_From.Y = 200;
IPoint point_Center = new PointClass();//定义圆心点
point_Center.X = 500;
point_Center.Y = 500;
ICircularArc circularArc = new CircularArcClass();
IConstructCircularArc construtionCircularArc = circularArc as IConstructCircularArc;
//调用构造器方法，构造圆弧
construtionCircularArc.ConstructArcDistance(point_Center, point_From, true,800);
ISegmentCollection pPolyline = new PolylineClass();
object Missing1 = Type.Missing;
object Missing2 = Type.Missing;
pPolyline.AddSegment(circularArc as ISegment, ref Missing1, ref Missing2);
IGeometry pGeo = pPolyline as IGeometry;
IElement element = drawLineSymbol(pGeo, GetRGB(120,180,150));
IGraphicsContainer pGraphicsContainer = pMap as IGraphicsContainer;
pGraphicsContainer.AddElement(element, 0);
pActiveView.PartialRefresh(esriViewDrawPhase.esriViewGraphics, null, null);
```

3）ConstructChordDistance 方法

该方法是基于一个起始点、圆弧的弦长度、圆弧的方向和中心点来产生一个新圆弧对象。圆弧的弦（Chord）是指圆弧对象的起始点和终止点之间的线段。

4）ConstructEndPointsChordHeight 方法

该方法使用一个起始点、一个终止点和一个弦的中点高度，按照顺时针或逆时针方向产生一个圆弧对象。

5）ConstructFilletPoint

可以产生两条线段或圆弧的内切线，这个方法要求传入两个Segment对象及内切弧在两个Segment上的点，如图 4.15所示。

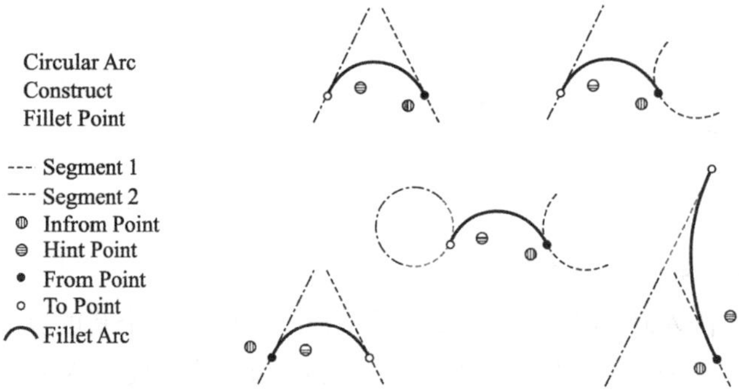

图 4.15　线段或圆弧内切线的种类

下面是调用该方法的示例代码：

```
//此处需插入4行公共代码
IConstructCircularArc constructCircularArc = new CircularArcClass();
ICircularArc circularArc = constructCircularArc as ICircularArc;
IPoint fromPoint1 = new PointClass();
fromPoint1.PutCoords(100, 100);
IPoint toPoint1 = new PointClass();
toPoint1.PutCoords(50, 50);
ILine line1 = new LineClass();
line1.PutCoords(fromPoint1, toPoint1);//产生第一个Segment
IPoint fromPoint2 = new PointClass();
fromPoint2.PutCoords(100, 100);
IPoint toPoint2 = new PointClass();
toPoint2.PutCoords(150, 50);
ILine line2 = new LineClass();
line2.PutCoords(fromPoint2, toPoint2);//产生第二个Segment
IPoint hintPoint = new PointClass();
hintPoint.PutCoords(100, 75);
constructCircularArc.ConstructFilletPoint(line1 as ISegment, line2 as ISegment, line1.ToPoint, hintPoint);//调用构造器方法产生FilletPoint点
ISegmentCollection pPolyline = new PolylineClass();
object Missing1 = Type.Missing;
object Missing2 = Type.Missing;
pPolyline.AddSegment(circularArc as ISegment, ref Missing1, ref Missing2);
IGeometry pGeo = pPolyline as IGeometry;
IElement element = drawLineSymbol(pGeo, GetRGB(120,180,150));
IGraphicsContainer pGraphicsContainer = pMap as IGraphicsContainer;
pGraphicsContainer.AddElement(element, 0);
pActiveView.PartialRefresh(esriViewDrawPhase.esriViewGraphics, null, null);
```

6）ConstructTangentAndPoint

该构造器可以相切于一个Segment对象某点的圆弧，如图4.16所示。

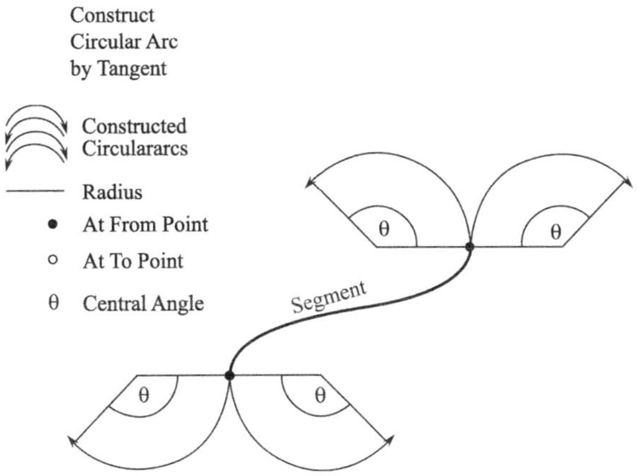

图 4.16 ConstructTangentAndPoint 构造圆弧

调用该方法的示例代码如下：

```
IConstructCircularArc constructCircularArc = new CircularArcClass();
ICircularArc circularArc = constructCircularArc as ICircularArc;
IPoint fromPoint1 = new PointClass();
fromPoint1.PutCoords(100, 100);
IPoint toPoint1 = new PointClass();
toPoint1.PutCoords(50, 50);
ILine line1 = new LineClass();
line1.PutCoords(fromPoint1, toPoint1);
IPoint point = new PointClass();
point.PutCoords(100, 75);
constructCircularArc.ConstructTangentAndPoint(line1 as ISegment, false, point);
```

7）ConstructThreePoints 方法

该方法是通过三个给定的点对象来产生一个唯一的圆弧。这三个点分别是起始点、终止点和圆弧上的任意点，这个点处于起始点和终止点中间的某一位置，如图4.17所示。

三点构造圆弧的示例代码如下：

```
IPoint fromPoint = new PointClass();
fromPoint.PutCoords(100, 100);
IPoint thruPoint = new PointClass();
thruPoint.PutCoords(180, 200);
IPoint toPoint = new PointClass();
toPoint.PutCoords(300, 120);
ICircularArc circularArcThreePoint = new CircularArcClass();
IConstructCircularArc construtionCircularArc = circularArcThreePoint as IConstructCircularArc;
```

```
construtionCircularArc.ConstructThreePoints(fromPoint, thruPoint, toPoint, true);
```

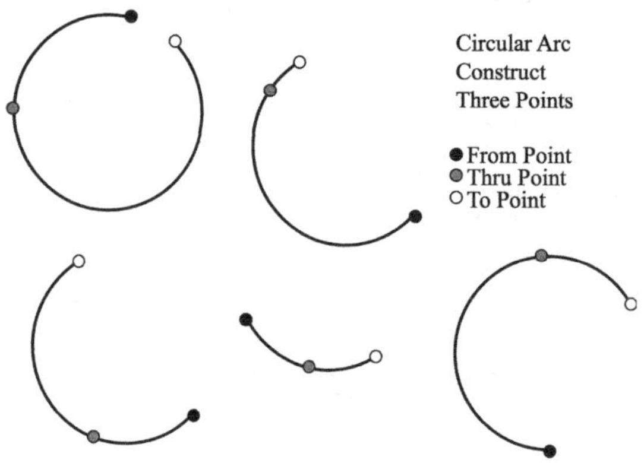

图 4.17　三点构造圆弧

2. Line 对象

Line对象是最简单的片段（Segment），它是由起始点和终止点决定的一条直线段，属于一维几何对象，同时也是最简单和最常使用的片段对象，常用于构造Polyline、Polygon、Ring和Path等对象。

ILine是Line对象实现的主要接口，它定义了一系列用于构造和设置线段对象的属性和方法。QueryCoords方法返回通过一条直线上起始点和终止点的坐标值；PutCoords方法用于设置线段两端点的坐标；Angle属性返回线段对象与*X*轴的夹角。

下面的示例代码用于设置并显示线段：

```
//此处需插入4行公共代码
IPoint pFromPoint=new PointClass();
pFromPoint.PutCoords(100, 100);
IPoint pToPoint = new PointClass();
pToPoint.PutCoords(300, 400);
ILine pLine = new LineClass();
pLine.PutCoords(pFromPoint, pToPoint);
IGeometryCollection pPolyline = new PolylineClass();
ISegmentCollection pPath = new PathClass();//路径
object Missing1 = Type.Missing;
object Missing2 = Type.Missing;
pPath.AddSegment(pLine as ISegment, ref Missing1, ref Missing2);
pPolyline.AddGeometry(pPath as IGeometry, ref Missing1, ref Missing2);
IElement element = DrawLineSymbol(pPolyline as IGeometry, GetRGB(0, 0, 0));
IGraphicsContainer pGraphicsContainer = pMap as IGraphicsContainer;
pGraphicsContainer.AddElement(element, 0);
//刷新显示
pActiveView.PartialRefresh(esriViewDrawPhase.esriViewGraphics, null, null);
```

```
//在上面的代码中，还调用了如下定义线段颜色、线型和线宽的方法。
private IElement DrawLineSymbol(IGeometry pGeometry, IRgbColor pColor)
{
    IElement element = null;
    ISimpleLineSymbol simpleLineSymbol = new SimpleLineSymbolClass();
    simpleLineSymbol.Color = pColor;
    simpleLineSymbol.Style = esriSimpleLineStyle.esriSLSSolid;
    simpleLineSymbol.Width = 1;
    ILineElement lineElement = new ESRI.ArcGIS.Carto.LineElementClass();
    lineElement.Symbol = simpleLineSymbol;
    element = (IElement)lineElement;
    element.Geometry = pGeometry;
    return element;
}
```

除上述产生线段的方法外，IConstructLine 接口还提供了两个更复杂的方法来产生一条线段。例如，ConstructAngleBisector 方法通过传入三个点对象构造一个夹角，通过这个夹角的顶点产生一个角平分线，该方法还需传入一个线段的长度，其构造原理如图 4.18 所示。

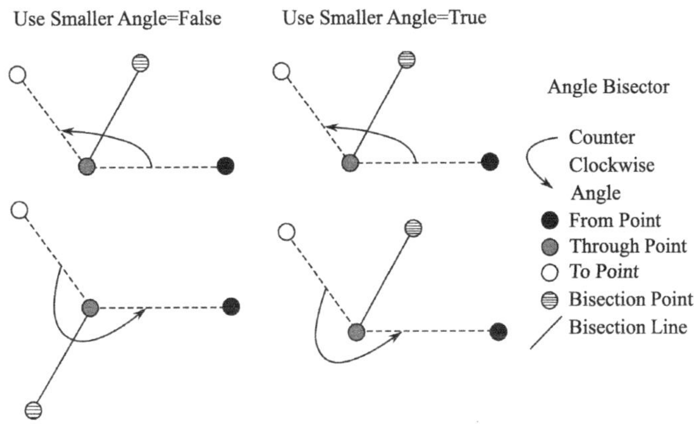

图 4.18　ConstructAngleBiseсctor 方法构造线段

下面是利用该方法产生线段的实例代码：

```
//此处需插入4行公共代码
IPoint fromPoint = new PointClass();
fromPoint.PutCoords(100, 100);
IPoint throughPoint = new PointClass();
throughPoint.PutCoords(300, 100);
IPoint toPoint = new PointClass();
toPoint.PutCoords(100, 300);
IConstructLine pConsructLine = new LineClass();
```

```
pConsructLine.ConstructAngleBisector(fromPoint, throughPoint, toPoint, 300, true);
//将构造的点加入，起始点用红色显示
IMarkerElement pMarkerElement = DrawPointSymbol(fromPoint, GetRGB(255, 0, 0));
IGraphicsContainer pGraphicsContainer = pMap as IGraphicsContainer;
//终止点用绿色显示
IMarkerElement pMarkerElement1 = DrawPointSymbol(toPoint, GetRGB(0, 255, 0));
//经过点用蓝色显示
IMarkerElement pMarkerElement2 = DrawPointSymbol(throughPoint, GetRGB(0, 0, 255));
IGeometryCollection pPolyline = new PolylineClass();
ISegmentCollection pPath = new PathClass();//路径
object Missing1 = Type.Missing;
object Missing2 = Type.Missing;
pPath.AddSegment(pConsructLine as ISegment, ref Missing1, ref Missing2);
pPolyline.AddGeometry(pPath as IGeometry, ref Missing1, ref Missing2);
//用黑色显示所构造的线段
IElement element = DrawLineSymbol(pPolyline as IGeometry, GetRGB(0, 0, 0));
pGraphicsContainer.AddElement(pMarkerElement as IElement, 0);
pGraphicsContainer.AddElement(pMarkerElement1 as IElement, 0);
pGraphicsContainer.AddElement(pMarkerElement2 as IElement, 0);
pGraphicsContainer.AddElement(element, 0);
//刷新显示
pActiveView.PartialRefresh(esriViewDrawPhase.esriViewGraphics, null, null);
```

在上面的代码中，调用了如下定义点属性的方法：

```
private IMarkerElement DrawPointSymbol(IGeometry pGeometry, IRgbColor pColor)
{
    IMarkerElement pMarkerElement = new MarkerElementClass();
    ISimpleMarkerSymbol pMarkerSymbol = new SimpleMarkerSymbolClass();
    pMarkerSymbol.Color = pColor;
    pMarkerSymbol.Size = 5;
    pMarkerSymbol.Style = esriSimpleMarkerStyle.esriSMSDiamond;
    IElement pElement = pMarkerElement as IElement;
    pElement.Geometry = pGeometry;
    pMarkerElement.Symbol = pMarkerSymbol;
    return pMarkerElement;
}
```

由IConstructLine接口提供的ConstructExtended方法，可以用于扩展一个已经存在的线段对象，以便产生一个新的线段。该方法的调用格式如下：

```
public void ConstructExtended(ILine inLine, esriSegmentExtension extendHow);
```

在该方法中，第二个参数的取值类型如表4.4所示，每种取值类型的含意如图4.19所示。

表 4.4　Segement 对象延伸方式

常数	取值	描述
esriNoExtension	0	片段没有延伸
esriExtendTangentAtFrom	1	片段沿起始端点的切线方向无限延伸
esriExtendEmbeddedAtFrom	2	片段通过在起始端点生成嵌入体延伸(圆弧片段的嵌入体是圆，线段片段的嵌入体是直线)
esriExtendTangentAtTo	4	片段沿终到端点的切线方向无限延伸
esriExtendEmbeddedAtTo	8	片段通过在终到端点生成嵌入体延伸(圆弧片段的嵌入体是圆，线片段的嵌入体是直线)
esriExtendTangents	5	片段分别沿两个端点的切线方向无限延伸
esriExtendEmbedded	10	片段通过分别在两个端点生成嵌入体延伸
esriExtendAtFrom	3	片段从起始端点开始延伸，既可以是沿切线也可以沿嵌入体
esriExtendAtTo	12	片段从终点到端点开始延伸，既可以是沿切线也可以沿嵌入体

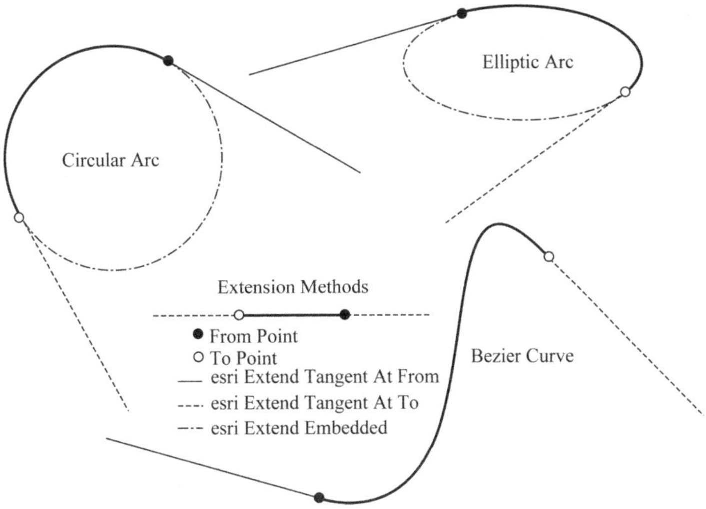

图 4.19　延伸方法中各种参数的含意

3. EllipticArc 对象

EllipticArc（椭圆弧）是椭圆的一部分，椭圆是由一个长轴、一个短轴、中心点和旋转角度值来确定的几何对象，若旋转角度为 0，则椭圆对象的两个轴分别与 *X* 和 *Y* 轴重合。

EllipticArc 对象也是使用诸如 FromAngle 和 ToAngle 等参数来确定的，如图 4.20 所示。EllipticArc 对象和前面介绍过的 CircularArc 对象很类似，但前者是通过完全不同的方法来进行构造。在使用 IEllipticArc 接口的过程中，若使用的方法需要 Rotaed ElliseStd 参数，则椭圆弧的坐标系和角度将可能存在差异。若该参数取值为 false，则系统使用的是标准笛卡儿坐标系；若该参数取值为 true，则所有的角度都是相对坐标，0 度方向不再是笛卡儿直角坐标系的 0 度方向，而是与椭圆的长轴一致。此时，FromPoint 和 ToPoint 两点的坐标是相对于 CentralPoint 来计算的。

使用 IEllipticArc 接口定义的属性，可得到一个已存在椭圆弧对象的 FromAngle、ToAngle

和 CentralAngle 的值。使用 GetAxes 方法，则可以得到椭圆弧对象的长短半轴及其比例。使用 PutAxes 方法，可改变一个已存在椭圆弧对象的半轴长度。

IEllipticArc接口也定义了一个布尔属性，用于检查椭圆弧的下列状况：

（1）IsCircular，判断长短半轴是否相等；

（2）IsLine，若为true，则短半轴为0；

（3）IsPoint，若为true，则长短半轴均为0；

（4）IsCounterClockwise，若为true，则CentralAngle为正值；

（5）IsMinor，则弧的长度小于椭圆的一半。

EllipticArc 对象实现了 IEllipticArc 接口，该接口拥有 Complement、PutCoord、PutCoords、PutCoordsByAngle、QueryCoords、QueryCoordsByAngle 和 QueryCentralPoint 等方法，用于查询或设置一个椭圆弧对象。PutCoords 和 PutCoordsByAngle 方法使用不同的参数来达到确定唯一椭圆弧对象的目的，在 Geometry 中推荐使用后一种方法。

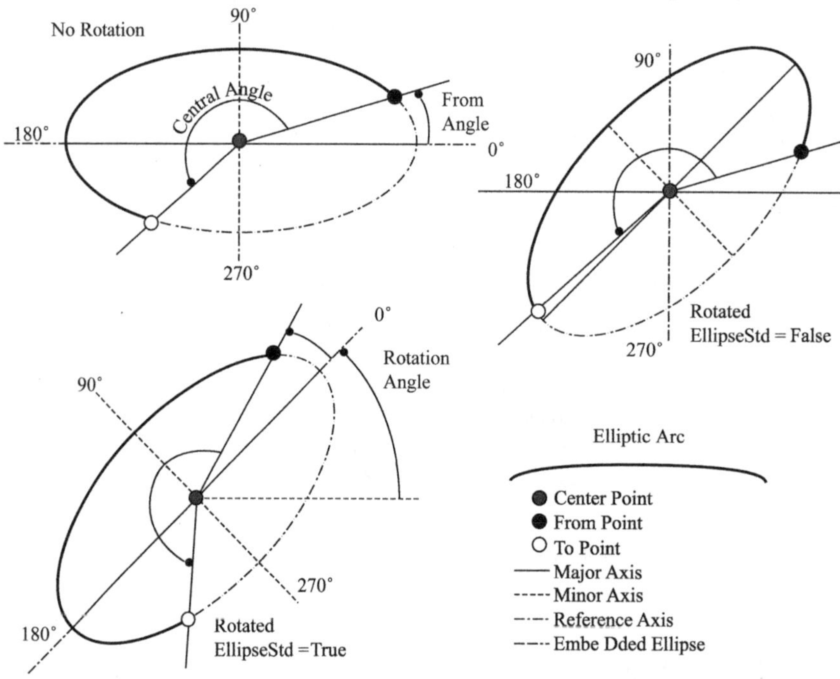

图 4.20　EllipticArc 的主要属性

EllipticArc 对象也实现了一个专门的构造器接口 IConstructEllipticArc，用于产生椭圆弧，在实际工作中，应使用该接口中提供的高级方法来产生椭圆弧对象，尽量避免直接设置各种单独的属性。

在该接口中包含的构造椭圆弧的方法有以下四种。

1）ConstructEnvelope

利用给定的包络线对象，产生一个内置的椭圆对象，该椭圆对象是逆时针方向的，如图 4.21 所示。

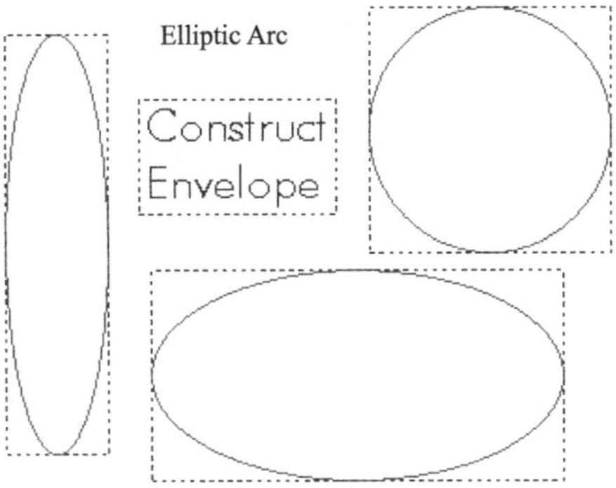

图 4.21　ConstructEnvelope 构造椭圆

下面是调用该方法的示例代码：

```
//此处需插入4行公共代码
IEnvelope pEnvelope = pActiveView.Extent;
IConstructEllipticArc constructEllipticArc = new EllipticArcClass();
constructEllipticArc.ConstructEnvelope(pEnvelope);//构造椭圆弧
ISegmentCollection pPolyline = new PolylineClass();
object Missing1 = Type.Missing;
object Missing2 = Type.Missing;
pPolyline.AddSegment(constructEllipticArc as ISegment, ref Missing1, ref Missing2);
IGeometry pGeo = pPolyline as IGeometry;
ISimpleLineSymbol simpleLineSymbol = new SimpleLineSymbolClass();
simpleLineSymbol.Color = GetRGB(255, 0, 0);//用红色显示椭圆弧
simpleLineSymbol.Style = esriSimpleLineStyle.esriSLSSolid;
simpleLineSymbol.Width = 2;//线宽设置为2
ILineElement lineElement = new LineElementClass();
lineElement.Symbol = simpleLineSymbol;
IElement element = (IElement)lineElement;
element.Geometry = pGeo;
IGraphicsContainer pGraphicsContainer= pMap as IGraphicsContainer;
pGraphicsContainer.AddElement(element, 0);
pActiveView.PartialRefresh(esriViewDrawPhase.esriViewGraphics, null, null);
```

2）ConstructQuarterEllipse

利用输入的起始点、终止点和方向属性，产生一个 1/4 椭圆大小的椭圆弧，如图 4.22 所示。起始点和终止点均是一个椭圆对象的轴点，且产生的椭圆弧位于由起始点和终止点构成的包络线内。

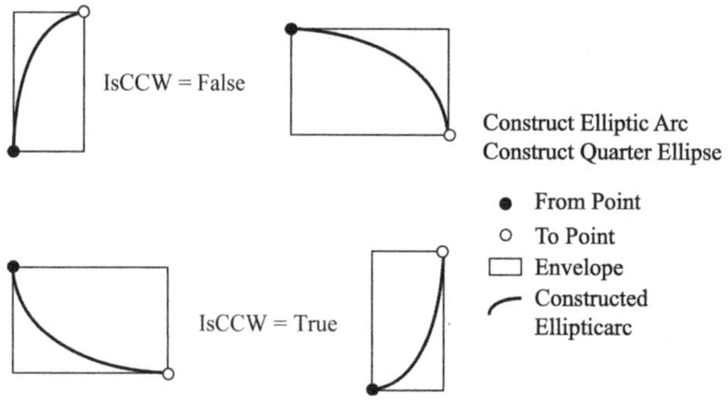

图 4.22　用 ConstructQuarterEllipse 方法构造椭圆弧

3）ConstructTwoPointsEnvelope

该方法需要输入起始点、终止点、包络线和方向属性，产生一个位于包络线内的椭圆弧，如图 4.23 所示。

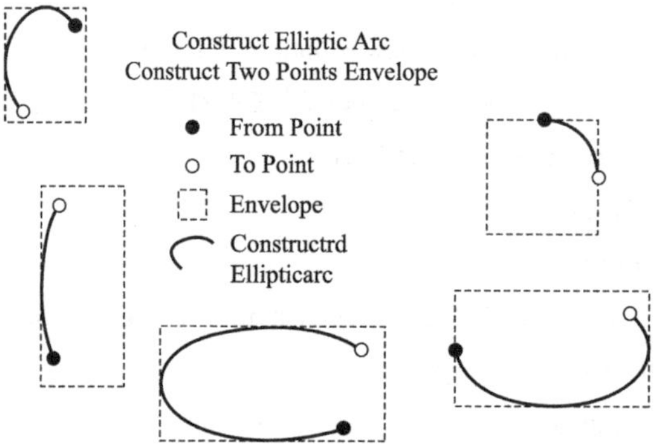

图 4.23　用 ConstructTwoPointsEnvelope 方法构造椭圆弧

4）ContructUpToFivePoints

该方法通过输入五个点来构造椭圆弧，这五个点分别是起始点、终止点、一个弧上的任意点及两个椭圆对象上的附加点，如图4.24所示。

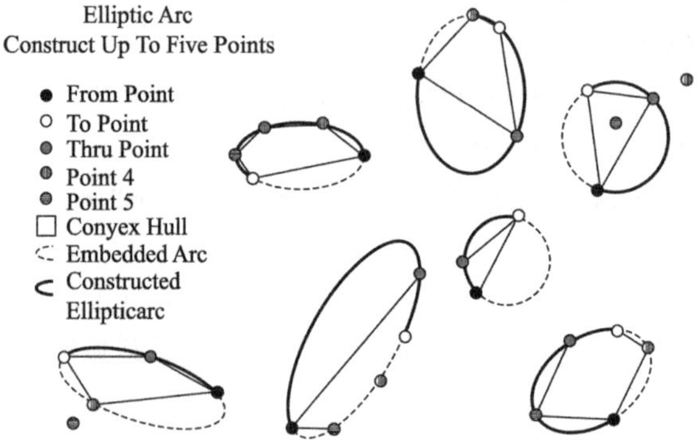

图 4.24　用 ContructUpToFivePoints 方法构造椭圆弧

4. BezierCurve 对象

贝塞尔曲线需由四个控制点定义，是用一组三次多项式描述的参数曲线，用于描述等高线或河流等平滑变化的线对象，如图4.25所示。

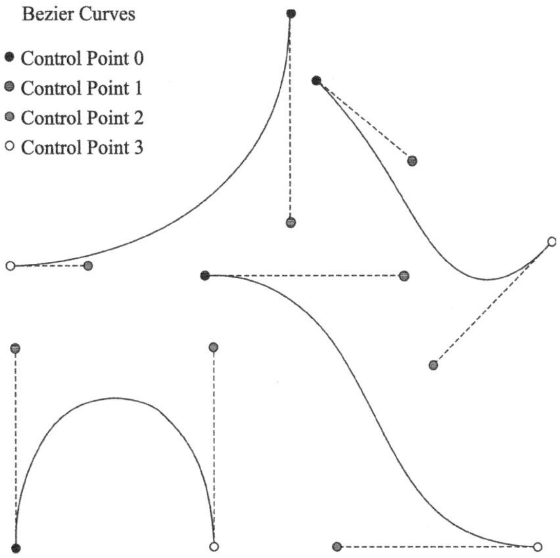

图 4.25　BezierCurve 对象属性

在图 4.25 中，由控制点 0 和 1 构成的线段和由控制点 2 和 3 构成的线段相切。这四个控制点产生了一条平滑的曲线。IBezierCurve 接口定义了用于查询和设置曲线的属性和方法，PutCoord 方法用于改变一个已经存在的贝塞尔曲线，该方法通过一次改变一个控制点来实现。如下面的示例代码所示：

```
IBezierCurve pBezierC = new BezierCurveClass();
IPoint pPoint= new PointClass();
pPoint.PutCoords(100, 200);
pBezierC.PutCoord(1, pPoint);
```

还可以利用IConstructBezierCurve接口定义的方法来产生贝塞尔曲线，但在实际工作中，一般推荐使用IBezierCurve接口定义的PutCoords方法来产生贝塞尔曲线。

下面是产生并显示贝塞尔曲线的示例代码：

```
//此处需插入4行公共代码
//定义产生贝塞尔曲线所需的4个控制点
IPoint point1 = new PointClass();
point1.PutCoords(100,100);
IPoint point2=new PointClass();
point2.PutCoords(100,400);
IPoint point3 = new PointClass();
point3.PutCoords(400, 400);
IPoint point4 = new PointClass();
```

```
point4.PutCoords(600, 400);
ILine line1 = new LineClass();
line1.PutCoords(point1, point2);
ILine line2 = new LineClass();
line2.PutCoords(point3, point4);
//利用IConstructBezierCurve接口定义的高级方法来产生贝塞尔曲线
IConstructBezierCurve pConstrBezier = new BezierCurveClass();
pConstrBezier.ConstructTangentsAtEndpoints(line1, line2);
ISegmentCollection pPolyline = new PolylineClass();
ISegmentCollection pPolyline1 = new PolylineClass();
ISegmentCollection pPolyline2 = new PolylineClass();
object Missing1 = Type.Missing;
object Missing2 = Type.Missing;
pPolyline1.AddSegment(line1 as ISegment, ref Missing1, ref Missing2);
pPolyline2.AddSegment(line2 as ISegment, ref Missing1, ref Missing2);
pPolyline.AddSegment(pConstrBezier as ISegment, ref Missing1, ref Missing2);
//定义线属性
IElement element1 = DrawLineSymbol(pPolyline as IGeometry , GetRGB(102, 200, 103));
IElement element2 = DrawLineSymbol(pPolyline1 as IGeometry, GetRGB (102, 200, 103));
IElement element3 = DrawLineSymbol(pPolyline2 as IGeometry, GetRGB (102, 200, 103));
IGraphicsContainer pGraphicsContainer= pMap as IGraphicsContainer;
//定义控制点属性
IMarkerElement pMarkerElement1 = DrawPointSymbol(point1, GetRGB (255, 0, 0));
IMarkerElement pMarkerElement2 = DrawPointSymbol(point2, GetRGB (255, 155, 122));
IMarkerElement pMarkerElement3 = DrawPointSymbol(point3, GetRGB (0, 255, 0));
IMarkerElement pMarkerElement4 = DrawPointSymbol(point4, GetRGB (0, 255, 0));
pGraphicsContainer.AddElement(pMarkerElement1 as IElement, 0);
pGraphicsContainer.AddElement(pMarkerElement2 as IElement, 0);
pGraphicsContainer.AddElement(pMarkerElement3 as IElement, 0);
pGraphicsContainer.AddElement(pMarkerElement4 as IElement, 0);
pGraphicsContainer.AddElement(element1, 0);
pGraphicsContainer.AddElement(element2, 0);
pGraphicsContainer.AddElement(element3, 0);
pActiveView.PartialRefresh(esriViewDrawPhase.esriViewGraphics, null, null);
```

4.4.2 路径对象

路径（Path）是连续片段对象的集合，除了路径的第一个和最后一个组成片段外，每一个片段的起始点都是前一个片段的终止点，即路径对象中的片段不能出现分离的情况。

路径可以是任意数目的 Line、CircularArc、EllipticArc 和 BezierCurve 的组合。一个或多

个路径对象可组成一个 Polyline 对象。

IPath 是 Path 对象的主要接口，它定义了设置路径对象的多种方法。Generalizes 方法可以抽象化一个平滑的路径对象，即可将一条平滑的曲线变为几条相连的线段。Smooth 方法可将一个非平滑的路径对象平滑化。SmoothLocal 方法可只将某个片段连接点处平滑化，而不是平滑整条路径对象。如下面的示例代码所示：

```
IPointCollection pPointColl = pPath as IPointCollection;
int dPtNum = 3;
pPath.SmoothLocal(pPtNum);
```

一个路径对象的形状可以通过添加新的片段（Segment）来改变，该过程需要使用ISegmentCollection接口，这个接口被Path、Ring、Polyline和Polygon实现，这些对象均可由一个以上的Segment对象组成，如下面的示例代码所示：

```
//定以两条线段，由其组成Path对象
IPoint pPt1 = new PointClass();
IPoint pPt2 = new PointClass();
IPoint pPt3 = new PointClass();
ILine pLine1=new LineClass();
pLine1.FromPoint = pPt1;
pLine1.ToPoint = pPt2;
ILine pLine2 = new LineClass();
pLine2.FromPoint = pPt2;
pLine2.ToPoint = pPt3;
ISegmentCollection pPath = new PathClass();
pPath.AddSegment(pLine1);
pPath.AddSegment(pLine2);
```

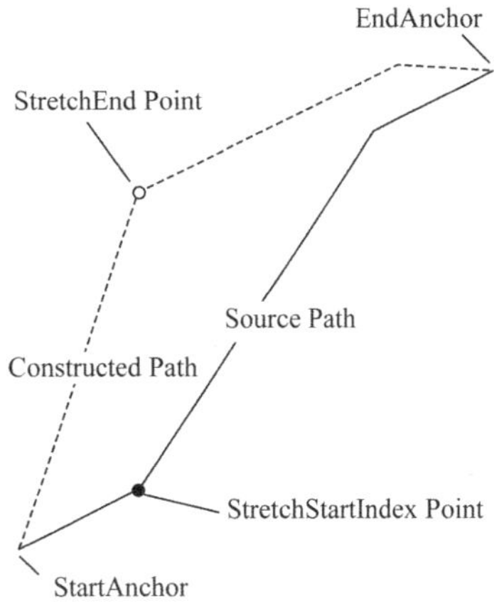

图 4.26　用 ConstructRigidStretch 方法改变路径形状

IConstructPath 是 Path 对象的构造器接口，该接口的 ConstructRigidStretch 方法可用于缩放或旋转一个已经存在的路径对象，或者改变路径上某个顶点或片段的位置，最终实现路径形状的改变。如图 4.26 所示，移动路径上某个节点或片段，即可改变路径对象的形状。

4.4.3　环对象

环（Ring）是一种封闭的路径对象，即其起始点和终止点的坐标值相同，这种对象具有“内部”和“外部”属性。环是产生 Polygon（多边形）的元素。组成环的片段（Segment）对象是有序的，环对象也实现了 IPath 接口。环必须是封闭的路径，它具有以下关键特征：

（1）环含有一系列首尾相连同方向的Segment对象；

（2）环是封闭的，即具有相同的起点和终点坐标；

（3）环不能自相交。

IRing 接口为环对象所实现，该接口定义了多种处理环对象的方法。其中，Close 方法用于检测起始点和终止点是否相同，若不同，将自动添加一条线段到一个开放的环对象上，以连接这个环的起始点和终止点；若相同，将不做任何处理。

在 Geometry 中，封闭的几何形体包括：Envelope、Ring 和 Polygon 三种，它们都是 2 维或 2.5 维的，均拥有一个别的几何对象没有的面积特征。因此，这三类对象都实现了 IArea 接口，以便获取与面积有关的信息。在该接口中，Area 方法用于返回封闭几何形体对象的面积；CentralPoid 方法用于返回这些几何形体的重心；LabelPoint 方法返回这些几何形体的标注点。

在 IArea 接口中的 QueryCentroid 和 QueryLabelPoint 方法，可分别返回 2 维或 2.5 维几何形体对象的重心或标注点。

4.4.4　PolyCurve 对象

PolyCurve 是一个抽象类，它代表了一个 Polyline 或 Polygon 对象的边框线，它是由多个曲线构成的对象，Polyline 的每一个组成部分都是一个有效的路径对象。Polygon 对象的每个组成部分则是环对象。IPolycurve 接口提供了处理这两种对象的一般方法，其中 SplitAtDistance 和 SplitAtPoint 方法，通过指定一个距离或点的方式，可以添加一个新的顶点到 Polycurve 上，以便改变 PolyCurve 的形状。

Generalize 方法用于给一个 Polycurve 对象进行概化整形，在整形结束后，Polyline 或 Polygon 上的平滑曲线将全部变为非平滑曲线。Weed 方法和 Generalize 方法类似，而 Smooth 方法则刚好相反，它将 PolyCurve 对象的每个组成片段（Segment）都转换为贝塞尔曲线，如图 4.27 所示。这三种方法的实质都在于它们改变了一个 PolyCurve 对象的顶点，在调用这些方法时，均需要输入一个偏移值。

Polyline和Polygon类都实现了IGeometryCollection接口，可用于添加、删除和改变一个Polyline和Polygon对象的组成部分。

1. Polyline 对象

Polyline即多义线对象，是相连或不相连路径对象的有序集合，它可以分别是单个路径、多个不相连的路径和多个相连路径的集合，如图4.28所示。

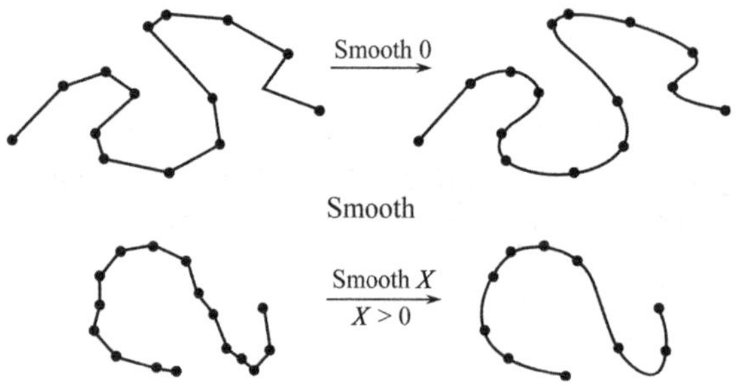

图 4.27　IPolyCurve 的 Smooth 方法转换结果

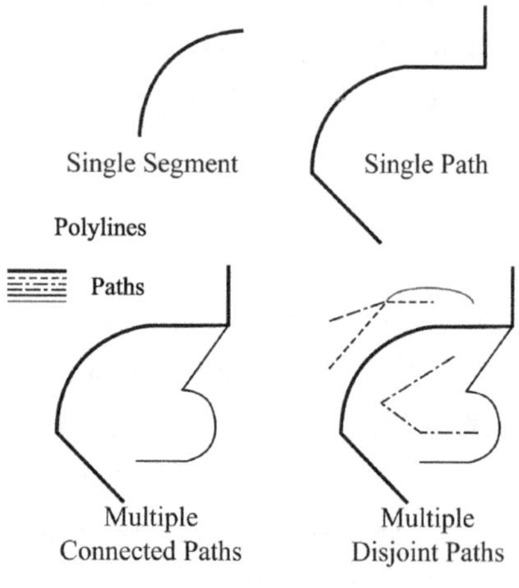

图 4.28　Polyline 对象的种类举例

这个对象可以用于表示具有线状特征的对象，如河流、公路和等高线等。 用户可以使用单路径构成的多义线（Polyline）来表示简单线类型，如简单公路；使用具有多个路径的多义线来表示复杂线类型，如具有多个支流的河流等。

一个有效的Polyline对象需要满足以下准则：

（1）组成Polyline的Path对象都是有效的；

（2）Path不会重合、相交或自相交；

（3）多个Path对象可以连接于某一个节点，也可以是分离的；

（4）长度为0的Path对象是不被允许的。

IPolylinePolyline类的主要接口，定义了两种主要方法。其中，Reshape方法可以使用一个路径对象给一个已存在的Polyline整形。而SimplifyNetwork方法则用于简化网络。

Polyline可以使用IGeometryCollection接口，用添加路径对象的方法来产生，当使用这个接口时，需注意以下几点：

（1）每一个路径对象都必须是有效的，或者这个路径对象在使用 IPath 接口的 Simplify 方法后有效；

（2）因 Polyline 是路径对象的有序集合，在添加路径时，必须注意路径的顺序和方向；

（3）为了保证 Polyline 是有效的，可以在产生这个形状后使用 Simplify 方法。

下面是使用IGeometryCollection接口来产生并显示一个Polyline的示例代码：

```
//此处需插入4行公共代码
IPoint pPt1=new PointClass();
pPt1.PutCoords(100, 20);
IPoint pPt2=new PointClass();
pPt2.PutCoords(20, 310);
IGeometryCollection pPolyline = new PolylineClass();
ISegmentCollection pPath = new PathClass();
//产生线段对象，并将其添加到路径对象
object Missing1 = Type.Missing;
object Missing2 = Type.Missing;
ILine pLine = new LineClass();
pLine.PutCoords(pPt1, pPt2);
pPath.AddSegment(pLine as ISegment, ref Missing1, ref Missing2);
//将路径对象添加到多义线对象
pPolyline.AddGeometry(pPath as IGeometry, ref Missing1, ref Missing2);
IElement element = DrawLineSymbol(pPolyline as IGeometry, GetRGB(255, 0, 0));
IGraphicsContainer pGraphicsContainer= pMap as IGraphicsContainer;
pGraphicsContainer.AddElement(element, 0);
pActiveView.PartialRefresh(esriViewDrawPhase.esriViewGraphics, null, null);
```

PolyLine及其相关对象的结构如图4.29所示。

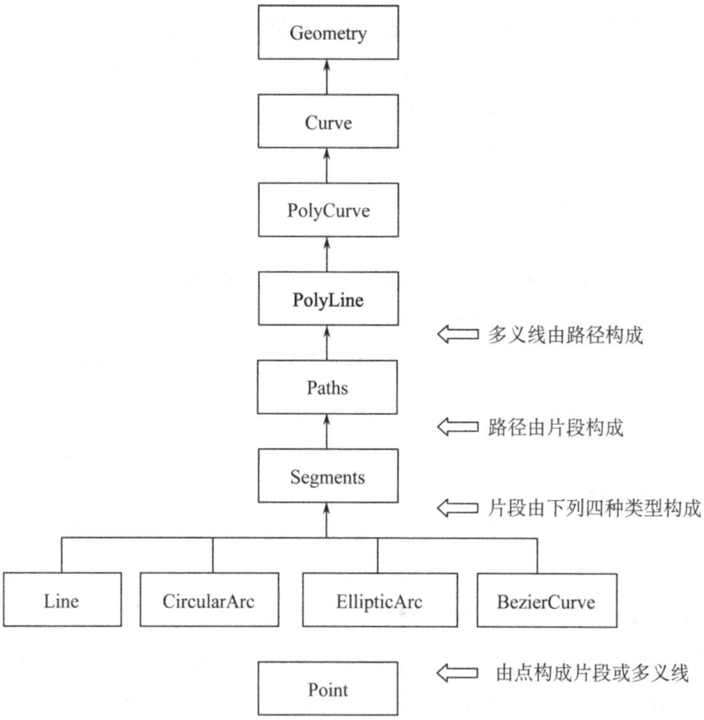

图 4.29　Polyline 及其相关对象结构

2. Polygon 对象

Polygon即多边形，是有序环（Ring）对象的集合，如图4.30所示，Polygon可由一个或者多个环组成，甚至环内套环，形成岛环的情况，但是内外环之间不能重叠。

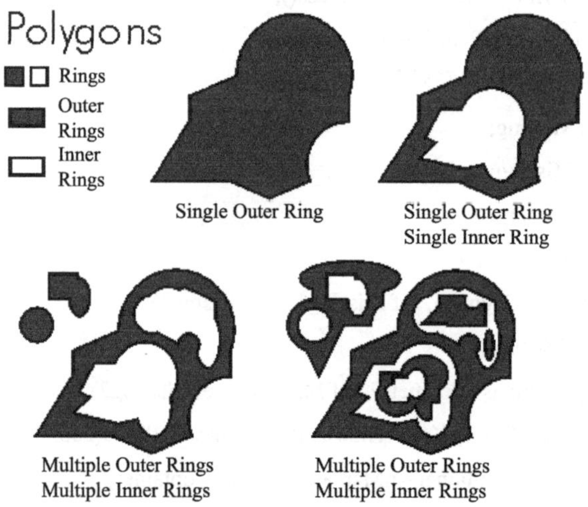

图 4.30　常见 Polygon 种类

对于一个给定的点而言，它总是在多边形“内部”“外部”或者“边界上”。Polygon 通常用于描述具有面积特性的要素。一个有效的多边形应满足下列条件：

（1）每个构成环都是有效的；

（2）环之间的边界不能重合；

（3）外部环必须是顺时针方向的；

（4）内部环在一个多边形中定义了一个洞，且为逆时针方向；

（5）面积为0的环是不允许的；

（6）多边形上存在一个片段或路径对象是无效的。

IPolygon 是 Polygon 类的主要接口，它定义了一系列属性和方法来控制一个多边形的环。其中，ExteriorRingCount 属性可返回一个多边形的全部外部环的数目，InteriorRingCount 属性可返回一个多边形的内部环数目。QueryExteriorRings 和 QueryInteriorRings 两种方法，分别用于获取一个多边形的所有外部环和内部环对象。而 Close 方法会调用 IRing 接口的 Close 方法来封闭一个多边形的组成部分。

与 Polyline 对象相同，Polygon 可使用 IGeometryCollection 接口定义的方法，通过添加环对象来产生一个多边形，但需注意以下几点：

（1）每个组成多边形的环都必须是有效的；

（2）在产生一个多边形后，可使用 Symplify 或者 SimplifyPreserveToFrom 来保证它的内环和外环的方向是正确的，环没有相交或自交，且必须封闭；

（3）除使用 Simplify 方法来获得多边形环和顶点的数目外，还可以使用 IPointCollection 的方法来检查，该接口的方法可以构成任意层次上的集合图形。

下面是使用Segment构成多边形的示例代码：

```
//此处需插入4行公共代码
//定义Segment集合对象
ILine pLine;
ISegmentCollection pSegColl = new RingClass();
ILine pLine = new LineClass();
//定义生成线片段的点对象
IPoint pPt1 = new PointClass();
pPt1.PutCoords(100, 100);
IPoint pPt2 = new PointClass();
pPt2.PutCoords(200, 100);
IPoint pPt3 = new PointClass();
pPt3.PutCoords(200, 300);
pLine.PutCoords(pPt1, pPt2);
object Missing1 = Type.Missing;
object Missing2 = Type.Missing;
pSegColl.AddSegment(pLine as ISegment, ref Missing1, ref Missing2);
pLine = new LineClass();
pLine.PutCoords(pPt2, pPt3);
pSegColl.AddSegment(pLine as ISegment, ref Missing1, ref Missing2);
//由片段集对象生成环对象
```

```
IRing pRing = pSegColl as IRing;
pRing.Close();//使环闭合
//使用环对象来构成多边形
IGeometryCollection pPolygon = new PolygonClass();
//将环添加到多边形中
pPolygon.AddGeometry(pRing, ref Missing1, ref Missing2);
//进行多边形显示
ISimpleFillSymbol pSimpleFillsym = new SimpleFillSymbolClass();
pSimpleFillsym.Style = esriSimpleFillStyle.esriSFSCross;
pSimpleFillsym.Color = GetRGB(250,50,100);
IFillShapeElement pPolygonEle = new PolygonElementClass();
pPolygonEle.Symbol = pSimpleFillsym;
IElement pEle = pPolygonEle as IElement;
pEle.Geometry =(IGeometry)pPolygon;
IGraphicsContainer pGraphicsContainer = pMap as IGraphicsContainer;
pGraphicsContainer.AddElement(pEle, 0);
pActiveView.PartialRefresh(esriViewDrawPhase.esriViewGraphics, null, null);
```

Polygon及相关对象的结构如图4.31所示。

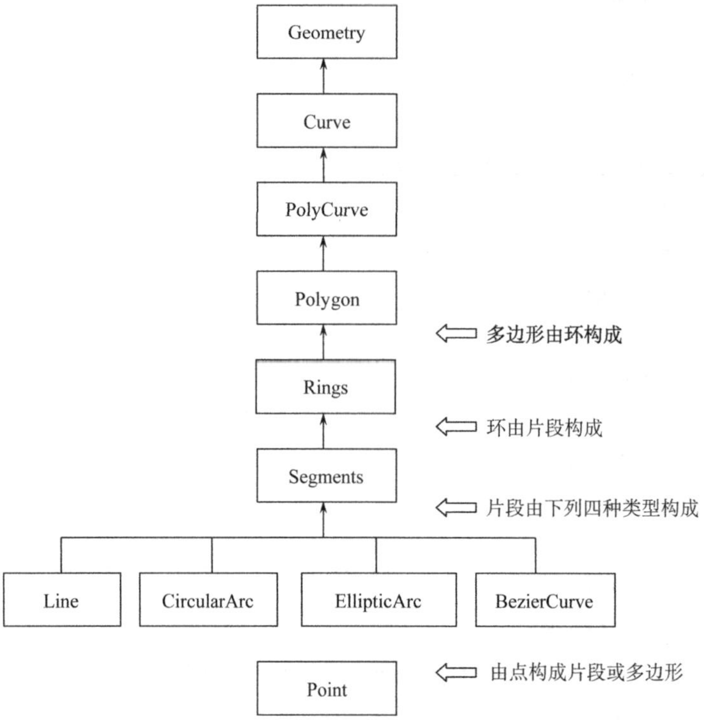

图 4.31　Polygon 及其相关对象结构

4.5　Geometry 集合接口

根据前面的介绍，除 Point 对象外，其他几何形体对象均可通过集合的方式来构成，如点集对象是点的集合、路径是片段对象的集合、多义线是路径的集合等。

在 ArcGIS Engine 中，Geometry 类型的集合接口主要包括 IGeometryCollection、ISegmentCollection 和 IPointCollection 三种，这些接口揭示出 ArcGIS Engine 几何对象模型的实质，它们是一种组合构成的形式，但这种组合并不一定按照严格的层次结构组织。

4.5.1　IGeometryCollection 接口

该接口被 Polygons、Polylines、Multipoints、MultiPatches、TriangleStrips、TriangleFans 和 GeometryBags 等多种几何对象所实现。它提供的方法可让程序员添加、改变和移除一个几何对象的组成元素，即它们的 Geometry 子对象，这些元素包括：

（1）对Polygon而言，其组成的子对象是Ring对象；

（2）对Polyline而言，其组成的子对象是Path；

（3）对MultiPoint而言，其组成的子对象是Point；

（4）对 MultiPatch 而言，其组成的 Geometry 子对象是 TriangleFan、TriangleStrip 或 Ring（MultiPatch 是三维几何对象）；

（5）对 GeometryBag 对象而言，组成它的 Geometry 可以是任何类型的几何形体对象。可以理解 GeometryBag 为能容纳任何类型几何对象的容器。

大部分几何对象都是有序的几何对象的集合，因此它们的子对象拥有索引值，由索引值确定了它们在组成方向上的排列顺序。IGeometryCollection 接口的 Geometry 属性可以通过某个索引值返回组成几何对象的某个子对象。而该接口的 GeometryCount 则用于返回组成几何对象的子对象数目。

IGeometry 接口的 AddGeometry 和 AddGeometries 方法可向一个几何对象添加子对象，前者一次只能添加一个几何对象，后者一次可添加一个几何数组。除此以外，AddGeometry 方法可将子对象添加到几何对象的指定索引位置处，而 AddGeometries 只能将子对象数组添加到集合的最后。

在使用 AddGeometry 方法添加子对象到 Polygon 对象的过程中，若子对象中出现覆盖现象，多边形将不封闭或出现一个包含关系，这个多边形就不是简单多边形。因此，在新建一个多边形后，应使用 Simplify 方法保证其有效性。在下面的示例代码中，先构造两个多边形，然后将第二个多边形添加到第一个中，并进行显示。

```
//此处需插入4行公共代码
//定义Segment集合对象
ISegmentCollection pSegColl,pSegCol2;
ILine pLine;
IRing pRing,IRing pRing1;
pSegColl = new RingClass();
pSegCol2 = new RingClass();
```

```
pLine = new LineClass();
//定义生成线片段的点对象
IPoint pPt1 = new PointClass();
pPt1.PutCoords(100, 100);
IPoint pPt2 = new PointClass();
pPt2.PutCoords(200, 100);
IPoint pPt3 = new PointClass();
pPt3.PutCoords(200, 300);
pLine.PutCoords(pPt1, pPt2);
object Missing1 = Type.Missing;
object Missing2 = Type.Missing;
pSegColl.AddSegment(pLine as ISegment, ref Missing1, ref Missing2);
pLine = new LineClass();
pLine.PutCoords(pPt2, pPt3);
pSegColl.AddSegment(pLine as ISegment, ref Missing1, ref Missing2);
//由片段集对象生成环对象
pRing = pSegColl as IRing;
pRing.Close();//使环闭合
//使用环对象构成多边形
IGeometryCollection pPolygon = new PolygonClass();
//将环添加到多边形中
pPolygon.AddGeometry(pRing, ref Missing1, ref Missing2);//第一个多边形
//生成第二个多边形
IPoint pPt4 = new PointClass();
pPt4.PutCoords(400, 100);
IPoint pPt5 = new PointClass();
pPt5.PutCoords(400, 300);
pLine = new LineClass();
pLine.PutCoords(pPt3, pPt4);
pSegCol2.AddSegment(pLine as ISegment, ref Missing1, ref Missing2);
pLine = new LineClass();
pLine.PutCoords(pPt4, pPt5);
pSegCol2.AddSegment(pLine as ISegment, ref Missing1, ref Missing2);
pRing1 = pSegCol2 as IRing;
pRing1.Close();//封闭环对象
IGeometryCollection pPolygon1 = new PolygonClass();
pPolygon1.AddGeometry(pRing1, ref Missing1, ref Missing2);//第二个多边形
//将第一个多边形添加到第二个多边形上
IGeometryCollection pGeoCollec1,pGeoCollec2;
```

```
pGeoCollec1 = pPolygon as IGeometryCollection;
pGeoCollec2 = pPolygon1 as IGeometryCollection;
pGeoCollec1.AddGeometry(pGeoCollec2.get_Geometry(0), ref Missing1, ref Missing2);
ITopologicalOperator pToplogical = pGeoCollec1 as ITopologicalOperator;
pToplogical.Simplify();
pGeoCollec1 = pToplogical as IGeometryCollection;
//显示添加后的结果
ISimpleFillSymbol pSimpleFillsym = new SimpleFillSymbolClass();
pSimpleFillsym.Style = esriSimpleFillStyle.esriSFSCross;
pSimpleFillsym.Color = GetRGB(250,50,100);
IFillShapeElement pPolygonEle = new PolygonElementClass();
pPolygonEle.Symbol = pSimpleFillsym;
IElement pEle = pPolygonEle as IElement;
pEle.Geometry = (IGeometry)pGeoCollec1;
IGraphicsContainer pGraphicsContainer = pMap as IGraphicsContainer;
pGraphicsContainer.AddElement(pEle, 0);
pActiveView.PartialRefresh(esriViewDrawPhase.esriViewGraphics, null, null);
```

IGeometryCollection 的 AddGeometryCollection 方法，可将一个多边形中所有子对象的引用添加到某个多边形中，完成两个多边形的合并。

在上面的示例代码中，可以用如下方式完成多边形合并：

```
pGeoCollec1.AddGeometryCollection(pGeoCollec2);
```

IGeometryCollection 接口的 InsertGeometries 或 InsertGeometryCollection 方法可以将子对象加入到一个已经存在的 GeometryCollection 对象中，且可以指定插入的索引号。

4.5.2　ISegmentCollection 接口

该接口被 Path、Ring、Polyline 和 Polygon 四个类所实现，它们都可以被称作是片段集合对象，使用这个接口可以处理片段集合对象中的每一个组成元素，即 Segment 对象。SegmentCollection 中的任何一个子对象都可以使用 Segment 属性来获得，在使用该属性时，需输入一个子对象的索引值；EnumSegments 属性可返回一个 SegmentCollection 对象中的片段对象，且是作为一个枚举值返回。

AddSegment 方法用于向一个 SegmentCollection 对象添加单个片段；AddSegments 方法则用于添加一个片段数组对象；AddSegmentCollection 方法可用于添加另外一个 SegmentCollection 对象中所有的 Segment，即该方法可用于合并两个 SegmentCollection 对象，但这两个 SegmentCollection 对象必须有相同的空间参考。

InsertSegments、InsertSegmentCollection、RemoveSegments、ReplaceSegments、ReplaceSegmentCollection、SetSegmentCollection 和 SetSegments 等方法，可用于改变和重新排列片段集合对象中的片段，以便改变片段集合对象的形状。

该接口的 SetCircle 和 SetRectangle 方法，可在不需要添加 Segment 的情况下，方便构造一个完整的路径、环、多边形或多义线。

4.5.3 IPointCollection 接口

该接口被多个几何对象类所实现，这些对象包括可由多个点构成的对象，如 Multipoint、Path、Ring、Polyline、Polygon、TriangleFan、TriangleStripe 和 MutiPatch 等，它们都可以被称为 PointCollection 对象。PointCollection 对象可以用 IPointCollection 接口定义的方法获取、添加、插入、查询、移除它中间的某个顶点。

该接口的方法和前面介绍过的两个接口类似，请参阅相应的帮助。

4.6 空间参考

4.6.1 空间参考含意

空间参考包括坐标系统和精度两个方面的内容。设置空间参考是为了空间数据能够被合适地存储和指向地球上的某一个位置。

坐标系统包括地理坐标系和投影坐标系，用于定义空间数据在地球上的具体位置。在同一个地图上显示的地理数据的空间参考必须一致，如果不一致，将导致两幅地图无法正确拼合，因此在一个 GIS 中，选择正确的空间参考非常重要。

精度（Precision）定义了存储在数据库中数据的精确程度。地理数据库使用一个 4 比特的正整数来存储坐标，其最大值是 2147483648，这个数值被称为空间域(SpatialDomain)。若需采用米作测量单位，则最大可为 21 亿 m；若使用厘米作测量单位，则最大可为 21 亿 cm。不管使用何种测量单位，坐标值的范围不得超过空间域的最大值。4 比特整数代表的单位称为存储单位，它是一个数据集中最小的测量单位。

存储单位=坐标系统单位/精度

如果坐标系单位是米，而精度为 100，则存储单位为 1cm；如果精度为 1000，则存储单位为 1mm。因此，空间域与精度的关系是相反的，具体体现就是范围越小，表现的精度就越高。

设置空间域的范围，必须确定空间域的左下角和右上角点，由这两个点可以确定一个矩形区域。以一个城市的不同区域电子地图为例。在 ArcMap 中，应该先导入城市的电子地图，将地图缩放到适合的大小，即要选取的数据部分，使用 Draw Rectangle 工具，在要选择的地方拉一个矩形，右击矩形，点击其上的左下角和右上角方块，就能确定所选区域的空间域范围。

4.6.2 两种坐标系统

在 ArcGIS 中经常使用地理坐标和投影坐标两种坐标系统。地理坐标系统（Geographic Coordinate System），也可称为真实世界坐标系，是确定地物在地球上位置的坐标系，以经纬度为地图的存储单位。要确定地球上某一点的坐标必须对地球进行数字模拟，即要抽象出一个与地球相似的椭球体，且这个椭球体需具有可量化计算，具有长半轴、短半轴、偏心率等特点。

因推求椭球体的年代、方法及测定地区等的差异，所得结果一般不一致，导致出现多种椭球体参数，如海福特（Hayford）椭球、克拉索夫斯基（Krasovsky）椭球，我国 1980 年以后采用 RGS（1975）国际椭球，该椭球体的参数为：

Spheroid: GRS_1980

Semimaijor Axis：6378137.000000000000

Semiminor Axis：6356752.3141403561000

Inverse Flating：298.25722210100002000

仅有椭球，还不能建立起坐标系统，地理坐标系统还需要有大地基准面将椭球体定位，这个基准面用于定位地球上点的参照系统，定义经纬线的起始点和方向。基准面的建立需要选择一个椭球，然后在地球上选择一个点作为“原点”，而椭球上所有其他点都相对于这个点定义其位置。

大地基准面除了全球基准面 WGS84 和 WGS72 外，不同的地区可以使用自己的大地基准面，如我国的北京 1954 和西安 80。在坐标系统描述时，常可以看到这样一行：

Datum:D_Beijing_1954

有了椭球和基准面两个条件，便可以建立起地理坐标系统。地理坐标系是常用的坐标系对象，它以经纬度来描述地面点位置，下面是一个地理坐标系的完整参数。

```
Alias                                                   //别名
Abbreviation                                            //缩写
Remarks                                                 //备注
AngularUnit Degree(0.017453292519943299)                //角度单位
Prime Meridian Greenwich(0.000000000000000000)          //中央经线
Datum D_ Beijing _1954                                  //大地基准面
Spheroid Krasovsky_1940                                 //参考椭球体
Semimaior Axis 6378245.000000000000000000               //长半轴
Semiminor Axis 6356863.018773047300000000               //短半轴
lnverse Flattening 298.300000000000010000               //扁率
```

投影坐标系统（Projection Coordinate System）是将三维地理坐标系统上的经纬网投影到二维平面地图上使用的坐标系统。投影的方式包括：等角投影、等积投影和正形投影。在大比例尺地图的选用中，我国一般采用高斯克吕格投影，在欧美称这种投影被称为横轴墨卡托投影。下面是高斯克吕格投影坐标系统中的一些参数。

Projection：Gauss_Kruger

Parameters：

False_Easting：500000.000000m

False_Northing：0.000000m

Central_Meridian：117.000000°

Scale _Factor：1.000000

Latitude_Of_Origin：0.000000°

Linear Unit：Meter(1.000000)

Geographic Coordinate System：

Name：GCS_Beijng_1954

Alias：

Abbreviation:

Remarks：

Angular Unit Degree(0.0174532925199433299)

Prime Meridian：Greenwich(0.000000000000000000)

Datum：D_Beijing_1954

Spheroid：Krasovsky 1940

Semimajor Axis：6378245.000000000000000000m

Semiminor Axis：6356863.018773047300000000m

Inverse Flattening：298. 300000000000010000

从上述参数可以看出，每个投影坐标系都必定会有地理坐标系统，投影坐标系统使用 *X*、*Y* 坐标描述地面上点的位置，用地球椭球体（Spheriod）来模拟地球，使用 Projection 表示投影计算方法，使用 Unit 表示单位，用 Geocoordsys 来表示投影坐标系来源，即每个投影坐标系统都必须要求有地理坐标系统参数。

4.6.3　设置空间参考

ArcGIS Engine 中提供了一系列对象，可供开发者管理坐标系统，对于大部分开发者而言，需要了解三种主要的 ArcGIS Engine 组件，它们分别是 ProjectedCoordinateSystem、GeographicCoordinateSystem 和 SpatialReferenceEnvironment。对于高级开发者而言，在自定义坐标系统时，需要使用 Projection、Datum、AngularUnit、Spheriod、PrimeMeridian 和 GeoTransformation 等对象。

1. 得到一个图层的空间参考

可以使用下列代码得到一个图层的空间参考：

```
private ISpatialReference GetLayerSpatialReference(ILayer pLayer)
{
    ISpatialReference pSpatialReference=null;
    if (pLayer is IFeatureLayer || pLayer is IRasterLayer)
    {
        IGeoDataset pGeoDataset = pLayer as IGeoDataset;
        pSpatialReference = pGeoDataset.SpatialReference;
    }
    return pSpatialReference;
}
```

2. 改变一个图层的空间参考

可以使用下列代码改变一个图层的空间参考：

```
IFeatureLayer player = pMap.get_Layer(0) as IFeatureLayer;
IGeoDataset pGeoDataset = player.FeatureClass as IGeoDataset;
//接口跳转，从地理数据集得到GeoDatasetSchemaEdit
```

```
IGeoDatasetSchemaEdit pGeoDatasetEdit;
//如果是栅格数据则由IRasterDataeset对象对pGeoDatasetEdit进行赋值
pGeoDatasetEdit = pGeoDataset as IGeoDatasetSchemaEdit;
if (pGeoDatasetEdit.CanAlterSpatialReference == true)
{
    ISpatialReferenceFactory2 pSpatRefFact = new SpatialReferenceEnvironmentClass();
    IGeographicCoordinateSystem pGeoSys;
    pGeoSys = pSpatRefFact.CreateGeographicCoordinateSystem(4214);// Beijing1954
    pGeoDatasetEdit.AlterSpatialReference(pGeoSys);
}
pActiveView.Refresh();
```

3. 设置一个图层的空间参考

ISpatialReference 接口提供了操作方法和属性来设置一个数据集的空间参考属性，如空间域和坐标精度等。Change 是这个接口中最重要的方法，可用于检测一个坐标系统中的参数是否发生了变化。GetDomain 和 SetDomain 方法分别用于获得和设置一个坐标系统的域范围，它是一个矩形区域，用于确定数据的显示范围。因此，无论是获取还是设置，均使用 *X*Min、*X*Max、*Y*Min 和 *Y*Max 四个值。

GetFalseOrginAndUnits 和 SetFalseOrignAndUnits 分别是另一种获得和设置空间域的方法，它有 Flase*X*、False*Y* 和 *xy*Units 三个参数，前两个参数分别代表了空间域的 *X*Min 和 *Y*Min，第三个参数是空间域的取值精度。

GetMDomain 和 GetZDomain 方法分别用于获得一个要素类或数据集的 *M* 值域和 *Z* 值域。

GeographicCoodinateSystem 用于确定一个地理坐标系统，可以使用 IGeographic-CoordinateSystem 接口，设置一个地理坐标系统的 CoordinateUnit（坐标系角度单位）、Datum（椭球体）、PrimeMeridian（起始经线）等属性。

ProjectedCoordianateSystem 使用 IProjected-CoordianateSystem 接口新建一个投影坐标系统，在新建一个新投影坐标系统时，需设置 Geographic-CoodinateSystem、Projection（投影方式）、Coor-dianateUnit 和 Parameters。

下面举例说明如何设置图层的空间参考。如图 4.32 所示，在设置图层的空间参考时，需要让用户选择坐标系类型、分带类型，输入中央子午线，并确定横坐标前是否加带号。然后，根据用户选择，生成 ISpatialReference 接口类型的对象变量。

在图4.32中，窗体的名称（Name）为Projected-CoordinateFrm，窗体上各种按钮和复选框的名称如表4.5所示。

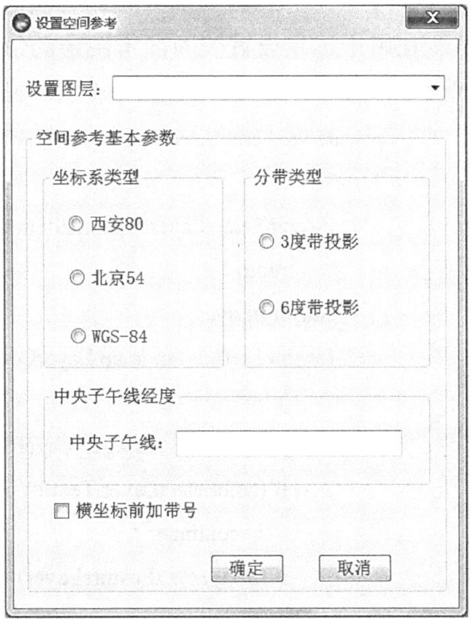

图 4.32　设置图层的空间参考

表 4.5　各控件命名

控件	控件的 Name 属性值	控件	控件的 Name 属性值
西安 80 按钮	rbtnXian	3 度带投影按钮	rbtn3degree
北京 54 按钮	rbtnBeijing	6 度带投影按钮	rbtn6degree
WGS-84 按钮	rbtnWGS	确定按钮	btnOK
横坐标前加带号复选框	chbNumber	输入中央子午线的文本框	txtCenterLongitude

在图4.32所示窗体的代码层区域开始的变量定义部分，定义下列类型的变量：

```
IMap m_map;
IGeoDataset pGeoDataset;
IRasterDataset pRasterDataset;
```

窗体的构造函数、Form_Load事件的代码如下：

```
public ProjectedCoordinateFrm(IMap pMap)
{
    InitializeComponent();
    m_map = pMap;
}
//在下拉列表框中添加已经加载的图层
private void ProjectedCoordinateFrm_Load(object sender, EventArgs e)
{
    for (int i = 0; i < m_map.LayerCount; i++)
        cmbSelectLayer.Items.Add(m_map.get_Layer(i).Name);
}
```

在用于选定设置空间参考图层的ComboBox控件的SelectedIndexChanged事件中添加如下代码：

```
private void cmbSelectLayer_SelectedIndexChanged(object sender, EventArgs e)
{
    if (cmbSelectLayer.SelectedItem == null)
        return;
    ILayer pLayer;
    for (int i = 0; i < m_map.LayerCount; i++)
    {
        pLayer = m_map.get_Layer(i);
        if (cmbSelectLayer.Text != pLayer.Name)
            continue;
        if (pLayer is IFeatureLayer)
        {
            IFeatureClass pFeatureClass = (pLayer as IFeatureLayer).FeatureClass;
```

```
                pGeoDataset = pFeatureClass as IGeoDataset;
            }
            if (pLayer is IRasterLayer)
            {
                IRasterLayer pRasterLayer = pLayer as IRasterLayer;
                string pFilePath = pRasterLayer.FilePath;
                pRasterDataset = OpenRasterFile(pFilePath);
            }
        }
    }
```

此事件中调用的OpenRasterFile方法，主要用于得到IRasterDataset对象。其定义如下：

```
        // 打开本地栅格数据
        // <param name="pFilePath">文件路径</param>
        // <returns>返回打开的栅格数据</returns>
        public IRasterDataset OpenRasterFile(string pFilePath)
        {
            if (pFilePath == string.Empty)
                return null;
            string directory = System.IO.Path.GetDirectoryName(pFilePath);
            string fileName = System.IO.Path.GetFileName(pFilePath);
            IWorkspaceFactory pWorkspaceFactory = new RasterWorkspaceFactoryClass();
            IWorkspace pWorkspace = pWorkspaceFactory.OpenFromFile(directory, 0);
            IRasterWorkspace pRasterWorkspace = pWorkspace as IRasterWorkspace;
            IRasterDataset pRasterDataset = pRasterWorkspace.OpenRasterDataset(fileName);
            IRasterPyramid pRasterPyramid = pRasterDataset as IRasterPyramid;
            if (pRasterPyramid != null)
            {
                if (!(pRasterPyramid.Present))
                {
                    pRasterPyramid.Create();
                }
            }
            return pRasterDataset;
        }
    }
```

在确定按钮的单击事件中，加入如下代码：

```
    private void btnOk_Click(object sender, EventArgs e)
    {
        GeoRegister geoRegister = new GeoRegister();
```

```
geoRegister.ParameterArray = new IParameter[5];
//中央经线
double CentralMeridian = 0.0;
try
{
    CentralMeridian = double.Parse(txtCenterLongitude.Text);
    if (CentralMeridian <= 0 || CentralMeridian >= 180 || txtCenterLongitude.Text.Contains("."))
    {
        MessageBox.Show("请输入0-180之间的整数");
        txtCenterLongitude.Text = null;
        return;
    }
    geoRegister.CenterLongitude = CentralMeridian;
}
catch (Exception ex)
{
    MessageBox.Show(ex.Message+"/n请输入0-180之间的整数");
    txtCenterLongitude.Text = null;
    return;
}

if (rbtnXian.Checked)
    geoRegister.StrCoordiType = "Xian80";
if(rbtnBeijing.Checked)
    geoRegister.StrCoordiType = "BeiJing54";
if (rbtnWGS.Checked)
    geoRegister.StrCoordiType = "WGS84";
if (chbNumber.Checked)
    geoRegister.BoolTripNum = true;
if (rbtn3degree.Checked)
    geoRegister.StrTripType = "Strip3D";
if (rbtn6degree.Checked)
    geoRegister.StrTripType = "Strip6D";
//调用方法，以便根据用户选择建立相应的投影坐标系统
SetProjectedCoordinateSystemParameter(ref geoRegister);
ISpatialReference pSpatialReference = new ProjectedCoordinateSystemClass();
pSpatialReference = CreateProjectedCoordinateSystem(geoRegister.Projection,
geoRegister.ParameterArray, geoRegister.GeographicCoordinateSystem, geoRegister.Unit, geoRegister.Name);
//赋空间参考
```

```
        IGeoDatasetSchemaEdit pSchemeEdit;
        if(pGeoDataset!=null)
            pSchemeEdit = pGeoDataset as IGeoDatasetSchemaEdit;
        pSchemeEdit = pRasterDataset as IGeoDatasetSchemaEdit;
        if (pSchemeEdit.CanAlterSpatialReference)
        {
            pSchemeEdit.AlterSpatialReference(pSpatialReference);
        }
        MessageBox.Show("信息提示","图层空间参考设置成功！");
        this.Close();
    }
```

上述事件中，调用了 SetProjectedCoordinateSystemParameter 方法和 CreateProjectedCoordinateSystem方法。前者主要用于设置建立投影坐标系的所需参数，后者主要封装的是建立投影坐标系的方法。两者的定义如下：

```
        private void SetProjectedCoordinateSystemParameter(ref GeoRegister geoRegister)
        {
            ISpatialReferenceFactory3 spatialReferenceFactory = new
SpatialReferenceEnvironmentClass();
            //计算带号
          if (geoRegister.StrTripType == "Strip6D")
          {
                //6度带带号
             geoRegister.ZoneNum = geoRegister.RoundOff((geoRegister.CenterLongitude + 3) / 6);
          }
          else if (geoRegister.StrTripType == "Strip3D")
          {
                //3度带带号
                geoRegister.ZoneNum = geoRegister.RoundOff(geoRegister.CenterLongitude / 3);
            }
            //是否有带号
            if (geoRegister.BoolTripNum == true)
            {
                geoRegister.ParameterArray[0] =
spatialReferenceFactory.CreateParameter((int)esriSRParameterType.esriSRParameter_FalseEasting);
                geoRegister.ParameterArray[0].Value =
Convert.ToDouble(geoRegister.ZoneNum.ToString() + "500000");
            }
            else
            {
```

```
                    geoRegister.ParameterArray[0] =
spatialReferenceFactory.CreateParameter((int)esriSRParameterType.esriSRParameter_FalseEasting);
                    geoRegister.ParameterArray[0].Value = 500000;
                }
                //确定投影类型
                if (geoRegister.StrCoordiType == "BeiJing54")
                {
                    geoRegister.GeographicCoordinateSystem =
spatialReferenceFactory.CreateGeographicCoordinateSystem((int)esriSRGeoCSType.esriSRGeoCS_Beijing1954);
                    if (geoRegister.BoolTripNum == true)
                        geoRegister.Name = "Beijing_1954_3_Degree_GK_Zone_" +
geoRegister.ZoneNum.ToString();
                    else
                        geoRegister.Name = "Beijing_1954_3_Degree_GK_CM_" +
geoRegister.CenterLongitude.ToString() + "E";
                }
                else if (geoRegister.StrCoordiType == "Xian80")
                {
                    geoRegister.GeographicCoordinateSystem =
spatialReferenceFactory.CreateGeographicCoordinateSystem((int)esriSRGeoCS3Type.esriSRGeoCS_Xian1980);
                    if (geoRegister.BoolTripNum == true)
                        geoRegister.Name = "Xian_1980_3_Degree_GK_Zone_" +
geoRegister.ZoneNum.ToString();
                    else
                        geoRegister.Name = "Xian_1980_3_Degree_GK_CM_" +
geoRegister.CenterLongitude.ToString() + "E";
                }
                else if (geoRegister.StrCoordiType == "WGS84")
                {
                    //WGS84坐标系，有带号
                    geoRegister.GeographicCoordinateSystem =
spatialReferenceFactory.CreateGeographicCoordinateSystem((int)esriSRGeoCSType.esriSRGeoCS_WGS1984);
                    geoRegister.Name = "WGS_1984_GK_Zone_" + geoRegister.ZoneNum.ToString() + "N";
                }
                geoRegister.ParameterArray[1] =
spatialReferenceFactory.CreateParameter((int)esriSRParameterType.esriSRParameter_FalseNorthing);
                geoRegister.ParameterArray[1].Value = 0;
                geoRegister.ParameterArray[2] =
spatialReferenceFactory.CreateParameter((int)esriSRParameterType.esriSRParameter_CentralMeridian);
```

```
                    geoRegister.ParameterArray[2].Value = geoRegister.CenterLongitude;
                    geoRegister.ParameterArray[3] =
spatialReferenceFactory.CreateParameter((int)esriSRParameterType.esriSRParameter_LatitudeOfOrigin);
                    geoRegister.ParameterArray[3].Value = 0;
                    geoRegister.ParameterArray[4] =
spatialReferenceFactory.CreateParameter((int)esriSRParameterType.esriSRParameter_ScaleFactor);
                    geoRegister.ParameterArray[4].Value = 1.0;
                    geoRegister.Projection =
spatialReferenceFactory.CreateProjection((int)esriSRProjectionType.esriSRProjection_GaussKruger) as
IProjectionGEN;
                    geoRegister.Unit = spatialReferenceFactory.CreateUnit((int)esriSRUnitType.esriSRUnit_Meter)
as ILinearUnit;
        }
                //建立投影坐标系的方法
                private IProjectedCoordinateSystem CreateProjectedCoordinateSystem(IProjectionGEN
projection, IParameter[] parameterArray, IGeographicCoordinateSystem geographicCoordinateSystem,
ILinearUnit unit, object ProName)
                {
                    IProjectedCoordinateSystem projectedCoordinateSystem = new
ProjectedCoordinateSystemClass();
                    IProjectedCoordinateSystemEdit projectedCoordinateSystemEdit =
projectedCoordinateSystem as IProjectedCoordinateSystemEdit;
                    object name = ProName;
                    object alias = "GK";
                    object abbreviation = "GK";
                    object remarks = "his PCS is Gauss_Kruger";
                    object usage = "";
                    object geographicCoordinateSystemObject = geographicCoordinateSystem;
                    object projectedUnitObject = unit;
                    object projectionObject = projection;
                    object parametersObject = parameterArray;
                    projectedCoordinateSystemEdit.Define(ref name,ref alias,ref abbreviation,ref remarks,ref
usage,ref geographicCoordinateSystemObject,ref projectedUnitObject,ref projectionObject,ref
parametersObject);
                    return projectedCoordinateSystemEdit as IProjectedCoordinateSystem;
        }
```

在建立投影坐标系时将坐标类型、分带类型、经纬度单位类型等用如下结构体进行封装。

```
    struct GeoRegister
      {
```

```
        public string StrCoordiType ;//表示坐标系类型
        public string StrTripType;//表示分带类型
        public string StrUnitType;//表示经度单位类型
        public bool BoolTripNum;//表示是否包含带号
        public double CenterLongitude;//表示中央经线
        public int ZoneNum ;//表示带号
        public IParameter[] ParameterArray;
        public IProjectionGEN Projection ;//投影类型
        public ILinearUnit Unit ;//线性单位
        public IGeographicCoordinateSystem GeographicCoordinateSystem ;//空间参考
        public object Name;//空间参考名称
        public int RoundOff(double source)
        {
            int integer = Convert.ToInt32(source);
            if (source - integer >= 0.5)
            {
                integer++;
            }
            return integer;
        }
    }
```

通过上面的示例代码，就能根据用户选择，建立相应的坐标系统。以此为基础，可以设置和改变地理图层的空间参考类型。

第5章 地图组成

地图（Map）是 ArcGIS Engine 的主要组成部分。本章将重点讲述地图的组成、如何创建地图、如何操作地图的组成对象等。熟悉 ArcMap 的读者都很清楚，该软件提供了数据显示、查询、绘制和输出地图的诸多工具，利用这些工具可以方便进行地图查询、分析和设计排版等工作。而这些功能均可以利用 ArcGIS Engine 编程实现。

通过本章的学习，将重点掌握以下内容：①Map 对象；②图层对象；③PageLayout 对象；④图形元素与框架元素；⑤MapGrid 对象；⑥MapSurround 对象；⑦样式的使用。

5.1 Map 对象

打开 ArcMap 程序，用户首先看到的是数据视图（Data View），数据查看和分析功能均由该视图完成。数据视图本质上是一个 Map 对象。在 ArcMap 中该对象是由文档对象（MapDocument）来控制。每个文档对象可以包含一个或多个 Map 对象。但在某个时刻只能有一个 Map 对象处于使用状态，该 Map 被称为 FocusMap。利用 IMapDocument 接口提供的属性和方法可操作文档对象中的所有地图对象，如 Map、MapCount 和 Layer 等属性，Open、Save 和 SetActiveView 等方法。

ArcMap 中，可以显示在 Map 中的图形分为两大类：一类为地理数据；一类为元素（Element），它们的共同特征是，两者都有 Geometry 属性，即都拥有明确的几何形状。

地理数据包括矢量类型的要素数据、栅格数据、TIN 等表面数据和位置、地址等。这些数据保存在地理数据库或数据文件中，是可用于 GIS 分析和制图的数据源。元素是另外一种可显示在 Map 上的对象，它又分为图形元素和框架元素两部分，仅有前者能够显示出来，后者充当“容器”角色。在使用 ArcMap 的过程中，用户可以使用“Draw”工具栏上的工具在 Map 上直接绘制点、线、面等对象。在 PageLayout 视图中，也能够在地图上插入诸如指北针、图例、比例尺等图形对象，这些都是图形元素，它们主要在地图的制版过程中使用。

在 ArcMap 中，Map 对象是由 MapDocument 对象通过 MapFrame 对象管理的，后者是一个框架元素。Map 对象扮演双重身份：一方面是数据管理容器，可以引入地理数据和可视化元素；另一方面可以显示这些数据，扮演数据显示器的角色。

Map 对象共有 35 个接口，其中主要接口包括：IMap、IGraphicsContainer、IActiveView、IActiveViewEvents、IMapBookmark 和 ITableCollection 等。

5.1.1 IMap 接口

IMap 接口主要用于管理 Map 对象中的 Layer 对象、要素选择集、MapSourround 对象、标注引擎和空间参考等对象。Map 对象可显示地理数据，而地理数据需通过某个图层引入到地图对象中。因此，可以认为 Map 对象是一个存放 Layer 对象的容器。IMap 接口里面定义了大量的方法来操作 Map 对象中的图层对象，下面简要介绍几种主要的方法。

AddLayer 方法可以将一个图层对象加入到 Map 对象中去；AddLayers 方法可以一次加入一个或多个图层，在加入多个图层时，这些图层对象必须放在一个 EnumLayer 对象中才能被引入，后者是一个图层枚举对象，可以保存多个图层的指针；ClearLayers 方法可以清除 Map 中所有的图层；get_layer(index)方法可以根据地图中图层的索引值得到具体的图层对象，如

```
ILayer pLayer = pMap.get_Layer(1);
```

在添加地图的过程中，第一个加入 Map 的图层是 0 号图层，第二个是 1 号图层，依次类推，先加入的图层在显示时被放在下面。若在一个 Map 中放入两个 Polygon 类型的图层，先加入的图层会被后加入的图层掩盖。

DeleteLayer 方法可以删除地图中的一个图层对象。SelectByShape 方法用于选择 Map 里面所有处于拖曳范围内的要素，无论是哪个图层，都能同时选择到。它把选择的要素添加到 Map 的 Selectionset 里面，被选择的要素将会高亮显示。下面是一个选择要素的例子，代码应放在 MapControl 的 OnMouseDown 事件中。

```
IMap pMap = axMapControl1.Map;
IActiveView pActiveView = pMap as IActiveView;
IEnvelope pEnv = axMapControl1.TrackRectangle();//得到一个Envelope对象
//新建选择集环境对象
ISelectionEnvironment pSelectionEnv = new SelectionEnvironmentClass();
pSelectionEnv.DefaultColor =GetRGB(110,120,210); //改变选择集得默认颜色
pMap.SelectByShape(pEnv, pSelectionEnv, false); //选择要素，把它放入选择集
pActiveView.PartialRefresh(esriViewDrawPhase.esriViewGeoSelection,null, null);
```

SelectFeature 方法可以将在 Map 中获得的一个要素放到这个要素图层的选择集中去，例如，在 A 图层中得到一个要素，可以用这种方法让这个要素在 A 图层上高亮显示，使之处于选择集状态，该方法在选择上非常有用。

ClearSelection 方法用于清空 Map 对象中的选择集。IMap 接口还有以下主要属性：FeatureSelection 属性可以返回地图中被选择的要素；SpatialReference 属性可以得到地图的空间参考信息；LayerCount 属性可返回这个地图对象中包含图层对象的个数；SelectionCount 属性可以得到 Map 对象要素选择集中的要素数目。

一个 Map 对象中还拥有一个 IMapSurrounds 的集合，它们是与一个地图相关的地图周边元素，如图例、指北针和比例尺等，在随后章节中将会进行介绍。

5.1.2 IGraphicsContainer 接口

IGraphicsContainer 接口用来管理 Map 对象中的图形元素(Graphics Element)，这些元素对象包括图形元素和框架元素。IGraphicsContainer 返回的是 Map 对象中处于活动状态的图形图层(Graphics Layer)的指针，它要么是一个基本图形图层对象(Basic Graphics Layer)，要么是 CompositeGraphicsLayer 中的一个图层或一个 FDOGraphicsLayer 图层。在 IGraphicsContainer 接口里面定义了大量的方法，用来操作图层元素。下面简要介绍几种主要的方法。

AddElement 方法用于将一个元素放入 Map 对象中；AddElements 方法用于将一个元素组合放入 Map 对象中。下面是添加元素组合到 Map 对象中的方法示例。

```
private void AddTempElement(AxMapControl pMapControl,IElement pElement, IElementCollection
```

```
pEleCol)
{
    IMap pMap = pMapControl.Map;
    IGraphicsContainer pGCs = pMap as IGraphicsContainer;
    if  (pElement != null)
        pGCs.AddElement(pElement, 0);
    if  (pEleCol != null)
        if (pEleCol.Count > 0)
            pGCs.AddElements(pEleCol, 0);
    IActiveView pActiveView = pMap as IActiveView;
    pActiveView.PartialRefresh(esriViewDrawPhase.esriViewGraphics,null, pAV.Extent);
}
```

上面的示例是通过传入图形元素和图形元素组合实现添加的方法。下面是生成图形元素进行添加的示例代码。

```
IMap pMap = axMapControl1.Map;
IActiveView pActiveView = pMap as IactiveView;
IPolyline pPolyline = axMapControl1.TrackLine() as IPolyline; //定义多义线对象
ISimpleLineSymbol pSimpleLineSym = new SimpleLineSymbolClass();
pSimpleLineSym.Style = esriSimpleLineStyle.esriSLSSolid; //定义简单线符号对象
pSimpleLineSym.Color = GetRGB(120,110,220);//定义颜色，该方法前文已定义
pSimpleLineSym.Width = 2;
ILineElement pLineEle = new LineElementClass();//定义线几何对象
pLineEle.Symbol = pSimpleLineSym;
IElement pEl = pLineEle as IElement; //定义几何对象
//设置元素的几何属性
pEle.Geometry = pPolyline;
IGraphicsContainer pGrahpicsContainer = pMap as IGraphicsContainer;
pGrahpicsContainer.AddElement(pEle, 0);
pActiveView.PartialRefresh(esriViewDrawPhase.esriViewGraphics, null, null);
```

DeleteElement 方法用于删除 Map 对象中一个给定的元素；DeleteAllElements 方法用于删除 Map 对象中的所有元素；当在 Map 中改变了一个元素的形状或符号对象时，需使用 UpdateElement 方法及时把更新后的内容在地图上显示出来。LocateElements 方法是使用一个点来选择元素，它需要传入一个点对象和一个容差值，Map 对象会选择所有处于点容差周围的元素。下面是用鼠标在 MapControl 中点击选择容差范围内的元素，然后删除所选元素的示例，代码应放在 MapControl 控件的 MouseDown 事件中。

```
IMap pMap = axMapControl1.Map;
IGraphicsContainer pGraphicsContainer = pMap as IGraphicsContainer;
IPoint pPt = new PointClass();
pPt.PutCoords(e.mapX, e.mapY); //获得鼠标点击处的点对象
```

```
IEnumElement pEnumEle = pGraphicsContainer.LocateElements(pPt, 1); //选择元素，容差值为1
IElement pElement = pEnumEle.Next();//获得单个元素
pGraphicsContainer.DeleteElement(pElement); //删除选中元素
IActiveView pAV = pMap as IActiveView;
pAV.PartialRefresh(esriViewDrawPhase.esriViewGraphics,null, pAV.Extent);
```

LocateElementsByEnvelope 方法，它与 IMap 接口中的 SelectByShape 方法类同，是使用鼠标拖曳一个矩形区域，以便选择到该区域内的所有元素。

5.1.3　IActiveView 接口

IActiveView 接口定义了 Map 对象的数据显示功能。该接口管理着 ArcMap 主要的程序窗口和所有绘制图形的方法，通过它以可改变视图的范围、可得到 ScreenDisplay 对象的指针，可以显示或隐藏标尺或滚动条，也可以刷新视图。

在 ArcGIS Engine 中，PageLayout 和 Map 对象均实现了该接口，这两个对象分别代表了 ArcMap 中不同的视图，前者为布局视图，后者为数据视图，但在任何一个时刻仅有一个视图处于活动状态。利用 IMapDocument 接口的 ActiveView 属性，可得到当前活动视图的指针。若 ArcMap 处于布局视图状态，则 ActiveView 属性返回的是指向 PageLayout 的对象；若 ArcMap 处于数据视图状态，将返回一个当前使用 Map 对象的指针。IActiveView 与 Map 视图和 PageLayout 视图的关系如图 5.1 所示。

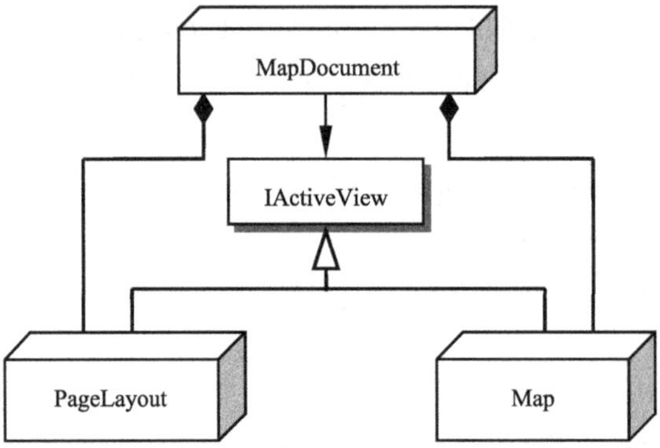

图 5.1　IActiveView 与两种视图的关系

IActiveView 接口的 ScreenDisplay 属性指向一个 ScreenDisplay 对象。每一个视图对象都有一个 ScreenDisplay 对象用于控制视图的图形绘制工作，使用这个属性会得到一个与当前正在使用视图相关的 ScreenDisplay 对象。例如，要在数据视图上绘制一个 Polyline，必须先得到当前地图对象的 IActiveView 接口，通过该接口的 ScreenDisplay 属性获得地图的 ScreenDisplay 对象的指针。

地图的数据显示由一个视图来进行控制，而视图的 ScreenDisplay 对象则负责绘制图形。ScreenDisplay 拥有产生任意数量缓存(Cache)的本领，缓存是一个与设备相关的位图，它保存在内存中，若 Map 对象关闭，则与之关联的缓存将全部被释放。

缓存非常有用，GIS 中的图形常需进行重绘，若重绘的图形来自缓存而不是数据库，速度将快很多。一般情况下，Map 产生三种类型的缓存，分别为与所有图层相关的缓存、注记

(Annotation)和图形元素、要素选择集。如果添加一个图层到Map对象中，会触发重绘事件，其图形的重新绘制顺序是地理数据、选择集和标注。

当一个图层的Cached属性为true时，这个图层将可以产生自己的缓存，关于缓存的具体设置，读者可查阅Map对象的IMapCache接口中定义的属性和方法。

Extent 属性返回 Map 对象当前视图的范围是一个 Envelope 对象，即包络线对象。FullExtent属性则可以返回视图的全图范围。若要显示整幅地图，则实现代码为：

```
//将地图的当前范围设置为全图范围
pActiveView.Extent = pActiveView.FullExtent;
pActiveView.Refresh();
```

PartialRefresh方法可以让视图对象使用不同的方式来局部刷新，以重绘地图，这些刷新方法如表5.1所示。

表5.1 IActiveView接口PartialRefresh刷新地图的方式

状态	Map	PageLayout
esriViewBackground	Map grids	Page/snap grid
esriViewGeography	Layers	不使用
esriViewGeoSelection	Feature selection	不使用
esriViewGraphics	Labels/graphics	Graphics
esriViewGraphicSelection	Graphic selection	Element selection
esriViewForeground	不使用	Snap guides

表5.1说明了在什么情况下使用哪一种绘制方式，如在MapControl控件中做要素选择集后，需要重绘时可以使用如下方法：

```
pActiveView.PartialRefresh(esriViewDrawPhase.esriViewGeoSelection, null, null);
```

esriViewGeoSelection 在 PageLayout 控件中是不能使用的，因为在这个控件上，无法进行要素选择，它专门用于数据视图。

一个视图对象可以同时进行两种重绘状态的刷新操作，如下面代码所示：

```
pActiveView.PartialRefresh(esriViewDrawPhase.esriViewGeography,
esriViewDrawPhase.esriViewGeoSelection, null);
```

Refresh方法用于强制重绘视图，但这种方法效率比较低。在可能的情况下，用户应尽可能使用PartialRefresh方法进行Map视图的绘制工作。

5.1.4 IActiveViewEvents 接口

IActiveViewEvents 接口是地图对象缺省的外向接口，它让 Map 对象可以监听某些与活动视图(ActiveView)相关的事件并做出相应的反应，如 AfterDraw、SelectionChanged 等。很多类都实现了这个接口，但它们可以引发的事件是不同的，如Map对象的焦点地图变化时不会引发事件，但PageLayout对象却有事件产生。类似地，当在Map对象中删除一个图层时，会触发一个Delete事件，PageLayout对象在删除一个图形时也会有这样的事件发生。

5.1.5 IMapBookmarks 接口

Map 对象可以管理所有的空间书签对象。使用 IMapBookmarks 接口可以得到一个已经存在的空间书签，也可以进行产生和删除空间书签等操作，一旦获得某个空间书签，可以将当前的地图范围保存在书签中。

5.1.6 ITableCollection 接口

ArcMap 程序除可以添加地理数据外，还能够添加纯属性表，在很多情况下，加入属性表是为了和要素类等对象进行关联和连接。

该接口的 AddTable 方法可以将一个 Table 对象添加进 Map 对象。Table 属性可以依据表的标识号获得特定的属性表，这个操作类似获得图层一样，如下列代码所示：

```
IMap pMap = axMapControl1.Map;
ITableCollection pTableCol = pMap as ITableCollection;
ITable pTable = pTableCol.get_Table(0);
```

RemoveAllTables 方法可以让 ITableCollection 对象删除地图中的所有属性表，RemoveTable 可依据表的标识号删除某个属性表。TableCount 属性则可以返回地图对象中所有属性表的数目。

5.2 图层对象

Map 对象可以装载地理数据，这些数据以图层的形式放入地图对象中。利用 ArcGIS Engine 开发软件，相同类型的地理数据可以使用一个图层放入地图。Layer 是作为一个数据的“中介”而非“容器”存在，因地理数据格式的多样性，图层类拥有众多的子类，图层对象使用统一的方法来操作各种不同类型的数据源。

Map 对象中显示地图需要设置空间参考(SpatialReference)，当第一个图层被添加到 Map 中时，Map 对象的空间参考属性就自动设置为该图层的空间参考，后面加入的图层无论是否已经含有空间参考都将使用 Map 对象已经设置的空间参考。

需要注意的是 Layer 对象本身没有装载数据，仅仅是获得了数据的引用，用于管理对数据源的连接。在 ArcGIS Engine 中，地理数据始终保存在 GeoDatabase 或者地理文件中。ArcMap 中也可以在要素类上新建一个后缀名为 lyr 的图层文件，该文件也是仅获取了地理数据的硬盘位置，并没有拥有数据。

5.2.1 ILayer 接口

ILayer 是所有图层类都实现的一般接口，它定义了所有图层的公共属性和方法，如 Name 属性可以返回图层名称，MaximumScale 和 MinimumScale 是两个可读写属性，用于显示和设置图层可能出现的最大和最小尺寸。

ShowTips 属性用于指示当鼠标点击图层某个要素的时候，是否会出现提示，而 TipText 确定图层提示显示的区域。该功能需要配合 C#中的 ToolTip 控件来使用，显示提示文本需先在窗体中放入一个 ToolTip 控件，下面是一个使用 ShowTips 属性的示例，代码需放在

MapControl 控件的 OnMouseDown 事件中。

```
IMap pMap = axMapControl1.Map;
IActiveView pActiveView = pMap as IActiveView;
IFeatureLayer pFeatLayer = pMap.get_Layer(0) as IFeatureLayer; //得到要显示tip的图层
pFeatLayer.DisplayField = "LBH";//DisplayField属性用于设置提示是属性表的哪个字段
pFeatLayer.ShowTips = true; //图层可以显示tip
string pTip = pFeatLayer.get_TipText(e.mapX, e.mapY, pActiveView.FullExtent.Width / 100);
toolTip1.SetToolTip(axMapControl1, pTip); //设置tooltip
```

5.2.2 要素图层

要素数据是 GIS 中最常使用的数据类型之一，可以用于表示离散矢量对象的信息，本节将重点介绍承载要素数据的要素图层(FeatureLayer)。主要分析要素图层的几个重要接口定义的属性和方法。

1. IFeatureLayer 接口

该接口用于管理要素图层的数据源，即要素类(FeatureClass)。DataSourceType 属性返回要素图层的数据源类型，FeatureLayer 的数据源有如下类型：①Personal Geodatabase；②SDE；③Shapefile；④ArcInfo or PC ArcInfo Coverage (annotation)；⑤ArcInfo or PC ArcInfo Coverage (point)；⑥ArcInfo or PC ArcInfo Coverage (line)；⑦ArcInfo or PC ArcInfo Coverage (polygon)；⑧Edge；⑨CAD (annotation)；⑩CAD (point)；⑪CAD (line)；⑫CAD (polygon)。

实现 IFeatureLayer 接口的图层类包括：①CadAnnotationLayer；②CadFeatureLayer；③CoverageAnnotationLayer；④DimensionLayer；⑤FDOGraphicsLayer；⑥FeatureLayer；⑦GdbRasterCatalogLayer；⑧TemporalFeatureLayer (TrackingAnalyst)。

FeatureClass 属性返回要素图层使用的要素类；Search 方法可对要素图层进行查询，并返回一个 ICursor 类型的对象。Search 方法需要传入两个参数：一个为过滤器参数，它是一个 IQueryFilter 类型的对象；另一个是布尔值 recycling，用以说明返回的要素游标是否循环。一般情况下，若是绘制图形或者仅读取数据，该参数应设置为 true；若选择出来的要素会被更新，该参数应该设置为 false。应注意该方法不能使用在关联(Join)字段上，若一个要素图层与其他图层或属性表有任何形式的关联关系，则需使用 IGeoFeatureLayer 接口的 SearchDisplayFeatures 方法。

下面给出一种查找要素的方法，使用这个方法对一个要素图层进行查询时，符合条件的要素将逐个闪烁，然后呈橘红色显示出来。

```
private void SearchFeatures(string sqlfilter, IFeatureLayer pFeatureLayer)
{
    IFeatureLayer pFeatLyr = pFeatureLayer;//得到要进行查询的图层
    IQueryFilter pFilter = new QueryFilterClass();//定义一个过滤器对象
    pFilter.WhereClause = sqlfilter;//添加过滤参数sqlfilter
    IFeatureCursor pFeatCursor = pFeatLyr.Search(pFilter, true);
    IFeature pFeat = pFeatCursor.NextFeature();
```

```
        while (pFeat != null)
        {
            pFeat = pFeatCursor.NextFeature();
            if (pFeat != null)
            {
              ISimpleFillSymbol pFillsyl = new SimpleFillSymbolClass();
              pFillsyl.Color = GetRGB(220,100,50);//设置颜色，该方法前文已定义
              object oFillsyl = pFillsyl;
              IPolygon pPolygon = pFeat.Shape as IPolygon;
              //使用FlashShape来使要素闪烁，该方法的第二，三个参数分别为闪烁次数和时间间隔
              axMapControl1.FlashShape(pPolygon, 2, 1, pFillsyl);
              //为了使被选择的要素显示出来，使用一个polygon来显示
              axMapControl1.DrawShape(pPolygon, ref oFillsyl);
            }
        }
    }
```

调用该方法的示例代码如下：

```
IFeatureLayer pFeatureLayer = axMapControl1.Map.get_Layer(0) as IFeatureLayer;
string sqlfilter = "ZMJ>48";//以示例数据为例，读者可自行设置查询条件
SearchFeatures(sqlfilter, pFeatureLayer);
```

2. IGeoFeaturelayer 接口

IGeoFeaturelayer 接口继承了 ILayer 和 IFeatureLayer 两个接口，用于控制基于矢量地理数据层的内容，如要素的着色和标注等功能，CadFeatureLayer、FeatureLayer、GdbRasterCatalogLayer 三个图层类都实现了该接口。

IGeoFeaturelaye 接口中包含 SearchDisplayFeature 方法，使用这个方法只显示符合查询要求的要素，其他要素都会消失，该方法经常使用在有关联关系的要素类中。该接口的 Renderer 属性用于设置图层的着色对象，主要用于专题图的生成。

DisplayAnnotation 属性可以设置要素图层是否出现标注，当它为 true 时，用户可以在这个要素图层上依据要素类的某个字段进行标注。

3. IGeoDataset 接口

IGeoDataset 接口仅有两个属性，用于管理地理要素集。一个要素图层的地理数据放在要素类中，而要素类本身是一个数据集对象。Extent 属性可以返回当前数据集的范围，是一个 IEnvelope 类型的对象；SpatialReference 属性则可以让用户获得这个数据集的空间参考。

4. IFeatureSelection 接口

IFeatureSelection 接口负责管理一个图层中要素选择集的方法和属性。在 ArcGIS Engine 中，实现了 IFeatureSelection 接口的类包括：①CadFeatureLayer；②CoverageAnnotationLayer；③ DimensionLayer；④ FDOGraphicsLayer；⑤ FeatureLayer；⑥ GdbRasterCatalogLayer；⑦TemporalFeatureLayer (TrackingAnalyst)。

Add 方法可以把本图层上的一个要素添加到图层的选择集中；SelectFeatures 方法则可以使用一个过滤器把符合要求的要素放入图层的选择集中；Clear 方法用于清除图层所有的要素选择集。

SelectFeatures 方法查询符合要求的要素，并将其标记为“被选择的要素集”，该选择集是一个 ISelectionSet 对象，可以用 SelectionSet 属性返回，如下面的示例代码所示：

```
IFeatureSelection pSel = pFeatureLayer as IFeatureSelection;//pFeatureLayer是要素图层
ISelectionSet pSelectionSet = pSel.SelctionSet; //获得要素的选择集
```

应注意要素图层中的 Select 要素和 Search 要素的巨大差异，要素图层在 Search 方法中返回的是 ICursor 对象，它仅仅是一个指向要素的指针。

下面的示例代码是已知一个要素图层和选择条件，查询符合要求的要素，并进行闪烁显示，该例子与前面介绍过的 IFeatureLayer 接口中的内容类似，但这里使用的是选择集获得选中的一个要素。

```
private void SearchSelection1(string sqlFilter, IFeatureLayer pFeatureLayer)
{
    IQueryFilter pFilter = new QueryFilterClass();
    pFilter.WhereClause = sqlFilter;
    IFeatureSelection pFeatureSelction = pFeatureLayer as IFeatureSelection;
    pFeatureSelction.SelectFeatures(pFilter, esriSelectionResultEnum.esriSelectionResultNew, true);
    pFeatureSelction.SelectionColor =GetRGB(220,100,50);// 给选择集着色
    axMapControl1.ActiveView.PartialRefresh(esriViewDrawPhase.esriViewGeoSelection, null, null);
    ISelectionSet pFeatSet = pFeatureSelction.SelectionSet; //新建一个SelectionSet对象
    ICursor pCursor;
pFeatSet.Search(null, true, out pCursor); //使用要素游标获取单个要素
IFeatureCursor pFeatCursor = pCursor as IFeatureCursor;
    IFeature pFeat = pFeatCursor.NextFeature();
    if (pFeat != null)
    {
        ISimpleFillSymbol pFillSyl2 = new SimpleFillSymbolClass();
        pFillSyl2.Color = GetRGB(200,50,50);
        axMapControl1.FlashShape(pFeat.Shape, 15, 20, pFillSyl2); //使被选择的要素闪烁
    }
}
```

上面的方法比较繁琐，使用下面的方法，可以让被选中的要素添加到自己图层的 SelectionSet 中，pCurrentLayer 是当前正在操作的图层。

```
private void SearchSelection2(string sqlfilter, IMap pMap, IFeatureLayer pCurrentLayer)
{
    IFeatureLayer pFeatureLayer = pCurrentLayer;
    IQueryFilter pQueryFilter = new QueryFilterClass();
    pQueryFilter.WhereClause = sqlfilter;
```

```
        //查出一系列符合要求的要素游标
        IFeatureCursor pCursor = pFeatureLayer.Search(pQueryFilter, true);
        IFeature pFeat = pCursor.NextFeature();
        while (pFeat != null)
        {
            //通过IMap的selectFeature将要素放到某个图层的SelectionSet中去
            pMap.SelectFeature(pCurrentLayer, pFeat);
            pFeat = pCursor.NextFeature();
        }
        IActiveView pActiveView = pMap as IActiveView;
        pActiveView.PartialRefresh(esriViewDrawPhase.esriViewGeoSelection, null, null);
    }
```

调用该方法的示例代码如下：

```
IFeatureLayer pFeatureLayer = axMapControl1.Map.get_Layer(0) as IFeatureLayer;
string sqlfilter = "ZMJ>48";
Searchselection2(sqlfilter, axMapControl1.Map, pFeatureLayer);
```

5. IFeatureLayerDefinition 接口

该接口定义了 CreateSelectionLayer 方法，可以将一个图层选择集中的要素转换为一个单独的要素图层。CreateSelectionLayer 可从一个已经存在的要素图层的选择集中产生一个新的要素图层，该方法需要输入以下四个参数：

（1）LayerName，定义新图层的名称。

（2）useCurrentSelection，如果希望使用当前图层的要素选择集，需设置该参数为 true。

（3）joinTableNames，是一个可能与当前图层关联的表的名称，使用该方法可将关联表的数据放入新图层中去。

（4）DefinitionExpression，用于设置一个选择过滤器，以便将要素选择集中符合条件的要素放入新的图层。

下面是从要素图层的选择集产生新的要素图层的示例代码：

```
private void CreateSelectionLayer()
{
    IMap pMap = axMapControl1.Map;
    IActiveView pActiveView = pMap as IActiveView;
    IFeatureLayer pFeatLyr = pMap.get_Layer(0) as IFeatureLayer;
    IQueryFilter pQueryFilter = new QueryFilterClass();
    pQueryFilter.WhereClause = "ZMJ>30";
    IFeatureSelection pFeatSel = pFeatLyr as IFeatureSelection;
    pFeatSel.SelectFeatures(pQueryFilter, esriSelectionResultEnum.esriSelectionResultNew, false);
    IFeatureLayerDefinition pFeatLyrDef = pFeatLyr as IFeatureLayerDefinition;
    pFeatLyrDef.DefinitionExpression = "ZMJ>48";
```

```
    //产生新的图层
    IFeatureLayer pnewfeat = pFeatLyrDef.CreateSelectionLayer("新的图层" + pFeatLyr.Name, true, "", "");
    pFeatSel.Clear();
    pMap.AddLayer(pnewfeat);
    pActiveView.Refresh();
}
```

在测试上面示例代码时，需到网站www.ruitesen.com上下载Gfpoly_region_Project.shp地图数据文件。

6. ILayerFields 接口

尽管要素图层的数据保存在要素类中，获得要素类的字段需要从要素类着手，但 ArcGIS Engine 也提供了 ILayerFields 接口，可以直接获取一个要素图层的要素类字段结构。以下是利用 ILayerFields 接口获得字段结构的简单示例代码：

```
IFeatureLayer featureLayer = (IFeatureLayer)axMapControl1.get_Layer(0);
ILayerFields layerFields = (ILayerFields) featureLayer;
 for (int i = 0; i <= layerFields.FieldCount - 1; i++)
 {
     IField field = layerFields.get_Field(i);
     string fieldName = field.Name;
  }
```

为了对比学习，再来看一下如何从要素类着手获取字段结构：

```
    IFields pFields = featureLayer.FeatureClass.Fields;   //获取字段集
     for (int i = 0; i < pFields.FieldCount; i++)
     {
          string fieldName = pFields.get_Field(i).Name;
      }
```

7. IIdentify 接口

IIdentify 接口定义了获得要素图层单个要素属性的捷径方法。该接口只有一种 Identify 方法，该方法返回一个 IArray 数组对象。如果需要获得更丰富的信息，可以使用 IdentifyDialog 对象。

下面的示例代码使用了 IIdentify、IArray、IFeatureIdentifyObj 和 IIdentifyObj 对象，代码需放在 MapControl 控件的 OnMouseDown 事件中，可用于模拟 ArcMap 程序工具栏中的 Identify 命令，进行单个要素信息的查询。

```
IIdentify pIdentify = axMapControl1.get_Layer(0) as IIdentify;
IPoint pPoint = new PointClass();
pPoint.PutCoords(e.mapX, e.mapY);
pPoint.SpatialReference = axMapControl1.SpatialReference;
IArray pIDArray = pIdentify.Identify(pPoint); //这个方法是使用一个点对象来选择要素
//获得FeatureIdentifyObject对象
```

```
if (pIDArray != null)
{
    IFeatureIdentifyObj pFeatIdObj = pIDArray.get_Element(0) as IFeatureIdentifyObj;
    IIdentifyObj pIdObj = pFeatIdObj as IIdentifyObj;
    pIdObj.Flash(axMapControl1.ActiveView.ScreenDisplay); //让被选择的要素闪烁
    MessageBox.Show("Layer" + pIdObj.Layer.Name +
    System.Environment.NewLine + "Feature" + pIdObj.Name);
}
else
    MessageBox.Show("没有要素被指定!","信息提示");
```

8. ILayerEffects 接口

ILayerEffects 接口用来设置一个要素图层的透明度、对比度和对比度的特效。该接口的 Brightness 属性用于设置要素图层的亮度；Contrast 属性用于设置要素图层的对比度；Transparency 属性用于设置要素图层的透明度。

以下代码片段演示如何设置要素图层进行亮度、对比度和透明度的特效。

```
private static void SetLayerEffects(IFeatureLayer pFeatureLayer,short brightness, short contrast, short
transparency)
    {
        ILayerEffects pLayerEffect = pFeatureLayer as ILayerEffects;
        pLayerEffect.Brightness = brightness;
        pLayerEffect.Contrast = contrast;
        pLayerEffect.Transparency = transparency;
    }
```

5.2.3　往地图中加入 CAD 文件

CAD 数据是 GIS 中常用的一种地理数据类型，GIS 数据很多都是从 DWG 文件转换得到的。Map 对象可以载入多种格式的地理和非地理数据，其中也包括 DWG 文件，本节将介绍把 CAD 格式文件载入 Map 对象的方法。

在 Map 对象看来，DWG 文件是两种不同形式的混合体：一种是要素图层，保存的是矢量数据；另一种是栅格图像，可作为地图背景使用。对于前者，ArcGIS Engine 使用与 Featurelayer 相同的方法来管理；对于后者，则是采用 CadLayer 对象来管理。

若将一个 DWG 文件看作是要素图层，它表现为四种类型的要素类，即点、线、多边形和标注。这种区分并不是按 DWG 文件本身的图层号来进行，仅简单地考虑了 DWG 文件中几何形体对象的类型。因此，若一个 DWG 文件中有多个图层，且这些图层都是线类型，那么它们将会无区别地合并在一个线要素图层中。点、线和多边形作为要素数据时，可以使用 FeatureLayer 对象，但 CAD 文件中的文字标注需要使用一个专门的标注图层。

若需要显示 CAD 文件中的文字，可使用 CadAnnotationLayer 对象，它将作为一个标注图层显示 CAD 文件中所有的标注文本信息。

1. 将 CAD 文件作为 Feature 对象

当 CAD 文件被作为要素数据读取时，使用和 IFeaturelayer 一样的方法，但应注意它是作为一个要素数据集的形式而存在。一个 DWG 文件在 Map 看来是一个要素数据集，简单分为点、线、面和文字标注四种类型，其中文字需要使用标注图层，而不是要素图层。

下面的方法是传入 CAD 文件路径和名称，把文件当作要素数据集来获取，然后加入到 Map 对象中。

```
private void AddCADFeatures(string pPath, string pName)
{
    IWorkspaceFactory pCadWorkspacefactory; = new CadWorkspaceFactoryClass();
    IFeatureWorkspace pWorkspace;
    pWorkspace = pCadWorkspacefactory.OpenFromFile(pPath, 0) as IFeatureWorkspace;
    //打开一个要素数据集
    IFeatureDataset pFeatDataset = pWorkspace.OpenFeatureDataset(pName);
    //pFeatClassContainer可以管理pFeatDataset中的每个要素集
    IFeatureClassContainer pFeatClassContainer = pFeatDataset as IFeatureClassContainer;
    IFeatureClass pFeatClass;
    IFeatureLayer pFeatLayer;
    //对CAD文件中的要素集进行遍历处理
    for (int i = 0; i <= pFeatClassContainer.ClassCount - 1; i++)
    {
        pFeatClass = pFeatClassContainer.get_Class(i);
        if (pFeatClass.FeatureType == esriFeatureType.esriFTCoverageAnnotation)
        {
            //标注类型，必须设置为单化的标注图层
            pFeatLayer = new CadAnnotationLayerClass();
        }
        else
        {
            pFeatLayer = new FeatureLayerClass();
        }
        pFeatLayer.Name = pFeatClass.AliasName;
        pFeatLayer.FeatureClass = pFeatClass;
        axMapControl1.AddLayer(pFeatLayer, 0);
    }
}
```

下面是上述方法的一个调用示例：

```
OpenFileDialog openFdl = new OpenFileDialog();
openFdl.Title = "CAD格式文件(*.DWG)|*.dwg";
openFdl.ShowDialog();
```

```
string strFileN = openFdl.FileName;
string filePath = System.IO.Path.GetDirectoryName(strFileN);
string fileN = System.IO.Path.GetFileName(strFileN);
AddCADFeatures(filePath, fileN);
```

2. CadLayer 对象

CadDrawingLayer 是将一个 CAD 数据当作栅格类型来使用的数据图层，它可作为地图背景来显示，但不能做地理分析。这个对象实现了 ICadLayer 和 ICadDrawingLayers 两个接口，它们定义了将 CAD 文件作为栅格数据处理的方法。

下面的方法通过传入 CAD 文件的路径和名称，以便把相应文件添加到地图对象中去。

```
private void AddCADLayer(string pPath, string pName)
{
    //使用workspacefactory打开一个CAD文件的工作空间
    IWorkspaceFactory pCadWorkspaceFactory = new CadWorkspaceFactoryClass();
    IWorkspace pWorkspace = pCadWorkspaceFactory.OpenFromFile(pPath, 0);
    ICadDrawingWorkspace pCadDrawingWorkspace;
    pCadDrawingWorkspace = pWorkspace as ICadDrawingWorkspace;
    //定义并获得CAD文件的数据集
    ICadDrawingDataset pCadDataset = pCadDrawingWorkspace.OpenCadDrawingDataset(pName);
    //定义一个CAD图层
    ICadLayer pCadLayer = new CadLayerClass();
    pCadLayer.CadDrawingDataset = pCadDataset;
    //加入图层到Map对象中
    axMapControl1.AddLayer(pCadLayer, 0);
}
```

5.2.4 TIN 图层

TIN（不规则三角网）代表了连续的表面，类似地表高程或温度梯度都可使用 TIN 来进行表示。将一个 TIN 文件设置不同的阴影颜色，使之看起来具有三维的感觉。若是一幅地形图，使用渲染着色，可以很清楚地看到山脊、山谷和山坡，也可以在地图上方便地看到 TIN 的坡度、方位和高程属性。

若不进行着色就能看到很多三角网格构成的表面图形。TinLayer 是基于 TIN 的图层，在 ArcGIS Engine 中经常使用它进行渲染着色，以进行三维显示。ITinLayer 接口定义了 TIN 如何在图层上显示的下列属性和方法：

Dataset 属性显示了 TIN 图层的数据源；DisplayField 属性用来设置或获得 TinLayer 图层的主要显示字段；RendererCount 属性则可以返回在一幅 TIN 图中着色对象的数目。

AddRenderer 方法可以加入一个着色对象；ClearRenderers 方法可清除图层中所有的着色对象；GetRenderer 方法可用一个索引值获得某个着色对象。

下面的代码用来向 MapControl 中加载 TIN 数据。

```
private void AddTIN(string strPath, string strTin)
{
        IWorkspaceFactory pTinWorkspacefactory = new TinWorkspaceFactoryClass();
    //strPath是TIN数据文件夹所在的路径
        IWorkspace pWorkspace = pTinWorkspacefactory.OpenFromFile(strPath, 0);
    ITinWorkspace pTinWorkspace = pWorkspace as ITinWorkspace;
    //strTin中保存的是TIN数据文件夹的名称，因为TIN数据包含若干文件
        ITin pTin = pTinWorkspace.OpenTin(strTin);
        ITinLayer pTinLayer = new TinLayerClass();
        pTinLayer.Dataset = pTin;
        axMapControl1.AddLayer(pTinLayer as ILayer, 0);
}
```

下面是上述方法的一个调用示例：

```
FolderBrowserDialog FldBrs = new FolderBrowserDialog();
FldBrs.ShowDialog();
string pTinPath = FldBrs.SelectedPath;
if (pTinPath == string.Empty)
    return;
FileInfo pFileInfo = new FileInfo(pTinPath);
AddTIN(pFileInfo.DirectoryName, pFileInfo.Name);
```

运行示例如图 5.2 所示。

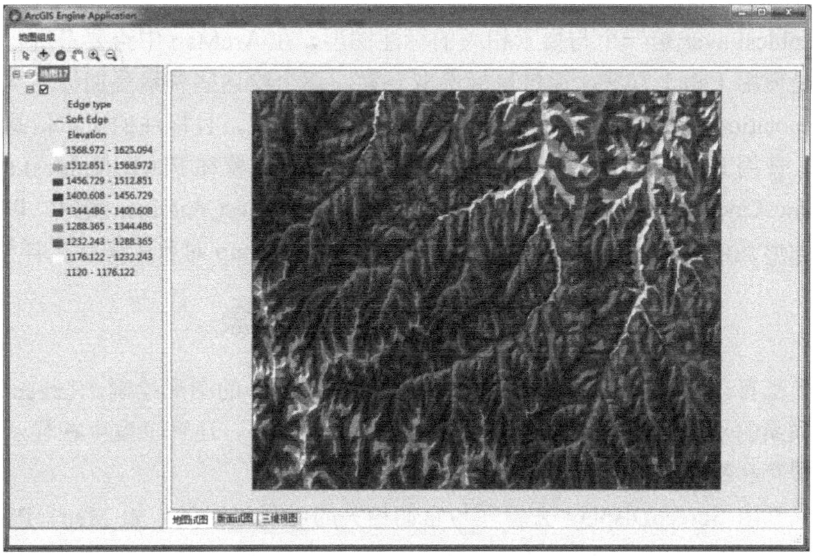

图 5.2　加载 TIN 数据运行示例

下面是一个获得 TIN 着色对象的代码示例：

```
ITinLayer pTinLayer = axMapControl1.get_Layer(0) as ITinLayer;
```

```
ITinRenderer pTinRend;
for (int i = 0; i < pTinLayer.RendererCount; i++)
{
    pTinRend = pTinLayer.GetRenderer(i);
    MessageBox.Show(pTinRend.Name,"信息提示");
}
```

在 MapControl 控件中所看到的 TIN 图像始终是静止的，用户无法通过不同角度来看到三维场景，因此这种三维是虚假的。但在 ArcGIS Engine 的 SceneControl 控件中，却可以构筑一个三维 GIS。

5.2.5 GraphicsLayer 对象

在 Map 对象上可绘制图形元素，如在一个 MapControl 控件上绘制圆、多义线、多边形等图形，这些图形对象是通过放置在一个图层里进行管理的，这个图层就是 GraphicsLayer 对象。

GraphicsLayer 对象用于管理与 Map 相关的图形元素，它是一个抽象类，拥有 CompositeGraphicsLayer 和 FDOGraphicsLayer 两个子类，它们分别实现了 IGraphicsLayer 和 ISelectionEvents 等接口。

每一个 Map 对象都管理着一个 CompositeGraphicsLayer 对象，它实质上是一个图形图层(Graphics Layer)的集合。该集合中有一个缺省的图形图层，称为“基本图形图层”，地图对象可通过 IMap 接口的 BasicGraphicsLayer 属性直接获得这个图层。地图的基本图形图层不能从 CompositeGraphicsLayer 对象中删除，但是可往集合中添加和删除一个新的图形图层。如果遍历 CompositeGraphicsLayer 中的图层数目，也不会显示出这个基本图形图层。

FDOGraphicsLayer 是一个与要素相关的标注图层，在 ArcMap 中给要素进行标注有两种方式：一种是使用 Label 方法，通过鼠标选取要素，逐个给这些要素添加标注文本；另外一种是使用 Annotation 方法，它可以对要素图层进行自动注记，且标注的文本信息都可以保存在数据库中。使用 Label 方法进行标注时，标注的文本将放置在 FDOGraphicsLayer 图层上。

因 GraphicsLayer 需要管理图形元素，它实现了 IGraphicsContainer 接口，以便管理这个图层内部的图形元素。有关这个接口的方法已经在前面的 Map 对象中进行了详细介绍。

5.3 ScreenDisplay 对象

每个视图都有一个 ScreenDisplay 对象，用于控制视图中的图形绘制。ScreenDisplay 是一个与窗体相联系的显示设备，除管理窗体屏幕的显示属性外，还管理发生在显示背后的对象和行为，如缓存和视图幕变化等。

很多对象都由 ScreenDisplay 去管理与它们相关的可视化窗体，如 Map、PageLayout 或 MapInsertWindow 等。可利用 IActiveView 接口的 ScreenDisplay 属性获取相应的 ScreenDisplay 对象。

ScreenDisplay 是组件类，可以独立产生。每个 ScreenDisplay 对象都拥有一个 Display-Tranformation 对象，进行设备单位和地图单位之间的转换。可通过 IDisplay 接口的 Display-

Tranformation 属性获得该对象，每个 DisplayTranformation 都与一个 Map 相关，它拥有地图的空间参考属性。

ScreenDisplay 类主要实现了 IScreenDisplay 接口，通过该接口的 AddCache 方法，可以添加缓存，利用 CacheCount 属性返回缓存数目。

DrawPoint、DrawPolyline、DrawPolygon 和 DrawRectangle 是在地图控件中经常用到的绘制几何图形的方法，除此以外，还可以利用 DrawText 在视图上绘制字符对象。所有这些方法在使用前都必须先使用 StartDrawing 方法，绘制结束后需使用 FinishDrawing 方法，使用这些方法均需要传给要绘制的几何形体对象。下面是一个使用 DrawPolyline 方法绘制 Polyline 的例子，代码需放在 MapControl 的 MouseDown 事件中。

```
IActiveView pActiveView = axMapControl1.ActiveView;
IScreenDisplay screenDisplay = pActiveView.ScreenDisplay;
ISimpleLineSymbol lineSymbol = new SimpleLineSymbolClass();
lineSymbol.Color = GetRGB(255,0,0);
IPolyline pLine = axMapControl1.TrackLine() as IPolyline;
screenDisplay.StartDrawing(screenDisplay.hDC,
(short)esriScreenCache.esriNoScreenCache);
screenDisplay.SetSymbol((ISymbol)lineSymbol);
screenDisplay.DrawPolyline(pLine);
screenDisplay.FinishDrawing();
```

5.4 地 图 排 版

PageLayout 对象对应于 ArcMap 的布局视图，在打开 ArcMap 时，文档对象会自动新建一个 PageLayout 对象。为了更好地显示地图以便打印和输出，PageLayout 会自动产生一些对象来进行地图修饰，如 SnapGuides、SnapGrid、RulerSettings 和 Page。PageLayout 及相关对象的结构关系如图 5.3 所示。

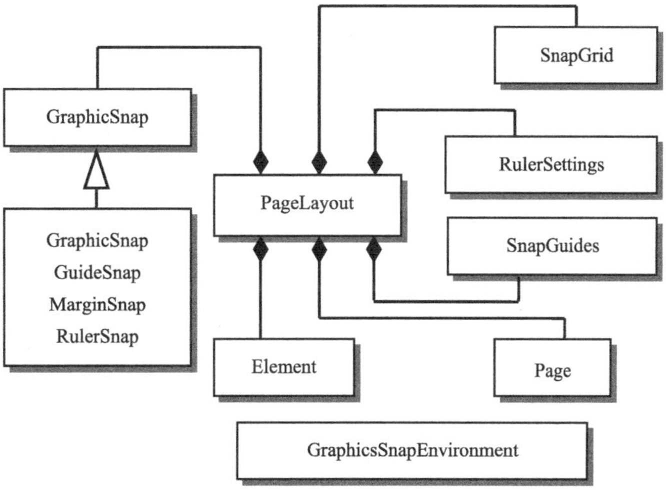

图 5.3 PageLayout 及相关对象的结构关系

本节将介绍 PageLayout 及其相关对象，这些对象都可用于制图操作，其目的都是产生一幅精美的地图供输出或打印，以便进行地理信息传播。

5.4.1 PageLayout 对象

PageLayout 和 Map 这两个对象看起来非常相似，都是视图对象，可以显示地图；都是图形元素的容器，可以容纳图形元素（Graphics Element）。Pagelayout 除了保存图形元素外，还可以保存诸如 MapFrame 的框架元素（Frame Element）。

PageLayout 对象主要实现了 IPageLayout 接口，该接口定义了用于修改页面版式的方法和属性，其中包括图形的位置属性、标尺和对齐网格的设置以确定页面是如何显示在屏幕上的方法等。用这个接口可以管理 RulerSettings、SnapGrid、SnapGuides 和 Page 对象。下面将分析该接口提供的主要方法和属性。

ZoomToWhole 方法可让 PageLayout 以最大尺寸显示；ZoomToPercent 方法可以按照输入的比例显示。下面示例代码是在 PageLayoutControl 控件中控制显示百分之十的方法。

```
private void ZoomPercent()
{
    IPageLayout pPageLayout = axPageLayoutControl1.PageLayout;
    pPageLayout.ZoomToPercent(10); //页面缩小到10%
}
```

ZoomToWidth 方法可以让视图显示的范围匹配控件对象的宽度；RulerSettings 用于获得 PageLayout 控件的标尺对象；SnapGrid 和 VerticalSnapGrid 用于控制 Pagelayout 对象中显示的格网。

Page 属性用于获得放在 PageLayout 对象中的 Page 对象；RulerSettings 属性用于获得 PageLayout 控件的标尺对象。

因 PageLayout 对象主要用于管理元素，它实现了 IGraphicsContainer 这个接口，其使用方法与 Map 对象一样，它定义的属性和方法用于管理 PageLayout 对象中的元素。使用它们可以添加一个新元素，或获取一个已经存在的元素对象，如一个版式页面上方的地图标题就是一个保存在它里面的文字元素。

除此以外，PageLayout 对象还实现了 IGraphicsContainerSelect 接口，该接口专门用于管理被选择的元素，如 UnselectAllElements 方法可以清除图形元素选择集中的所有对象。

5.4.2 Page 对象

PageLayout 对象被创建后，会自动产生一个 Page 对象来管理布局视图中的页面，通过 IPageLayout 接口的 Page 属性，可以得到它的指针。Page 对象是一个很简单的容器对象，它用于装载地理数据，不提供任何别的分析、查询功能。若将 PageLayout 当作一个地图画板，则 Page 对象就是画板中专门用于绘制地图图形的部分。

Page 类的主要接口是 IPage，它除了用于管理 Page 的颜色、尺寸和方向等属性外，还可管理其版式单位、边框类型和打印区域等属性。

FormID 属性用于传入一个 esriPageFormID 枚举值，以便设置 Page 对象的尺寸，该方法比使用 PutCustomSize 来设置一个自定义的尺寸要快得多。Background 属性可用来改变 Page

的背景样式；BackgroundColor 属性可改变背景的颜色；Border 属性用于设置 Page 的边框；Units 属性则可获得 Page 所使用的单位。

下面的示例代码用于改变 Page 的背景颜色：

```
private void ChangePageColor()
{
    IPageLayout pPageLayout = axPageLayoutControl1.PageLayout;
    IPage pPage = pPageLayout.Page;
    pPage.BackgroundColor = GetRGB(112,200,102);//设置颜色
}
```

Page 是一个拥有众多事件的对象，事件通过 IPageEvents 接口来定义，如 PageColorChanged、PageMarginsChanged、PageUnitsChanged 和 PageSizeChanged 等。Page 对象负责监听这些事件，并做出相应的反应。当 Page 的单位发生变化后，布局视图需要更新它的转换参数、SnapGrid 及 SnapGuides 等附属对象。

5.4.3 SnapGrid 对象

SnapGrid 是 PageLayout 上用于摆放元素而设置的辅助点，这些点有规则，且呈网状排列，便于使用者对齐元素，可直接通过 IPageLayout 的 SnapGrid 属性获得当前 PageLayout 使用的 SnapGrid 对象的引用。

SnapGrid类主要实现了ISnapGrid接口，用于设置SnapGrid对象的属性。HorizontalSpacing 属性用于设置网点之间的水平距离；VerticalSpacing 属性用于设置网点之间的垂直距离；Visible 属性决定了这些网点是否可见；Draw 方法将用于在 Page 对象上绘制一个 SnapGrid 对象。

下面示例代码演示如何设置 PageLayout 控件上的 SnapGrid：

```
private void SetSnapGridOnPageLayout(IPageLayout pPageLayout)
{
    if (pPageLayout != null)
    {
        ISnapGrid pSnapGrid = pPageLayout.SnapGrid;
        pSnapGrid.VerticalSpacing = 2;
        pSnapGrid.HorizontalSpacing = 2;
        IActiveView pActiveView = pPageLayout as IActiveView;
        pActiveView.Refresh();
    }
}
```

5.4.4 SnapGuides 对象

SnapGuides 是为了更好地放置地图而在 Pagelayout 上设置的辅助线。该对象分两种类型：一种是水平辅助线，通过 IPageLayout 的 HorizontalSnapGuides 属性获得；另一种是垂直辅助线，通过 IPageLayout 的 VerticalSnapGuides 属性获得。每个 SnapGuides 都管理着一个 Guide

集合，即不同类型的辅助线可以同时存在多条。

SnapGuides 都实现了 ISnapGuides 接口，该接口定义了管理 SnapGuide 的属性和方法。

AreVisible 属性设定 SnapGuides 是否可见；GuideCount 属性返回一个 SnapGuides 对象中 Guide 的条数；Guide 属性可按索引值获得某个具体的 Guide 对象；AddGuide 方法用于将一条 Guide 放在指定位置上；RemoveAllGuides 方法可以清除所有的 Guide；RemoveGuide 方法可按索引值清除某条 Guide。

下面的示例代码演示如何为 PageLayout 对象添加辅助线。变量 pPosion 为位置，当 bHorizontal 变量为 true 时，为水平方向辅助线；当为 false 时，则为垂直方向辅助线。

```
private void AddGuideOnPageLayout(IPageLayout pPageLayOut, double pPosion, bool bHorizontal)
{
    try
    {
        if (pPageLayOut != null)
        {
            ISnapGuides pSnapGuides = null;
            if (bHorizontal) //如果是水平辅助线
            {
                pSnapGuides = pPageLayOut.HorizontalSnapGuides;
            }
            else //如果是垂直辅助线
            {
                pSnapGuides = pPageLayOut.VerticalSnapGuides;
            }
            if (pSnapGuides != null)
            {
                pSnapGuides.AddGuide(pPosion); //向pageLayOut上添加辅助线
            }
        }
    }
    catch (Exception Err)
    {
        MessageBox.Show(Err.Message, "信息提示",MessageBoxButtons.OK,
MessageBoxIcon.Information);
    }
}
```

5.4.5　RulerSettings 对象

标尺对象是为了方便辅助图形元素的放置而出现在 PageLayout 对象上方和左方的辅助尺，通过 IPageLayout 的 RulerSettings 属性可以获得与 PageLayout 相关的标尺。

RulerSettings对象实现了IRulerSettings接口，它仅仅定义了一个属性，即SmallestDivision，用于设置最小的区分值。

5.5 元 素 对 象

在ArcGIS中可显示在视图上的图形分为两种：一种是基于Layer的要素（Feature）；另一种就是元素（Element）。元素是一个地图中除去要素数据外的部分，即在一幅地图中，除了保存在数据库中的地理数据外，其余对象全是元素。

Element是一个复杂的对象集合，它主要分为图形元素（Graphics Element）和框架元素（Frame Element）两大部分。

图形元素包括GroupElement、MarkElement、LineElement、TextElement、DataGraphElement、PictureElement和FillShapeElement等对象，它们都是作为图形的形式存在，在视图上是可见的。框架元素包括FrameElement、MapSurroundFrame、OleFrame和TableFrame等对象，它们均作为不可见的容器而存在。

在Map或PageLayout对象中，可通过IGraphicsContainer接口来管理这些元素，使用这个接口定义的方法可以添加、删除和更新单个位于Map或PageLayout上的元素。使用GroupElement对象还可以将多个元素编组，作为单个实体给用户使用。

IElement是所有图形元素和框架元素类都实现的接口。该接口可让程序员确定元素的Geometry属性，它提供了让用户查找和绘制元素的方法。Element是一个抽象类，在实际编程中必须明确指定使用元素的类型。另外，读者还应注意IElement和ILineElement、ITextElement等并不是父子关系，后者中没有Geometry属性。

5.5.1 图形元素

所有的图形元素(Graphics Element)类都实现了IGraphicsElement接口，该接口仅定义了一个SpatialReference属性，用于设置图形元素的空间参考。空间参考是确保图形能在一定范围内正确显示所必须设置的属性。除此以外，图形元素还实现了ITransform2D接口，该接口定义的方法和属性可以让图形元素移动、旋转和缩放。

1. LineElement和MarkerElement对象

LineElement和MarkerElement是最简单的图形元素，它们在数据视图(Data View)或者布局视图(Pagelayout View)上表现为线和点的形式。将图形元素显示在视图上所需的步骤如下：

（1）产生一个新的元素对象；

（2）确定元素显示时使用的Symbol（符号）和Geometry（几何形体对象）；

（3）使用IGraphicsContainer接口的AddElement方法把元素添加到视图中去；

（4）刷新视图，让添加的元素显示出来。

现以LineElement为例，将其添加到视图需要使用两个接口：IElement和ILineElement，前者用于确定线元素的Geometry，后者用于确定Symbol。应注意能够使用的Symbol和Geometry不能混用，LineElement元素是只能用于修饰LineElement对象的符号，只能使用Line或者Polyline作为其Geometry。而MarkerElement使用的是Marker类型的Symbol和点作为其Geometry。

下面的示例代码将添加一个 MarkerElement 到 Map 中去，要放在 MapControl 控件的 MouseDown 事件中。

```
IMap pMap = axMapControl1.Map;
IActiveView pActiveView = pMap as IActiveView;
IPoint pPt = new PointClass();//新建一个point
pPt.PutCoords(e.mapX, e.mapY);
IMarkerElement pMarkerElement = new MarkerElementClass();//产生一个Marker元素
//产生修饰Marker元素的symbol
ISimpleMarkerSymbol pMarkerSymbol = new SimpleMarkerSymbolClass();
pMarkerSymbol.Color =GetRGB(200,120,20); //设置符号颜色
pMarkerSymbol.Size = 2; //设置符号大小
pMarkerSymbol.Style = esriSimpleMarkerStyle.esriSMSDiamond; //设置符号类型
IElement pElement= pMarkerElement as IElement;
pElement.Geometry = pPt;
pMarkerElement.Symbol = pMarkerSymbol;
IGraphicsContainer pGraphicsContainer= pMap as IGraphicsContainer;
pGraphicsContainer.AddElement(pMarkerElement as IElement, 0); //将元素添加到Map中
pActiveView.PartialRefresh(esriViewDrawPhase.esriViewGraphics, null, null);
```

MarkerElement 类支持 IMarkerElement 接口，该接口的 Symbol 方法用于在新建一个 MarkerElement 对象时，设置其点符号(MarkerSymbol)。

2. TextElement 对象

地图为显示图形的附加信息，一般都是采用文字标注来完成。地图的标注有两种形式：一种是保存在地理数据库中以标注类的形式存在；另一种是使用文字元素。

TextElement 对象实现了 ITextElement 接口，该接口定义了设置文字元素特征的属性，如 ScaleText（文字尺寸）、Text（字符）和 Symbol（文字的修饰符号）。应注意 TextElement 的 Geometry 是一个点（Point）对象。

下面的方法是给传入的MapControl控件添加点要素，同时给点要素添加一个TextElement。

```
private void DrawTextElement(AxMapControl MapControl, IPoint pPoint, string strText, IColor pColor)
{
    IGraphicsContainer pGraphicsContainer = MapControl.Map as IGraphicsContainer;
    IActiveView pAv = pGraphicsContainer as IActiveView;
    ITextElement pTextElement = new TextElementClass();
    ITextSymbol pTextSymbol = new TextSymbolClass();
    IElementProperties pElementProperties;
    pTextSymbol.Color = pColor;
    pTextSymbol.Size = 20;
    IElement pElement = pTextElement as IElement;
    pElementProperties = pTextElement as IElementProperties;
```

```
        pElementProperties.Name = pPoint.Y.ToString() + pPoint.X.ToString();
        IPoint point = new PointClass();
        point.X = pPoint.X + 10;
        point.Y = pPoint.Y + 10;
        pElement.Geometry = point;
        pTextElement.Text = strText;
        pTextElement.Symbol = pTextSymbol;
        pGraphicsContainer.AddElement(pTextElement as IElement, 0);
        //开始TextElement元素
        IMarkerElement pMarkElement = new MarkerElementClass();
        ISimpleMarkerSymbol pMarkerSymbol =new SimpleMarkerSymbolClass();
        pMarkerSymbol.Color = pColor;
        pMarkerSymbol.Size = 10;
        pMarkerSymbol.Style = esriSimpleMarkerStyle.esriSMSCross;
        IElement pElement1 = pMarkElement as IElement;
        pElementProperties = pMarkElement as IElementProperties;
        pElementProperties.Name = pPoint.X.ToString() + pPoint.Y.ToString();
        pElement1.Geometry = pPoint;
        pMarkElement.Symbol = pMarkerSymbol;
        pGraphicsContainer.AddElement(pMarkElement as IElement, 0); //将元素添加到Map对象中
        pAv.PartialRefresh(esriViewDrawPhase.esriViewGraphics, null, null);
    }
```

3. GroupElement 对象

GroupElement 对象可以将多个元素编为一组，并作为一个实体来使用。如果用户需要对多个要素进行相同的操作，如同时移动多个要素时，就可将它们编为一个组。GroupElement 类默认实现了 IGroupElement 接口，它定义了操作 GroupElement 的方法和属性。

IGroupElement 接口的 AddElement 方法可以将一个元素添加到 GroupElement 对象；ClearElements 方法可以清除 GroupElement 中所有的元素；DeleteElement 方法可根据 GroupElement 中某个元素的索引值删除这个元素。ElementCount 属性可返回 GroupElement 中元素的数目。

GroupElement 是一个组件类，用户可以新建一个单独的 GroupElement 对象来处理元素。下面的代码是将图形元素添加进 GroupElement 中去。

```
    private void GroupElement(IGraphicsContainer pGraphicsContainer)
    {
        //产生新的GroupElement对象
        IGroupElement pGroupEle = new GroupElementClass();
        //pGraphicsContainer是使用QI方法获得的管理元素对象
        pGraphicsContainer.Reset();
```

```
        // 获得pGraphicsContainer中的第一个元素
        IElement pEle = pGraphicsContainer.Next();
        while (pEle != null) //遍历元素
        {
            pGroupEle.AddElement(pEle); //将它添加进pGroupEle对象
            pEle = pGraphicsContainer.Next();
        }
        //使用ElementCount来测试添加操作是否成功
        MessageBox.Show(pGroupEle.ElementCount.ToString(),"信息提示");
    }
```

4. FillShapeElement 对象

FillShapeElement 是一个抽象类，它的子类有 CircleElement、EllipseElement、PolygonElement 和 RectangleElement，这些对象的共同特点是它们的 Geometry 属性都是一个二维的封闭图形，在视图上分别表现为圆形、椭圆形、多边形和矩形元素。

IFillShapeElement 是所有 FillShapeElement 类都实现的接口，它定义了用于显示图形元素的 Symbol 属性，这个 Symbol 属性必须设置为 IFillsymbol 对象。

新建和加入这些类型的图形元素到 Map 或 PageLayout 视图的方法，与前面介绍的点、线元素没有区别。下面的示例代码用于添加一个 PolygonElement 元素到 Map 对象中，应放在 MapControl 控件的 MouseDown 事件中。

```
IMap pMap = axMapControl1.Map;
IActiveView pActiveView = pMap as IActiveView;
IPolygon pPolygon = axMapControl1.TrackPolygon() as IPolygon;
//产生一个ISimpleFillsymbol符号
ISimpleFillSymbol pSimpleFillsym = new SimpleFillSymbolClass();
pSimpleFillsym.Style = esriSimpleFillStyle.esriSFSDiagonalCross;
pSimpleFillsym.Color = GetRGB(102, 200, 103);//设置颜色
//生成一个PolygonElement对象
IFillShapeElement pPolygonEle = new PolygonElementClass();
pPolygonEle.Symbol = pSimpleFillsym;
IElement pEle = pPolygonEle as IElement;
pEle.Geometry = pPolygon;
//将元素添加到Map对象中
IGraphicsContainer pGraphicsContainer = pMap as IGraphicsContainer;
pGraphicsContainer.AddElement(pEle, 0);
pActiveView.PartialRefresh(esriViewDrawPhase.esriViewGraphics,null, null);
```

5. 图片元素对象

PictureElement 对象用来在地图制图时向 PageLayout 中插入一张位图图片，借助这种方式，以便制作更精美的版式地图。PictureElement 是一个抽象类，BmpPictureElement、

EmfPictureElement、GifPictureElement、Jp2PictureElement、JpgPictureElement、PngPictureElement和Tif PictureElement，这七类对象都实现了IPictureElement接口，该接口提供了多种属性和方法。其中，Filter属性是供OpenFileDialog使用的过滤器；MaintainAspectRatio属性用于确定调整图片尺寸时是否保持其长宽比例；PictureDescription属性可用于添加图片的附加描述信息；SavePictureInDocument属性则确定这张图片是否会被保存到MXD文件上。ImportPicture是该接口定义的唯一方法，用于取得一张图片文件。

下面的示例代码实现了用鼠标在PageLayout中拉框，向PageLayout插入一张图片的功能，可插入七种类型的图片。该类继承自BaseTool类，省略了部分系统自带代码。

```
//此处省去了命名空间的引用
namespace MapCompositionPlugins
{
    public sealed class AddPictureElement : BaseTool
{
        private static extern int SetCapture(int hWnd);
        private static extern int GetCapture();
        private static extern int ReleaseCapture();
        private IHookHelper m_hookHelper;
        private INewEnvelopeFeedback m_Feedback;
        private IPoint m_Point;
        private bool m_InUse;
        private AxPageLayoutControl m_AxPageLayoutControl = null;
        public AddPictureElement(AxPageLayoutControl pAxPageLayoutControl)
        {   base.m_category = "添加图片元素";
            base.m_caption = "添加图片元素";
            base.m_message = "This should work in ArcMap/MapControl/PageLayoutControl";
            base.m_toolTip = "添加图片元素";
            base.m_name = "添加图片元素";
            m_AxPageLayoutControl = pAxPageLayoutControl;
        }
        #region Overriden Class Methods
        public override void OnCreate(object hook)
        {
            if (m_hookHelper == null)
                m_hookHelper = new HookHelperClass();
            m_hookHelper.Hook = hook;
        }
        public override void OnMouseDown(int Button, int Shift, int X, int Y)
        {
            //生成一个新的地图
```

```
            m_Point =
m_AxPageLayoutControl.ActiveView.ScreenDisplay.DisplayTransformation.ToMapPoint(X, Y);
            //开始捕获鼠标事件
            SetCapture(m_AxPageLayoutControl.ActiveView.ScreenDisplay.hWnd);
            m_InUse = true;
        }
        public override void OnMouseMove(int Button, int Shift, int X, int Y)
        {
            if (m_InUse == false) return;
            //开始获取矩形区域
            if (m_Feedback == null)
            {
                m_Feedback = new NewEnvelopeFeedbackClass();
                m_Feedback.Display = m_AxPageLayoutControl.ActiveView.ScreenDisplay;
                m_Feedback.Start(m_Point);
            }
            //拖动鼠标获取矩形区域
m_Feedback.MoveTo(m_AxPageLayoutControl.ActiveView.ScreenDisplay.DisplayTransformation.ToMapPo
int(X, Y));
        }
        public override void OnMouseUp(int Button, int Shift, int X, int Y)
        {
            // 释放鼠标后插入图片
            if (m_InUse == false) return;
            //停止捕获鼠标事件
            if (GetCapture() == m_AxPageLayoutControl.ActiveView.ScreenDisplay.hWnd)
              ReleaseCapture();
            //若未获得矩形区域
            if (m_Feedback == null)
            {
                m_Feedback = null;
                m_InUse = false;
                return;
            }
            IEnvelope penvelope = m_Feedback.Stop();
            if ((penvelope.IsEmpty) || (penvelope.Width == 0) || (penvelope.Height == 0))
            {
                m_Feedback = null;
                m_InUse = false;
```

```
                return;
            }
            IPictureElement pPicEle;
            pPicEle =GetPictureElement();
            if (pPicEle ==null)
            {
                return ;
            }
            IElement pEle = pPicEle as IElement;
            //确定元素的Geometry属性，它是一个矩形
            pEle.Geometry = penvelope;
            m_AxPageLayoutControl.GraphicsContainer.AddElement(pEle, 0);
            m_AxPageLayoutControl .ActiveView .PartialRefresh (esriViewDrawPhase.esriViewGraphics,
null, null);
            m_Feedback = null;
            m_InUse = false;
        }
        #endregion
        private IPictureElement GetPictureElement()
        {
            IPictureElement pPicEle = null;
            OpenFileDialog openFileDialog = new OpenFileDialog();
            openFileDialog.Title = "选择图片元素";
            openFileDialog.Filter =
"(*.bmp)|*.bmp|(*.tif)|*.tif|(*.gif)|*.gif|(*.png)|*.png|(*.jpg)|*.jpg|(*.emf)|*.emf|(*.jp2)|*.jp2";
            string path = string.Empty;
            if (openFileDialog.ShowDialog() == DialogResult.OK)
            {
                path = openFileDialog.FileName;
            }
            string pFormat = System.IO.Path.GetExtension(path);
            switch (pFormat)       //支持其中的图片数据格式
            {
                case ".bmp":
               case ".BMP":
                    pPicEle = new BmpPictureElementClass();
                    break;
                case ".tif":
                case ".TIF":
```

```
                    pPicEle = new TifPictureElementClass();
                    break;
                case ".gif":
                case ".GIF":
                    pPicEle = new GifPictureElementClass();
                    break;
                case ".png":
                case ".PNG":
                    pPicEle = new PngPictureElementClass();
                    break;
                case ".jpg":
                case ".JPG":
                    pPicEle = new JpgPictureElementClass();
                    break;
                case ".emf":
                case ".EMF":
                    pPicEle = new EmfPictureElementClass();
                    break;
                case ".jp2":
                case ".JP2":
                    pPicEle = new Jp2PictureElementClass();
                    break;
            }
            //图片在缩放的时候长宽不保持比例一致
            pPicEle.MaintainAspectRatio = false ;
            pPicEle.ImportPictureFromFile(path);
            return pPicEle;
        }
    }
}
```

5.5.2　框架元素

框架元素是一种包含其他地图元素的容器，但其本身不能显示。尽管框架元素不能被看到，但它们在 ArcGIS Engine 程序开发中扮演了极为重要的角色。框架元素的内在结构如图 5.4 所示。

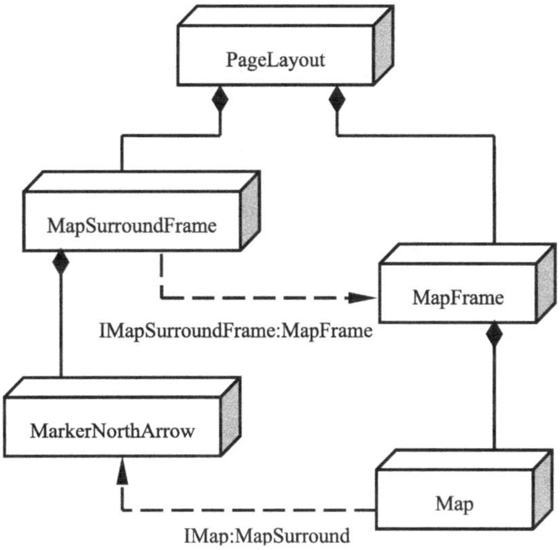

图 5.4　框架元素结构

PageLayout 可直接得到它所管理的 MapFrame 和 MapSurroundFrame 对象的指针，在一个 PageLayout 对象中，可能存在多个框架元素对象。MapFrame 对象是 Map 的容器，它用于管理 Map 对象；而 MapSurroundFrame 对象则用于管理 MapSurround 对象，MapSurround 就是为了修饰地图而使用的比例尺、比例文本和指北针等对象。

MapFrame 对象也可以使用 IMapSurroundFrame 接口的 MapFrame 属性得到，而 MapSurround 对象则可使用 IMap 接口的 CreateMapSurround 方法得到。这种错综复杂的关系揭示了 ArcMap 程序的内部结构。在 ArcMap 程序内部，PageLayout 充当了“三号”角色，它通过 MapFrame 管理了 Map 对象，PageLayout 和 Map 看似“地位相当”，但实际上却不是同一级别的对象。

每个 MapSurroundFrame 都与一个 MapFrame 相联系。若一个 MapFrame 被删除，它其中所有的 MapSurroundFrame 对象也将被删除。

所有的框架元素类（如 FrameElement、OleFrame、MapsurroundFrame 和 MapFrame）都实现了 IFrameElement 接口，该接口定义了操作框架元素最一般的属性和方法，如 BackGround、Border 属性可以用于设置框架元素的背景和边框。

1. MapFrame 对象

MapFrame 对象是由 PageLayout 对象来控制的，用于管理 Map 对象。MapFrame 对象实现了 IMapFrame 接口，使用 IMapFrame 定义的属性和方法可控制其中的 Map 对象。

Map 属性可获得这个地图框架内的地图对象，是一个只读属性；MapBounds 属性可返回地图对象的范围，是一个 Envelope 类型的对象；MapScale 属性用来确定地图显示的比例，用于更新这个框架元素内的地图对象。CreateSurroundFrame 方法用于返回一个 MapSurroundFrame 对象。MapFrame 对象还实现了 IMapGrids 接口，它可用于管理地图框架中的 MapGrid（地图格网）。该接口的 AddMapGrid 方法用于添加一个 MapGrid 对象，ClearMapGrids 和 DeleteMapGrid 方法可清除所有的 MapGrid 对象或者使用索引值删除地图框架对象中的某个 MapGrid。

2. MapSurroundFrame 对象

MapSurroundFrame 是一种用于管理 MapSurround 对象的框架元素。MapSurround 是指北针、比例尺和图例一类的对象，它们是一种“智能”的，会自动与某个地图对象关联，并随地图视图的变化而变化的对象。MapSurroundFrame 支持 MapFrameResized 事件，当地图的尺寸改变时，它会监听这个事件，并自动更新比例尺等对象。 一个 Mapsurround 对象与 MapFrame 是相关联的，当地图框架发生旋转时，指北针对象的方向也会发生变化。IMapsurroundFrame 接口是 MapsurroundFrame 对象的默认接口。

利用该接口的 MapFrame 属性，可得到与其自身关联的 MapFrame 对象；MapSurround 属性则可得到它拥有的 MapSurround 对象。

下面是向 PageLayoutControl 中的制图对象添加一个制图模板的代码，其作用是简化制图设置的步骤，确保地图集制图样式的规范化。

```
// mxtName为制图模板.mxt存储路径
 OpenFileDialog openFdl = new OpenFileDialog();
 openFdl.Title = "选择制图模板文件";
 openFdl.Filter = "(*.mxt)|*.mxt";
 openFdl.ShowDialog();
 string mxtName = openFdl.FileName;
 if (mxtName == string.Empty)
     return;
 IGraphicsContainer pGraphicsContainer = axPageLayoutControl1.PageLayout as IGraphicsContainer;
 List<ILayer> layerList = new List<ILayer>();
 //保存地图要素
  for (int i = 0; i < axPageLayoutControl1.ActiveView.FocusMap.LayerCount; i++)
  {
      layerList.Add(axPageLayoutControl1.ActiveView.FocusMap.get_Layer(i));
  }
  //更新模板
  pGraphicsContainer.DeleteAllElements();
  axPageLayoutControl1.LoadMxFile(mxtName);
  //加载原地图要素
  for (int i = layerList.Count - 1; i >= 0; i--)
  {
       axPageLayoutControl1.ActiveView.FocusMap.AddLayer(layerList[i]);
   }
   axPageLayoutControl1.Refresh();
```

5.5.3　元素的选择跟踪对象

在 IElement 接口中，可看到 SelectionTracker 属性，利用它可返回每个元素自己的选择跟踪对象，该对象可提供整形(Reshape)功能。在添加一个元素后，可通过元素的选择跟踪对象绘制出来，以便用户通过拖动选择跟踪对象来改变元素的形状。

下面是一个简单的绘制例子，需先定义一个 IElement 接口的公共变量 pEle，在该变量中存放了用于改变形状的元素，再将得到的元素对象赋给 pEle，通过调用函数 Demo（pEle），即可将元素放入图形选择容器中，实现的示例代码如下：

```
private void Demo(IElement pEle)
{
    //选择一个元素
    IGraphicsContainerSelect pGraphConsel = axMapControl1.Map as IGraphicsContainerSelect;
    IActiveView pAV = axMapControl1.Map as IActiveView;
    pGraphConsel.SelectElement(pEle);
    pAV.PartialRefresh(esriViewDrawPhase.esriViewForeground, null, null);
}
```

最后，在 OnAfterDraw 事件中添加如下代码：

```
private void axPageLayoutControl1_OnAfterDraw(object sender,
IPageLayoutControlEvents_OnAfterDrawEvent e)
{
    if (e.viewDrawPhase.Equals(esriViewDrawPhase.esriViewForeground))
    {
        if (pEle == null) return;
        IselectionTracker pSelectionTracker = pEle.SelectionTracker;
        pSelectionTracker.Draw(e.display as IDisplay, 0,
esriTrackerStyle.esriTrackerDominant);
    }
}
```

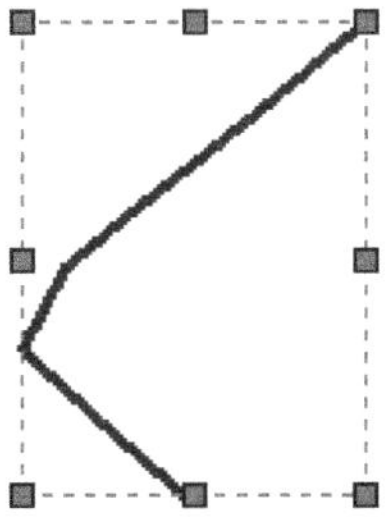

图 5.5 元素选择跟踪结果

运行结果如图 5.5 所示，移动要素 Envelop 上的小方块，就可以改变要素的形状和大小。

5.6 地图格网对象

地图格网是布局视图中的一系列参考线和参考点，在小比例尺地图中，经纬网可以用来帮助地图使用者快速确定地图要素的位置；在大比例地图中，也可使用方里网有规律地划分一块区域，地图格网是修饰一幅地图不可缺少的部分。

ArcGIS Engine 也提供了用于辅助显示地图的地图格网，即 MapGrids 对象，它出现在地图边缘上，用于显示经纬度或方里网。实质上它就是 MapFrame 对象，因此必须出现在 PageLayout 视图中。一幅地理网格主要由 GridLine（格网线）、GridLabel（格网标注）和 GridBorder（格网边框）三部分组成。

5.6.1 MapGrid 对象

MapGrid 对象是布局视图中的一种参考线或点，可帮助用户快速确定地图中要素的位置。

MapGrid 对象由 MapGrids 来管理，一个 MapGrids 中可能存在多个 MapGrid 对象。

在布局视图中获得一个 MapGrid 对象的指针很容易，使用 IGraphicsContainer 接口的 FindFrame 方法，可以得到 PageLayout 对象的 MapFrame 对象，再通过接口跳转方法可得到 MapGrid 对象的指针，示例代码如下所示：

```
private IMapGrid GetMapGrid()
{
    IActiveView pActiveView = axPageLayoutControl1.PageLayout as IActiveView;
    IGraphicsContainer pGraphicsContainer;
    pGraphicsContainer = axPageLayoutControl1.PageLayout as IGraphicsContainer;
    IMap pMap = pActiveView.FocusMap;
    IMapFrame pMapFrame = pGraphicsContainer.FindFrame(pMap) as IMapFrame;
    IMapGrids pMapGrids = pMapFrame as IMapGrids;
    IMapGrid pMapGrid = pMapGrids.get_MapGrid(0);
    return pMapGrid;
}
```

MapGrid 是一个抽象类，它的子类有 MeasuredGrid、IndexGrid、MgrsGrid、Graticule 和 CustomOverlayGrid 五种，这些子类的对象由 MapGridFactory 对象创建。

IMapGrid 是所有类型的地图格网类都实现的接口，它用于设置 MapGrid 对象的一般属性和方法。Border 属性用于设置地图网格的边框；LabelFormat 属性用于设置地图网格上的标签格式；Linesymbol 可用于设置网线的样式。

IMapGrid 接口还定义了多个设置 Tick 对象的属性，Tick，就是一个小计号点，如网线之间大的交点、网线与边的交点等。SetSubTicksVisiblity 方法可以按照用户的要求来确定这些点。

Graticule 是使用经纬线来划分地图的地图格网对象，它实现了两个接口 IGraticule 和 IMeasuredGrid。由于 Graticule 对象使用了经纬网，故需设置空间参考属性。IMeasuredGrid 接口定义了多个设置格网线显示的属性。例如，FixedOrigin 属性，为是否根据计算自动设置起点；Units 属性用于设置原点间隔的单位；*X*Origin 和 *Y*Origin 分别用于设置 *X* 和 *Y* 方向上的起点；*X*IntervalSize 和 *Y*IntervalSize 属性分别用于确定 *X* 和 *Y* 方向上两线之间的间隔。

MeasuredGrid 也使用经纬度作为地图网格来划分地图，它与 Graticule 对象的不同之处在于它的空间参考属性可以与 MapFrame 对象一致，也可以不一致。它除了实现 IMeasureGrid 接口外，还实现了 IProjectedGrid 接口来设置它的投影属性。

IndexGrid 是使用索引值的方式来划分地图区域的对象，通常南北方向用“ABC”表示，东西方向用“123”来表示，它适合小区域内地块的划分等。IndexGrid 类实现了 IIndexGrid 接口，其主要属性和方法如下：

*X*Label 和 *Y*Label 属性分别用于设置网格 *X* 和 *Y* 轴上的标签；ColumnCount 属性用于设置 MapGrid 网格划分的列数；RowCount 属性用于设置 MapGrid 网格划分的行数。

5.6.2　MapGridBorder 对象

地图格网有边框，这些边框对象类型很多，都实现了 IMapGridBorder 接口。边框有两种类型：SimpleMapGridBorder 和 CalibratedMapGridBorder。通过 IMapGridBorder 接口的 DisplayName 属性，可以得到边框的显示名，这两种类型边框的 DisplayName 分别是“Simple Border”和“Calibrated Border”。当用户新建一个 MapGridBorder 对象时，不必使用 IMapGridBorder 接口，因为该接口的属性均为只读属性。SimpleMapGridBorder 对象只使用简单直线作为地图的边框，因而在 ISimpleMapGridBorder 接口中，必须设置的是 LineSymbol 属性，以便用于确定边框线的样式、宽度和颜色。

5.6.3　MapGridLabel 对象

每个地图格网都有标签，无论是在地图中使用经纬网还是方里网，都必须设置一些标识性字符，这些字符都需要使用 MapGridLabel 对象来设置。

IGridLabel 接口包含了控制所有 GridLabel 对象的一般属性。应注意并不是所有的标签都可以使用在某种格网上，表 5.2 列出了 Grid 可以使用的 Label 种类。

表 5.2　Grid 可使用的 Label 类型

Grid 类型	可使用的 MapGridLabel	DisplayName
Graticule	DMSLabel	Degrees Minutes Seconds
MeasuredGrid	FormattedLabel	Formatted
	MixedFontLabel	MixedFont
IndexGrid	ButtonTabStyle	ButtonTabs
	RoundedTabStyle	RoundedTabs
	ContinuousTabStyle	ContinuousTabs
	BackgroundTabStyle	FilledBackground

LabelAlignment 属性可设置格网标注在格网对象的四条边上的水平和垂直方向，它需要传入一个 esriGridAxisEnum 枚举类型值。

DMSGridLabel 对象的特点是，其标注字符使用的是经纬度，且单位为度、分、秒，如 110°10′10″。DMSGridLabel 类实现了 IDMSGridLabel 接口，用于管理经纬网标注对象的属性，如字体、标注类型等。

FormattedGridLabel 对象可以让标注上的字符格式化显示，它的类实现了 IFormattedGridLabel 接口。该接口的 Format 属性需要传入一个 INumberFormat 对象，用于设定字符格式，如字符是否显示负号、小数点后设置多少位等。

MixedFontGridLabel 对象可使用两种字体来设置一段标注文本，NumberOfDigits 属性用于确定两种字体如何应用到标注字符上，其中的 *n* 值可让标签最后的 *n* 个字符设置为第二种字体和颜色，而剩下的字符使用第一种字体和颜色。MixedFontGridLabel 对象的主要颜色和字体使用 IGridLabel 的 Color 和 Font 属性来设置，而第二种颜色和字体则由 IMixedFontGridLabel 的 SecondaryColor 和 SecondaryFont 属性来确定。

下面的示例代码用于给一幅地图添加地图格网对象。

```
private void AddMeasuredGridToPageLayout(AxPageLayoutControl axPageLayoutControl1)
{
```

```
try
{
    IPageLayout pPageLayout = axPageLayoutControl1.PageLayout;
    //获取MapFrame对象
    IActiveView pAcitiveView = pPageLayout as IActiveView;
    IMap pMap = pAcitiveView.FocusMap;
    IGraphicsContainer pGraphicsContainer = pAcitiveView as IGraphicsContainer;
    IMapFrame pMapFrame = pGraphicsContainer.FindFrame(pMap) as IMapFrame;
    IMapGrids pMapGrids = pMapFrame as IMapGrids;
    //创建一个MeasuredGrid对象
    IMeasuredGrid pMeasureGrid = new MeasuredGridClass();
    IMapGrid pMapGrid = pMeasureGrid as IMapGrid;
    pMeasureGrid.FixedOrigin = true;
    pMeasureGrid.Units = pMap.MapUnits;
    pMeasureGrid.XIntervalSize = 1000;
    pMeasureGrid.YIntervalSize = 1000;
    pMeasureGrid.XOrigin = -180;
    pMeasureGrid.YOrigin = -90;
    //设置MeasuredGride投影属性
    IProjectedGrid pProGrid = pMeasureGrid as IProjectedGrid;
    pProGrid.SpatialReference = pMap.SpatialReference;
    pMapGrid.Name = "Measured Grid";
    //创建一个CalibratedMapGridBorder对象并设置为pMapGrid的Border属性
    ICalibratedMapGridBorder pCalibratedBorder = new CalibratedMapGridBorderClass();
    pCalibratedBorder.BackgroundColor = GetRGB(255, 255, 255);
    pCalibratedBorder.ForegroundColor = GetRGB(255, 0, 0);
    pCalibratedBorder.BorderWidth = 0.1;
    pCalibratedBorder.Interval = 72;
    pCalibratedBorder.Alternating = true;
    pMapGrid.Border = pCalibratedBorder as IMapGridBorder;
    //创建一个FormattedGridLabel对象
    IFormattedGridLabel pFormattedGridLabel = new FormattedGridLabelClass();
    IGridLabel pGridLabel = pFormattedGridLabel as IGridLabel;
    stdole.StdFont pFont = new stdole.StdFont();
    pFont.Name = "Arial";
    pFont.Size = 6;
    pGridLabel.Font = pFont as stdole.IFontDisp; ;
    pGridLabel.Color = GetRGB(0, 0, 250);
    pGridLabel.LabelOffset = 4;
```

```
            pGridLabel.set_LabelAlignment(esriGridAxisEnum.esriGridAxisLeft, false);
            pGridLabel.set_LabelAlignment(esriGridAxisEnum.esriGridAxisRight, false);
            INumericFormat pNumericFormat = new NumericFormatClass();
            pNumericFormat.AlignmentOption = esriNumericAlignmentEnum.esriAlignRight;
            pNumericFormat.RoundingOption = esriRoundingOptionEnum.esriRoundNumberOfSignificantDigits;
            pNumericFormat.RoundingValue = 0;
            pNumericFormat.ShowPlusSign = false;
            pNumericFormat.ZeroPad = true;
            pFormattedGridLabel.Format = pNumericFormat as INumberFormat;
            //设置pMapGrid的LabelFormat属性
            pMapGrid.LabelFormat = pGridLabel;
            pMapGrids.AddMapGrid(pMapGrid); //添加格网
            axPageLayoutControl1.Refresh();
        }
        catch (Exception Err)
        {
            MessageBox.Show(Err.Message, "信息提示", MessageBoxButtons.OK, MessageBoxIcon.Information);
        }
    }
```

5.7 MapSurround 对象

MapSurround 对象是与一个地图对象相关联，用于修饰地图辅助图形元素的对象，它们的形状或内容会随着 Map 属性的变化而自动改变。例如，Map 视图范围改变后，比例尺(ScaleBar)对象将会自动调整比例，比例尺文本(ScaleBarText)也会相应改变它的比例值，即 MapSurround 类型对象会监听 Map 对象的行为，并做出相应反应。

MapSurround 对象由 MapSurroundFrame 对象管理，所有的 MapSurround 对象都添加在布局视图上，每个 MapSurround 对象可通过 IMap 接口的 MapSurrounds 属性的索引值获取。也可通过 IMap 接口的 MapSurroundCount 来遍历布局视图上的所有 MapSurround 对象。

所有 MapSurround 对象都实现了 IMapSurround 接口，该接口定义了管理 MapSurround 对象的属性和方法。其中，Name 属性可获得 MapSurround 对象的名称，利用 FitToBound 方法可设置一个 MapSurround 对象的大小。

MapSurround 类也实现了 IMapSurroundEvents 接口，该接口可用来触发 MapSurround 相关事件，如 AfterDraw、BeforeDraw、ContensChanged 等。

5.7.1 图例对象

图例(Legend)是 MapSurround 对象群中最复杂的一个，它涉及太多的其他对象，以便生成美观合理的图例。图例是与一个 Map 对象中图层着色操作(Renderer)相关的对象，着色对象可以在地图上产生专题图。每个着色对象都有一个或者多个 LegendGroup（图例组），具体数目取决于地图有多少种着色方案。每个 LegendGroup 都拥有一个或多个 LegendClass（着色类）对象，每个 LegendClass 代表了一个使用自身符号和标签制作的图例分类。如图 5.6 所示，将一个要素图层进行分级着色操作后，读者在窗体上将发现分级后出现的 LegendClass。

Legend 对象的主要接口是 ILegend，用于修改 Legend 的属性和获取其组成对象。Item 属性可用于获得一个地图图例内的某个条目；当 AutoAdd 属性为 True 时，若在 Map 对象中加入新图层，与 Map 关联的图例对象将会自动添加一个条目。AutoReorder 属性可让 Legend 中条目的顺序和地图中的图层顺序保持一致。当 AutoVisibility 属性为 True 时，若将图层设置为不可见，那图例中的 LegendGroup 也将为不可见状态。该接口的 AddItem 方法可用于向图例中添加一个新条目。ClearItems 方法可从图 5.6 例中删除所有条目。

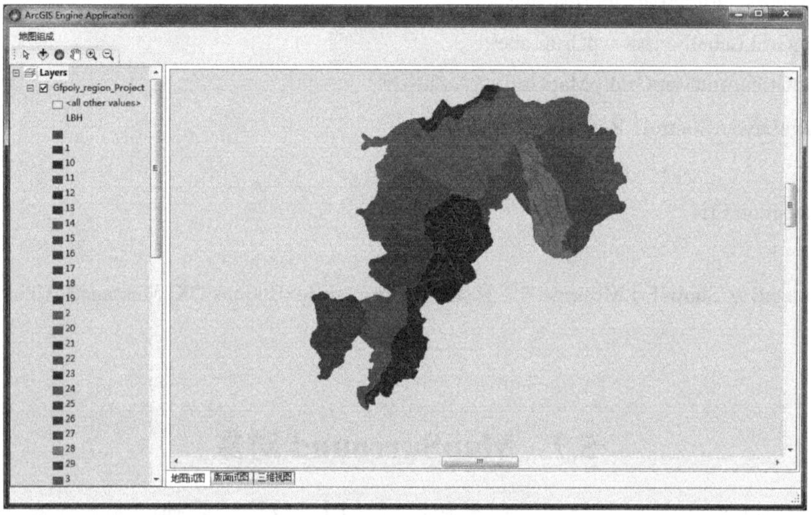

图 5.6　分级着色后在 LegendGroup 中出现的多个 LegendClass

下面示例代码演示如何在 PageLayout 控件中添加地图图例。

```
private void Addlegend(AxPageLayoutControl axPageLayoutControl1)
{
    IGraphicsContainer graphicsContainer = axPageLayoutControl1 .ActiveView.GraphicsContainer;
    //得到MapFrame对象
     IMapFrame mapFrame =
     (IMapFrame)graphicsContainer.FindFrame(axPageLayoutControl1.ActiveView.FocusMap);
    if (mapFrame == null) return;
    //生成一个图例
    UID uID = new UIDClass();
    uID.Value = "esriCarto.Legend";
    //从MapFrame中生成一个MapSurroundFrame
    IMapSurroundFrame mapSurroundFrame = mapFrame.CreateSurroundFrame(uID, null);
    if (mapSurroundFrame == null) return;
    if (mapSurroundFrame.MapSurround == null) return;
```

```
        mapSurroundFrame.MapSurround.Name = "图例";//MapSurroundFrame名称
        ILegend pleg = new Legend();
        pleg = mapSurroundFrame.MapSurround as ILegend;
        pleg.Title = "图例";
        //设置图例的现实范围
        IEnvelope envelope = new EnvelopeClass();
        envelope.PutCoords(1, 1, 3.4, 2.4);
        IElement element = (IElement)mapSurroundFrame;
        element.Geometry = envelope;
        //添加图例元素
        axPageLayoutControl1.ActiveView.GraphicsContainer. AddElement(element,0);
        //PageLayoutControl刷新视图
    axPageLayoutControl1.ActiveView.PartialRefresh(esriViewDrawPhase.esriViewGraphics,null, null);
    }
```

一般情况下，图例中的描述字符都是在 Patch（Patch 指每个 LegendClass 前面用于显示着色符号的小图片）的右边，如果想让它们置于左侧，可使用 IReadingDirection 接口的 RightToLeft 方法进行设置。

LegendItem 对象本身是一个抽象类，拥有 HorizontalBarLegendItem、HorizontalLegendItem、NestedLegendItem 和 VerticalLegendItem 四个子类，关于这四个对象的不同表现形式可以在 ArcMap 里面查看。LegendItem 对象默认实现 ILegendItem 接口，该接口定义了所有 LegendItem 的一般属性，如是否显示标题、是否显示标签、是否出现图层名，以及 LegendItem 的宽度和高度等。

LegendItem 的四个子类都各自实现了相应的接口，如 HorizontalBarLegendItem 的接口为 IHorizontalBarLegendItem，使用这些接口可以方便定制不同类型的图例条目。

LegendClassFormat 对象用于控制单个 LegendItem 的外观，如 DescriptionSymbol、LinePatch 和 Patch 的属性等。LegendFormat 对象用于控制一个 Legend 的属性，特别是 Legend 内不同部分的间隔大小。

Patch 是一个 LegendClass 中帮助描述要素着色的图片，这个对象有 AreaPatch 和 LinePatch 两种形式。ArcGIS Engine 使用 LegendClassFormat 和 LegendFormat 对象来管理一个图例项内的 Patch 对象。除使用标准的 Patch 对象外，用户还可使用 IPatch 接口定义的属性和方法来创建新的 Patch 对象供图例对象使用。下面是一个新建自定义 Patch 的例子，这个过程将以 PageLayoutControl 控件地图的图例对象为基础，并改变其中一个图例条目的 Patch 属性。

```
private void CreatePatch(IGeometry pGeo)
{
    IPageLayout pPageLayout= axPageLayoutControl1.PageLayout;
    IGraphicsContainer pGraphicsContainer = pPageLayout as IGraphicsContainer;
    IActiveView pActiveView = pPageLayout as IActiveView;
    IMap pMap = pActiveView.FocusMap;
    // 从pMap对象中直接得到与之相关联的MapSurround对象legend
```

```
        ILegend pLegend = pMap.get_MapSurround(0) as ILegend;
        ILegendItem pLegendItem = pLegend.get_Item(0); //获得图例内的第一个条目
        ILegendFormat pLegendFormat = pLegend.Format;
        IPatch pPatch = new AreaPatchClass();//新建一个Patch对象
        pPatch.Geometry = pGeo;
        pLegendFormat.DefaultAreaPatch = pPatch as IAreaPatch;
        pLegend.Refresh();
        pActiveView.PartialRefresh(esriViewDrawPhase.esriViewGraphics,null, null);
    }
```

现举例说明上述方法的调用示例。例如，在一个图例中的面状要素图层的图例图标为矩形，若希望改成圆形，可在axMapControl的MouseDown事件中添加如下代码调用上述方法的示例代码即可。

```
    IGeometry pGeometry = axMapControl1.TrackCircle();
    CreatePatch(pGeometry);
```

5.7.2 指北针对象

MarkerNorthArrow 是一种用于指示地图空间方位的图形，实质上是 ESRI North 字库中的字符符号，字库中任何一种字体的符号都可以当作指北针使用。MarkerNorthArrow 继承自抽象类 NorthArrow，是一个 MapSurround 对象。MarkerNorthArrow 对象实现的两个主要接口分别是 INorthArrow 和 IMarkerNorthArrow。

INorthArrow 接口可以设置指北针对象的一般属性，如颜色、尺寸和引用位置，引用位置是一个 Point 对象，它是地图对象计算出来的指北点。当旋转地图时，指北点会自动发生变化，指北针对象会一直指向这个点。

MarkerNorthArrow 接口定义了一个属性 MarkerSymbol，它用于设置指北针的符号，在默认状态下，该符号属于 ESRI North 字体。

5.7.3 比例尺对象

地图是现实世界的抽象反映，地图上的图形与现实存在的物体间存在一定的比例关系，为了显示这种比例，所有地图均需要设置一个比例尺，以说明地图上的单位长度所代表的现实世界的实际长度。

在 ArcMap 的布局视图中，用户可以使用多种预先定义好的比例尺对象，即用户自己可制作比例尺对象供地图使用。比例尺对象也是一种 MapSurround 对象，它有多个子类，如 ScaleLine、SinglefillScaleBar 和 DoublefillScaleBar 等，这些类都实现了 IScaleBar 和 IScaleMarks 接口。

IScaleBar 接口可管理一个比例尺对象的大部分属性，如比例尺的颜色、高度，它也定义了管理比例尺对象上的 Label 属性，如 LabelSymbol、LabelPosition 等，分别用于设置比例尺中的标识字符符号和位置。IScaleMarks 接口负责管理与一个比例尺相关的单个标记(Mark)的属性，如高度、符号和位置等。

下面介绍在 PageLayoutControl 控件中添加一个比例尺对象的方法，这个方法需要传入两个参数，其中 pEv 参数用于设置比例尺的放置范围，strBarType 则用于设置比例尺对象的类型。

```
private void AddSacleBar(IEnvelope pEnv, int strBarType)
{
    IScaleBar pScaleBar;
    IMapSurround pMapSurround;
    IElementProperties pElementPro;
    //产生一个UID对象，使用它产生不同的MapSurround对象
    UID pUID = new UIDClass();
    pUID.Value = "esriCarto.scalebar";
    IPageLayout pPageLayout = axPageLayoutControl1.PageLayout;
    IGraphicsContainer pGraphicsContainer = pPageLayout as IGraphicsContainer;
    IActiveView pActiveView = pGraphicsContainer as IActiveView;
    IMap pMap = pActiveView.FocusMap;
    //获得与地图相关的MapFrame
    IMapFrame pMapFrame = pGraphicsContainer.FindFrame(pMap) as IMapFrame;
    //产生一个MapsurroundFrame
    IMapSurroundFrame pMapSurroundFrame = pMapFrame.CreateSurroundFrame(pUID, null);
    //依据传入参数的不同使用不同类型的比例尺
    switch (strBarType)
    {
        case "单线交互式比例尺":
            pScaleBar = new AlternatingScaleBarClass();
            break;
        case "双线交互式比例尺":
            pScaleBar = new DoubleAlternatingScaleBarClass();
            break;
        case "中空式比例尺":
            pScaleBar = new HollowScaleBarClass();
            break;
        case "线式比例尺":
            pScaleBar = new ScaleLineClass();
            break;
        case "分割式比例尺":
            pScaleBar = new SingleDivisionScaleBarClass();
            break;
        case "阶梯式比例尺":
            pScaleBar = new SteppedScaleLineClass();
            break;
```

```
        default:
            pScaleBar = new ScaleLineClass();
            break;
    }
    //设置比例尺属性
    pScaleBar.Division = 4;
    pScaleBar.Divisions = 4;
    pScaleBar.LabelGap = 4;
    pScaleBar.LabelPosition = esriVertPosEnum.esriAbove;
    pScaleBar.Map = pMap;
    pScaleBar.Name = "";
    pScaleBar.Subdivisions = 2;
    pScaleBar.UnitLabel = "";
    pScaleBar.UnitLabelGap = 4;
    pScaleBar.UnitLabelPosition = esriScaleBarPos.esriScaleBarAbove;
    pScaleBar.Units = esriUnits.esriKilometers;
    pMapSurround = pScaleBar;
    pMapSurroundFrame.MapSurround = pMapSurround;
    pElementPro = pMapSurroundFrame as IElementProperties;
    pElementPro.Name = "myscalebar";
    //将MapSurroondFrame对象添加到控件中
    axPageLayoutControl1.AddElement(pMapSurroundFrame as IElement,
    pEnv, Type.Missing, Type.Missing, 0);
    pActiveView.PartialRefresh(esriViewDrawPhase.esriViewGraphics, null, null);
}
```

5.7.4　比例尺文本对象

比例尺能够用图形的方式显示出地图上的单位长度在现实世界中的对应距离，但用户一般都希望在地图上能够获得一个明确的比例值。ArcGIS Engine提供的比例文本对象ScaleText可满足这个需求。ScaleText 对象实质上是一个文本元素，它会随着相关地图的变化而改变比例值。ScaleText 类实现了 IScaleText 接口，用于定义文本的格式，如 Symbol 和 Style 等。用户可通过 Text 只读对象来得到比例文本的字符值。借助对 ScaleText 对象的不同属性设置，程序员可以定制任何长度单位之间的比例。

5.8　使用样式对象

在 MapSurround 一节中列举了多种不同样式的指北针、比例尺和比例文本，这些统统称为样式(Style)对象。ArcMap 里面存在很多预定义的样式对象，如颜色、图例和各种符号等。用户也可新建自己的样式对象，来满足实际开发中的特殊需要。在进行 ArcGIS Engine 二次开发的过程中，用户可直接使用这些样式对象，以丰富制图内容，简化制图过程。

样式通常按照功能被分为多个类型。这些样式都被保存在一个 Style 文件中，读者可在 <ArcGIS 安装目录>\Bin\Styles 文件夹中找到这些 Style 文件。一个样式由多个样式条目（Style Gallery Item）组成，这些 Style 条目提供了得到单个地图元素或符号的方法。相似的条目被组织成样式类（Style Gallery Class）。一个样式类中的条目可依据类型的差异进行分组(Categories)。在 ArcGIS Engine 中，样式类需要和 AxSymbologyControl 控件配合使用。

5.8.1 StyleGallery 对象

StyleGallery 是一个与文档对象相关的 Style 集合对象，它代表了一个 Style 文件，利用该对象，程序员可以将一个 Style 文件中的样式取出来供系统使用。StyleGallery 类默认实现了 IStyleGallery 接口，该接口定义了操作一个样式中的种类、样式类和样式条目的方法和属性，如添加、删除、更新样式条目和载入新的 Style 文件。

Class 属性可使用一个给定的索引值得到 Style 文件中的某个 StyleGalleryClass 对象；ClassCount 属性用于返回这个 Style 对象中所有的样式类数目；Categories 属性可返回一个样式类中的样式种类；Items 属性可以在给定样式类名、Style 文件路径和种类名称的情况下，返回符合这些条件的样式条目集对象。下面的示例代码用于获得样式条目。

```
private void StyleGalleryDemo()
{
    IStyleGallery pStyleGallery = new StyleGalleryClass();
    //确保存放ESRI.style路径正确
    pStyleGallery.LoadStyle(@"C:\Program Files\ArcGIS\Styles\ESRI.style","");
    for (int i = 0; i <= pStyleGallery.ClassCount - 1; i++)
    {
        MessageBox.Show(pStyleGallery.get_Class(i).Name);
    }
    IEnumStyleGalleryItem pEnumStyleGalleryItem;
    IStyleGalleryItem pStyleGalleryItem;
    //使用get_Items 方法获得esri.style文件内符合条件的样式条目
    pEnumStyleGalleryItem = pStyleGallery.get_Items("Scale Bars",@"C:\Program
Files\ArcGIS\Styles\ESRI.style", "hollowscalebar");
    pEnumStyleGalleryItem.Reset();
    pStyleGalleryItem = pEnumStyleGalleryItem.Next();
    //遍历所有符合条件的样式条目
    while (pStyleGalleryItem != null)
    {
        MessageBox.Show(pStyleGalleryItem.Name);
        pStyleGalleryItem = pEnumStyleGalleryItem.Next();
    }
}
```

StyleGallery 对象还实现了 IStyleGalleryStorage 接口，该接口提供了在 StyleGallery 对象中获得一个 Style 文件指针的方法，也提供了让程序员能够添加或删除 Style 文件的方法。

DefaultStylePath 属性将会返回 Style 文件的缺省目录；TargetFile 属性允许程序员新建一个 Style 文件作为添加、删除和更新样式条目的目标文件；CanUpdate 用于确定是否允许改变一个 Style 文件。

下面是一个新建 Style 文件并插入一个 StyleGalleryItem 的例子，执行完这段代码后，在 D 盘目录下将出现一个 test.style 文件，若使用 ArcMap 样式管理器来查看该文件，在 ArcMap 的 Colors 样式类中，将会看到所添加的颜色样式条目。使用该函数须添加引用 using ESRI.ArcGIS.Framework。

```
private void AddStyleItem()
{
    IStyleGallery pStyleGallery = new StyleGalleryClass();
    IRgbColor pRgbColor = new RgbColorClass();
    pRgbColor.Red = 255;
    pRgbColor.Green = 0;
    pRgbColor.Blue = 0;
    //新建一个StyleGalleryItem对象，设置其属性
    IStyleGalleryItem pStyleItem = new StyleGalleryItemClass();
    pStyleItem.Name = "Red";
    pStyleItem.Category = "Defalut";
    pStyleItem.Item = pRgbColor;
    IStyleGalleryStorage pStyleStorage = pStyleGallery as IStyleGalleryStorage;
    //改变目标文件，如果文件不存在，将会新建一个
    pStyleStorage.TargetFile = @"D:\test.style";
    pStyleGallery.AddItem(pStyleItem); //添加一个样式条目
}
```

5.8.2　StyleGalleryItem 对象

StyleGalleryItem 对象代表了一个具体的样式条目，用它包含一个地图元素或符号及一些相关信息。StyleGalleryItem 对象实现了 IStyleGalleryItem 接口。

Category 属性用于确定条目在样式类中的类别；Item 属性是一个 Object 类型的对象，它要么是一个符号，要么是一个元素。

下面结合 AxSymbologyControl 控件的使用，实现一个 StyleGalleryItem，基本思路如下：

（1）添加一个 AxSymbologyControl 控件，初始化 AxSymbologyControl 的 StyleClass 属性。例如，比例尺设为 esriSymbologyStyleClass.esriStyleClassScaleBars，定义一个 IStyleGalleryItem 接口类型的公共变量 m_styleGalleryItem。

（2）在 AxSymbologyControl 控件的 OnItemSelected 事件中添加下列代码，便可得到一个样式对象。

```
m_styleGalleryItem = (IStyleGalleryItem)e.styleGalleryItem;
```

（3）在使用样式对象的地方调用公共变量 m_styleGalleryItem ，以添加比例尺为例，需要添加如下代码：

```
IActiveView pActiveView = axPageLayoutControl1.ActiveView;
IMap pMap = axPageLayoutControl1.ActiveView.ActiveView.FocusMap;
IMapFrame mapFrame =
(IMapFrame)axPageLayoutControl1.ActiveView.GraphicsContainer.FindFrame(pMap);
//生成一个MapSurroundFrame对象
IMapSurroundFrame mapSurroundFrame = new MapSurroundFrameClass();
mapSurroundFrame.MapFrame = mapFrame;
mapSurroundFrame.MapSurround = (IMapSurround)m_styleGalleryItem.Item;
IElement element = (IElement)mapSurroundFrame; //接口跳转
element.Geometry = envelope;
//添加比例尺对象
pActiveView.GraphicsContainer.AddElement((IElement)mapSurroundFrame, 0);
//视图刷新
pActiveView.PartialRefresh(esriViewDrawPhase.esriViewGraphics,mapSurroundFrame, null);
```

第 6 章　空间数据符号化

6.1　概　　述

地图符号是地理信息的表达语言，是可视化表达空间数据的种类及某些特定属性的基础工具。空间数据的种类及属性信息，既包括所表达事物的空间位置、形状、质量和数量特征，还包括事物之间的相互联系及区域总体特征。通过对地图符号的解读，可直观了解数据所表达的地理信息。

地图符号的基本元素大都是点、线、面，某些符号也可由文字组成。最基本的显示方式为圆点、实线、有色或无色填充面，也可通过颜色、形状及尺寸区分不同的图形要素。

目前，地图符号在软件中主要有以下几种实现方法：

（1）用文本编辑器设计的方法，按照约定的语法，建立符号的文本描述语句，如 AutoCAD、清华山维等软件；

（2）采用二次开发语言编程来实现，主要用于定制复杂的符号，该方法维护工作量大，用户可操作性和可扩展性不强；

（3）利用软件本身的图形编辑功能，将符号当做图形组合块来制作，规定好不同软件平台对符号的定义描述，再统一储存至符号库中；

（4）利用软件提供的符号设计界面，用户通过对系统提供的基本符号，可视化地进行组合、位移、缩放，并自行定义制图输出所需的各类符号，如 MapInfo 的 MapInfo Line Style Editor 和 ArcMap 的 Style Manage 等。

本章中主要介绍最后一种。

6.2　使用颜色对象

6.2.1　颜色模型

颜色模型，是以定量数据值来描述特定颜色的方法。颜色模型主要有 RGB 颜色模型、CMYK 颜色模型（主要用于印刷行业）、HSV 颜色模型（由色调 Hue、饱和度 Saturation 和色明度 Value 值组成）、GrayColor（灰度颜色）、CIELAB 颜色模型（以数字化方式来描述人的视觉感应，能弥补 RGB 和 CMYK 模式，必须依赖于设备色彩特性的不足）。

1. RGB 模型

RGB 颜色模型主要用于彩色光栅图形的显示器中，最初的设计是使用 R、G、B 数值来驱动 R、G、B 电子枪发射电子，并分别激发荧光屏上的 R、G、B 三种颜色的荧光粉，以发出不同亮度的光线，并通过相加混合产生各种颜色，主要用于照明、电视和 CRT 显示器。

它采用三维直角坐标系。红、绿、蓝原色是加性原色，各个原色混合在一起可产生复合色。每一种颜色都可对应此三维坐标系中的一个坐标（R,G,B），如黑色为（0,0,0）。在正方体的主对角线上，各原色的强度相等，产生由暗到明的白色，也就是不同的灰度值，如图 6.1

所示。

2. CMYK 模型

在印刷行业中，常采用青 (C)、品(M)、黄(Y)、黑(BK)四色印刷。当红绿蓝三原色被混合时，会产生白色，但是当混合蓝绿色、紫红色和黄色三原色时会产生不纯正的黑色。故将黑色单独设置为一种颜色，称这种模型为 CMYK 模型，如图 6.2 所示。

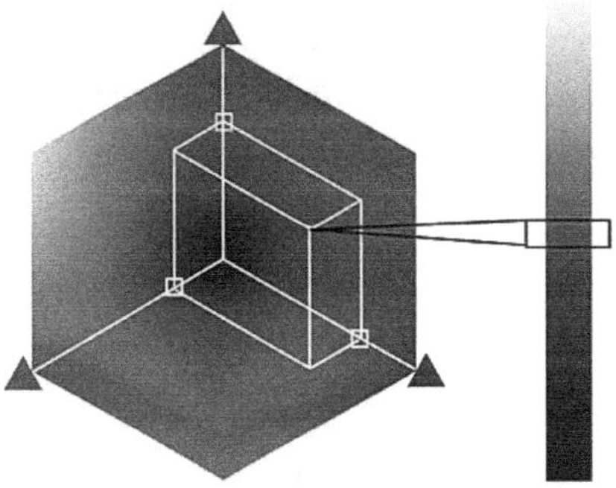

图 6.1　RGB 颜色模型

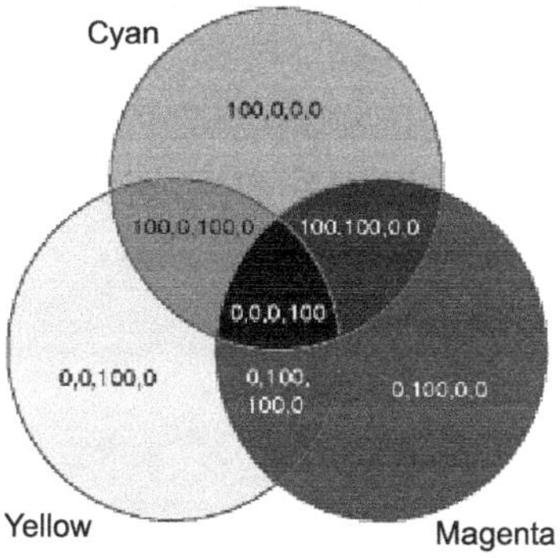

图 6.2　CMYK 模型

3. HSV 模型

此颜色模型由色调 H（Hue）、饱和度 S（Saturation）和色明度 V（Value）来表示。HSV 模型对应于圆柱坐标系中的一个圆锥形子集。在圆锥顶面，对应 V=1，其色彩 H 由绕 V 轴的旋转角确定，纯红色对应角度 0，纯绿色对应角度 120，纯蓝色对应角度 240。

在 HSV 颜色模型中，每一种颜色和它的补色相差 180°。饱和度 *S* 取值为 0～1，所以圆锥顶面的半径为 1。HSV 颜色模型所代表的颜色域是 CIE 色度图的一个子集，在这个模型中，饱和度为百分之百的颜色，其纯度一般小于百分之百。在圆锥的顶点(即原点)处，V=0，H 和 S 无定义，代表黑色。在圆锥的顶面中心处，S=0，V=1，H 无定义，代表白色。从该点到原点代表亮度渐暗的灰色，即具有不同灰度的灰色。HSV 模型如图 6.3 所示。

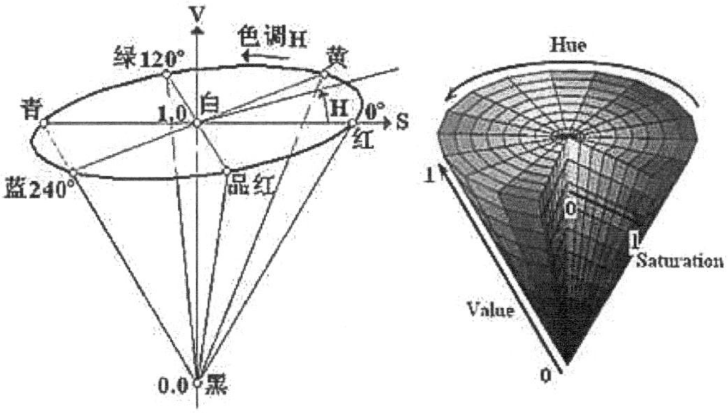

图 6.3　HSV 颜色模型

4. Gray 模型

该模型为无彩色的灰度模型，以 256 级的灰度色来模拟颜色的层次。每种颜色都对应 0（黑色）～255（白色）的亮度值。灰度值也可以用黑色油墨覆盖的百分数来表示。如图 6.4 所示。

5. CIELAB 模型

该模型是人类视觉感应的数字化表示，其颜色种类全面丰富，色彩空间广阔。Lab 颜色模型取坐标系统 Lab，以 L、a 和 b 值来测量色值，其中 L 为亮度，其值为 0（黑暗）～100（明亮）；a 的正数端代表红色，负数端代表绿色；b 的正数端代表黄色，负数端代表蓝色。如图 6.5 所示。在该系统中，任意一种颜色都在此空间中对应一个确切位置。

图 6.4　Gray 模型

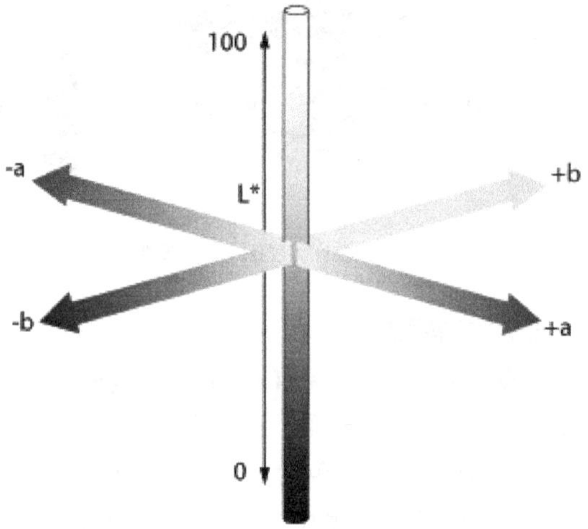

图 6.5　Lab 坐标系统

6.2.2　Color 对象

Color 对象是一个抽象类，命名空间位于 ESRI.ArcGIS.Display。它有五个颜色子类，即 CmykColor、RgbColor、HsvColor、HlsColor 和 GrayColor，它们均可使用 IColor 接口定义的方法设置颜色对象的基本属性。对一种特定的颜色，它在不同的颜色模型中的表示方法各不相同，在使用颜色对象时，需要使用 IColor 的子类产生具体的对象。

在 ArcGIS Engine 中，最常使用的颜色模型是 RGB 和 HSV。RGB 类实现了 IRgbColor 接口，HSV 类则实现了 IHsvColor 接口，两个接口分别定义了设置一个 RGB 对象和 HSV 对象所需传递的值。

1. RGB 颜色

本书前面章节已经介绍过，在 ArcGIS Engine 中以 RGB 的方式构造颜色对象的方法如下：

```
private IRgbColor GetRGB(int r, int g, int b)
{
    IRgbColor pColor = new RgbColorClass();
    pColor.Red = r;
```

```
        pColor.Green = g;
        pColor.Blue = b;
        return pColor;
    }
```

需要注意的是，在 IColor 中，有一个 RGB 属性，是可读写的 int 类型。在使用 RGB 模型时需要对 IColor.RGB 返回的值进行转换，使其满足 RGB 模型的三个参数 R、G、B。以下列出了 IColor.RGB 返回值与 RGB 模型需要值之间相互转换的代码：

```
//RGB值转换为IColor.RGB的整数
private int RGBToLong(int Red, int Green, int Blue)
{
    return Red + (0x100 * Green) + (0x10000 * Blue);
}
//IColor.RGB整数转换为R、G、B三个整数值
private short[] LongtoRGB(long RGBlong)
{
    short[] pbyte = new short[3];
    pbyte[0] = (short)(RGBlong % 0x100);
    pbyte[1] = (short)((RGBlong / 0x100) % 0x100);
    pbyte[2] = (short)((RGBlong / 0x10000) % 0x100);
    return pbyte;
}
```

2. Hsv 颜色

根据色调 H、饱和度 S 和色明度 V 的数值，构造 HSV 颜色对象的方法如下：

```
private IHsvColor HSVColor(int hue, int saturation, int val)
{
    //定义IHSVColor颜色对象
    IHsvColor pHsvColor = new HsvColorClass();
    pHsvColor.Hue = hue; //设置其数值
    pHsvColor.Saturation = saturation;
    pHsvColor.Value = val;
    return pHsvColor;
}
```

在 ArcGIS Engine 中各类颜色对象的构造与设置方法大同小异，读者可据此进行试验。

6.2.3　颜色可视化选择

直接以颜色的各种模型数值来获取颜色，在实际工作中很难满足用户需求。在软件开发中，需根据颜色的屏幕显示样式，用可视化的方式选择某种颜色。通俗地说，就是通过颜色选择器来选择颜色。

在 ArcObjects 中提供了几种颜色选择对话框，可供程序员直接调用，包括 ColorPalatte、ColorSelector 和 ColorBrowser。而在 ArcGIS Engine 中，则需要程序员自行设计颜色选择方式，下面将介绍一种较为简单的方法。

在 Visual Studio 开发环境的 System.Windows.Forms 命名空间中，提供了一种颜色选择对话框 ColorDialog（在窗体设计时可以直接在工具箱里将其拖拽到需要使用该控件的界面），利用此颜色对话框，用户可按可视化方式选择 System.Drawing.Color 颜色对象。若将这种颜色对象转换成 ArcGIS Engine 中的 IRgbColor，可实现按可视化方式选择颜色对象，具体步骤如下：

（1）在实现颜色选择之前，需定义这两种颜色之间的转换函数。下面的代码是实现 IRgbColor 和 System.Drawing.Color 相互转换的函数。

```
// 将ArcGIS Engine中的IRgbColor接口转换至.NET中的Color结构
public Color ConvertIRgbColorToColor(IRgbColor pRgbColor)
{
    return ColorTranslator.FromOle(pRgbColor.RGB);
}
//将.NET中的Color结构转换至ArcGIS Engine中的IColor接口
public IColor ConvertColorToIColor(Color color)
{
    IColor pColor = new RgbColorClass();//得到IRgbColor类型的颜色对象
    pColor.RGB = color.B * 65536 + color.G * 256 + color.R;
    return pColor;
}
```

（2）在具体程序中，当需按可视化方式设置 ArcGIS Engine 中的 IRgbColor，可构造 System.Windows.Forms.ColorDialog 对话框，并将由对话框选择到的 Color 转换为 IColor。

```
public IColor GetIColorByDialog()
{
    ColorDialog pColorDialog = new ColorDialog();
    if (pColorDialog.ShowDialog() == DialogResult.OK)
    {
        return ConvertColorToIColor(pColorDialog.Color);
    }
    else
    {
        return null;
    }
}
```

6.2.4 ColorRamp 对象

在地图渲染过程中，常需要一系列随机或者有序产生的颜色所组成的集合。这就需要使用 ColorRamp，以确定颜色带。

通过 ColorRamp 对象可生成一个颜色带，此类实现了 IColorRamp 接口，该接口定义了生成颜色带的公共方法 CreateRamp，并可通过 Size 和 Colors(IEnumColor)属性设置和获取颜色带的相关信息。

使用如下四种具体的颜色带对象，可按不同要求生成对应的颜色带。

1. AlgorithmicColorRamp

以起始颜色和终止颜色确定一个范围内的有序颜色带。下面是利用此对象产生一个颜色带的示例方法，需要传入的参数依次为起始颜色、终止颜色和所要产生颜色的数目。

```
private IEnumColors CreateAlgorithmicColorRamp(IColor fromColor, IColor toColor, int count)
{
    //产生一个AlgorithmicColorRamp对象
    IAlgorithmicColorRamp pRampColor = new AlgorithmicColorRampClass();
    //设置起止颜色
    pRampColor.FromColor = fromColor;
    pRampColor.ToColor = toColor;
    pRampColor.Size = count;
    bool ok = true;
    pRampColor.CreateRamp(out ok);
    //返回一个颜色枚举集合
    return pRampColor.Colors;
}
```

若需获取其中的单个颜色，可参照以下代码。

```
IEnumColors pEnumColors = CreatColorRamp(formColor, toColor, num);
IColor pColor = pEnumColors.Next();
```

2. IRandomColorRamp

该颜色带对象用于随机产生颜色带，也需要设定一个色彩范围，所产生的颜色将在这个范围内随机出现。因 RandomColorRamp 对象中的起始色和终止色的设置是以 HSV 模型数值来确定的，使用起来不方便，可考虑先按其他方法生成颜色带后，再实现 IRandomColorRamp 对颜色带数目的设置。下面是实现的示例方法。

```
private IEnumColors CreateRandomColorRamp()
{
    IEnumColors pEnumColors;
    IRandomColorRamp pRandomColor = new RandomColorRampClass();
    pRandomColor.StartHue = 140;
    pRandomColor.EndHue = 220;
    pRandomColor.MinValue = 35;//限制亮度（0-100）
    pRandomColor.MaxValue = 80;
    pRandomColor.MinSaturation = 32;//限制纯度（0-100）
```

```
        pRandomColor.MaxSaturation = 80;
        //产生的随机颜色数目
        pRandomColor.Size = 10;
        bool ok = true;
        pRandomColor.CreateRamp(out ok);
        pEnumColors = pRandomColor.Colors;
        return pEnumColors;
    }
```

在实际软件开发中，根据数值利用某一具体颜色带对象生成的方法并不直观，适合的方法是使用 SymbologyControl 控件选择获取某一颜色带样式，然后利用以下方法生成确定数目的颜色序列。

```
private IEnumColors CreateColorRampByCount(IColorRamp inputColorRamp, int colorNum)
{
    IEnumColors pEnumColors;
    inputColorRamp.Size = colorNum;
    bool ok = true;
    inputColorRamp.CreateRamp(out ok);
    pEnumColors = inputColorRamp.Colors;
    return pEnumColors;
}
```

3. IMultiPartColorRamp

该色带对象用于将多个色带组合产生新的色带，通过 AddRamp 方法可以将 ColorRamp 对象添加到组合色带的列表，使用 CreateRamp 方法来创建新的色带。下面是利用多部分组合色带产生一个颜色带的示例方法，需要传入的参数依次为所要组合色带的集合和所要产生颜色的数目。

```
private IEnumColors CreateMultiPartColorRamp(IColorRampElements pColorRampElements,int
count)
    {
        IMultiPartColorRamp pMultiPartColorRamp ;
        //产生一个MultiPartColorRamp对象
        pMultiPartColorRamp = new MultiPartColorRampClass();
        //添加颜色带
        for (int i = 0; i < pColorRampElements.Count;i++ )
        {
            IColorRamp perColorRamp = pColorRampElements.get_Element(i);
            pMultiPartColorRamp.AddRamp(perColorRamp);
        }
        //设置颜色带颜色数量
```

```
        pMultiPartColorRamp.Size = count;
        bool ok = true;
        pMultiPartColorRamp.CreateRamp(out ok);
        //返回一个颜色的枚举集合
        return pMultiPartColorRamp.Colors;

    }
```

4. IPresetColorRamp

该颜色对象可将用户指定的多种颜色生成一个色带，该色带包含十三种颜色。NumberOfPresetColors 属性表示色带中当前已经拥有的颜色数，当该属性等于十三时，才能从该色带中取值。下面是利用此对象产生一个预设色带的示例方法，需要传入的参数依次为已指定颜色的集合和所要产生颜色的数目。

```
    private IEnumColors CreatePresetColorRamp( IEnumColors pEnumColors,int count)
    {
        IPresetColorRamp pPresetColorRamp = new PresetColorRampClass();
        int index=0;
        pEnumColors.Reset();
IColor perColor = pEnumColors.Next();
        while (pEnumColors != null && index < count)
        {
            perColor = pEnumColors.Next();
            pPresetColorRamp.set_PresetColor(index++, perColor);
        }
        pPresetColorRamp.Size = count;
        bool ok = true;
        pPresetColorRamp.CreateRamp(out ok);
        return pPresetColorRamp.Colors;
     }
```

6.3　使用 Symbol 符号对象

ArcGIS Engine 中的 Symbol 对象，用来控制所有地图数据及其修饰要素的显示样式。地图与用户之间的交互主要通过这些具有一定规则的符号来实现。ArcGIS 中的点、线、面图形对象，分别通过具体符号 MarkerSymbol、LineSymbol 和 FillSymbol 来控制其显示样式。此外，TextSymbol 用于确定文字标注的显示样式，RasterRGBSymbol 用于控制栅格像元的显示，3DChartSymbol 用于地图的符号化等。

在 ArcGIS Engine 中，可通过代码设定来获取某种具体的符号，也可通过读取*.ServerStyle 文件来获取所存储的各类符号样式。在 ArcObjects 中提供了实现符号选择器的接口 ISymbolSelector，但在 ArcGIS Engine 中，需要利用 SymbologyControl 控件制作符号选择器。

具体的制作方法将在后续章节中介绍，下面先介绍以代码生成各种具体符号的方法。

6.3.1　MarkerSymbol 对象

MarkerSymbol 对象是用于修饰点对象的符号，它有多种点状符号子类，包括 SimpleMarkerSymbol、ArrowMarkerSymbol、CharacterMarkerSymbol、PictureMarkerSymbol、MultiLayerMarkerSymbol 五个对象，不同的子类可以产生不同类型的点符号。所有的 MarkerSybmol 类都实现了 IMarkerSymbol 接口，这个接口定义了标记符号的常用公共方法和属性，如角度、颜色、大小和 *XY* 偏移量等。IMarkSymbol 接口位于 ESRI.ArcGIS.Display 命名空间。

1. SimpleMarkerSymbol

SimpleMarkerSymbol 对象有五种类型的符号，它们分别是矩形、圆形、十字形、X 形和菱形。下面是一个生成具体点状符号的例子，当在控件上点击左键时，地图上将会出现一个点，新建点的 Symbol 就是此种简单点符号。此种点只用于显示，未进行存储。代码应放在 MapControl 控件的 MouseDown 事件中。

```
//产生一个简单符号
ISimpleMarkerSymbol pMarkerSymbol = new SimpleMarkerSymbolClass();
pMarkerSymbol.Style = esriSimpleMarkerStyle.esriSMSCircle; //Symbol的样式为圆形
pMarkerSymbol.Color = GetRGB(60, 100, 50); //Symbol的颜色
pMarkerSymbol.Angle = 30; //Symbol的旋转角度
pMarkerSymbol.Size = 5; //Symbol的尺寸大小
pMarkerSymbol.Outline = true; //Symbol是否有外轮廓线
pMarkerSymbol.OutlineSize = 1; //Symbol外轮廓线的大小为1
pMarkerSymbol.OutlineColor = GetRGB(166, 122, 166);
IPoint pPoint = new PointClass();
pPoint.PutCoords(e.mapX, e.mapY);
object oMarkerSymbol = pMarkerSymbol;
axMapControl1.DrawShape(pPoint, ref oMarkerSymbol);
```

2. ArrowMarkerSymbol

ArrowMarkerSymbol 类的主要接口是 IArrowMarkerSymbol，它继承自 IMarkerSymbol 接口。IArrowMarkerSymbol 的 Length 属性指箭头的顶点到底边的距离；Width 指的是箭头底边的宽度；而 Style 是箭头符号的样式，它也只有一个样式 esriAMSPlain。其设置与创建的方法可参考以上 SimpleMarkerSymbol 的创建方法。

```
//产生一个箭头符号
IArrowMarkerSymbol pArrowMarkerSymbol = new ArrowMarkerSymbolClass();
pArrowMarkerSymbol.Style = esriArrowMarkerStyle.esriAMSPlain;
pArrowMarkerSymbol.Color = GetRGB(60, 100, 50);
pArrowMarkerSymbol.Angle = 30;
pArrowMarkerSymbol.Size = 5;
pArrowMarkerSymbol.Length = 10;
```

```
pArrowMarkerSymbol.Width = 20;
IPoint pPoint = new PointClass();
pPoint.PutCoords(e.mapX, e.mapY);
object oMarkerSymbol = pArrowMarkerSymbol;
axMapControl1.DrawShape(pPoint, ref oMarkerSymbol);
```

3. CharacterMarkerSymbol

CharacterMarkerSymbol 类实现了 ICharacterMarkerSymbol 接口，该接口也继承自 IMarkerSymbol。它可将一个点要素显示为字符状，而字符的字体来自系统中已经安装的字符集，字符本身通过 CharacterIndex 属性来确定，它其实就是系统字符的 ASCII 码，如 a 的 ASCII 码为 97。下面是产生 CharacterMarkerSymbol 的示例，代码应放在 MapControl 的 OnMouseDown 事件中实现。

```
//确定字体类型
stdole.StdFont pFont;
pFont = new stdole.StdFontClass();
pFont.Name = "arial";
pFont.Size = 37;
pFont.Italic = true;
ICharacterMarkerSymbol pCharMarkerSymbol; //新建IcharacterMarkerSymbol对象
pCharMarkerSymbol = new CharacterMarkerSymbolClass();
pCharMarkerSymbol.Font = pFont as stdole.IFontDisp; //设置字符符号的字体
pCharMarkerSymbol.CharacterIndex = 97; //设置它的字符，97为'a'
pCharMarkerSymbol.Color = GetRGB(233, 100, 233);
pCharMarkerSymbol.Size = 20;
IPoint pPoint = new PointClass();
pPoint.PutCoords(e.mapX, e.mapY);
object oMarkerSymbol = pCharMarkerSymbol;
axMapControl1.DrawShape(pPoint, ref oMarkerSymbol);
```

4. PictureMarkerSymbol

此类符号可将一个点对象的外形表示为一张位图图片。该类实现了 IPictureMarkerSymbol 接口，利用此接口可引用某一位图作为点的符号。使用该接口的 CreateMarkerSymbolFromFile 方法，可将某一图片文件设置为点的符号。

```
public ESRI.ArcGIS.Display.IPictureMarkerSymbol CreatePictureMarkerSymbol(
    ESRI.ArcGIS.Display.esriIPictureType pictureType, System.String filename, System.Double
markerSize)
    {
        //如果图片类型为空，则直接返回
        if (pictureType == null)
        {
```

```
            return null;
        }
        //创建点状符号并设置其参数
        ESRI.ArcGIS.Display.IPictureMarkerSymbol pictureMarkerSymbol = new
    ESRI.ArcGIS.Display.PictureMarkerSymbolClass();
        pictureMarkerSymbol.CreateMarkerSymbolFromFile(pictureType, filename);
        pictureMarkerSymbol.Angle = 0;
        //设置点符号的图片背景透明色为白色
        pictureMarkerSymbol.BitmapTransparencyColor = GetRGB(255,255,255);
    pictureMarkerSymbol.Size = markerSize;
        pictureMarkerSymbol.XOffset = 0;
        pictureMarkerSymbol.YOffset = 0;
        return pictureMarkerSymbol;
    }
```

如果点符号所用图片的存储在桌面，文件格式为.png，则调用该方法在 MapControl 的 MouseDown 下实现的代码如下：

```
string strFileName = @"C:\Users\Think\Desktop\ArcGISConnection32.png";
IPictureMarkerSymbol pPicture = CreatePictureMarkerSymbol(esriIPictureType.esriIPicturePNG,
strFileName, 37.00);
IPoint pPoint = new PointClass();
pPoint.PutCoords(e.mapX,e.mapY);
object oPictureMarkSymbol = pPicture;
axMapControl1.DrawShape(pPoint, ref oPictureMarkSymbol);
```

除以图片文件的方式作为图片源外，也可通过设置 IPictureMarkerSymbol 的 Picture 属性来实现。

```
public ESRI.ArcGIS.Display.IMarkerSymbol CreateMarkerSymbolFromMOLECachedGraphic(
            stdole.IPictureDisp picture, IColor color, int symbolSize)
{
    //创建一个图片点类型符号
    IPictureMarkerSymbol pictureMarkerSymbol = new PictureMarkerSymbolClass();
    pictureMarkerSymbol.Picture = picture; //设置此符号的显示图片
    pictureMarkerSymbol.BitmapTransparencyColor = color; //设置点符号的透明背景色
    pictureMarkerSymbol.Size = symbolSize;
    //返回此MarkerSymbol符号
    return pictureMarkerSymbol as ESRI.ArcGIS.Display.IMarkerSymbol;
}
```

5. MultiLayerMarkerSymbol

若单一的点状符号、箭头符号和字符符号仍然不能满足用户需要，还可考虑将多个符号进行叠加，生成全新的组合符号，这种组合对符号的个数没有限制。下面的示例代码用于生成组合符号，代码需放在 MapControl 的 MouseDown 事件中。需要注意的是代码中 HSVColor 方法已在本章的前序章节定义，在此不作赘述。

```
//产生一个简单符号
ISimpleMarkerSymbol pMarkerSymbol = new SimpleMarkerSymbolClass();
pMarkerSymbol.Style = esriSimpleMarkerStyle.esriSMSCross;
pMarkerSymbol.Color = HSVColor(60, 100, 50);
pMarkerSymbol.Angle = 60;
//产生一个箭头符号
IArrowMarkerSymbol pArrowMarkerSyl = new ArrowMarkerSymbolClass();
pArrowMarkerSyl.Length = 5;
pArrowMarkerSyl.Width = 10;
pArrowMarkerSyl.Color = HSVColor(0, 60, 90);
//产生一个叠加符号并将前面生成的符号组合
IMultiLayerMarkerSymbol pMulMarker = new MultiLayerMarkerSymbolClass();
pMulMarker.AddLayer(pMarkerSymbol);
pMulMarker.AddLayer(pArrowMarkerSyl);
IPoint pPoint = new PointClass();
pPoint.PutCoords(e.mapX, e.mapY);
object oMarkerSymbol = pMulMarker;
axMapControl1.DrawShape(pPoint, ref oMarkerSymbol);
```

以上显示点的方法，都是使用 MapControl 中的 DrawShape 方法绘制临时图形来实现的，未进行保存，当窗体重绘以后，显示的符号即消失。

6.3.2 LineSymbol 对象

LineSymbol 是线型几何对象的符号，每一种 LineSymbol 类都实现了 ILineSymbol 接口，该接口中包括 Color 和 Width 两个可读写属性，用于设置线符号的颜色和宽度。

LineSymbol 为抽象类，其子类包括 SimpleLineSymbol、PictureLineSymbol、CartographicLineSymbol、MultiLayerLineSymbol 对象。

1. SimpleLineSymbol 对象

其主要属性是 Style，用以确定线的显示样式。SimpleLineSymbol 对象支持七种线型，这些类型存储在 esriSimpleLineStyle 常量集合中。

下面的示例代码是生成 SimpleLineSymbol 的例子，代码应放在 MapControl 的 MouseDown 事件中。

```
//新建一个SimpleLineSymbol对象
ISimpleLineSymbol pSimpleLineSymbol = new SimpleLineSymbolClass();
pSimpleLineSymbol.Color = GetRGB(100, 112, 103); //设置线符号的颜色
pSimpleLineSymbol.Style = esriSimpleLineStyle.esriSLSDot; //设置线符号的类型
```

```
pSimpleLineSymbol.Width = 3; //设置线符号的宽度
IGeometry pGeo = axMapControl1.TrackLine();
object oLineSymbol = pSimpleLineSymbol;
axMapControl1.DrawShape(pGeo, ref oLineSymbol);
```

2. CartographicLineSymbol 对象

CartographicLineSymbol 比 SimpleLineSymbol 拥有更复杂的属性和方法来修饰一条线对象。该类实现了 ICartographicLineSymbol 和 ILineProperties 两个接口。

ICartographicLineSymbol 接口主要用于设置线符号的节点属性，其中的 Cap 属性用于设置线要素首尾端点的形状；Join 属性用于设置线要素转折处的样式，包含的所有样式可在 esriLineJoinStyle 中选择。

ILineProperties 接口主要用于设置 dash-dot 类型的线要素符号属性，包括 Template 和 LineDecoration 属性。它下面有两个子类 HashLineSymbol 和 MarkerLineSymbol（使用 MarkerSymbol）可供使用。

3. MultiLayerLineSymbol 对象

MultiLayerLineSymbol 与 MultiLayerMarkerSymbol 一样，也是可以使用重叠符号方法生成新的线符号，该对象的具体使用可参照点符号的多图层符号样式。

4. PictureLineSymbol 对象

PictureLineSymbol 对象可以将一条线对象通过一张位图图片表现出来，当系统需要设置非常特殊的线符号，如火车线路符号时，可使用该对象来完成。下面是在 MapControl 的 MouseDown 事件中实现 PictureLineSymbol 的例子。

```
//创建一个简单的线符号
ISimpleLineSymbol pLineSyl = new SimpleLineSymbolClass();
pLineSyl.Color = GetRGB(30, 60, 90);
pLineSyl.Width = 2;
pLineSyl.Style = esriSimpleLineStyle.esriSLSDashDot;
//产生一个制图线符号
ICartographicLineSymbol pCartoLineSyl = new CartographicLineSymbolClass();
pCartoLineSyl.Color = GetRGB(0, 110, 210);
pCartoLineSyl.Cap = esriLineCapStyle.esriLCSButt;
pCartoLineSyl.Join = esriLineJoinStyle.esriLJSRound;
//设置线的属性
ILineProperties pLinePro = pCartoLineSyl as ILineProperties;
ISimpleLineDecorationElement pSimpleLineDecoEle = new SimpleLineDecorationElementClass();
pSimpleLineDecoEle.FlipAll = true;
pSimpleLineDecoEle.FlipFirst = true;
ILineDecoration pLineDeco = new LineDecorationClass();
pLineDeco.AddElement(pSimpleLineDecoEle);
//将线的修饰属性给LineProperties对象
```

```
pLinePro.LineDecoration = pLineDeco;
IGeometry pGeo = axMapControl1.TrackLine();
object oLineSymbol = pCartoLineSyl;
axMapControl1.DrawShape(pGeo, ref oLineSymbol);
```

6.3.3　FillSymbol 对象

FillSymbol 对象是用来修饰诸如多边形等面状几何形体的符号对象，它有 LineFillSymbol、MarkerFillSymbol、GradientFillSymbol、SimpleFillSymbol 和 PictureFillSymbol 五个子类。所有的 FillSymbol 对象都实现了 IFillSymbol 接口，该接口定义了 Color 和 OutLine 两个属性，以满足所有类型的 FillSymbol 对象的公共属性设置。

Color 属性用于设置填充符号的基本颜色，若不设置这个属性，将使用默认颜色填充对象。例如，其子类 GradientFillSymbol 的默认填充色为蓝色，LineFillSymbol 的默认填充色为中灰色，其他的默认色均为黑色。

OutLine 属性用于设置填充符号的外边框，外边框是一个线对象，需使用 ILineSymbol 对象来修饰，在默认情况下它是一个 Soild 类型的简单线符号。

1. SimpleFillSymbol 对象

SimpleFillSymbol 用于创建包括一组预定义的样式的填充符号，该对象继承自 FillSymbol 对象，所实现的接口是 ISimpleFillSymbol。使用 ISimpleFillSymbol 定义的属性和方法可设置一个简单填充符号，其 Style 属性为 esriSimpleFillStyle 集合中的常量值，用以选择不同的简单填充类型。具体使用方法可参照点、线的简单符号的使用方法。代码需放在 MapControl 的 MouseDown 事件中。

```
ISimpleFillSymbol pSimpleFillSymbol = new SimpleFillSymbolClass();
pSimpleFillSymbol.Style = esriSimpleFillStyle.esriSFSCross;
pSimpleFillSymbol.Color = GetRGB(22, 55, 33);
ISimpleLineSymbol pSimpleLineSymbol = new SimpleLineSymbolClass();
pSimpleLineSymbol.Style = esriSimpleLineStyle.esriSLSSolid;
pSimpleLineSymbol.Color = GetRGB(123, 123, 223);
pSimpleFillSymbol.Outline = pSimpleLineSymbol;
IGeometry pGeo = axMapControl1.TrackPolygon();
object oSimpleFillSymbol = pSimpleFillSymbol;
axMapControl1.DrawShape(pGeo, ref oSimpleFillSymbol);
```

2. LineFillSymbol 对象

LineFillSymbol 中的填充符号是具一定间隔的重复线条，它实现了 ILineFillSymbol 接口。该接口的 Angle、Offset、Separation 分别用于设置其中填充线的角度、偏移量和线之间的间隔距离，其中 Angle 属性是设置线与水平线的夹角，默认值是 0，若设置其他具体值，可使线倾斜；该接口的 LineSymbol 属性用于设置线填充符号的线样式，它可以是 ILineSymbol 接口支持的任何线符号。

通常情况下，第一条线总是从地图坐标系统中的（0,0）点处通过，若设置了 Offset 属性，这个线相对于原点将有偏移；Separation 属性决定了填充线的间隔距离，若该值小于 LineSymbol 对象的宽度，那么填充线将会相互覆盖。具体使用可参照点、线的简单符号使用方法。代码需要放在 MapControl 的 MouseDown 事件中。

```
ILineFillSymbol pLineFillSymbol = new LineFillSymbolClass();
pLineFillSymbol.Color = GetRGB(11,55,22);
pLineFillSymbol.Angle = 30;
ISimpleLineSymbol pSimpleLineSymbol = new SimpleLineSymbolClass();
pSimpleLineSymbol.Style = esriSimpleLineStyle.esriSLSDash;
pSimpleLineSymbol.Color = GetRGB(123,123,223);
pLineFillSymbol.LineSymbol = pSimpleLineSymbol;
pLineFillSymbol.Offset = 2;
pLineFillSymbol.Separation = 8;
IGeometry pGeo = axMapControl1.TrackPolygon();
object oLineFillSymbol = pLineFillSymbol;
axMapControl1.DrawShape(pGeo, ref oLineFillSymbol);
```

3. MarkerFillSymbol 对象

MarkerFillSymbol 对象是使用一个 MarkerSymbol 符号作为背景填充符号。该类实现了 IMarkerFillSymbol 和 IFillProperties 两个接口。

IMarkerFillSymbol 接口用于设置填充对象的填充点符号对象的属性，例如，GridAngle 属性用于设置这些填充点的角度，MarkerSymbol 属性用于设置这些填充点的类型。

IFillProperties 接口用于设置填充点在填充区域内的分布情况。在默认设置下，填充区的圆点处应该是一个填充点的圆心，不会发生偏移，但用户可以使用 XOffset 和 YOffset 属性来设置偏移量。此外，XSeparation 和 YSeparation 属性用于设置填充点之间的水平和垂直间隔，这四个属性都是以屏幕像素为单位。

若填充对象的 Style 属性被设置为 esriMFSRandom，则这些填充点将随机出现，但设置其填充点的偏移量及间隔量也是有意义的，填充点的随机分布将以设置的这些值为均值。请读者根据前两种对象的生成方法自行构建代码。

4. GradientFillSymbol 对象

GradientFillSymbol 使用渐变颜色带进行填充，它需要使用到颜色带对象。这些颜色带可以是从一侧到另一侧，也可以是从中间到四方。GradientFillSymbol 类实现了 IGradientFillSymbol 接口，该接口的 ColorRamp 属性用于设置这个渐变填充符号的颜色带对象，渐变的效果最好是使用 AlgorithmicColorRamp 颜色对象，因其可指定起止色以获取颜色带。在设置颜色带条数时，用户并不需要使用 Size 属性或者 CreateRamp 方法来产生，用户可使用 IntervalCount 属性来设置所要使用的颜色梯度。

5. PictureFillSymbol 对象

PictureFillSymbol 对象使用图片来进行填充，它与 MarkerFillSymbol 类似，不同之处在于它使用图片作为填充点。

PictureFillSymbol 类实现了 IPointFillSymbol 接口，使用 IPictureFillSymbol 中提供获取图

片的函数 CreateFillSymbolFromFile，设置图片的类型和路径，得到图片内容。该对象支持的图片类型只能是 EMF 或 BMP 格式。

IPictureFillSymbol 还定义了用于设置填充效果的属性，如 XScale 和 YScale 属性用于设置填充图片在 *X* 方向和 *Y* 方向上的缩放系数。

6. MultilayerFillSymbol 对象

该对象可实现将多个填充符号叠加生成新的填充符号。此对象实现了 IMultilayerFillSymbol 接口，该接口定义了构成多层填充符号所需的添加、移动、删除和清空等方法。使用 MoveLayer 方法可调整符号层的顺序，以达到不同的效果。

7. DotDensityFillSymbol 对象

DotDensityFillSymbol 是一种基于数据的填充符号，它一般与 DotDensityRenderer 着色对象一起使用。DotDensityFillSymbol 是使用由 MarkerSymbol 组成的随机位置点来显示数据的属性，而单位面积内点的多少则由 DotDensityRenderer 对象来计算。

该类实现了 IDotDensityFillSymbol 接口，通过这个接口可设置填充符号的外观，Color 属性用于设置点的颜色，而 Outline 属性用于设置填充点的外框效果，还有填充点的数目（DotCount）、尺寸（DotSize）和填充符号的背景颜色（BackgroundColor）等属性。

当与其他符号配合使用时须注意，若新建 MultilayerFillSymbol 对象，其中最上层是 DotDensityFillSymbol，若要下面的符号层可见，需设置其背景色 BackgroundColor 为 NullColor，即将背景色的 NullColor 属性设置为 true。

DotDensityFillSymbol 类还实现了 ISymbolArray 接口，它可使用多个点对象来作为填充符号，若需使用两种以上的填充点对象，则可产生一个符号数组来进行设置，具体方法可参照以下示例代码。

```
ISimpleMarkerSymbol pMarker;
ISymbolArray pSymArray = new DotDensityFillSymbolClass();
pMarker = new SimpleMarkerSymbolClass();
pMarker.Style = esriSimpleMarkerStyle.esriSMSDiamond;
pSymArray.AddSymbol(pMarker as ISymbol);
pMarker = new SimpleMarkerSymbolClass();
pMarker.Style = esriSimpleMarkerStyle.esriSMSCross;
pSymArray.AddSymbol(pMarker as ISymbol);
IGeometry pGeo = axMapControl1.TrackPolygon();
object oDoDFillSymbol = pSymArray;
axMapControl1.DrawShape(pGeo, ref oDoDFillSymbol);
```

6.3.4　TextSymbol 对象

1. 基础设置

TextSymbol 对象用于修饰文字元素，适用于要素标注等方面。TextSymbol 类实现了多个接口，它们定义的属性和方法可实现产生普通文本的操作。此外，它还有两个属性是通过单个的组件类来实现的：一个是 TextPath 属性，用于设置文字的路径；另一个是 TextBackground

属性，用于设置文字的背景。

ITextSymbol 接口是定义文本字符样式的主要接口，该接口的 Font 属性用来设置文字的字体，对此属性可使用 IFontDisp 接口来设置字体的大小、是否是粗体、是否倾斜等效果。具体的使用方法可参照如下示例代码：

```
stdole.IFontDisp pFont;
pFont = new stdole.StdFontClass() as stdole.IFontDisp;
pFont.Name = "ESRI Cartography";
pFont.Bold = true; //设置为粗体
pFont.Italic = true; //设置为倾斜
pFont.Strikethrough = true; //设置有下划线
```

在实际应用中，往往将.NET 中的系统字体 System.Drawing.Font 直接转换成 stdole.IFontDisp 类型，它需要用到以下方法，下面代码就是使用这种方法获得 stdole.IFontDisp 类型的示例。

```
private stdole.IFontDisp GetIFontDispFormDialog()
{
    stdole.IFontDisp pFontDisp = null;
    System.Windows.Forms.FontDialog pFontDia;
    pFontDia = new FontDialog();
    if (pFontDia.ShowDialog() == DialogResult.OK)
    {
        pFontDisp = ESRI.ArcGIS.ADF.COMSupport.OLE.GetIFontDispFromFont(pFontDia.Font) as
stdole.IFontDisp;
    }
    return pFontDisp;
}
```

使用 ITextSymbol 类实现的 ISimpleTextSymbol 接口来设置它的一些简单属性，如 XOffset 和 YOffset 用以设置字符的偏移量，它还定义了一个重要的属性 TextPath，这个属性需要传入一个 ITextPath 对象。

TextPath 用于确定每个字符的排列路线，它是一个抽象类，具有三个具体的子类，分别为 BezierTextPath、SimpleTextPath 和 OverposterTextPath。ITextPath 接口提供了计算每个字符沿文字路径位置的方法，在设置一个 TextSymbol 的文字排列路线时，必须通过 TextPath 来获得文字路线的引用；使用 Geometry 属性还可以设置字符路径的几何形状，而使用 XOffset 和 YOffset 属性可使文字在设置的路径上偏移。SimpleTextPath 对象可设置文字排列路径为一种曲线（Curve）轨迹。BezierTextPath 对象可使文字排列路径为贝塞尔曲线。

2. 其他效果设置

字符的设置较为复杂，除字体，尺寸外，还有背景、阴影等，此类效果可通过 IFormattedTextSymbol 接口中定义的方法来设置。其 ShallowColor 属性用以设置阴影颜色，ShapeXOffset 和 ShapeYOffset 用于设置字体在 *X* 方向和 *Y* 方向上的偏移量；CharacterSpacing

和 CharacterWidth 分别用于设置文本符号中单个字符之间的空隙和字符的宽度。

背景（Background）可认为是一种用于突显文字的方式，也是文字符号的一部分。MarkerTextBackground、LineCallout 和 BalloonCallout 是用户常用的三种背景类型。

MarkerTextBackground 采用一个定制的点状符号（Marker 符号）作为 TextSymbol 的背景符号。该类实现了 IMarkerTextBackground 接口，此接口用于定制这个背景的属性。ScaleToFit 属性用于确定背景对象的缩放比例是否和文字的大小协调，Symbol 属性则用以设置背景符号的样式。

BalloonCallout 用以绘制一个矩形或是以一个气球形状的背景来修饰文字，而 LineCallout 则是 BalloonCallout 的简化版本，它仅使用一个箭头线来修饰文字。这两个对象都支持 ICallout 接口，它可确定两个 Callout 对象的一般属性，如 AnchorPoint（箭头点）属性就是箭头端点的坐标。

IBalloonCallout 是 BalloonCallout 类默认实现的接口，用户通过其 Style 属性确定 Callout 的几何外形，如矩形、圆角矩形或卵形。使用这个接口定义的 Symbol 属性用于设置这个 Callout 内部的填充符号。

LineCallout 默认实现了 ILineCallout 接口，用于确定箭头线的各种属性，可通过 Style 属性来设置不同类型的线。

下面示例代码用于实现文字绘制，代码应放在 MapControl 的 MouseDown 事件中。

```
IElement pElement;
ITextElement pTextEle = new TextElementClass();
pElement = pTextEle as IElement;
pTextEle.Text = "ESRI&SCUT";
//文字元素的几何参照对象为一个点
IPoint pPoint = new PointClass();
pPoint.PutCoords(e.mapX, e.mapY);
pElement.Geometry = pPoint;
IFormattedTextSymbol pTextSymbol = new TextSymbolClass();//产生一个文字样式符号
ICallout pCallout; //产生文字符号的背景属性，其为一个callout对象
pCallout = new BalloonCalloutClass();
pTextSymbol.Background = pCallout as ITextBackground;
pPoint.PutCoords(e.mapX - 30, e.mapY + 10);
//设置箭头的位置
pCallout.AnchorPoint = pPoint;
//将其作用TextElement的Symbol属性而使用
pTextEle.Symbol = pTextSymbol;
IGraphicsContainer pGrahpicsContainer = axMapControl1.Map as IGraphicsContainer;
pGrahpicsContainer.AddElement(pTextEle as IElement, 0);
axMapControl1.Refresh(esriViewDrawPhase.esriViewGraphics, null, null);
```

6.3.5　3DChartSymbol 对象

3DChartSymbol 为抽象类，它有 BarChartSymbol、PieChartSymbol 和 StackedChartSymbol 三个子类。它本质上是一种点符号（Marker 符号），一般用于 ChartRenderer 对象的着色，且该着色方法常基于多个属性。

3DChartSymbol 实现的接口有多个，如 IChartSymbol 接口主要用于计算一个 ChartSymbol 对象中的柱状（Bar）和饼状部分的尺寸，其 Maximum 属性是新建一个 3DChartSymbol 对象时必须设置的属性。因着色一般在一个要素图层上进行，故可从其要素类中获得一系列的数值统计值。若有三个数值字段参于着色，系统须对这三个字段中的最大值进行比较，找出最大的值，并赋给 Maximum 属性。IChartSymbol 的 Value 属性包含按索引存取值的数组，该数组用来设置每个 Bar 的相对高度或每个 Pie 的宽度。但在使用 ChartRenderer 进行着色时，不用设置此属性。使用这种 3D 符号着色时，符号不止一种，系统使用 ISymbolArray 接口来管理一个着色对象中的多个参于着色的符号对象。其 Symbol 属性用以通过索引获取每个 Symbol 对象，用 SymbolCount 获取参与着色符号的数目。此接口还提供添加（AddSymbol）、删除（DeleteSymbol）和清除符号（ClearSymbol）的方法。

BarChartSymbol 是最常用的三维着色符号，实现了 IBarChartSymbol 接口。它使用不同类型的柱状图示来代表一个要素类中不同的属性，而其高度由属性值的大小决定。该接口的 VerticalBars 属性用于确定使用柱状图示（Bar）的排列方式（水平、垂直）；柱的宽度和柱之间的空隙可通过 Width 和 Spacing 属性来调节，还可用 Size 属性进行设置。此外，用 Axes 属性可设置每根 Bar 的轴线，此轴线为一个 ILineSymbol 对象，如果要这个轴线能够显示，还须将其 ShowAxes 属性设置为 True。

PieChartSymbol 符号着色的方法是使用一个饼图来显示不同要素类中的不同属性，各类属性按其数值大小占有一个饼图中不同比例的扇形区域。它默认实现的是 IPieChartSymbol 接口，这个接口定义的属性用于设置 Pie 外观，例如，ClockWise 属性用于确定饼图中颜色的方向，当 ClockWise 被设为 True 时，则饼图呈顺时针方向分布；UseOutline 属性用于设置饼图是否有外框线，外框线的符号用 Outline 属性控制，其为 ILineSymbol 对象。

StackedChartSymbol 对象实现了 IStackedChartSymbol 接口，用于设置 StackedChartSymbol 的外观。其 Width 属性用于设置柱的宽度，而 Outline 和 UseOutline 用于控制外框线。当其 Fixed 属性被设置为 False 时，ChartRenderer 对象的每个 StackedBar 尺寸将依据要素的属性计算得到；若为 True，则 StackedBar 的长度相同。

6.4　专题着色渲染

在 ArcGIS Engine 的类库 ESRI.ArcGIS.Carto 中，提供了 FeatureRenderer 抽象类，实现了 IFeatureRenderer 接口，该接口定义了进行地图着色运算的公共属性和方法。其子类负责进行多种地图的着色，以实现效果渲染。在此过程中，既可使用标准的着色方案，也可自行定制。标准着色方案包括八种类型。

使用不同的着色对象时，用户需要确定需着色的图层，而着色对象只是要素图层的一个属性而已。通过访问 IGeoFeatureLayer 接口的 Renderer 属性，则可获取图层的着色对象，并可对该属性进行设置，以实现着色渲染。

下面介绍几种主要的着色方法，以满足实际 GIS 软件开发的基本需求。此处的示例代码，按不同的着色方法建立了工具类（ICommand），其结构函数输入了部分所需参数，在具体需求中，可进行适当调整。其中着色所需的颜色（IColor）对象，可按 6.2.2 节 Color 对象中所介绍的设置颜色对象的方法获取，而所需的颜色带（IColorRamp）对象，可按 6.2.4 节 ColorRamp 对象中所介绍的方法获取。此处还需定义一种公用方法，该方法利用描述渲染图形几何类型的字符串，返回一个渲染符号（ISymbol），应用于各种方法的渲染。此函数具体代码如下。

```
public ISymbol GetSymbolByShpType(string strShpType,IColor fillColor)
{
        ISymbol returnSyb = null;
        IFillSymbol pFillSymbol;
        ILineSymbol pLineSymbol;
        //设置背景符号
        if (strShpType == "Fill Symbols")
        {
            pFillSymbol = new SimpleFillSymbolClass();
            pFillSymbol.Color = fillColor;
            pLineSymbol = new SimpleLineSymbolClass();
            pLineSymbol.Color = GetRGB(239, 228, 190);
            pLineSymbol.Width = 1;//outLineWid;
            pFillSymbol.Outline = pLineSymbol;
            returnSyb = (ISymbol)pFillSymbol;
        }
        elseif (strShpType == "Line Symbols")
        {
            ILineSymbol pLineBaseSymbol;
            pLineBaseSymbol = new SimpleLineSymbolClass();
            pLineBaseSymbol.Color = fillColor;
            returnSyb = (ISymbol)pLineBaseSymbol;
        }
        elseif (strShpType == "Marker Symbols")
        {
            IMarkerSymbol pMarkerBaseSymbol;
            pMarkerBaseSymbol = new SimpleMarkerSymbolClass();
            pMarkerBaseSymbol.Color = fillColor;
            pMarkerBaseSymbol.Size = 1.5;
            returnSyb = (ISymbol)pMarkerBaseSymbol;
        }
```

```
        return returnSyb;
    }
```

6.4.1 SimpleRenderer 简单着色

简单着色，又名单一符号着色，是最简单的着色方式。不涉及对要素图层的数据处理。在默认情况下，系统都使用此种着色方法来渲染要素，当在 MapControl 中打开一幅地图时，被打开要素图层中的要素都是一种符号，此为随机选择 Symbol 的结果。

使用此着色方法，用户需产生 SimpleRenderer 对象，再将其 Symbol 进行设置后赋给 IGeoFeaturelayer 接口的 Renderer 即可。需特别说明的是，此类还实现 ITransparencyRenderer 接口，该接口可依据要素的某个数值字段的值来设置要素显示的透明度。

以下是使用 SimpleRenderer 进行简单着色的工具命令类（其中省略了部分系统生成的代码），在其构造函数的参数中，着色图层以其在 MapControl 中的索引确定，图层的几何类型以字符串“Fill Symbols”“Line Symbols”“Marker Symbols”来区分，其填充色和边框色均为 IColor 颜色对象。

```
public sealed class SimpleRenderMethod : BaseCommand
{
    private IHookHelper m_hookHelper;
    int pLayerInedx;//图层的序数
    string fieldName;//字段名称
    double OutLineWidth;//图例外框线宽度
    string RendLabel;//描述性文字，会出现在图例中
    IColor SimpleFillColor;
    IColor SimpleOLineColor;
    string m_strShapeType;
    public SimpleRenderMethod(int LayerIn, string strfield, double linewidth, string labelName, IColor
SFillColor, IColor SOLineColor, string shapeType)
    {
        base.m_category = "Symbology";
        base.m_caption = "SimpleRender";
        base.m_message = "SimpleRender";
        base.m_toolTip = "SimpleRender";
        base.m_name = "SimpleRender";
        base.m_enabled = true;
        pLayerInedx = LayerIn;
        fieldName = strfield;
        OutLineWidth = linewidth;
        RendLabel = labelName;
        SimpleFillColor = SFillColor;
        SimpleOLineColor = SOLineColor;
```

```
            m_strShapeType = shapeType;
            try
            {
                string bitmapResourceName = GetType().Name + ".bmp";
                base.m_bitmap = new Bitmap(GetType(), bitmapResourceName);
            }
            catch (Exception ex)
            {
                System.Diagnostics.Trace.WriteLine(ex.Message, "无效图标");
            }
        }
        public override void OnCreate(object hook)
        {
            if (hook == null)
                return;
            if (m_hookHelper == null)
                m_hookHelper = new HookHelperClass();
            m_hookHelper.Hook = hook;
        }
        public override void OnClick()
        {
            IActiveView pActiveView = m_hookHelper.ActiveView;
            IMap pMap = m_hookHelper.FocusMap;
            //若地图坐标系统为空则无意义
            IGeoFeatureLayer pGeoFeatureL = pMap.get_Layer(pLayerInedx) as IGeoFeatureLayer;
            ISimpleRenderer pSimpleRenderer = new SimpleRendererClass();
        pSimpleRenderer.Symbol = GetSymbolByShpType(m_strShapeType , GetRGB(239, 0, 190));
            pSimpleRenderer.Description = fieldName;//着色字段;
            pSimpleRenderer.Label = RendLabel;
            ITransparencyRenderer pTransRenderer = pSimpleRenderer as ITransparencyRenderer;
            pTransRenderer.TransparencyField = fieldName;
            pGeoFeatureL.Renderer = pTransRenderer as IFeatureRenderer;
            pActiveView.PartialRefresh(esriViewDrawPhase.esriViewGeography, null, null);
        }
    }
```

调用此工具命令对图层进行简单着色的效果如图 6.6 所示。其中，所有要素显示的颜色都相同，而透明效果不同，此处透明度是由要素类的相关数值字段的属性值确定。

ISimpleRenderer 还有两个重要属性，Description 和 Label，这两个属性用于设置图例（Legend），图例将会显示图层使用的所有着色符号（Symbol）的样式。

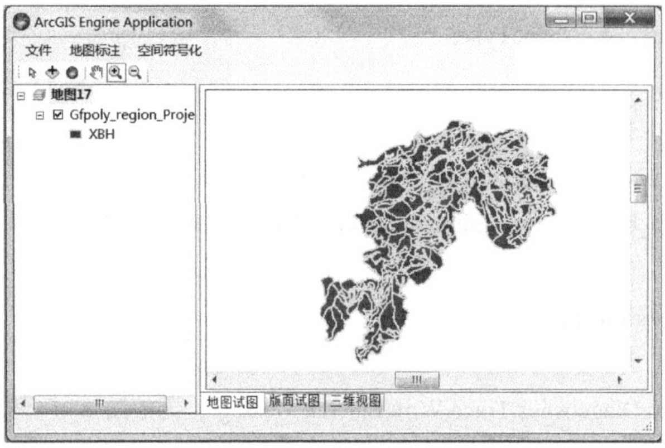

图 6.6　简单着色效果图示

6.4.2　ClassBreakRenderer 分级着色

该方法需要将着色图层要素类中的字段值按具体设置分级别，将所属每级别设置不同的显示符号。分级着色使用 ClassBreakRenderer 对象，该对象类实现了 IClassBreakRenderer 接口。下面代码为在 ICommand 中实现分级着色的方法。

```
public sealed class ClassBreaksRendererM : BaseCommand
{
    private IHookHelper m_hookHelper = new HookHelperClass();
    int pLayerIndex;          //图层序列
    string LayerFieldName;//要符号化的字段名称
    int classesNumCount;  //分级数
    string m_strShapeType;//图层的符号类型（点，线，面）
    IColorRamp pcolorRamp; //颜色带，用于控制起止颜色
    double[] Classes;
    public ClassBreaksRendererM(int pLIndex, string FieldName,double[] con_Classes, IColorRamp
 con_ColorRamp, string pShapeType)
    {
        base.m_category = "Symbology";
        base.m_caption = "ClassBreaksRenderer";
        base.m_message = "ClassBreaksRenderer";
        base.m_toolTip = "ClassBreaksRenderer";
        base.m_name = "ClassBreaksRenderer";
        base.m_enabled = true;
        pLayerIndex = pLIndex;
        LayerFieldName = FieldName;
        pcolorRamp = con_ColorRamp;
        m_strShapeType = pShapeType;
```

```
        Classes = con_Classes;
        try
        {
            string bitmapResourceName = GetType().Name + ".bmp";
            base.m_bitmap = new Bitmap(GetType(), bitmapResourceName);
        }
        catch (Exception ex)
        {
            System.Diagnostics.Trace.WriteLine(ex.Message, "无效图标");
        }
    }
    public override void OnCreate(object hook)
    {
        if (hook == null)
            return;
        if (m_hookHelper == null)
            m_hookHelper = new HookHelperClass();
        m_hookHelper.Hook = hook;
    }
    public override void OnClick()
    {
        int ClassesCount;
        IClassBreaksRenderer pClassBreaksRenderer;
        IEnumColors pEnumColors;
        IColor pColor;
        int lbreakIndex;
        string strPopField = LayerFieldName;
        //获得要着色的图层
        IActiveView pActiveView = m_hookHelper.ActiveView;
        IMap pMap = m_hookHelper.FocusMap;
        pMap.ReferenceScale = 0;
        IGeoFeatureLayer pGeoFeatureL = (IGeoFeatureLayer)pMap.get_Layer(pLayerIndex);
        try
        {
            //返回一个数组
            ClassesCount = Classes.GetUpperBound(0);
            pClassBreaksRenderer = new ClassBreaksRendererClass();
            pClassBreaksRenderer.Field = strPopField;
            //设置着色对象的分级数目
```

```
            pClassBreaksRenderer.BreakCount = ClassesCount;
            pClassBreaksRenderer.SortClassesAscending = true;//排列顺序
            pcolorRamp.Size = ClassesCount;
            bool isOK;
            pcolorRamp.CreateRamp(out isOK);
            //获得颜色
            pEnumColors = pcolorRamp.Colors;
            //需要注意的是分级着色对象中的symbol和break的下标都是重开始
            for (lbreakIndex = 0; lbreakIndex <= ClassesCount - 1; lbreakIndex++)
            {
                pColor = pEnumColors.Next();
                ISymbol setSymbol = GetSymbolByShpType(m_strShapeType, pColor);
                pClassBreaksRenderer.set_Symbol(lbreakIndex, setSymbol);
                //着色对象的断点
                pClassBreaksRenderer.set_Break(lbreakIndex, Classes[lbreakIndex + 1]);
            }
            pGeoFeatureL.Renderer = (IFeatureRenderer)pClassBreaksRenderer;
        }
        catch (Exception e)
        {
            MessageBox.Show(e.Message);
            return;
        }
        pActiveView.PartialRefresh(esriViewDrawPhase.esriViewGeography, null, null);
    }
}
```

在该构造函数中，将输入double[]类型的参数，该参数表示类别的一系列界值。需要特别注意的是该数组中存放的是分级断点的准确数值，即断点值需为渲染字段的某些属性值，存储分级断点的数组维数为分级数加1。

实际上，有些情况下我们并不关心各级别的界值，而只关心总的分级数，在这种情况下获取断点数组可参照以下的GetClassBreakpoints方法。该方法使用一个ITableHistogram对象从图层中按字段名称获得该字段的所有数值数组（Datavalues）和数值频率值数组（Datafrequency），得到这两个数组后，利用IClassifyGEN接口对两数组进行分级，以取得断点数组，以及颜色带对象，然后才可设置ClassBreakRenderer对象的不同符号，实现分级着色。

```
private double[] GetClassBreakpoints(IFeatureLayer pFeatLyr, string layerFieldName, int ClassesCount)
{
    double[] breakPointClasses;
    object dataFrequency;
    object dataValues;
```

```
    if ((pFeatLyr == null) || layerFieldName == null)
        return null;
    IGeoFeatureLayer pGeoFeatureL = (IGeoFeatureLayer)pFeatLyr;
    ITable pTable = (ITable)pGeoFeatureL.FeatureClass;
    //从pTable的字段中得到信息给datavalues和datafrequency两个数组
    ITableHistogram pTableHistogram = new BasicTableHistogramClass();
    IBasicHistogram pHistogram = (IBasicHistogram)pTableHistogram;
    pTableHistogram.Field = layerFieldName;
    pTableHistogram.Table = pTable;
    pHistogram.GetHistogram(out dataValues, out dataFrequency);
    //下面是分级方法，用于根据获得的值计算得出符合要求的数据
    //根据条件计算出IClassifyGEN
    IClassifyGEN pClassify = new EqualIntervalClass();
    pClassify.Classify(dataValues, dataFrequency, ref ClassesCount);
    //返回一个数组
    breakPointClasses = (double[])pClassify.ClassBreaks;
    return breakPointClasses;
}
```

在图 6.7 的分级着色示例中，将所有要素依据要素类的 AREA 字段值随机分为五个级别，分别进行着色。

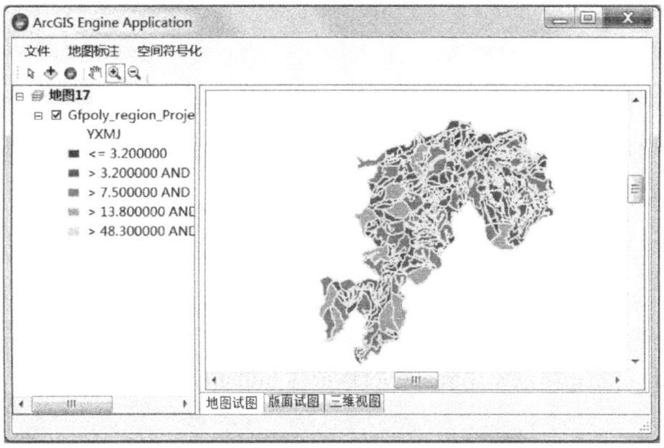

图 6.7　分级着色示例

6.4.3　UniqueValueRenderer 唯一值着色

该着色方法依据着色图层中要素类的某个字段的属性值，按这个属性值为每种不同值的要素单独分配一种显示符号样式（Symbol）。例如，一个要素图层中的 Name 字段的属性值有 100 种，若要按此图层的 Name 字段进行唯一值着色，则需分配 100 种符号样式（Symbol）对此图层中的图斑进行着色，Name 字段属性值相同的图斑将分配到相同的显示符号样式。

UniqueValueRenderer 类实现了 IUniqueValueRenderer 接口，该类用于进行 UniqueValue 型的着色运算。着色思路为，首先搜索到某要素图层中要素类的所有要素，用 IUniqueValue-Renderer 接口的 AddValue 方法将其中渲染字段的每个字段值和相匹配的着色符号加入 UniqueValueRenderer 对象，再将此着色对象赋给要素图层的 Renderer，最后刷新图层即可。

下面代码即为在 ICommand 接口中实现唯一值着色的方法。

```
public sealed class UniqueValueRendererM : BaseCommand
{
    private IHookHelper m_hookHelper = new HookHelperClass();
    string LayerFieldName = null;
    int pLayerIndex;
    IColorRamp pColorRamp;
    string m_strShapeType;
    public UniqueValueRendererM(int LayerIndex, string LayerField, IColorRamp ConColorRamp, string
pShapeType)
    {
        base.m_category = "Symbology";
        base.m_caption = "UniqueValueRenderer";
        base.m_message = "UniqueValueRenderer";
        base.m_toolTip = "UniqueValueRenderer";
        base.m_name = "UniqueValueRenderer";
        base.m_enabled = true;
        LayerFieldName = LayerField;
        pLayerIndex = LayerIndex;
        pColorRamp = ConColorRamp;
        m_strShapeType = pShapeType;
        try
        {
            string bitmapResourceName = GetType().Name + ".bmp";
            base.m_bitmap = new Bitmap(GetType(), bitmapResourceName);
        }
        catch (Exception ex)
        {
            System.Diagnostics.Trace.WriteLine(ex.Message, "无效图标");
        }
    }
    public override void OnCreate(object hook)
    {
        m_hookHelper.Hook = hook;
    }
```

```
public override void OnClick()
{
    // TODO: Add UniqueValueRenderer.OnClick implementation
    IColor pNextUniqueColor;
    IEnumColors pEnumRamp;
    string codeValue;
    IActiveView pActiveView = m_hookHelper.ActiveView;
    IMap pMap = m_hookHelper.FocusMap;
    //对选定的面状图层进行着色
    IGeoFeatureLayer m_pGeoFeatureL = (IGeoFeatureLayer)pMap.get_Layer(pLayerIndex);
    IUniqueValueRenderer pUniqueValueR = new UniqueValueRendererClass();
    ITable pTable = (ITable)m_pGeoFeatureL;
    //找出LayerFieldName在字段中的编号
    int fieldIndex = pTable.FindField(LayerFieldName);
    if (fieldIndex == -1)
    {
        MessageBox.Show("无法找到字段：" + LayerFieldName);
        return;
    }
    pUniqueValueR.FieldCount = 1; //只用一个字段进行单值着色
    pUniqueValueR.set_Field(0, LayerFieldName); //用于区分着色的字段
    IQueryFilter pQueryFilter = new QueryFilterClass();//产生查询过滤器
    pQueryFilter.AddField(LayerFieldName);
    //依据某个字段在表中找出指向所有行的游标对象
    ICursor pFieldCursor = pTable.Search(pQueryFilter, true);
    int recordNum = 0;//找出该图层的记录数
    System.Collections.IEnumerator enumerator;
    IDataStatistics DS = new DataStatisticsClass();
    DS.Field = LayerFieldName;//设置唯一值字段
    DS.Cursor = pFieldCursor;//数据来源
    enumerator = DS.UniqueValues;//得到唯一值
    recordNum = DS.UniqueValueCount;
    enumerator.Reset();//重新指向第一个值
    //任意产生recordNum个颜色，recordNum就是要素的数目
    pColorRamp.Size = recordNum;
    bool ok = true;
    pColorRamp.CreateRamp(out ok);
    pEnumRamp = pColorRamp.Colors;
    pNextUniqueColor = null;
```

```
        //遍历所有的要素
        ILineSymbol fillOutlineSym = new SimpleLineSymbolClass();
        fillOutlineSym.Width = 0.1;
        while (enumerator.MoveNext())//移动字段唯一值集合的游标
        {
            object fieldValue;
            fieldValue = enumerator.Current;//得到每种字段值
            codeValue = fieldValue.ToString();
            //获得随机颜色带中的任意一种颜色
            pNextUniqueColor = pEnumRamp.Next();
            if (pNextUniqueColor == null)
            {
                pEnumRamp.Reset();
                pNextUniqueColor = pEnumRamp.Next();
            }
           ISymbol addSymbol = GetSymbolByShpType(m_strShapeType, pNextUniqueColor);
           pUniqueValueR.AddValue(codeValue, LayerFieldName, addSymbol);
        }
        m_pGeoFeatureL.Renderer = (IFeatureRenderer)pUniqueValueR;
        pActiveView.PartialRefresh(esriViewDrawPhase.esriViewGeography, null, null);
    }
}
```

在该方法中，获取某字段属性的唯一值需用 IDataStatistics 接口，本书后续章节在进行类似操作时，可参考此方法。

在利用上述程序对数据进行唯一值着色操作，着色后的效果如图 6.8 所示。

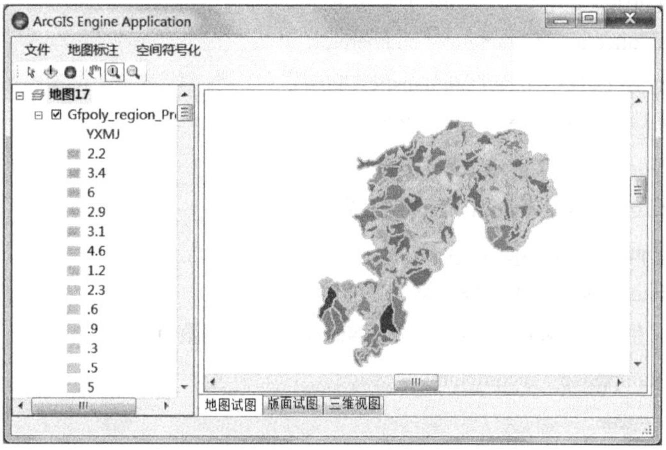

图 6.8　唯一值着色示例

6.4.4 ProportionalSymbolRenderer 依比例符号着色

该着色方法依据着色要素图层中某个数值型字段的值，按每个数值的大小生成大小不同的符号进行着色。此类对象实现了 IProportionalSymbolRenderer 接口，在利用该方法进行着色时，需获得最大和最小标识符号所代表的字段及其各个数值，还需确定每个字段数值所匹配的着色符号（为 MarkerSymbol 类型）。此外，还需其在图例中所出现的级别数目 LegendSymbolCount。下面的示例代码可实现依比例符号着色。

```
public sealed class ProportionalSymbolM : BaseCommand
{
    private IHookHelper m_hookHelper = new HookHelperClass();
    int pLayerIndex;
    string fieldName;
    int classCountNum;//分级数
    public ProportionalSymbolM(int LayerIn, string strfield, int SymbolCount)
    {
        base.m_category = "Symbology";
        base.m_caption = "ProportionalSymbol";
        base.m_message = "ProportionalSymbol";
        base.m_toolTip = "ProportionalSymbol";
        base.m_name = "ProportionalSymbol";
        base.m_enabled = true;
        pLayerInedx = LayerIn;
        fieldName = strfield;
        classCountNum = SymbolCount;
        try
        {
            string bitmapResourceName = GetType().Name + ".bmp";
            base.m_bitmap = new Bitmap(GetType(), bitmapResourceName);
        }
        catch (Exception ex)
        {
            System.Diagnostics.Trace.WriteLine(ex.Message, "无效图标");
        }
    }
    public override void OnCreate(object hook)
    {
        if (hook == null)
            return;
        if (m_hookHelper == null)
```

```
        m_hookHelper = new HookHelperClass();
      m_hookHelper.Hook = hook;
  }
  public override void OnClick()
  {
      stdole.StdFont pFontDisp;
      IActiveView pActiveView = m_hookHelper.ActiveView;
      IMap pMap = m_hookHelper.FocusMap;
      IGeoFeatureLayer pGeoFeatureLayer;
      pGeoFeatureLayer = (IGeoFeatureLayer)pMap.get_Layer(pLayerInedx);
      ITable pTable = (ITable)pGeoFeatureLayer;
      IQueryFilter pQueryFilter = new QueryFilterClass();
      pQueryFilter.AddField("");
      ICursor pCursor = pTable.Search(pQueryFilter, true);
      //使用统计类，得到最大、小值
      IDataStatistics pDataStatistics = new DataStatisticsClass();
      pDataStatistics.Cursor = pCursor;
      //设置统计字段
      pDataStatistics.Field = fieldName;
      //得到统计结果
      IStatisticsResults pStatisticsResult = pDataStatistics.Statistics;
      if (pStatisticsResult == null)
      {
          MessageBox.Show("属性值统计失败。");
          return;
      }
      //设置背景填充色
      IFillSymbol pFillSymbol = new SimpleFillSymbolClass();
      pFillSymbol.Color = GetRGB(239, 228, 190);
      //生成一个标识的点符号
      ICharacterMarkerSymbol pCharaterMarkerS = new CharacterMarkerSymbolClass();
      pFontDisp = new stdole.StdFontClass();
      pFontDisp.Name = "ESRI Default Marker";//字库名称
      pFontDisp.Size = 3;
      pCharaterMarkerS.Font = (IFontDisp)pFontDisp;
      pCharaterMarkerS.CharacterIndex = 60;//点状符号编码
      pCharaterMarkerS.Color = GetRGB(0, 0, 0);
      pCharaterMarkerS.Size = 5;
      //创建此着色字段的依比例着色符号
```

```
        IProportionalSymbolRenderer pProportionalSymbolR = new ProportionalSymbolRendererClass();
if (pMap.MapUnits!=null)
            pProportionalSymbolR.ValueUnit = pMap.MapUnits;
        pProportionalSymbolR.ValueUnit = esriUnits.esriUnknownUnits;
        pProportionalSymbolR.Field = fieldName;//比例着色字段
        pProportionalSymbolR.FlanneryCompensation = false;
        //经反复效果测试，规定此种赋最小值的方式较为有效
        if (pStatisticsResult.Mean / classCountNum - pStatisticsResult.Minimum > 10)
        {
            pProportionalSymbolR.MinDataValue = pStatisticsResult.Mean / classCountNum;
        }
        else
        {
            pProportionalSymbolR.MinDataValue = pStatisticsResult.Mean / classCountNum / 100;
        }
        pProportionalSymbolR.MaxDataValue = pStatisticsResult.Maximum + 1;
        pProportionalSymbolR.BackgroundSymbol = pFillSymbol;
        pProportionalSymbolR.MinSymbol = (ISymbol)pCharaterMarkerS;
        pProportionalSymbolR.LegendSymbolCount = classCountNum; //级别数
        pProportionalSymbolR.CreateLegendSymbols();
        //设置此图层的渲染方式
        pGeoFeatureLayer.Renderer = (IFeatureRenderer)pProportionalSymbolR;
        pActiveView.PartialRefresh(esriViewDrawPhase.esriViewGeography, null, null);
    }
}
```

图 6.9 为依比例符号着色的示例。除利用 IProportionalSymbolRenderer 接口按照某个字段属性值对符号的大小进行设置外，还可以利用 IRotationRenderer 接口来根据字段值设置点符号旋转角度，以此来设置点状标识（Marker）的旋转角度。

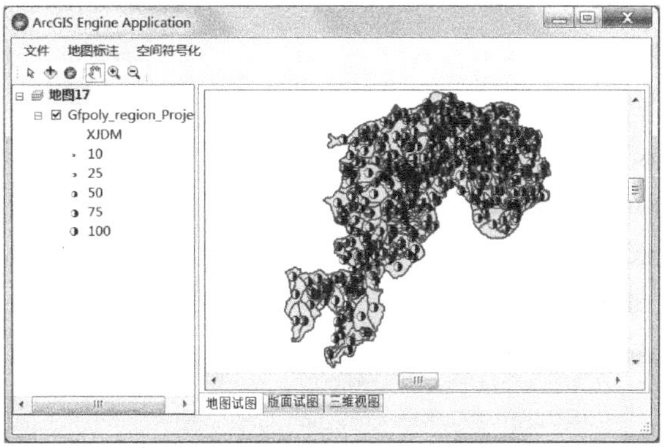

图 6.9　依比例符号着色示例

6.4.5　DotDensityRenderer 密度点渲染着色

点密度渲染使用 DotDensityRenderer 类，该类实现了 IDotDensityRenderer 接口，此接口中的 DotDensitySymbol 属性用来确定渲染所用点符号的样式，该符号为 IDotDensityFillSymbol 类型，而公共方法 CreateLegend 用于产生图例。该类使用 DotDensityFillSymbol 符号对面类型的要素图层进行渲染，渲染时将根据随机分布的点密度来表现要素的渲染字段属性值大小，这些点的数量则由 DotValue 值和由 IRendererFields 指定的点密度字段（多个）的数据值决定。

利用 DotDensityRenderer 也可对要素图层的多个属性进行着色，该着色使用不同的点符号（MarkerSymbol），但此种方式在点密度较大的情况下效果不佳。

```
public sealed class DotDensityRendererM : BaseCommand
{
    private IHookHelper m_hookHelper = new HookHelperClass();
    int pLayerInedx;
    string fieldName;
    double CDotSize; //点的显示大小
    double CDotValue; //点值
    IColor DotMarkColor; //点颜色
    IColor DotBgColor; //背景色
    string m_strShapeType; //图层类型（点，线，面）
    public DotDensityRendererM(int LayerIn, string strfield, double DSize, double DValue, IColor
MarkColor, IColor BgColor, string shapeType)
    {
        base.m_category = "Symbology";
        base.m_caption = "DotDensityRenderer";
        base.m_message = "DotDensityRenderer";
        base.m_toolTip = "DotDensityRenderer";
        base.m_name = "DotDensityRenderer";
        base.m_enabled = true;
        pLayerInedx = LayerIn;
        fieldName = strfield;
        CDotSize = DSize;
        CDotValue = DValue;
        DotMarkColor = MarkColor;
        DotBgColor = BgColor;
        m_strShapeType = shapeType;
        try
        {
            string bitmapResourceName = GetType().Name + ".bmp";
```

```
            base.m_bitmap = new Bitmap(GetType(), bitmapResourceName);
        }
        catch (Exception ex)
        {
            System.Diagnostics.Trace.WriteLine(ex.Message, "无效图标");
        }
    }
    public override void OnCreate(object hook)
    {
        if  (hook == null)
            return;
        if  (m_hookHelper == null)
            m_hookHelper = new HookHelperClass();
        m_hookHelper.Hook = hook;
    }
    public override void OnClick()
    {
        if (m_strShapeType == "Fill Symbols")
        {
            string strPopField = fieldName;
            IActiveView pActiveView = m_hookHelper.ActiveView;
            IMap pMap = m_hookHelper.FocusMap;
            IGeoFeatureLayer pGeoFeatureL = (IGeoFeatureLayer)pMap.get_Layer(pLayerInedx);
            IDotDensityRenderer pDotDensityRenderer = new DotDensityRendererClass();
            IRendererFields pRendererFields = (IRendererFields)pDotDensityRenderer;
            pRendererFields.AddField(strPopField, strPopField);
            IDotDensityFillSymbol pDotDensityFillS;
            pDotDensityFillS = new DotDensityFillSymbolClass();
            pDotDensityFillS.DotSize = CDotSize;//1
            pDotDensityFillS.Color = GetRGB(0, 0, 0);
            pDotDensityFillS.BackgroundColor = DotBgColor;
            ISymbolArray pSymbolArray = (ISymbolArray)pDotDensityFillS;
            ISimpleMarkerSymbol pSimpleMarkerS = new SimpleMarkerSymbolClass();
            pSimpleMarkerS.Style = esriSimpleMarkerStyle.esriSMSCircle;
            pSimpleMarkerS.Size = CDotSize;//1
            pSimpleMarkerS.Color = DotMarkColor;
            pSymbolArray.AddSymbol((ISymbol)pSimpleMarkerS);
            pDotDensityRenderer.DotDensitySymbol = pDotDensityFillS;
            pDotDensityRenderer.DotValue = CDotValue;//2000;
```

```
                pDotDensityRenderer.CreateLegend();
                pGeoFeatureL.Renderer = (IFeatureRenderer)pDotDensityRenderer;
                pActiveView.PartialRefresh(esriViewDrawPhase.esriViewGeography, null, null);
            }
            else
            {
                MessageBox.Show("请选择面图层进行操作");
                return;
            }
        }
    }
```

在该工具命令构造函数的参数中，double 类型的 DSize 用于控制点密度符号的显示大小。而其中的 double 类型参数 DValue 用于指示每个点所代表的数值大小，此值的获取可根据要素图层中所有记录的统计值获得，具体参照以下方法。

```
private double GetDotValueMethod(IMap pMap, int layerIndex, string fieldName)
{
    double returnDotValue = 0.0;
    if (fieldName == string.Empty | layerIndex < 0)
    {
        MessageBox.Show("请选择地图符号化所用字段！", "警告");
        return returnDotValue;
    }
    IGeoFeatureLayer pGeoFeatureLayer;
    pGeoFeatureLayer = (IGeoFeatureLayer)pMap.get_Layer(layerIndex);
    ITable pTable = (ITable)pGeoFeatureLayer;
    IQueryFilter pQueryFilter = new QueryFilterClass();
    pQueryFilter.AddField("");
    ICursor pCursor = pTable.Search(pQueryFilter, true);
    //使用统计对象获得最大值和最小值
    IDataStatistics pDataStatistics = new DataStatisticsClass();
    pDataStatistics.Cursor = pCursor;
    //设置统计字段
    pDataStatistics.Field = fieldName;
    //得到统计结果
    IStatisticsResults pStatisticsResult = pDataStatistics.Statistics;
    returnDotValue = (pStatisticsResult.Minimum + pStatisticsResult.Maximum) / 100;
    return returnDotValue;
}
```

图 6.10 是根据示例程序对数据渲染后得到的结果。

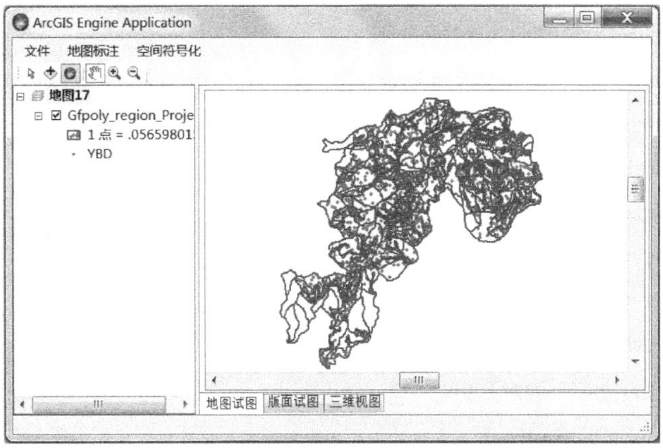

图 6.10　密度点渲染着色示例

6.4.6　ChartRenderer 图表渲染着色

若需比较某一要素图层每条记录的多个字段数值，可考虑使用 ChartRenderer 图表渲染对象。该类实现了 IChartRenderer 接口，它定义了设置着色对象图表的属性 ChartSymbol 和设置标签图例 Legend 的 Label 属性。此类着色方法有饼状图和柱状图两种，柱状图包括水平和堆积排列方式。

此渲染方法主要用于比较一条记录中的不同属性，为此需要参考某条记录的多个字段，此设置利用 IRendererField 接口实现，调用 AddField 方法添加需要进行比较的多个字段。

1. BarChartRenderer 柱状图渲染

此渲染运算主要分为两大部分，首先将多个字段中的值进行比较，将最大值赋给 ChartSymbol 的 MaxValue，再设置不同图柱的显示符号。下面是进行柱状图渲染的示例代码。

```
public sealed class BarChartRendererM : BaseCommand
{
    private IHookHelper m_hookHelper = new HookHelperClass();
    int pLayerInedx;
    string fieldName;
    int numFields; //加入的字段个数
    string barfieldsString; //加入的这些字段以','为间隔
    bool barstackTag; //是否堆积
    string m_strShapeType;
    public BarChartRendererM(int LayerIn, string strfield, bool stackTag, int fieldcount, string fieldsString,
string shapeType)
    {
        base.m_category = "Symbology";
        base.m_caption = "BarChartRenderer";
```

```
        base.m_message = "BarChartRenderer";
        base.m_toolTip = "BarChartRenderer";
        base.m_name = "BarChartRenderer";
        base.m_enabled = true;
        pLayerInedx = LayerIn;
        fieldName = strfield;
        numFields = fieldcount;
        barfieldsString = fieldsString;
        m_strShapeType = shapeType;
        barstackTag = stackTag;
        try
        {
            string bitmapResourceName = GetType().Name + ".bmp";
            base.m_bitmap = new Bitmap(GetType(), bitmapResourceName);
        }
        catch (Exception ex)
        {
            System.Diagnostics.Trace.WriteLine(ex.Message, "无效图标");
        }
    }
    public override void OnCreate(object hook)
    {
          if  (hook == null)
                return;
           if  (m_hookHelper == null)
                m_hookHelper = new HookHelperClass();
            m_hookHelper.Hook = hook;
    }
    public override void OnClick()
    {
        ICursor pCursor;
        string[] fieldStrArr = new string[numFields];
        IFillSymbol pFillSymbol;
        IMarkerSymbol pMarkerSymbol;
        ISymbolArray pSymbolArray;
        IChartSymbol pChartSymbol;
        IActiveView pActiveView = m_hookHelper.ActiveView;
        IMap pMap = m_hookHelper.FocusMap;
        IGeoFeatureLayer pGeoFeatureL = (IGeoFeatureLayer)pMap.get_Layer(pLayerInedx);
```

```
ITable pTable = (ITable)pGeoFeatureL;
pGeoFeatureL.ScaleSymbols = true;
IChartRenderer pChartRenderer = new ChartRendererClass();
//设置柱状图反映的多个字段
IRendererFields pRendererFields = (IRendererFields)pChartRenderer;
IQueryFilter pQueryFilter = new QueryFilterClass();
//以空格为分隔符，取出numFields个字段名，放入fieldStrArr数组里
for (int i = 0; i < numFields; i++)
{
    int EndIndex = barfieldsString.IndexOf(',');
    string strPopField = barfieldsString.Substring(0, EndIndex);
    barfieldsString = barfieldsString.Substring(EndIndex + 1);
    pRendererFields.AddField(strPopField, strPopField);
    pQueryFilter.AddField(strPopField);
    fieldStrArr[i] = strPopField;
}
int lfieldIndex;
double dmaxValue = 0;
//获得所有要素中多个标注字段中的最大属性值
for (lfieldIndex = 0; lfieldIndex <= numFields - 1; lfieldIndex++)
{
    pCursor = pTable.Search(pQueryFilter, true);
    //使用统计对象获得最大值
    IDataStatistics pDataStatistics;
    IStatisticsResults pStatisticsResult;
    pDataStatistics = new DataStatisticsClass();
    pDataStatistics.Cursor = pCursor;
    //设置统计字段
    pDataStatistics.Field = fieldStrArr[lfieldIndex];
    pStatisticsResult = pDataStatistics.Statistics;
    //比较并存储最大值
    dmaxValue = pStatisticsResult.Maximum;
    if (pStatisticsResult.Maximum > dmaxValue)
    {
        dmaxValue = pStatisticsResult.Maximum;
    }
}
if (dmaxValue - 0.01 < 0.0001)
{
```

```
    dmaxValue += 1;
}
if (dmaxValue <= 0)
{
    MessageBox.Show("获得了无效的最大值。");
    return;
}
//设置柱状渲染方式
IChartSymbol pBarChartSymbol;
if (barstackTag == false)
{
    pBarChartSymbol = new BarChartSymbolClass();
}
else
{
    //柱状堆积排列
    pBarChartSymbol = new StackedChartSymbolClass();
}
pChartSymbol = (IChartSymbol)pBarChartSymbol;
pMarkerSymbol = (IMarkerSymbol)pBarChartSymbol;
//设置最大值
pChartSymbol.MaxValue = dmaxValue;
//柱状图的最大尺寸
pMarkerSymbol.Size = 40;
//为每条柱设置着色符号
pSymbolArray = (ISymbolArray)pBarChartSymbol;
//为每条标识柱设置颜色
pFillSymbol = new SimpleFillSymbolClass();
pFillSymbol.Color = GetRGB(230, 220, 240);
pSymbolArray.AddSymbol((ISymbol)pFillSymbol);
pFillSymbol = new SimpleFillSymbolClass();
//设置填充色
pFillSymbol.Color = GetRGB(180, 240, 123);
pSymbolArray.AddSymbol((ISymbol)pFillSymbol);
//设置图标符号为柱图
pChartRenderer.ChartSymbol = (IChartSymbol)pBarChartSymbol;
pChartRenderer.Label = fieldName;//标注名;
//设置背景符号
pChartRenderer.BaseSymbol = GetSymbolByShpType(m_strShapeType, GetRGB(239, 0, 190));
```

```
            //将柱图显示在渲染要素的中部，并创建标签
            pChartRenderer.UseOverposter = false;
            pChartRenderer.CreateLegend();
            //刷新渲染及屏幕
            pGeoFeatureL.Renderer = (IFeatureRenderer)pChartRenderer;
            pActiveView.PartialRefresh(esriViewDrawPhase.esriViewGeography, null, null);
        }
    }
```

在上例的结构函数中，有一个 bool 类型的参数 stackTag，用于控制是否堆积，图 6.11 为柱状图堆积的渲染着色。

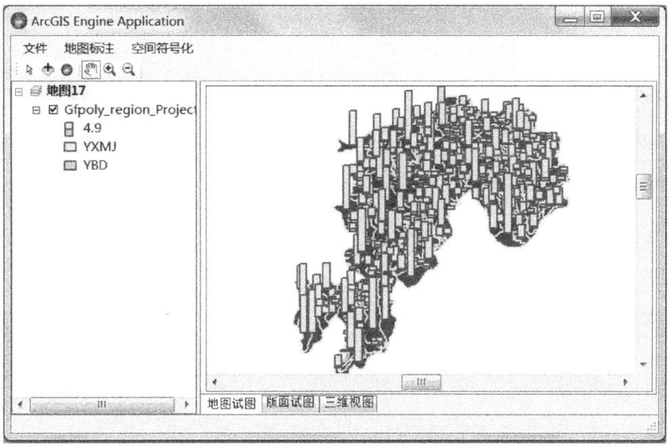

图 6.11　柱状图堆积渲染示例

2. PieChartRenderer 饼状图渲染

饼状图渲染法是利用饼状图来表现每条记录的多个属性间的比重关系，用它可方便地观察到某一属性所占的比重及与其他属性的对比效果，代码中通过 PieChartRenderer 类进行渲染，它实现了 IPieChartRenderer 接口，该渲染法使用 PieChartSymbol 符号来标注图形记录。

同柱状图渲染类似，PieChartRenderer 对象也要设置参与着色的多个要素字段，将其统计的最大值赋给 IChartSymbol 接口的 MaxValue 属性，此渲染方式与柱状图标注的不同之处为渲染所使用的符号（Symbol）。后者符号为 IChartSymbol，由 BarChartSymbolClass（柱状符号）和 StackedChartSymbolClass（堆叠符号）构造，此渲染标注所用的接口为 IPieChartSymbol，由 PieChartSymbolClass 方法构造。

以下代码便是对某一图层的多个字段进行饼状图渲染的方法。在其构造函数的参数中，同柱状标注相同，将所标注的多个字段名放入 FieString 中，以“,”隔开，MinSize 输入饼状图的最小对应尺寸，此例中设置为 4。

```
public sealed class PieChartRendererM : BaseCommand
{
    private IHookHelper m_hookHelper = new HookHelperClass();
```

```
    int pLayerInedx;
    int numFields;          //加入的字段个数
    string fieldsString;  //加入的这些字段以','为间隔
    double PieMinSize;      //设置点符号相应于最小值的大小
    string m_strShapeType;
    public PieChartRendererM(int LayerIn, int fieldcount, string FieString, double MinSize, string
shapeType)
    {
        base.m_category = "Symbology";
        base.m_caption = "PieChartRenderer";
        base.m_message = "PieChartRenderer";
        base.m_toolTip = "PieChartRenderer";
        base.m_name = "PieChartRenderer";
        base.m_enabled = true;
        pLayerInedx = LayerIn;
        numFields = fieldcount;
        fieldsString = FieString;
        m_strShapeType = shapeType;
        PieMinSize = MinSize;
        try
        {
            string bitmapResourceName = GetType().Name + ".bmp";
            base.m_bitmap = new Bitmap(GetType(), bitmapResourceName);
        }
        catch (Exception ex)
        {
            System.Diagnostics.Trace.WriteLine(ex.Message, "无效图标");
        }
    }
    public override void OnCreate(object hook)
    {
        if  (hook == null)
            return;
        if  (m_hookHelper == null)
            m_hookHelper = new HookHelperClass();
        m_hookHelper.Hook = hook;
    }
    public override void OnClick()
    {
```

```
        ICursor pCursor;
        string[] fieldStrArr = new string[numFields];
        int lfieldIndex;
        double dmaxValue;
        double dminValue;
        bool firstValue;
        ISymbolArray pSymbolArray;
        IActiveView pActiveView = m_hookHelper.ActiveView;
        IMap pMap = m_hookHelper.FocusMap;
        pMap.ReferenceScale = 0;
IGeoFeatureLayer pGeoFeatureL;
        pGeoFeatureL = (IGeoFeatureLayer)pMap.get_Layer(pLayerInedx);
        ITable pTable = (ITable)pGeoFeatureL;
        pGeoFeatureL.ScaleSymbols = false;//
        IChartRenderer pChartRenderer = new ChartRendererClass();
        IPieChartRenderer pPieChartRenderer = pChartRenderer as IPieChartRenderer;

        IRendererFields pRendererFields = (IRendererFields)pChartRenderer;
        IQueryFilter pQueryFilter = new QueryFilterClass();
        //以空格为分隔符，取出numFields个字段名，放入fieldIndecies数组里
        for (int i = 0; i < numFields; i++)
        {
            int EndIndex = fieldsString.IndexOf(',');
            string strPopField = fieldsString.Substring(0, EndIndex);
            fieldsString = fieldsString.Substring(EndIndex + 1);
            pRendererFields.AddField(strPopField, strPopField);
            pQueryFilter.AddField(strPopField);
            fieldStrArr[i] = strPopField;
        }
        firstValue = true;
        dmaxValue = 0;
        dminValue = 0;
        IDataStatistics pDataStatistics;
        pDataStatistics = new DataStatisticsClass();
        for (lfieldIndex = 0; lfieldIndex <= numFields - 1; lfieldIndex++)
        {
            pCursor = pTable.Search(pQueryFilter, true);
            //使用统计对象获得最大值
            IStatisticsResults pStatisticsResult;
```

```
        pDataStatistics.Cursor = pCursor;
        //设置统计字段
        pDataStatistics.Field = fieldStrArr[lfieldIndex];
        pStatisticsResult = pDataStatistics.Statistics;
        //比较并存储最大值
        if (firstValue)
        {
            dmaxValue = pStatisticsResult.Maximum;
            dminValue = pStatisticsResult.Minimum;
            firstValue = false;
        }
        if (pStatisticsResult.Maximum > dmaxValue)
        {
            dmaxValue = pStatisticsResult.Maximum;
        }
        if (pStatisticsResult.Minimum < dminValue)
        {
            dminValue = pStatisticsResult.Minimum;
        }
    }
    if (dmaxValue - 0.01 < 0.0001)
    {
        dmaxValue += 1;
    }
    if (dminValue - 0.01 < 0.0001)
    {
        dminValue += pDataStatistics.Statistics.Mean;
    }
    if (dmaxValue <= 0)
    {
        MessageBox.Show("获得了无效的最大值。");
        return;
    }
    //设置饼状图渲染方式
    IPieChartSymbol pPieChartSymbol = new PieChartSymbolClass();
    IChartSymbol pChartSymbol = (IChartSymbol)pPieChartSymbol;
    //饼图使用顺时针方法
    pPieChartSymbol.Clockwise = true;
    //饼图有外围轮廓线
```

```
            pPieChartSymbol.UseOutline = true;
            ILineSymbol pOutline = new SimpleLineSymbolClass();
            pOutline.Color = GetRGB(100, 205, 30);
            pOutline.Width = 0.5;
            //设置外围轮廓线的样式
            pPieChartSymbol.Outline = pOutline;
            IMarkerSymbol pMarkerSymbol = (IMarkerSymbol)pPieChartSymbol;
            //设置饼图的最大值
            pChartSymbol.MaxValue = dmaxValue;
            pMarkerSymbol.Size = 10;
            //为每个分块设置符号
            pSymbolArray = (ISymbolArray)pPieChartSymbol;
            IFillSymbol pFillSymbol = new SimpleFillSymbolClass();
            pFillSymbol.Color = GetRGB(213, 212, 252);
            pSymbolArray.AddSymbol((ISymbol)pFillSymbol);
            pFillSymbol = new SimpleFillSymbolClass();
            pFillSymbol.Color = GetRGB(193, 252, 179);
            pSymbolArray.AddSymbol((ISymbol)pFillSymbol);
            //设置图标符号为饼图
            pChartRenderer.ChartSymbol = (IChartSymbol)pPieChartSymbol;
            //设置背景符号
            pChartRenderer.BaseSymbol = GetSymbolByShpType(m_strShapeType, GetRGB(239, 0, 190));
            //将柱图显示在渲染要素的中部
            pChartRenderer.UseOverposter = false;
            pPieChartRenderer.MinSize = PieMinSize;
            //设置最小值，用于尺寸比例
            pPieChartRenderer.MinValue = dminValue;
            pPieChartRenderer.FlanneryCompensation = false;
            pPieChartRenderer.ProportionalBySum = true;
            //产生图例对象
            pChartRenderer.CreateLegend();
            //刷新渲染及屏幕
            pGeoFeatureL.Renderer = (IFeatureRenderer)pChartRenderer;
            pGeoFeatureL.ScaleSymbols = true;
            pActiveView.PartialRefresh(esriViewDrawPhase.esriViewGeography, null, null);
        }
    }
```

此处选用两个字段，渲染效果如图 6.12 所示。

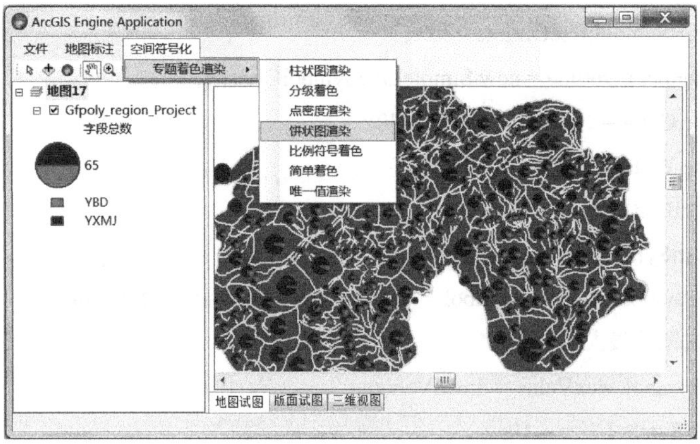

图 6.12　饼状图渲染示例

前面讨论的地图着色是对整个图层中的要素进行的，ArcGIS Engine 中还未提供直接方法有选择性地对部分要素进行着色。若要达到选择性着色的目的，可采用以下方式：

（1）在这些要素上绘制图形元素（Element），这些图形元素的几何形状就是需要着色要素的几何对象（Geometry）；

（2）先将需着色的要素放入图层的选择集中，使用 IFeatureLayerDefinition 接口的 CreateSelectionLayer 方法，利用这些要素新建新图层，再对这个新图层进行着色。

6.5　地 图 标 注

ArcGIS Engine 的文字标注分为标注（Label）和注记（Annotation）两种类型。标注通过 ITextElement 添加到地图容器里实现，注记则作为一个图层，并与关联的要素相连，其功能更为丰富。

6.5.1　TextElement 标注

本节将通过示例来说明标注添加的方法，在示例中，首先在一个要素图层中进行查询，利用游标（ICursor）取得要素，并遍历游标中的要素，为每个要素新建 TextElement 对象，将其 Text 设置为要素的特定字段值，而其 Geometry 则是要素包络矩形的中心点，最后将新建的文字以 IElement 的形式加入到地图容器中，并刷新视图显示标注。

该方法需要传入的参数是图层所在的 Map 对象，要素图层名，要标注的字段名，标注的字体可通过 6.3.4 节 TextSymbol 对象中介绍的获得 stdole.IFontDisp 类型字体的方法，设置并传入此类型参数，颜色对象则可参考 6.2.2 节 Color 对象中的方法，获得一个需要传入的 IRgbColor 对象。

```
private void TextElementLabel(IMap pMap, IFeatureClass pFeatClass,
    string strName, stdole.IFontDisp fontDis, IColor fontColor)
{
    IFields pFields = pFeatClass.Fields;
    //获取标注字段的索引号
```

```
    int i = pFields.FindField(strName);
    //新建一个文本符号
    ITextSymbol pTextSymbol = new TextSymbolClass();
    //设置其尺寸、字体、颜色
    pTextSymbol.Size = 3;
    pTextSymbol.Font = fontDis;
    pTextSymbol.Color = fontColor;
    //获取要素类的游标对象
    IFeatureCursor pFeatCursor = pFeatClass.Search(null, true);
    IFeature pFeat = pFeatCursor.NextFeature();//获取第一个标注要素
    IEnvelope pEnv;
    IGraphicsContainer pGraphicsContainer;
    while (pFeat != null)
    {
        pEnv = pFeat.Extent;
        IPoint pPoint = new PointClass();
        //获取其包络矩形的中心点
        pPoint.PutCoords(pEnv.XMin + pEnv.Width / 2, pEnv.YMin + pEnv.Height / 2);
        //生成一个文本元素对象
        ITextElement pTextEle = new TextElementClass();
        pTextEle.Text = pFeat.get_Value(i).ToString();
        pTextEle.ScaleText = true;
        pTextEle.Symbol = pTextSymbol;
        IElement pEle = pTextEle as IElement;
        pEle.Geometry = pPoint;
        pGraphicsContainer = pMap as IGraphicsContainer;
        //将文字元素加入到地图容器中
        pGraphicsContainer.AddElement(pEle, 0);
        pPoint = null;
        pEle = null;
        pFeat = pFeatCursor.NextFeature();
    }
    IActiveView pActiveView;
    pActiveView = pMap as IActiveView;
    pActiveView.PartialRefresh(esriViewDrawPhase.esriViewGraphics, null,
    null);
}
```

利用上述方法对示例数据进行标注。因此，在一个与地图控件在同一窗体的按钮的单击事件中添加代码，用以下方法可实现上述标注。

```
private void TextElementLabel_Click(object sender, System.EventArgs e)
{
    IMap pMap;
    IFeatureLayer pFeatureLayer;
    IFeatureClass pFeatureClass;
    stdole.IFontDisp pFontDisp;
    string pFieldName = "NAME";
    pMap = axMapControl1.Map;
    for (int i = 0; i < pMap.LayerCount; i++)
    {
        ILayer tempLyr = pMap.get_Layer(i);
        if (tempLyr is IFeatureLayer)
        {
            pFeatureLayer = tempLyr as IFeatureLayer;
            pFeatureClass = pFeatureLayer.FeatureClass;
            if (pFeatureLayer.Name == "Provice")
            {
                pFontDisp = new stdole.StdFontClass() as stdole.IFontDisp;
                pFontDisp.Name = "arial";
                //设置为粗体
                pFontDisp.Bold = true;
                //设置为无倾斜
                pFontDisp.Italic = false;
                //设置无下划线
                pFontDisp.Strikethrough = false;
                //设置字体颜色
                IRgbColor pColor;
                pColor = new RgbColorClass();
                pColor.Red = 180;
                pColor.Green = 125;
                pColor.Blue = 220;
                TextElementLabel(pMap, pFeatureClass, pFieldName, pFontDisp, pColor);
            }
        }
    }
}
```

加入示例数据后，按上述方法标注的效果如图 6.13 所示。该种标注方法不能实现文字随视图大小的变化而自动缩放，下面介绍的标注可实现这一效果。若需利用此方法实现文字缩放，可在视图变化后，清除地图容器内的文字，按地图缩放比例重新添加文字标注即可。

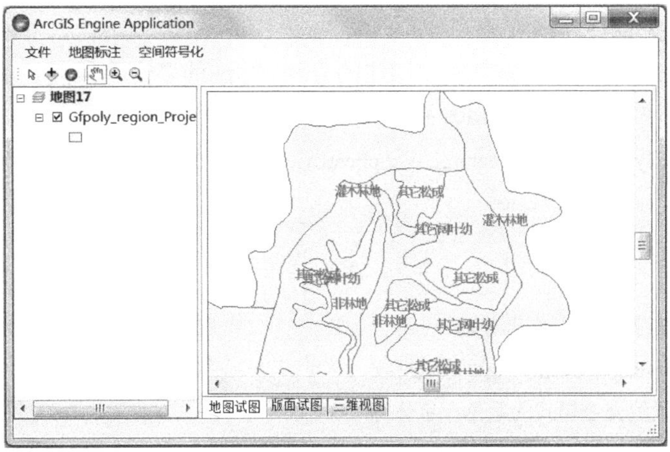

图 6.13　TextElement 标注

6.5.2　自动标注

使用此标注方法，可实现文字在地图上对图形要素的自动标注，并能自动调整标注字符的位置，以避免互相覆盖。

该类标注有以下两种形式：

（1）标注（Label），在 ArcMap 中表现为设置图层的 Label 属性后，图层以 Label 属性中设置的字段进行标注；

（2）注记（Annotation），它以较为复杂的方法和属性对要素图层进行文字注记，并与其所标注的要素相关联，注记的内容还可保存到地图文档或地理数据库中。

要使用标注，首先要了解 AnnotateLayerPropertiesCollection 类对象，它是一个要素图层的属性，是标注集对象的集合，此集合内可存放多个不同的标注集（LabelEngineLayerProperties），标注集与某个要素图层相关联，用于描述要素图层的标注。

在使用过程中，用 IGeoFeatureLayer 接口的 AnnotationProperties 属性来得到一个要素图层的 AnnotateLayerPropertiesCollection 对象。该类作为一个集合对象，实现了 IAnnotateLayerPropertiesCollection 接口，利用此接口的属性和方法获得、添加或删除其中管理的 LabelEngineLayerProperties 对象，因该对象是一个组件类对象，具体应用中，可新建此类对象。

LabelEngineLayerProperties 类实现了 IAnnotateLayerProperties 接口，利用其定义的属性和方法设置被标注的要素和尺寸。其中的 WhereClause 属性用于设置 SQL 语句，以便确定哪些要素需被标注；利用 AnnotationMaximunScale 和 AnnotationMinimumScale 设定标注文字的最大和最小显示比例。

LabelEngineLayerProperties 类也实现了 ILabelEngineLayerProperties 接口，用于控制标注过程中的主要属性，包括设置脚本、文字符号及标注文字的位置等。其 BasicOverposterLayerProperties 属性用于设置标注文本的放置方式、文字间冲突的处理方式等；而 Expression 则用于输入 VBScript 或 JavaScript 脚本。

IBasicOverposterLayerProperties 接口的其他属性，如 LineLabelPosition 控制标注文本的排放位置、LineLabelPlacementPriorities 用于设置标注文本的摆设路径权重、PointPlacement-

Priorities 设置点相关标注路径权重。

以下介绍对一个图层进行多个字段标注的方法，标注的多个字段属性值以“-”为分隔符。方法参数中 string[]类型的 fieldNames 存放需要标注的一个或多个字段名称。

```
public void LabelByFieldnames(IFeatureLayer pFeatLyr, string[] fieldNames)
{
    try
    {
        //设置多字段间以“-”分隔
        string connectivesStr = "&\" - \"&";
        //这里设置文字样式的颜色和字体等
        ITextSymbol pTextSyl = new TextSymbolClass();
        stdole.StdFont pFont;
        pFont = new stdole.StdFontClass();
        pFont.Name = "verdana";
        pFont.Size = 10;
        pTextSyl.Font = pFont as stdole.IFontDisp;
        IGeoFeatureLayer pGeoFeatureLayer = pFeatLyr as IGeoFeatureLayer;
        pGeoFeatureLayer.AnnotationProperties.Clear();//必须执行，因为里面有一默认的注记
        IBasicOverposterLayerProperties pBasic = new BasicOverposterLayerPropertiesClass();
        //新建一个图层标注引擎，并设置其属性
        ILabelEngineLayerProperties pLableEngine = new LabelEngineLayerPropertiesClass();
        string pLable = string.Empty;
        string mlable = string.Empty;
        foreach (string item in fieldNames)
        {
            mlable = "[" + item + "]";
            pLable += mlable + connectivesStr;
        }
        char[] psign = connectivesStr.ToCharArray();
        pLable = pLable.Trim(psign);
        //设置标注的多个字段的表达式
        pLableEngine.Expression = pLable;
        pLableEngine.IsExpressionSimple = true;
        pBasic.NumLabelsOption = esriBasicNumLabelsOption.esriOneLabelPerPart;
        pBasic.PointPlacementMethod = esriOverposterPointPlacementMethod.esriOnTopPoint;
        pBasic.PointPlacementOnTop = true;
        pLableEngine.BasicOverposterLayerProperties = pBasic;
        pLableEngine.Symbol = pTextSyl;
        pGeoFeatureLayer.AnnotationProperties.Add(pLableEngine as IAnnotateLayerProperties);
```

```
            pGeoFeatureLayer.DisplayAnnotation = true;
        }
        catch (Exception e00)
        {
            MessageBox.Show(e00.ToString());
        }
    }
```

以示例数据进行实验，标注效果如图 6.14 所示。

去除上述标注外，还可将要素图层的 DisplayAnnotation 属性设置为 false，或直接清除图层的注记，最后刷新地图控件，实现方法可参照以下代码。

```
pGeoFeatLyr.DisplayAnnotation = false;
或pGeoFeatLyr.AnnotationProperties.Clear();
    axMapControl1.Refresh(esriViewDrawPhase.esriViewBackground, null, null);
```

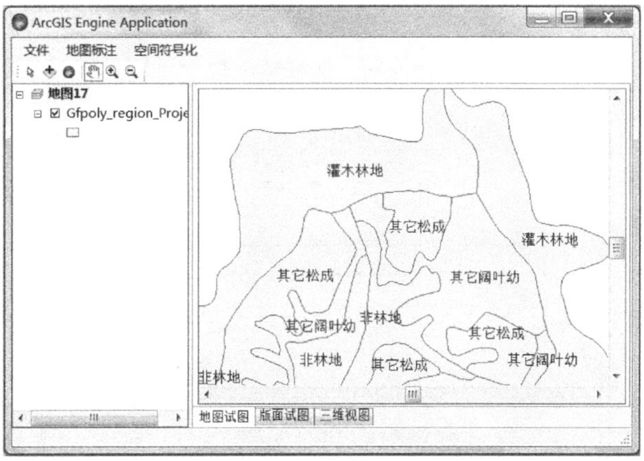

图 6.14　图层自动标注

6.6　开 发 实 例

在进行地图符号设置时，应使用如图 6.15 所示下拉框形式的颜色带，以方便颜色带的设置，但 ArcGIS Engine 中没有封装好的控件能实现此功能。

若要实现类似 ArcMap 中的符号化设置，以下拉框的形式选择颜色带，在 Visual Studio 中需要利用 ComboBox 控件模拟 ArcMap 中的相应功能。基本思路是将 ISymbologyStyleClass 中的颜色带（Color Ramp）转换为图片，然后将转换后的图片添加到 Combobox 的 Items 中，因 ComboBox 无法在文本显示区显示图片，需借助 PictureBox 显示 ComboBox 选中的颜色带。

下面是实现此实例的详细步骤：

（1）新建一个窗体应用程序工程，在默认的 Form1 窗体上，添加一个 ComboBox 控件，命名为 colorComboBox，再添加 ImageList 控件（名为 imageList1）、PictureBox 控件（名为 pictureBox1）和 LicenseControl 控件（名为 axLicenseControl1），将 colorComboBox 控件的

DrawMode 属性设置为 OwnerDrawFixed，再将 pictureBox1 的尺寸调整为 colorComboBox 文本显示区的尺寸，并用置于顶层的 pictureBox1 覆盖 colorComboBox 的文本显示区，如图 6.16 所示。

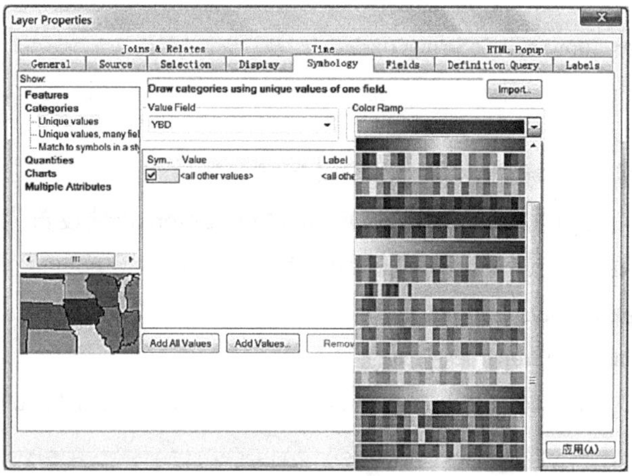

图 6.15　选择颜色带

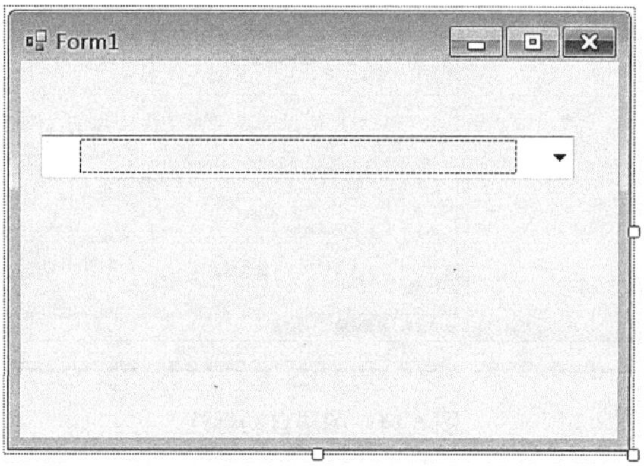

图 6.16　色带制作

在 Form1 窗体代码区中添加以下窗体层成员变量，具体代码如下：

```
ArrayList EnumStyleItem = new ArrayList();
IGradientFillSymbol m_FillSymbol;
IColorRamp m_ColorRamp;
```

（2）添加 SymbolToBitmap 方法，将 ArcGIS Engine 中颜色带符号（IGradientFillSymbol）转换为常规图片格式（System.Drawing.Image），示例代码如下：

```
private Image SymbolToBitmap(IGradientFillSymbol iSymbol, int iStyle, int iWidth, int iHeight)
{
    IntPtr iHDC = new IntPtr();
    Bitmap iBitmap = new Bitmap(iWidth, iHeight);
    Graphics iGraphics = System.Drawing.Graphics.FromImage(iBitmap);
```

```
tagRECT itagRECT;
IEnvelope iEnvelope = new EnvelopeClass() as IEnvelope;
IDisplayTransformation iDisplayTransformation;
IPoint iPoint;
IGeometryCollection iPolyline;
IGeometryCollection iPolygon;
IRing iRing;
ISegmentCollection iSegmentCollection;
IGeometry iGeometry = null;
object Missing = Type.Missing;
iEnvelope.PutCoords(0, 0, iWidth, iHeight);
itagRECT.left = 0;
itagRECT.right = iWidth;
itagRECT.top = 0;
itagRECT.bottom = iHeight;
iDisplayTransformation = new DisplayTransformationClass();
iDisplayTransformation.VisibleBounds = iEnvelope;
iDisplayTransformation.Bounds = iEnvelope;
iDisplayTransformation.set_DeviceFrame(ref itagRECT);//DeviceFrame
iDisplayTransformation.Resolution = iGraphics.DpiX / 100000;
iHDC = iGraphics.GetHdc();
//获取Geometry
if (iSymbol is ESRI.ArcGIS.Display.IMarkerSymbol)
{
    switch (iStyle)
    {
        case 0:
            iPoint = new ESRI.ArcGIS.Geometry.Point();
            iPoint.PutCoords(iWidth / 2, iHeight / 2);
            iGeometry = iPoint;
            break;
        default:
            break;
    }
}
else
    if (iSymbol is ESRI.ArcGIS.Display.ILineSymbol)
    {
        iSegmentCollection = new ESRI.ArcGIS.Geometry.Path() as ISegmentCollection;
```

```
                    iPolyline = new ESRI.ArcGIS.Geometry.Polyline() as IGeometryCollection;
                    switch (iStyle)
                    {
                        case 0:
                            iSegmentCollection.AddSegment(CreateLine(0, iHeight / 2, iWidth, iHeight / 2) as
ISegment, ref Missing, ref Missing);
                            iPolyline.AddGeometry(iSegmentCollection as IGeometry, ref Missing, ref
Missing);
                            iGeometry = iPolyline as IGeometry;
                            break;
                        case 1:
                            iSegmentCollection.AddSegment(CreateLine(0, iHeight / 4, iWidth / 4, 3 * iHeight /
4) as ISegment, ref Missing, ref Missing);
                            iSegmentCollection.AddSegment(CreateLine(iWidth / 4, 3 * iHeight / 4, 3 * iWidth /
4, iHeight / 4) as ISegment, ref Missing, ref Missing);
                            iSegmentCollection.AddSegment(CreateLine(3 * iWidth / 4, iHeight / 4, iWidth, 3 *
iHeight / 4) as ISegment, ref Missing, ref Missing);
                            iPolyline.AddGeometry(iSegmentCollection as IGeometry, ref Missing, ref
Missing);
                            iGeometry = iPolyline as IGeometry;
                            break;
                        default:
                            break;
                    }
                }
                else
                    if (iSymbol is ESRI.ArcGIS.Display.IFillSymbol)
                    {
                        iSegmentCollection = new ESRI.ArcGIS.Geometry.Ring() as ISegmentCollection;
                        iPolygon = new ESRI.ArcGIS.Geometry.Polygon() as IGeometryCollection;
                        switch (iStyle)
                        {
                            case 0:
                                iSegmentCollection.AddSegment(CreateLine(5, iHeight - 5, iWidth - 6, iHeight
- 5) as ISegment, ref Missing, ref Missing);
                                iSegmentCollection.AddSegment(CreateLine(iWidth - 6, iHeight - 5, iWidth - 6,
6) as ISegment, ref Missing, ref Missing);
                                iSegmentCollection.AddSegment(CreateLine(iWidth - 6, 6, 5, 6) as ISegment,
ref Missing, ref Missing);
```

```
                        iRing = iSegmentCollection as IRing;
                        iRing.Close();
                        iPolygon.AddGeometry(iSegmentCollection as IGeometry, ref Missing, ref
Missing);
                        iGeometry = iPolygon as IGeometry;
                        break;
                    default:
                        break;
                }
            }
            else
                if (iSymbol is ESRI.ArcGIS.Display.ISimpleTextSymbol)
                {
                    switch (iStyle)
                    {
                        case 0:
                            iPoint = new ESRI.ArcGIS.Geometry.Point();
                            iPoint.PutCoords(iWidth / 2, iHeight / 2);
                            iGeometry = iPoint;
                            break;
                        default:
                            break;
                    }
                }
    if (iGeometry == null)
    {
        MessageBox.Show("几何对象不符合！ ", "错误");
        return null;
    }
    ISymbol pOutputSymbol = iSymbol as ISymbol;
    pOutputSymbol.SetupDC(iHDC.ToInt32(), iDisplayTransformation);
    pOutputSymbol.Draw(iGeometry);
    pOutputSymbol.ResetDC();
    iGraphics.ReleaseHdc(iHDC);
    iGraphics.Dispose();
    return iBitmap;
}
private ILine CreateLine(double x1, double y1, double x2, double y2)
{
```

```
        IPoint pnt1 = new PointClass();
        pnt1.PutCoords(x1, y1);
        IPoint pnt2 = new PointClass();
        pnt2.PutCoords(x2, y2);
        ILine ln = new LineClass();
        ln.PutCoords(pnt1, pnt2);
        return ln;
    }
```

（3）调用以上方法，将程序运行目录下“\\Styles\\ESRI.ServerStyle”符号库文件中的颜色带逐个取出，并分别添加到控件或容器 pictureBox1、imageList1 和 colorComboBox.Items 中，实现过程可参考如下代码：

```
    private void DrawColorRamp()
    {
        string strDefaultStyleFileName = String.Format("{0}\\Styles\\ESRI.ServerStyle",
    Application.StartupPath);
        IStyleGallery styleGallery = new ServerStyleGalleryClass();
        IStyleGalleryItem styleGalleryItem = new ServerStyleGalleryItemClass();
        IStyleGalleryStorage styleGalleryStorage = styleGallery as IStyleGalleryStorage;
        styleGalleryStorage.AddFile(strDefaultStyleFileName);
        IEnumStyleGalleryItem enumStyleGalleryItem = styleGallery.get_Items("Color Ramps",
    strDefaultStyleFileName, "");
        enumStyleGalleryItem.Reset();
        styleGalleryItem = enumStyleGalleryItem.Next();
        while (styleGalleryItem != null)
        {
            m_ColorRamp = (IColorRamp)styleGalleryItem.Item;
            EnumStyleItem.Add(m_ColorRamp);
            //新建m_FillSymbol和m_ColorRamp
            m_FillSymbol = new GradientFillSymbol();
            m_FillSymbol.GradientAngle = 0;
            m_FillSymbol.ColorRamp = m_ColorRamp;
            pictureBox1.Image = SymbolToBitmap(m_FillSymbol, 0, pictureBox1.Width, pictureBox1.Height);
            imageList1.Images.Add(m_ColorRamp.Name, pictureBox1.Image);
            colorComboBox.Items.Add(pictureBox1.Image);
            styleGalleryItem = enumStyleGalleryItem.Next();
        }
    }
```

（4）在 Form1 窗体默认代码区域的构造函数中初始化窗体内各个控件，具体实现代码示例如下：

```
    public Form1()
    {
        InitializeComponent();
        DrawColorRamp();
        colorComboBox.SelectedIndex = 0;
        pictureBox1.Image = colorComboBox.SelectedItem as Image;
    }
```

（5）添加 colorComboBox 控件的事件代码，在该控件的 DrawItem 事件中，添加绘制下拉框颜色带的实现代码。

```
private void colorComboBox_DrawItem(object sender, DrawItemEventArgs e)
{
    e.DrawBackground();//绘制背景
    e.DrawFocusRectangle();//绘制焦点框
    //绘制图例
    Rectangle iRectangle = new Rectangle(e.Bounds.Left + 1, e.Bounds.Top + 1, 117, 14);
    Bitmap getBitmap = new Bitmap(imageList1.Images[e.Index]);
    e.Graphics.DrawImage(getBitmap, iRectangle);
}
```

在该控件的 SelectionChangeCommitted 事件中，将选择到的颜色带显示在 pictureBox1 中，具体代码如下：

```
private void colorComboBox_SelectionChangeCommitted(object sender, EventArgs e)
{
    pictureBox1.Image = colorComboBox.SelectedItem as Image;
}
```

程序最终效果如图 6.17 所示。

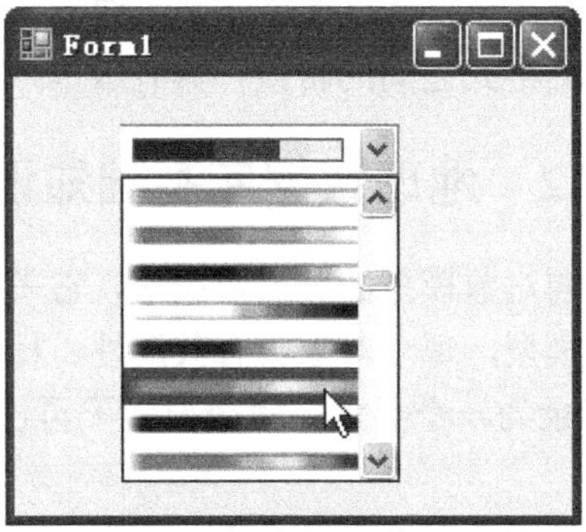

图 6.17　颜色带下拉框程序示例

若想获得选中的 IColorRamp，可按选择的索引号在类型为 ArrayList 的数组 EnumStyleItem 中获取，获取方式可参考以下代码：

```
IColorRamp pColorRamp = (IColorRamp)EnumStyleItem[colorComboBox.SelectedIndex];
```

第 7 章　空间数据管理

ArcGIS 的数据库存储模式，可将复杂的空间数据作为对象放在关系数据库中，并提供管理和检索其中数据的方法，以便操作存储在数据库中的海量地理数据。

7.1　概　　述

地理数据库（GeoDatabase）是 ESRI 推出的一个面向对象的空间数据库模型，它为 GIS 应用程序提供常用的数据接口和管理框架，提供了处理丰富数据类型、应用复杂规则和关系、存取大量地理数据等功能，是一种地理数据的管理机制和一套完整的地理数据开发组件。

在物理层面上，其数据存储形式分为两种：一种是基于 Microsoft Access 的个人级别的地理数据库，即 PersonalGeoDatabase。PersonalGeodatabase 对于 ArcGIS 用户是免费的，它使用 Microsoft Jet Engine 的数据文件将空间数据存放在 Access 数据库中，其最大数据容量为 2G，且只支持 Windows 平台，不能实现多用户并发操作等复杂网络应用。另一种是基于 Oracle、SQL Server、Informix 或 DB2 等的 EnterpriseGeodatabase，由于它需要中间件 ArcSDE 进行连接，所以 EnterpriseGeodatabase 又称为 ArcSDE Geodatabase。这种地理数据库可方便地对海量数据进行松散存储，能实现多用户并发操作、事务管理、数据库恢复和空间数据无缝管理等。在 ArcGIS9.2 及其后续版本中，还引入了一种全新的空间数据存储方案——File Geodatabase，它能模拟由 DBMS 维护 GeoDatabase 的全部信息模型。它只支持单用户编辑，但可多用户读取，它的每个表格（包括属性表）的最大容量为 1TB。

在逻辑层面上，GeoDatabase 具有面向对象的特点。它采用面向对象技术将现实世界抽象为由若干对象类组成的数据模型，每个对象类有其属性、行为和规则，对象类之间又有一定的联系；实现了空间数据和属性数据的统一存储，要素具有丰富的关联环境并能用有效性规则来验证；支持要素间的拓扑关系，并且扩展了基于要素和其他面向对象类型数据的复杂网络和关系功能；支持不同数据格式之间的转换；具有版本控制等优势。

7.2　地理数据库基础知识

地理数据库是一个基于面向对象模型的关系数据库，它采用面向对象技术将现实世界抽象为由若干对象类组成的数据模型，每个对象类有其属性、行为和规则，对象类之间又有一定的联系。数据库中的每条记录为一个要素，每个要素不再仅仅是一条有几何字段的记录，而是拥有属性和行为的对象。

地理数据库中存储的数据模型，可以定义对象、要素之间的关联(Relationships)。支持要素间的拓扑关系，并且扩展了基于要素和其他面向对象类型数据的复杂网络和关系功能。由于 GeoDatabase 模型使用一般性数据框架描述地理数据，同类型的不同格式数据之间除了存储的物理文件有所不同外，操作代码没有太多差别。

地理数据库是一种在关系数据库基础上扩展的“面向对象数据库”，它将数据看成不同类型的对象，能够给这些数据对象加上准确的行为和关系。因此，数据对象的多态性，使对象的行为可适应对象的变化而改变，体现在一个要素（Feature），无论它放在什么类型的数据源中（包括 Shapefile、PersonalGeoDatabase 或 SDE 建立的空间数据库），其操作方式都相同；数据对象的封装性表现为，外界不需要了解数据对象内部的具体工作机理，只需通过已知的方法，进行必须的操作即可；数据对象的继承性使得对象具有开放性特征，可在已经存在的对象上继承和派生出新的功能对象。分析本章的对象模型图可得，对象类是表的扩展，而要素类是对象类的扩展。

除面向对象的优秀特性外，地理数据库还提供了数据版本（Version）的控制管理，该功能由 ArcSDE 提供。借助版本控制，一份数据可有多个版本，以便确保多人能同时编辑一份数据。版本并不是一份数据的不同拷贝，它实质上是对一份数据不同状态的记录。

地理数据库实现了数据的统一存储，可将所有地理数据保存在一个数据库中。Geodatabse 将地理数据作为一个对象保存，这些对象以数据记录行（Row）的形式被存储在要素类、对象类或要素数据集中。对象类和要素类的区别在于前者存储非空间数据，后者保存具有相同字段的几何形体对象及其属性信息。一个要素类中存储点、线、面要素中的一类，且这些要素的字段都相同。

地理数据库还提供了多种数据输入的验证方式，如有效性规则、值域、拓扑等验证，有效防止了地理数据库在数据录入过程和处理中出现差错。

为了更好地操作地理数据和扩展地理数据功能，需熟悉 GeoDatabase 的模型结构，如图 7.1 所示。

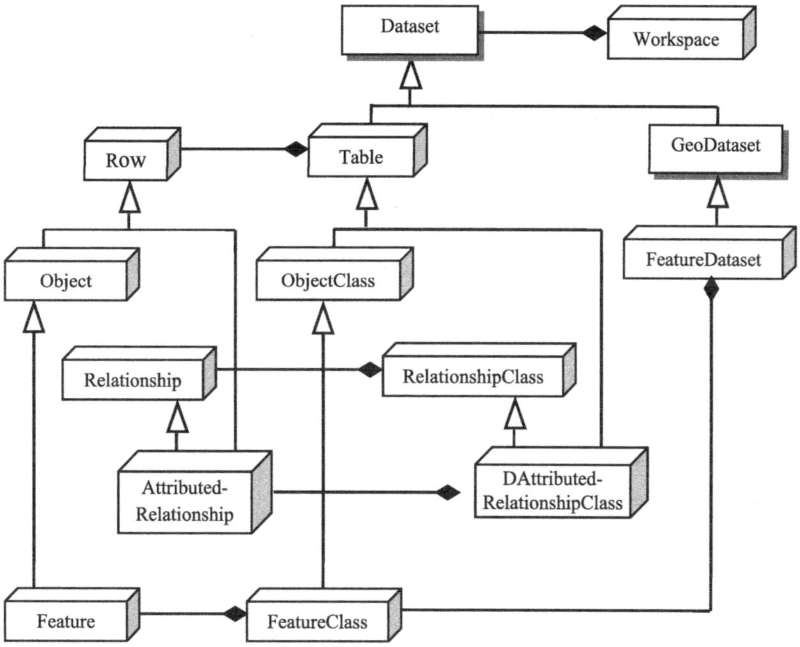

图 7.1　GeoDatabase 核心结构模型

分析图 7.1，可简要描述 GeoDatabase 模型中的主要对象。

（1）地理数据库模型的工作空间（Workspace）对象，代表了一个地理数据库，或者Shapefile 文件的文件夹或 Coverage 的工作空间。

（2）数据集（Dataset）是数据的高级容器，它是任何数据的集合，这个数据范围较为广泛，可以是数据行（Row）、表（Table）甚至是要素类。

（3）地理数据集（GeoDataset）是一个具有空间参考和地理范围的空间数据集集合。

（4）要素数据集（FeatureDataset）是一个具有相同空间参考的要素类集合。简单的要素类存储在要素数据集内外都可以，但拓扑等复合要素类必须存储在要素数据集内，以保证作用的数据都处于同一空间参考之下。

（5）表（Table），是数据库中的一个二维表，它由数据行（Row）组成，其列属性由字段集设置。

（6）数据行（Row），是表中的一行记录，一个表中记录的字段集相同。

（7）对象类（ObjectClass），是表（Table）的扩展，它是一种具有面向对象特性的表，用于存储非空间数据。

（8）对象（Object），代表了一个具有属性和行为的实体（Entity），而不是简单的数据行（Row），它具有唯一索引号（OID）。

（9）要素类（FeatureClass），是一种可以存储空间数据的对象类，它是对象类的扩展。

（10）要素（Feature），是要素类中的一条记录，每个要素都有与其对应的几何对象。

（11）网络要素（NetworkFeature），是一种参与几何网络的要素。

（12）关系类（RelationshipClass），代表关系，该关系是通过表的外键（Foreignkeys）建立的。

（13）关系（Relationship），是一对象类之间、要素类之间的联系，它可以控制这些对象之间的行为。

（13）属性关系类（AttributedRelationshipClass），是一种用于存储关系的表。

（14）属性关系（AttributedRelationship），指表之间多对多的关系。

本章将依据地理数据库模型的结构，分别讲述 GeoDatabase 中的主要对象、接口及其使用方法。

7.3　Workspace 及相关对象

在 Workspace 对象中，可包含数据集、要素类、属性表等数据，在物理级别上它相当于地理数据库本身。因地理数据库（GeoDatabase）中使用统一方法来管理数据，对于存储在数据库或文件中的不同类型数据，除需使用 Workspace 的不同方法获取外，其余操作方法都是一致的。在 GeoDatabase 类库中，由 esriWorkspaceType 枚举类型指定的 Workspace 类型有三类：esriFileSystemWorkspace、esriLocalDatabaseWorkspace 和 esriRemoteDatabaseWorkspace。对常用地理数据类型，Shapefiles 和 ArcInfo 的工作空间属于 esriFileSystemWorkspace。个人地理数据库（PersonalGeodatabase）属于 esriLocalDatabaseWorkspace。EnterpriseGeodatabase 属于 esriRemoteDatabaseWorkspace。

此外，其他的工作空间还包括：栅格工作空间（RasterWorkspace）、三角网工作空间（Tin Workspace）、CADWorkspace 和 VPFWorkspace 等。

7.3.1　打开工作空间

ArcGIS 主要用 Workspace 和 WorkspaceFactory 来实现数据的访问。工作空间(Workspace)是一个普通类（Class），因此无法直接产生对象。为获得一个工作空间，需要使用工作空间工厂（WorkspaceFactory）对象来创建一个工作空间。通过 WorkspaceFactory 的 Open 方法可以得到不同的 Workspace 实例，得到相应的实例之后，就可以把得到的 IWorkspace 转换成相应的接口来打开要素数据、栅格数据或其他类型的数据。

工作空间工厂（WorkspaceFactory）是 GeoDatabase 的入口。它是一个抽象类，派生了很多子类，常用的有 IMSWorkspaceFactory、AccessWorkspaceFactory 及 ShapefileWorkspace-Factory。不同类型的文件需使用不同的工作空间工厂对象来打开所需的工作空间。

IWorkspaceFactory 接口定义了所有工作空间对象的一般属性和方法，用户可通过它管理不同类型的工作空间，所有的工作空间对象都可通过此接口产生。其中的 Create 方法可产生一个新的工作空间对象，此方法的前两个参数是数据所在的目录和名称，第三个参数是输入一个属性集（Propertyset）对象，它通常是在新建 SDE 工作空间时才使用。不同类型的 WorkspaceFactory 对象的 Create 方法产生的工作空间对象是不同的，AccessWorkspaceFactory 用于产生个人地理数据库类型的工作空间，为 Mdb 类型文件，而 ShapefileWorkspaceFactory 对象则产生文件夹形式的工作空间。

下面是利用工作空间工厂创建 Access 类型个人地理数据库的方法，执行这个方法，将会在 D 盘根目录下生成 Temp.mdb 文件，此为新建的个人地理数据库。

```
private void CreateAccessWorkspace()
{
    IWorkspaceFactory pAccessWorkspaceFactory;
    pAccessWorkspaceFactory = new AccessWorkspaceFactoryClass();
    IWorkspaceName pWorkspaceName;
    pWorkspaceName = pAccessWorkspaceFactory.Create(@"d:",
    "temp", null, 0);
}
```

IWorkspaceFactory 的 Open 方法和 OpenFromFile 方法可以用于打开一个已经存在的工作空间，前者常用于打开一个 SDE 数据库，后者用于打开一个文件类型的数据（如 Shapefile、Tif、Img 等）。

IWorkspaceFactory 接口的 WorkspaceType 属性用于返回创建的工作空间类型，它包括三种：本地数据库工作空间（esriLocalDatabaseWorkspace），如 Access 形式的个人地理数据库；文件工作空间（esriFileSystemWorkspace），如 Shapefile；远程数据库工作空间（esriRemoteDatabaseWorkspace），如使用 SDE 在 Oracle 上建立的地理数据库。

以下介绍一些使用工作空间工厂打开地理数据库的代码实例。

1. 打开 SDE 建立的数据库

```
public IWorkspace OpenSDEWorkspace(string Server, string Instance,
    string User, string Password, string Database, string version)
```

```
{
    IWorkspace ws = null;
    IPropertySet pPropSet = new PropertySetClass();
    //使用SDE的工作空间工厂
    IWorkspaceFactory pSdeFact = new SdeWorkspaceFactoryClass();
    pPropSet.SetProperty("SERVER", Server);
    pPropSet.SetProperty("INSTANCE", Instance);
    pPropSet.SetProperty("DATABASE", Database);
    pPropSet.SetProperty("USER", User);
    pPropSet.SetProperty("PASSWORD", Password);
    pPropSet.SetProperty("VERSION", version);
    try
    {
        ws = pSdeFact.Open(pPropSet, 0);
    }
    catch (Exception ex)
    {
        MessageBox.Show(ex.ToString()+"SDE连接失败！ ","信息提示");
    }
    return ws;
}
```

2. 打开 Oracle 数据库

```
private void OpenOracleWorkspace()
{
    IWorkspaceFactory pWorkspaceFactory;
    pWorkspaceFactory = new ESRI.ArcGIS.DataSourcesOleDB.OLEDBWorkspaceFactoryClass();
    IPropertySet pPropertyset = new PropertySetClass();
    pPropertyset.SetProperty("CONNECTSTRING","Provide=oraoledb.oracle;Data Source`sde;User
Id`sde;Password`sde");
    IFeatureWorkspace pWorkspace;
    pWorkspace = pWorkspaceFactory.Open(pPropertyset, 0) as IFeatureWorkspace;
}
```

3. 打开 Personal GeoDatabae

```
public IWorkspace OpenAccessWorkspace(string pathNameStr)
{
    IWorkspace ws = null;
    IWorkspaceFactory wsf = new AccessWorkspaceFactoryClass();
    //pathNameStr文件位置的绝对路径
```

```
        ws = wsf.OpenFromFile(pathNameStr, 0);
        return ws;
}
```

4. 打开 Shapefile 工作空间

```
public IWorkspace OpenShapfileWorkspace(string pathNameStr)
{
        IWorkspace ws = null;
        IWorkspaceFactory wsf =new ESRI.ArcGIS.DataSourcesFile.ShapefileWorkspaceFactoryClass();
        ws = wsf.OpenFromFile(pathNameStr, 0);
        return ws;
}
```

表 7.1 所示是程序员常用的工作空间工厂及相应的工作空间对象。

表 7.1　常用工作空间工厂及工作空间

工作空间工厂对象	使用文件类型	工作空间对象类型
AccessWorkspaceFactory	打开 Personal GeoDatabase	esriLocalDatabaseWorkspace
ArcInfoWorkspaceFactory	打开 ArcInfo 工作空间	esriFileSystemWorkspace
CadWorkspaceFactory	打开 CAD 文件	esriFileSystemWorkspace
OLEDBWorkspaceFactory	使用 OLEDB 打开数据库的工作空间	esriRemoteDatabaseWorkspace
SdeWorkspaceFactory	打开 SDE 数据库	esriRemoteDatabaseWorkspace
TInWorkspaceFactory	打开 TIN 数据文件的工作空间	esriFileSystemWorkspace
TextFileWorkspaceFactory	打开文本文件	esriFileSystemWorkspace

7.3.2　工作空间

工作空间（Workspace）在逻辑上是包含空间数据集和非空间数据集的数据容器，从 GeoDatabase 类库的对象模型图中可以看到，这些数据包括要素类、栅格数据集、表等对象。工作空间对象也提供了用于创建新数据集和操作已经存在数据集的方法。

工作空间对象 Workspace 是一个单一的对象，没有子类，它代表了不同保存地理数据的数据库或文件本身。Workspace 对象拥有众多的接口，管理着庞大的属性和方法。下面将介绍 Workspace 类对象的一些主要接口。

1. IWorkspace 接口

IWorkspace接口定义了操作一个工作空间的基本属性和方法。常用的属性包括：ConnectionProperties 属性用于返回工作空间的连接属性集对象；Datasets 属性可按照数据集（Dataset）的类型返回一个数据集枚举对象；Type 属性可获得工作空间的类型；WorkspaceFactory 属性用于返回工作空间类型和工作空间工厂的种类。

图 7.2　Statescounties 工作空间

图 7.2 为使用 ArcCatalog 查看 D:\Statescounties.mdb 地理数

据库中数据组成的显示结果。现用代码遍历该个人地理数据库，将此数据库中根目录下的数据集名称查询出来。

```
private void getDataset()
{
    IWorkspaceFactory pAccessWorkspaceFactory;
    pAccessWorkspaceFactory = new AccessWorkspaceFactoryClass();
    //打开工作空间
    IWorkspace pWorkspace = pAccessWorkspaceFactory.OpenFromFile(@"D:\Statescounties.mdb", 0);
    //获取工作空间内的数据集，参数为esriDatasetType.esriDTAny时，
    IEnumDataset pEnumDataset;
    //将取出所有类型的数据集。
    pEnumDataset = pWorkspace.get_Datasets(esriDatasetType.esriDTAny);
    pEnumDataset.Reset();
    IDataset pDataset = pEnumDataset.Next();
    while (pDataset != null)
    {
        MessageBox.Show(pDataset.Name);
        pDataset = pEnumDataset.Next();
    }
}
```

该方法的执行结果会将“USA”和“JoinTable”分别显示在两个对话框中，若要访问到“USA”要素数据集内的两个要素类，可利用 IDataset 接口的 Subsets 属性获得要素集枚举对象，再参照以上方法遍历这个要素枚举对象，即可获取其内部的要素类。

2. IFeatureWorkspace 接口

该接口主要用于管理基于要素的数据集，如表（Table）、要素数据集（FeatureDataset）、要素类（FeatureClass）、对象类（ObjectClass）和关系类（RelationshipClass）等。

接口中所有以 Open 开头的方法均需要传入一个要素集的名字，如 OpenTable、OpenDataset 和 OpenFeatureClass 等。OpenTable 方法可用于打开一个已经存在的表或者对象类，而 OpenFeatureClass 方法可用于打开一个已经存在的要素类，无论这个要素类是在工作空间中，还是在一个要素数据集中均可。

以下代码是从工作空间中得到一个要素类，并将其加入 MapControl 控件。

```
private void AddFeatureClassToMap(IWorkspaceFactory pWorkspaceFactory,
        IPropertySet pPropertyset, string featClsName)
{
        IFeatureWorkspace pFeatWorkspace;
        pFeatWorkspace = pWorkspaceFactory.Open(pPropertyset, 0) as IFeatureWorkspace;
        IFeatureClass pFeatClass= pFeatWorkspace.OpenFeatureClass(featClsName);
        IFeatureLayer pFeatLyr= new FeatureLayerClass();
```

```
        pFeatLyr.FeatureClass = pFeatClass;
        pFeatLyr.Name = pFeatClass.AliasName;
        IMap pMap = axMapControl1.Map;
        pMap.AddLayer(pFeatLyr);
    }
```

OpenFeatureQuery 方法可通过一个预查询语句打开一个虚拟要素类，该虚拟要素类基于多个实际存在要素类之间的关系，它可将多个有关系的要素类作为一个要素类放入 Map 对象中。

IFeatureworkspace 接口的 CreateFeatureClass 方法可产生一个要素类，该要素类被直接放置在工作空间中，数据集的物理格式既可以是一张二维表，也可以是一个 Shapefile 文件，所产生的数据集格式取决于工作空间的类型。

下面的代码是在一个 Access 格式的个人地理数据库中产生一个要素类的例子。

```
private IFeatureClass CreateAccessFeatureClass(string strWorkspace,
      string strBrowseName, esriGeometryType geomType)
{
    //打开工作空间
    IWorkspaceFactory pWSF = new AccessWorkspaceFactoryClass();
    IWorkspace pWS = pWSF.OpenFromFile(strWorkspace, 0);
    IFeatureWorkspace pFWS = pWS as IFeatureWorkspace;
    //设置GeometryDef属性，提供SHAPE字段
    IGeometryDefEdit pGeomDef = new GeometryDefClass();
    pGeomDef.GeometryType_2 = geomType;
    pGeomDef.SpatialReference_2 = new UnknownCoordinateSystemClass();
    //新建字段
    IFieldEdit pField;
    IFieldsEdit pFieldsEdit;
    pFieldsEdit = new FieldsClass();
    //设置几何字段
    pField = new FieldClass();
    pField.Type_2 = esriFieldType.esriFieldTypeGeometry;
    pField.GeometryDef_2 = pGeomDef;
    pField.Name_2 = "Shape";
    pFieldsEdit.AddField(pField);
    //添加ID默认字段
    pField = new FieldClass();
    pField.Type_2 = esriFieldType.esriFieldTypeDouble;
    pField.Name_2 = "ID";
    pFieldsEdit.AddField(pField);
    //产生唯一索引字段
```

```
    pField = new FieldClass();
    pField.Name_2 = " OBJECTID";
    pField.Type_2 = esriFieldType.esriFieldTypeOID;
    pFieldsEdit.AddField(pField);
    //返回新建的要素类
    return pFWS.CreateFeatureClass(strBrowseName, pFieldsEdit,
        null, null, esriFeatureType.esriFTSimple, " Shape", "");
}
```

此处使用了“null”关键字来设置某个方法可以忽略的参数。对操作 ArcSDE+大型关系型数据库构成的 SDE 地理数据库而言，若要在里面添加一个要素类，CreateFeatureClass 的最后一个参数就不能为“null”，必须是一个空字符串 string.Empty。

3. IGeoDatabaseRelease 接口

运用 ArcSDE+大型数据库构成的多用户地理数据库有一个重要特点，它支持多用户操作，使同样一份数据能让多个用户同时进行操作，以产生同一份数据的不同版本（Version）。

版本指地理数据的一个编辑状态。用户没有新建一个版本的时候，地理数据库始终处于“default”版本状态，即 SDE 数据库必须拥有的一个版本状态。若一份数据同时被 A、B、C 三个用户进行编辑，系统将分别给三个用户建立其对应的版本，如“版本 A”“版本 B”和“版本 C”，无论这三个用户如何编辑此数据，如更新、删除、添加，在地理数据库中仅记录对它们的编辑行为，不对原始数据做任何更改。

当多个用户完成数据编辑后，可将多人的编辑工作进行汇总，即合并版本。若多个用户对同一个要素进行了编辑，且编辑状态不一样，将出现“版本冲突”，提示用户采用哪一个版本的数据。对于版本的最后确定，将取决于用户对数据的权限。

可使用 IGeoDatabaseRelease 接口管理地理数据库的版本，使用 Upgrade 方法可将数据库升级为当前的版本状态。MajorVersion 和 MinorVersion 属性分别用于获取地理数据库的更高级版本层次和低一级的版本层次。

7.3.3　PropertySet

属性集合（Propertyset）对象是一个专门用于设置属性的对象，它是一种“[名称]-[值]”对应的集合，类似哈希（Hash）表或字典（Dictionary）。名称必须是字符串，其对应的值没有限制，该对象支持通过名字来查找其对应的值。

IWorkspaceFactory 接口的 Open 方法要求用属性集合（Propertyset）来设置所打开的 Workspace，此类使用一个 SetProperty 方法来设置属性值，携带全部数据库的连接信息。

在打开一个 SDE 建立的地理数据库时，需进行如下配置：

```
IPropertySet pPropertyset;
pPropertyset = new PropertySetClass();
pPropertyset.SetProperty("Server", "data");//服务器
pPropertyset.SetProperty("Instance", "esrisde");//SDE实例
pPropertyset.SetProperty("user", "sde");//SDE数据库的用户名
```

```
pPropertyset.SetProperty("password", "sde");//数据库密码
pPropertyset.SetProperty("version", "sde.DEFAULT");//默认版本
```

在与 SDE 相关的空间数据库中，可使用数据集对象来打开工作空间，但在打开个人地理数据库（PersonalGeoDatabase）或文件类型的工作空间时，并不需要这个对象。若其他的方法需要通过一个对象传入多个信息，也可借助 IPropertyset 对象来完成。

7.3.4　名称对象

名称（Name）对象标识并定义了 GeoDatabase 中的数据集、工作空间或地图等对象。尽管名称对象仅为它代表对象的一个“代理”，但它支持程序员使用实例化的特定对象的 Open 方法。以下便是使用 Open 方法进行实例化的例子：

```
string sourceWorkspacePath = @"C:\arcgis\DeveloperKit\SamplesNET\data\Atlanta.gdb";
IWorkspaceFactory sourceWorkspaceFactory = new FileGDBWorkspaceFactoryClass();
IWorkspace sourceWorkspace = sourceWorkspaceFactory.OpenFromFile(sourceWorkspacePath, 0);
IDataset sourceWorkspaceDataset = (IDataset)sourceWorkspace;
IName sourceWorkspaceDatasetName = sourceWorkspaceDataset.FullName;
IWorkspaceName sourceWorkspaceName = (IWorkspaceName)sourceWorkspaceDatasetName;
IFeatureClassName sourceFeatureClassName = new FeatureClassNameClass();
IDatasetName sourceDatasetName = (IDatasetName)sourceFeatureClassName;
sourceDatasetName.Name = "streets";
sourceDatasetName.WorkspaceName = sourceWorkspaceName;
IName sourceName = (IName)sourceFeatureClassName;
IFeatureClass sourceFeatureClass = (IFeatureClass)sourceName.Open();
```

因名称对象可创建和返回一个地理数据库（GeoDatabase）实例，它与 GeoDatabase 对象相比是轻量级对象。例如，一个要素数据集中包含很多要素类，但一个要素数据集名称对象却无法实现。

名称对象包含很多子类，如 TableName、FeatureClassName、ObjectClassName 等。本书在前面章节中曾使用 WorkspaceFactory 对象中的 Create 方法创建过一个 Access 工作空间，实质上产生的是一个 WorkspaceName 对象，并不是一个 Workspace。若需产生 Workspace 对象，可使用如下例所示的 Open 方法，其中 pShapeWorkspace 才是真正的工作空间对象。

```
private void CreateShapefileWorkspace()
{
    IWorkspaceFactory pWorkspaceFactory;
    pWorkspaceFactory = new ESRI.ArcGIS.DataSourcesFile.ShapefileWorkspaceFactoryClass();
    IWorkspaceName pWorkspaceName= pWorkspaceFactory.Create(@"d:", "temp", null, 0);
    IName pName = pWorkspaceName as IName;
    IWorkspace pShapeWorkspace = pName.Open() as IWorkspace;
}
```

7.4 Dataset 对 象

数据集（Dataset）是一个代表 Workspace 中数据集合的抽象类，为高级数据容器。常用的数据形式如表（Table）、要素类（FeatureClass）、栅格数据集（RasterDataset）、几何网络等对象，都是 Dataset 的一种形态，所有放在工作空间的对象都是一种数据集对象，数据集中的数据可以是一行记录、一个字段、一个关系、一个表或是一个数据集。因此，GeoDatabase 也可被称为一个数据集对象。

数据在关系型数据库中都以表的形式存在，在地理数据库中也是如此，尽管是地理数据，但它们也存储在表里，不过某个字段可用来存储对应的图形信息。

Dataset 对象被分为表（Table）和地理数据集（GeoDataset）两大类。前者可简单看成是一张二维表，由一条条记录所组成，是保存记录 Row 的容器；后者是要素类的容器，由多个要素类组成，保存在一个 GeoDataset 中的要素类具有相同的坐标系统。

（1）IDataset 接口。打开工作空间后，需要处理的就是数据集对象，所有的数据集都实现了 IDataset 接口，它定义了所有要素集的基本属性和方法。

在 IDataset 接口中，FullName 属性可返回与这个数据集相联系的名称对象；PropertySet 属性返回数据集的属性集对象；Subsets 属性可返回这个数据集中包含的下一级数据集，若其为一个要素数据集，将返回它包含的要素类对象。

在该接口中，CanCopy、CanDelete 和 CanRename 方法分别用于设置数据集是否能够被复制、删除和重命名。Copy 、Delete 和 Rename 方法用于实现数据集的复制、删除和重命名操作。

（2）IDatasetEdit 接口。在 ArcGIS Engine9.3 及以后版本中，利用 IEngineEditor 等接口来控制编辑，而在 ArcGIS Engine9.2 中，当在工作空间中启动编辑流程对其中的数据进行编辑时，可使用 IWorkspaceEdit 接口的 StartEditing 方法，在启动此编辑流程方法后，可使用 IDatasetEdit 接口的 IsBeingEdited 方法来获知一个特定的数据集是否处于编辑状态。

在多用户地理数据库中，若数据没有被注册为某个版本状态，就不能被编辑。地理数据库的连接用户可能无编辑数据的权限，或此数据集未被注册为版本，因此在工作空间内，并非所有数据集都可开启编辑流程。

（3）ISchemaLock 接口。在一个数据集的建立之初，其模式（Schema）可以被修改，Schema 是一个要素集的结构而非数据本身，用户可以将它看做是关系数据库中的数据字典。一份数据在不同时刻不能被两个用户同时执行物理上的操作，当修改 Schema 或者是执行其他需要独享数据的操作时，应对数据库建立一个排他性的锁定，以免数据在使用过程中出现异常。

Schema 的锁定有两种，一个是独占型（exclusive）锁定，另一种是共享型（shared）锁定。使用 ISchemaLock 接口的 ChangeschemaLock 方法，可将一个数据集的 Schema 进行锁定。

7.4.1 GeoDataset 类

地理数据集（GeoDataset）是一个抽象类，它代表了拥有空间属性的数据集。GeoDataset 的实例包括要素数据集（FeatureDataset）、要素类（FeatureClass）、不规则三角网（TIN）

和栅格数据集（RasterDataset）。而非 GeoDataset 的数据集包括非空间属性的对象类（ObjectClass）和关系类（RelationshipClass）等。判断一个数据集是否为 GeoDataset 的对象，可通过此数据集能否设置空间参考（SpatialRefrence）来确定。

IGeoDataset 接口定义了 GeoDataset 对象的空间信息，包括空间参考和范围属性。通过 IGeoDataset 的 SpatialRefrence 属性可获得其空间参考，而通过 Extent 属性可获得要素集的定义范围。

IGeoDatasetSchemaEdit 接口可改变一个 GeoDataset 的空间参考，而利用 AlterSpatialRefrence 方法可重新设置与数据集关联的空间参考，该方法主要用于给一个空间参考为 Unknown 的地理数据集设置空间参考。

7.4.2 FeatureDataset 对象

要素数据集对象在地理数据库中是一个简单要素类的容器，在这个容器内放置了具有相同空间参考的要素类，除简单要素类外，几何网络和关系类也可以放在要素数据集中。

当在工作空间中对一个要素类进行操作时，应注意这个要素类放在什么地方，是直接放在工作空间中（如文件夹中的 Shapefile），还是放在一个要素数据集中。当使用 IWorkspace 接口的 Datasets 属性来遍历一个工作空间内的数据集时，返回的只是直接放在工作空间的数据集，而保存在一个要素数据集中的要素类则不会被遍历。

地理数据库中的数据集名称唯一，不允许一个要素类的名称和另一个的名称相同。例如，在工作空间中存在一个名为 A 的要素类和 B 的要素数据集，若在 B 中再产生一个名为 A 的要素类是不会成功的。但对多个 Shapefile 文件，如果两个同名文件在不同文件夹中却是允许的。该问题产生的原因是，无论一个要素类是直接放在工作空间中，还是放在工作空间的一个要素数据集中，仅存在逻辑上的差别，其物理组成都是数据库中的一份二维表，并且表名就是要素类的名字。在一个数据库中既然不能出现两个同名的二维表，也就不能产生两个同名的要素类。

使用 IFeatureWorkspace 接口的 OpenFeatureClass 方法，可打开工作空间中的任何一个要素类，无论它是直接存放在工作空间中，还是存放在工作空间的一个要素数据集中。

下面介绍要素数据集中的主要接口。

1. IFeatureDataset

该接口从 IDataset 接口继承而来，它使用 CreateFeatureClass 方法在要素数据集中产生新的要素类，与 IFeatureWorkspace 接口的 CreateFeaureClass 方法类似，不同之处在于，IFeatureDataset 接口的 CreateFeatureClass 方法产生的要素类的空间参考必须与要素数据集的空间参考一致。

下面示例代码用于遍历一个要素数据集中的要素类。

```
private void GetFeatureClass()
{
    IWorkspaceFactory pWorkspaceFactory= new AccessWorkspaceFactoryClass();
    IFeatureWorkspace pWorkspace = pWorkspaceFactory.OpenFromFile(
      @"C:\Program Files\ArcGIS\DeveloperKit\SamplesNET\data\Schematics\ElecDemo.mdb", 0) as
```

```
IFeatureWorkspace;
    //得到名为Landbase的数据集
    IFeatureDataset pFeatureDataset = pWorkspace.OpenFeatureDataset("Landbase");
    //遍历要素数据集中的子类，也是要素数据集
    IEnumDataset pEnumDataset = pFeatureDataset.Subsets;
    pEnumDataset.Reset();
    IDataset pDataset = pEnumDataset.Next();
    while (pDataset != null)
    {
        MessageBox.Show(pDataset.Name + " type:" + pDataset.Type);
        pDataset = pEnumDataset.Next();
    }
}
```

2. IFeatureClassContainer

IFeatureClassContainer 接口用于管理要素数据集里面的要素类。该接口的 ClassByName 和 Class 属性可用于获取数据集中的特定要素类。ClassCount 和 Classes 属性可分别获得要素数据集中的要素类数目和要素类的枚举对象。ClassByID 属性可通过对象类的 OID 值返回特定的对象类。

在 SDE 地理数据库中新建一个 Table 对象，即建立一张二维数据表，如果该表没有注册版本，则是一张普通的数据表。当表被注册到某个版本后，它将变为一个对象类。在地理数据库中，每一个对象类都可通过 IObjectClass 接口的 ObjectID 属性，获得独一无二的 OID 索引，用于区分其他对象类。对象类的 ID 号（OID）是在它被创建或注册到地理数据库时，由系统自动分配的，不能被修改。若一个要素类或表存储在数据库中，未被注册，则其 ID 号将总是-1。

3. IDatasetContainer

IDatasetContainer 可以管理数据集对象中的数据集，工作空间也实现了该接口。此接口可以在工作空间和要素数据集之间移动数据集对象，移动过程可运用 AddDataset 方法，当将要素类从工作空间移动进一个要素数据集时，源要素类的空间参考必须和目标数据集一致。

以下是移动要素类的例子，其中 pFeatDataset 是工作空间中的要素数据集，pDataset 为要移动的数据。若要将数据直接放入工作空间，bStangalone 应为 true，否则为 false。

```
private void MoveDataset(IFeatureDataset pFeatDataset, IDataset pDataset,
    bool bStandalone)
{
    IDatasetContainer pDatasetContainer;
    //若将数据直接放入工作空间与pFeatDataset同一层，bStangalone为true
    if (bStandalone)
    {
        pDatasetContainer = pFeatDataset.Workspace as IDatasetContainer;
```

```
    }
    else
    {
        pDatasetContainer = pFeatDataset as IDatasetContainer;
    }
    //将数据集放入选择的容器中
    pDatasetContainer.AddDataset(pDataset);
}
```

4. IRelationshipClassContainer

要素数据集中可存储关系类对象，可通过此接口来添加、新建和获得要素数据集中的关系类对象。该接口的 CreateRelationshipClass 方法可将一个关系类移动到要素数据集中，使用 IDatasetContainer 接口的 AddDataset 方法也能实现。

7.5　表、对象类和要素类

地理数据库（GeoDatabase）是在普通关系数据库（Access 或 Oracle）的基础上构建的，其基本组成部分是二维表，每张表由一条条记录组成。在地理数据库中存储的对象，不论是什么类型的表，要素类或是其他类型的数据，都存储在数据库的二维表中，因此表（Table）可被认为是数据的最小容器。

对象类（ObjectClass）是在普通关系数据库基础上的扩展，它不仅是一张关系表，而且是一个具有属性和行为的数据表，也用于存储非空间数据。它与 Table 对象的差别在于，ObjectClass 由 Object 对象组成，虽然其物理形式仍为一条记录，但它是具有属性和行为的对象，而非简单的数据记录。

要素类（FeatureClass）则是在对象类（ObjectClass）上的更进一步发展，使用 Shape 属性作为它的图形描述部分。它除了具有面向对象的特性外，还能够存储空间数据，这些空间数据以一个个具有属性和行为的要素为表现形式。

在个人地理数据库（PersonalGeoDatabase）中新建一个要素类后，打开此 Access 数据库，浏览新增的表，会发现属性数据和空间数据分别存储在一张单独的表中，如要素类 States 由 States 和 States_Shape_Index 两张表组成。其几何图形数据以二进制流的形式存放在 SHAPE 字段中，因二进制数据的索引方式与一般文本、数字方式不同，需用 States_Shape_Index 表来控制这个字段的索引。

正是由于 ArcGIS Engine 地理数据库（GeoDatabase）模型的逻辑操作脱离了实际的物理层次，使用户不再考虑操作地理数据的存储介质类型，不管是文件类型、Access 数据库、Oracle 数据库或 SQLServer 数据库，对其中的空间数据和非空间数据使用的操作方式都相同。这种统一的数据模型观点，将极大方便 GIS 软件开发。

7.5.1　Table 对象

从关系数据库的角度来看，表（Table）对象代表了地理数据库中的一张二维表或者视图（View），是最简单的数据容器对象，存储的元素是数据行（Row）对象，它也是一个数据集对象。Table 是 ObjectClass 对象和 FeatureClass 对象的父类。

Table 由 Row 对象组成，Row 对象代表了表中的一条记录。表有一列或多列，每列被称为 Table 的字段（Field），此处的字段将在本章后续部分进行介绍。

因 Table 对象是基本的数据容器，它实现了以下几个接口，用于管理这些存储于表中的数据。

1. IClass 接口

所有的 Table 类（包括 Table、ObjectClass 和 FeatureClass）都实现了 IClass 接口，通过该接口定义的属性和方法，可实现表对象的一般操作。利用该接口 Fields 属性，可获得表的字段结构；FindField 方法可通过一个字段的字段名获得它在表字段集中的索引号；AddField 方法用于给表对象添加一个字段；AddIndex 方法用于给表增加一个索引，索引是在数据库表中对一个或多个列的值进行排序的结构，利用它可更快速地得到信息。

HasOID 属性可返回一个表是否有 OID 字段，用户通过该属性的返回值，可知道此表是否已注册版本；OIDFieldName 属性返回 OID 字段的字段名。

2. ITable 接口

ITable 接口继承自 IClass。该接口定义的方法可以供用户查询、选择、插入、更新、删除表中的记录。在一张表中获得记录行或对记录行的修改都是通过该接口定义的方法来完成的。

该接口的 CreateRow 方法用于在数据库中产生一个 Row 对象，在它产生后，除了系统自动给它一个 OID 值外，其他的字段值都为空。若在字段设计时，设置了某个字段初始化的缺省值，该字段在产生的新行中就有默认的缺省值。

一旦产生一个新的记录行（Row）对象，就可以使用 IRow 接口的 Value 属性来设置这个对象的不同字段值，该属性是可读写的。当一个 Row 对象的所有非空字段值都被设置后，就可以使用 Store 方法存储此 Row 修改后的值，否则它将不会被保存到数据库中。

用 ArcCatalog 在目录为 d:\arcgisdata\test.mdb 的地理数据库中，新建一个表 Test，在设计表字段时，用户会发现系统中已经自动存在一个 ObjectID 字段，在它下面添加 Name 和 Age 两个字段，字段类型分别是“Text”和“ShortInteger”。然后向此表中添加数据，以下方法用于向表中插入新 Row。

```
private void AddRow()
{
    IWorkspaceFactory pWorkspaceFactory = new AccessWorkspaceFactoryClass();
    IFeatureWorkspace pWorkspace = pWorkspaceFactory.OpenFromFile(
        @"d:\arcgisdata\test.mdb", 0) as IFeatureWorkspace;
    //打开属性表
    ITable pTable = pWorkspace.OpenTable("test");
    IRow pRow = pTable.CreateRow();
    //为此记录行写入值后保存
    pRow.set_Value(1, "jack");
    pRow.set_Value(2, 20);
```

```
        pRow.Store();
    }
```

执行完上述方法后，重新打开 ArcCatalog 或刷新其中的目录树，可看到新建的 Test 表中有一条 OID 为 1 的新记录。

该接口中的 CreateRowBuffer 方法可用于产生一个缓冲行（RowBuffer）对象，该对象可被插入型游标（InsertCursor）使用，用于向表中插入新记录。RowBuffer 并不是一个实际存在的 Row 对象，而是一个临时对象，没有 OID 值。

GetRow 方法可根据一条记录的 OID 值来获得 Row 对象本身，可改变所得 Row 对象的值，使用 IRow 接口中的 Store 方法更新本条记录，在执行完以上 AddRow 方法后，执行以下方法，再查看 Test 表，会发现第一条记录的 Age 值已变为 23。

```
private void ChangeRowValue()
{
    IWorkspaceFactory pWorkspaceFactory = new AccessWorkspaceFactoryClass();
    IFeatureWorkspace pWorkspace = pWorkspaceFactory.OpenFromFile(
        @"d:\arcgisdata\test.mdb", 0) as IFeatureWorkspace;
    //打开属性表
    ITable pTable = pWorkspace.OpenTable("test");
    //取出一条记录并修改
    IRow pRow = pTable.GetRow(1);
    pRow.set_Value(2, 23);
    pRow.Store();
}
```

利用该接口中的 RowCount 方法可得到表中满足要求的记录条数，它需要设置一个 QueryFilter 过滤器对象来确定查询条件，若需返回所有值，则需将此过滤器设置为 null。

该接口中 Insert 方法用于得到一个具有插入记录功能的插入型游标，它需和 CreateRowBuffer 产生的 RowBuffer 对象配合使用。

Search 方法则可用于查询满足要求的记录，返回值是一个查询型游标，该游标指向所有满足条件的 Row 对象。

Update 方法的参数与 Search 方法的类似，但它的返回游标用于更新属性值的目的，不同于 Insert 的“插入”和“Search”的“寻找”目的。以下方法可从表中获得记录。

```
private void GetRows()
{
    IWorkspaceFactory pWorkspaceFactory= new AccessWorkspaceFactoryClass();
    IFeatureWorkspace pWorkspace = pWorkspaceFactory.OpenFromFile(
        @"d:\arcgisdata\test.mdb", 0) as IFeatureWorkspace;
    ITable pTable = pWorkspace.OpenTable("test");
    //在表中寻找符合要求的Row，过滤器为null时寻找全部记录
    ICursor pCursor = pTable.Search(null, false);
    IRow pRow = pCursor.NextRow();
```

```
        while (pRow != null)
        {
            //弹出对话框显示每行的第三个字段值
            MessageBox.Show(pRow.get_Value(2).ToString());
            pRow = pCursor.NextRow();
        }
    }
```

Select 方法返回的是一个选择集对象，它与 Search 方法有差别，Search 方法返回一个指向被寻找数据的游标，而它要么返回被选择 Row 对象的 ID 值，要么就是 Row 对象本身，此差别取决于构造选择集时使用的参数，使用下面的代码可在表中构造选择集。

```
    private void GetSelectionSet()
    {
        IWorkspaceFactory pWorkspaceFactory = new AccessWorkspaceFactoryClass();
        IFeatureWorkspace pWorkspace = pWorkspaceFactory.OpenFromFile(
            @"d:\arcgisdata\test.mdb", 0) as IFeatureWorkspace;
        ITable pTable = pWorkspace.OpenTable("test");
        IScratchWorkspaceFactory pScratchWorkspaceFactory;
        pScratchWorkspaceFactory = new ScratchWorkspaceFactoryClass();
        //为选择集产生一个scratch workspace
        IWorkspace pScratchWorkspace;
        pScratchWorkspace = pScratchWorkspaceFactory.DefaultScratchWorkspace;
        //产生过滤器
        IQueryFilter pQFilt = new QueryFilterClass();
        pQFilt.WhereClause = "OID < 50";
        //使用过滤器选择数据记录
        ISelectionSet pSelectionSet = pTable.Select(pQFilt,
            esriSelectionType.esriSelectionTypeIDSet,
            esriSelectionOption.esriSelectionOptionNormal,
            pScratchWorkspace);
    }
```

上述示例在表 pTable 中构造了新的选择集，其中 ScratchWorkspaceFactory 参数是一个 IScratchWorkspaceFactory 类型的对象，它用于在操作系统的 Temp 目录下，产生一个临时的个人地理数据库（PersonalGeoDatabase）供选择集使用。而 Select 方法的第二个参数 esriSelectionTypeIDSet 则让选择集返回一个存储被选择到的 Row 对象 ID 号的二维表。

7.5.2 ObjectClass 对象

对象类（ObjectClass）是 Table 对象的子类，也是由 Row 组成的表。在对象类中的 Row 对象是作为一个对象实体被存储的。该实体不仅拥有 Table 中记录的特性，而且同对象一样拥有属性和行为，并支持 IRow 和 IObject 接口。

一个对象类和其他对象类之间可以存在任意数目的关系（Relationship），这些关系可用于控制对象的行为。一个对象类可使用一个字段将它自身划分为几个子类，所有子类都有与对象类相同的字段设置，且被存储在同一个表中。

例如，有一个存储林地信息的对象类，依据地块的“林地种类”字段可将此对象类划分为几个子类，如“纯林”“混交林”“疏林地”“未利用地”等。尽管它们都放在同一个表中，但地理数据库（GeoDatabase）可将子类看做一个独立的对象。

每个对象类都有一个非负的对象类 ID 号，它是在这个对象类创建时或其被注册到地理数据库时，由系统自动赋予的。对象类还有一个别名（AliasName）属性，它是出于方便显示的目的而使用的，用于设置这个对象类的附加注释信息。每个对象类都拥有 Name 属性，其值与存储在关系数据库中对应物理表的名称一致。

1. IObjectClass 接口

所有对象类都支持 IObjectClass 接口，它从 IClass 接口继承而来。该接口的 AliasName 属性可返回对象类的别名，若一个对象类没有设置别名属性，则其别名将和对象类的 Name 属性一致。ObjectClassID 属性可返回这个对象类的 OID 值，若对象类未被注册，则其 OID 值为-1，且获得的 HasOID 属性值为 false。

因对象类之间可能存在关系，一个对象类在关系中担当的角色有三种：关系源（Origin）、关系目的（Destination）和两种关系角色同时存在的情况。使用 RelationshipClasses 属性可根据关系类型返回对象中的关系。具体方法可参考如下代码，其中 pObject 为 IObjectClass 类型的变量。

```
private void GetObjByRelation(IObjectClass pObject)
{
    IRelationshipClass pRelationshipClass;
    IEnumRelationshipClass pEnumRelaClass;
    pEnumRelaClass = pObject.get_RelationshipClasses(esriRelRole.esriRelRoleAny);
    pEnumRelaClass.Reset();
    pRelationshipClass = pEnumRelaClass.Next();
    while (pRelationshipClass != null)
    {
        MessageBox.Show(pRelationshipClass.OriginClass.AliasName +
            "-" + pRelationshipClass.DestinationClass.AliasName);
        pRelationshipClass = pEnumRelaClass.Next();
    }
}
```

2. IClassSchemaEdit 接口

IClassSchemaEdit 及其扩展 IClassSchemaEdit2 接口都可用于修改一个对象类的属性，如对象类的别名、某字段的缺省值、字段值域、改变对象类字段的别名等。这些已经设计好的字段结构，就称为模式（Schema），它是一个对象类的结构描述，并非数据本身。使用此接口中的方法，用户必须取得这个对象类的完全控制权，以免在修改的过程中有别的程序使用这个对象类，为此需要使用 SchemaLock 接口为数据集所代表的对象类设置一个独占型的锁定。

该接口的 RegisterAsObjectClass 方法可以将一个存在的表注册到 SDE 地理数据库，该过程实质上是给表添加一个 OID 字段，并将其作为一个对象类登记到地理数据库的数据字典中。

用 ArcCatalog 在目录为 d:\arcgisdata\test.mdb 的地理数据库中，新建一个名为“build”的要素类，在设计这个要素类的字段时，建立一个 ShortInteger 类型、名为“Age”的字段，设置其别名为“Building_Age”。执行以下方法可改变这个字段的别名。

```
private void ChangeSchema()
{
    IWorkspaceFactory pWorkspaceFactory= new AccessWorkspaceFactoryClass();
    //打开工作空间
    IWorkspace pWorkspace = pWorkspaceFactory.OpenFromFile(
        @"d:\arcgisdata\test.mdb", 0);
    IFeatureWorkspace pFeatWorkspace = pWorkspace as IFeatureWorkspace;
    ITable pTable = pFeatWorkspace.OpenFeatureClass("build") as ITable;
    IObjectClass pObjclass = pTable as IObjectClass;
    IClassSchemaEdit pOcSchemaEdit = pObjclass as IClassSchemaEdit;
    //为此对象类设置一个独占型的锁定
    ISchemaLock pSchLock = pObjclass as ISchemaLock;
    pSchLock.ChangeSchemaLock(esriSchemaLock.esriExclusiveSchemaLock);
    //改变要素类的字段别名
    pOcSchemaEdit.AlterFieldAliasName("Age", "BuildingAge");
    //释放锁定
    pSchLock.ChangeSchemaLock(esriSchemaLock.esriSharedSchemaLock);
}
```

3. ISubtypes 接口

该接口用于管理和查询对象类的子类、值域和缺省值。值域是一个字段值的范围，此部分将在后续部分详细介绍。

每一个对象类都有一个缺省的子类代码，如果用户没有设置缺省的子类或子类字段，该接口的 DefaultSubtypeCode 返回的子类代码值将为 0。而 HasSubtype 属性将返回 false，SubtypeFieldindex 属性的值为–1。

除 Shape 字段外，其他每种类型字段都可设置缺省值，而与这个字段相联系的值域对象将会检查这个缺省值的有效性。当某条记录的某个字段没有被赋值就保存时，系统会自动将缺省值添加到这个字段中。

7.5.3　FeatureClass 对象

要素类（FeatureClass）是可以存储空间数据的对象类，它是 ObjectClass 的扩展。要素类是一个空间实体的集合，这些空间实体被用于模拟离散的、具有各类属性的对象。

要素类中的所有要素字段结构相同，要素类与表、对象类的最大区别在于，它拥有几何字段，即 Shape 字段，用于存储要素的几何图形信息，以描述其形状及位置。

1. IFeatureClass 接口

IFeatureClass 接口是操作要素类时所使用的主要接口。其 ShapeFieldName 属性用于返回要素类的几何字段名称；AreaField 和 LengthField 用于返回要素类中用于存储要素图形面积和长度的字段对象；ShapeType 返回几何字段的类型，即要素类存储的几何形体对象的类型；FeatureType 用于获取要素类的类型，如简单要素类、标注类、注记类等； FeatureClassID 返回要素类在地理数据库中的唯一标识符，与 IObiectClass 接口的 ObiectClassID 属性相同。

该接口也定义了很多用于操作要素类的方法，这些方法和 IObjectClass 接口定义的方法非常相似，如 Insert、Search 和 Update 方法可分别得到对应功能的游标对象。

Select 方法用于按要求得到要素类中的选择集对象，所获得的要素选择集取决于使用的过滤器对象（QueryFilter）。

CreateFeature 方法用于新建一个要素对象，然后对它的值进行设定，并使用 IFeature 接口的 Store 方法将新要素存储到要素类中。

CreateFeatureBuffer 方法则用于产生一个缓冲要素（FeatureBuffer）对象，它并不是一个真正的要素，而是暂时存在的对象，需要用“插入”游标，将新建的 FeatureBuffer 保存到要素类中。

2. INetworkClass 接口

若需将要素类加入到一个几何网络中，可使用 INetworkClass 接口对这些要素类进行管理。可加入网络中的要素有两种，即几何字段类型为点和线的要素类。

加入到网络中的要素分为四种：简单节点类型、复杂节点类型、简单边类型和复杂边类型。

通过该接口中的 GeometricNetwork 属性，可得到这个要素参与的几何网络对象；NetworkAncillaryRole 属性可得到这个要素在网络中担当的角色，如源（Source）、汇（Sink）或普通角色。

7.5.4　字段集与字段

字段集（Fields）是表的列（Column）属性的集合。一张表必须有一个字段集，而一个字段集中至少有一个字段。字段集是一个组件类，它可以独立于表而存在，在地理数据库中，使用字段集和字段非常频繁，如给表产生一个索引、排序、数据转换等。

当用 ArcCatalog 在地理数据库中新建一个表或者要素类时，必须设置其字段集和字段，因其为组件对象类，可用 New 关键字来创建。在新建一个字段后，必须将它加入到一个字段集中，为表或要素类所用。

设置字段集的过程包括设定字段集中字段（Field）的类型、值域、缺省值、别名和是否允许为空等属性。这些属性构成了要素的行为限制条件，使其保证数据录入的有效性。

1. IFields 接口

字段集需与一个表相关联，若需获取一个表对象的字段集，可使用 ITable 的 Fields 属性来实现。使用 IFields 接口定义的属性和方法，可得到字段集中的某个字段，从而获得特定字段的值。

IFields 有两个属性，其一为 Field（index），通过传入字段索引，用以返回特定字段的对象，如：

```
IField pField;
pField = pFields.get_Field(0);
```

其二为 FieldCount 属性，可返回字段集合的字段数目。而寻找字段有两种方法：一种是 FindField，用字段名为参数，返回字段的索引值；另一种是 FindFieldByAliasName，使用别名返回字段的索引号。以下方法可根据字段名称在要素类中获取字段对象。

```
private IField GetFieldByName(IFeatureClass pFeatClass, string fieldStr)
{
    //获得字段集
    IFields pFields = pFeatClass.Fields;
    //寻找名为fieldStr值的字段索引号
    int i = pFields.FindField("City_name");
    //获得字段对象并返回
    IField pField = pFields.get_Field(i);
    return pField;
}
```

2. IFieldsEdit 接口

字段集里的字段要能够被修改、更新和删除，这些方法均包含在 IFieldsEdit 接口中，该接口从 IFields 继承而来。

此接口的 AddField 方法，可添加一个新字段到字段集。用 DeleteAllFields 方法可一次性删除表中所有的字段。

以下方法是建立一个新表的代码，在建立过程中，主要考虑的是字段设置，即模式的设计。

```
private ITable CreateTable(IFeatureWorkspace pFeatWorkspace, string strName)
{
    ITable pTable;
    IFields pFields;
    IField pField;
    IFieldEdit pFieldEdit;
    IFieldsEdit pFieldsEdit;
    //创建一个新字段集合
    pFields = new FieldsClass();
    pFieldsEdit = pFields as IFieldsEdit;
    pFieldsEdit.FieldCount_2 = 2;//设定字段数目
    //产生一个OID字段
    pField = new FieldClass();
    pFieldEdit = pField as IFieldEdit;
```

```
        pFieldEdit.Name_2 = "OBJECTID";
        pFieldEdit.AliasName_2 = "FID";
        pFieldEdit.Type_2 = esriFieldType.esriFieldTypeOID;
        pFieldsEdit.set_Field(0, pField);
        //产生一个文本字段
        pField = new FieldClass();
        pFieldEdit = pField as IFieldEdit;
        pFieldEdit.Length_2 = 30;
        pFieldEdit.Name_2 = "Owner";
        pFieldEdit.Type_2 = esriFieldType.esriFieldTypeString;
        pFieldsEdit.set_Field(1, pField);
        pTable = pFeatWorkspace.CreateTable(strName, pFields, null, null, "");
        return pTable;
    }
```

在.NET 中，IFieldsEdit 接口定义的属性能够直接进行读写，但可写属性以“_2”结尾，在以上的示例代码中，FieldCount 属性是可读的，而 FieldCount_2 属性是可写的。

IFieldEdit 接口并不能给一个已经存在的数据集加入一个字段，该接口定义的方法只能用于新建一个数据集。要为已经存在的表或要素类添加字段，需要使用数据集本身的 AddField 方法，如下例所示：

```
    private void AddFieldToFeatureClass()
    {
        IWorkspaceFactory pWSF = new AccessWorkspaceFactoryClass();
        IFeatureWorkspace pWS = pWSF.OpenFromFile(
            @"d:\arcgisdata\test.mdb", 0) as IFeatureWorkspace;
        IFeatureClass pFeatClass = pWS.OpenFeatureClass("build");
        //新建一个字段
        IField pField = new FieldClass();
        IFieldEdit pFieldEdit = pField as IFieldEdit;
        pFieldEdit.Type_2 = esriFieldType.esriFieldTypeDouble;
        pFieldEdit.Name_2 = "salary";
        //将字段添加进要素类
        pFeatClass.AddField(pField);
    }
```

字段（Field）是一个表的列，由字段组成字段集。字段拥有很多属性，如名称和数据类型。在一个简单要素类中，OID 和 Shape 字段是必需的，这两个字段的别名和几何类型可被更改，但字段本身不能被删除。要素类中存在一个几何字段，这个字段是描述要素类存储要素的类型，一个要素类中保存的点、线或面要素几何类型是唯一的。

不同类型的要素类有一些特别的字段用于显示要素的状态，被称为“要素追踪字段”。在线状要素中，会有 Shape_Length 字段来追踪某个要素的长度；在面状要素中，有 Shape_Area

和 Shape_Length 两个字段（在 SDE 数据库里面这两个字段是 Shape.Area 和 Shape.Length），前者记录面要素的面积，后者记录周长；点和多点类型的要素没有此种字段。这种追踪要素字段在使用 ArcCatalog 建立新表时不会显示在“新建表向导”对话框中，当然也就不能给它们设置缺省值、值域或将其删除。

3. IField 接口

IField 接口是字段对象的主要接口，可从此接口中得到字段的主要属性，如名称、别名、字段值域、字段类型等。以下代码则是将一个要素类的非几何字段的名称添加到一个 ComboBox 中：

```
IFields pFields = pFeatureClass.Fields;
for (int i = 0; i <= pFields.FieldCount - 1; i++)
{
    IField pField = pFields.get_Field(i);
    if (pField.Type != esriFieldType.esriFieldTypeGeometry)
    {
        comboBox1.Items.Add(pField.Name.ToString());
    }
}
```

4. IFieldEdit 接口

与 IFieldsEdit 接口类似，需注意的是，IFieldEdit 中的属性，未加“_2”的为只读属性，加了“_2”为只写属性。例如，AliasName 属性只可用于读取字段的别名，而 AliasNam_2 属性用于设置一个字段的别名。

7.5.5　与字段相关的对象

新建一个表或要素类时，对字段的设计是很复杂的，为了更好地设置要素的行为和快速查找数据，需要设置表的索引、新建子类、设计几何字段和确定值域等，这些内容与字段密切相关。

1. 几何字段的设计

为一个新建的要素类设计字段时，必须考虑其几何（Geometry）字段，几何字段用于存储要素的几何形状，以便确定要素的形状和其地理位置。几何字段与一般的数值或字符字段不同，没有缺省值或默认值。

确定几何字段时，IField 接口的 GeometryDef 属性必须设置，它为 GeometryDef 对象，用于预定义一个几何字段的几何属性。GeometryDef 对象实现的两个接口分别为 IGeometryDef 和 IGeometryDefEdit，这两个接口定义的属性都是可读写的，如 GeometryType 可读，而 GeometryType_2 则为可写。GeometryType 属性用于设置几何字段的几何类型，如点、点集、多边形、环等。SpatialRefrence 属性用于设置几何字段的空间参考，对一个几何字段而言，以上两个属性是必须设置的属性。以下方法为设计几何字段的示例。

```
private void DefineGeometryField(ISpatialReference pSpatRef)
{
```

```
    //新建一个IGeometryDef
    IGeometryDef pGeoDef;
    IGeometryDefEdit pGeoDefEdit;
    pGeoDef = new GeometryDefClass();
    pGeoDefEdit = pGeoDef as IGeometryDefEdit;
    pGeoDefEdit.AvgNumPoints_2 = 5;
    //新建一个Polygon几何字段
    pGeoDefEdit.GeometryType_2 = esriGeometryType.esriGeometryPolygon;
    pGeoDefEdit.GridCount_2 = 2;
    pGeoDefEdit.set_GridSize(0, 200);
    pGeoDefEdit.set_GridSize(1, 500);
    pGeoDefEdit.HasM_2 = false;
    pGeoDefEdit.HasZ_2 = true;
    pGeoDefEdit.SpatialReference_2 = pSpatRef;
    //产生一个几何字段
    IField pField = new FieldClass();
    IFieldEdit pFieldEdit = pField as IFieldEdit;
    pFieldEdit.Name_2 = "SHAPE";
    pFieldEdit.Type_2 = esriFieldType.esriFieldTypeGeometry;
    pFieldEdit.GeometryDef_2 = pGeoDef;
    pFieldEdit.IsNullable_2 = true;
}
```

2. 索引集和索引

索引有助于对地理数据库进行快速查找和记录排序，它是基于表中的一个字段建立的。在表中使用索引，类似于在书中使用目录。在查找某个数据时，会先在索引中找到数据位置，以提高数据查询速度。索引提供了指向存储在表特定字段中数据值的指针，然后根据指定的次序对这些指针进行排序。在查找记录时，根据索引查找到特定值，并使指向包含该值的行指针指向所需的内容。

在创建索引前，必须确定所要使用的字段及所要创建索引的类型。索引集（Indexes）对象和字段集对象类似，用于管理被设置为索引的字段。IIndexes 接口用于管理索引集对象，如其中的 index 属性可按索引值得到表中某个特定的索引。

索引对象代表一个表的索引，一个要素类存在空间索引和属性索引两种形式。空间索引存在一个要素类的几何字段中，当一个要素类被创建时，系统会自动给此要素类创建一个空间索引。对于地理数据库而言，系统也会为要素类自动建立一个属性索引，该索引基于 OID 字段，用户也可以基于其他字段建立新的索引。

Index 对象支持 IIndex 和 IIndexEdit 接口，使用这两个接口可产生一个索引并设置其属性，以下示例是建立索引的方法。

```
private void AddIndexToTable(ITable pTable, string strFieldName)
```

```
{
    //建立字段集
    IField pField;
    IFields pFields = new FieldsClass();
    IFieldsEdit pFieldsEdit = pFields as IFieldsEdit;
    pFieldsEdit.FieldCount_2 = 1;
    int i = pTable.FindField(strFieldName);
    if (i == -1)
    {
        MessageBox.Show(strFieldName + "字段未找到");
        return;
    }
    pField = pTable.Fields.get_Field(i);
    pFieldsEdit.set_Field(0, pField);
    //产生索引对象
    IIndex pIndex = new IndexClass();
    IIndexEdit pIndexEdit = pIndex as IIndexEdit;
    pIndexEdit.Fields_2 = pFields;
    pIndexEdit.Name_2 = "Idx_1";
    //向表中添加索引
    pTable.AddIndex(pIndex);
}
```

3. 子类

子类（Subtypes）是一种为要素类或对象类中的内容进行分组的方式。通过给定不同子类的不同缺省值和有效性规则，用户可定制要素类中不同子类要素的行为。当一个要素类中的要素被划分为不同的子类后，用户可将这些子类当做单独的对象来使用。

在土地定价评估 GIS 开发中，假设在一个要素数据集中，有 Land 和 Building 两个要素类。若需要使两个要素类间要素严格满足拓扑关系，如商业建筑必须在商业用地内，工业用地和居住用地也都如此。此时可将 Land 要素类分为商用、民用和工业用三个子类，分别用于存储三个要素类；将 Building 的要素也分为商用要素、民用要素和工业用要素三种。将两个要素类各自分成子类后，在地理数据集中建立拓扑关系，并用拓扑规则来保证要素类的设计要求。

使用 ISubtypes 接口可建立一个对象类的子类和设置子类字段的缺省值，以下示例将一个“Buildings”要素类分为三个子类，Building 子类代码值为 0；Commercial 代码值为 1；Residential 子类代码值为 2。

```
private void CreateSubtypes()
{
    IWorkspaceFactory pFact = new AccessWorkspaceFactoryClass();
```

```
    IWorkspace pWorkspace = pFact.OpenFromFile(@"d:\Data\GeoDatabases\MyGDB.mdb", 0);
    IFeatureWorkspace pFeatws = pWorkspace as IFeatureWorkspace;
    IFeatureDataset pFeatds = pFeatws.OpenFeatureDataset("SNLandbase");
    IFeatureClassContainer pFeatclscont = pFeatds as IFeatureClassContainer;
    //得到数据集中的要素类
    IFeatureClass pFeatcls = pFeatclscont.get_ClassByName("SNBuildings");
    ISubtypes pSubType = pFeatcls as ISubtypes;
    if (pSubType.SubtypeFieldName == "SYMBOL") return;
    pSubType.SubtypeFieldName = "SYMBOL";
    pSubType.AddSubtype(0, "Building");
    pSubType.AddSubtype(1, "Commercial");
    pSubType.AddSubtype(2, "Residential");
    pSubType.DefaultSubtypeCode = 0;
    //为每个子类设置缺省值
    pSubType.set_DefaultValue(0, "TYPE_", "BLD");
    pSubType.set_DefaultValue(1, "TYPE_", "COM");
    pSubType.set_DefaultValue(2, "TYPE_", "RES");
}
```

4. 值域

值域（Domain）是一个抽象类，它可用于限制对象类或要素类某个字段值的允许范围，即当用户给一个对象类的某个特定字段设置值域后，这个字段能够被赋予的值必须在这个值域的限定内，值域可用于探测一个字段值的有效性。

值域与工作空间相关，因而一个值域可为多个字段所用。在 ArcGIS Engine 中可通过 IWorkspaceDomains 接口的 AddDomain 来添加一个值域对象。

RangeDomain 和 CodedValueDomain 是 Domain 的子类，均为组件类，都支持 IDomain 接口。IDomain 接口定义了所有值域对象的基本方法和属性。除 Type 属性外，其余属性均为可读写的属性。当一个新值域和某个字段被关联时，Name 和 FieldType 两个属性是必须的。

Rangedomain 是范围值域对象，它将某个字段的值确定在一个范围内。显然，这个对象规定的值只能是数值型或日期型，例如，考试分数在 0～100 分，日期在 2000-1-1～2012-12-30。IRangeDomain 接口规定了范围的最大和最小值属性。

CodedValueDomain 是代码值域对象，是一个“值-名称”对象的集合，用于确定一个字段所有可能的值。例如，将土地种类分为三种类型（“工业用地”“农业用地”“居民用地”）后，这个土地要素类中的类型字段可出现的值就是用户规定的三种，而不能出现其他样式。ICodedValueDomain 规定了代码值域对象特定的属性和方法，如 AddCode 方法可用于添加一个“值-名称”对象，而使用 Name 和 Value 可通过索引值来得到一个“值-名称”对象，代码值域一般都是字符类型。下面方法为添加值域对象的例子。

```
private void AddDomain()
{
```

```
    IWorkspaceFactory pWorkspaceFactory = new SdeWorkspaceFactoryClass();
    IWorkspace pWorkspace = pWorkspaceFactory.OpenFromFile(@"d:\MyConns\gdb.sde", 0);
    //使用IWorkspaceDomains接口
    IWorkspaceDomains pWorkspaceDomains;
    pWorkspaceDomains = pWorkspace as IWorkspaceDomains;
    //产生一个RangeDomain对象
    IRangeDomain pRange = new RangeDomainClass();
    pRange.MinValue = 9.0;
    pRange.MaxValue = 600000.0;
    //使用IDomain，设置其他属性
    IDomain pDomain = pRange as IDomain;
    pDomain.Name = "Area constraint";
    pDomain.FieldType = esriFieldType.esriFieldTypeDouble;
    pDomain.Description = "Constrains the area Of buildings";
    pDomain.MergePolicy = esriMergePolicyType.esriMPTAreaWeighted;
    pDomain.SplitPolicy = esriSplitPolicyType.esriSPTGeometryRatio;
    //将值域对象添加到工作空间
    pWorkspaceDomains.AddDomain(pDomain);
    //产生一个CodedValueDomain
    ICodedValueDomain pCodeValue = new CodedValueDomainClass();
    pCodeValue.AddCode("RES", "Residential");
    pCodeValue.AddCode("COM", "Commercial");
    pCodeValue.AddCode("IND", "Industrial");
    pCodeValue.AddCode("BLD", "Building");
    IDomain pDomainCodeValue = pCodeValue as IDomain;
    pDomainCodeValue.FieldType = esriFieldType.esriFieldTypeString;
    pDomainCodeValue.Name = "Building types";
    pDomainCodeValue.Description = "Valid building type codes";
    pDomainCodeValue.MergePolicy = esriMergePolicyType.esriMPTDefaultValue;
    pDomainCodeValue.SplitPolicy = esriSplitPolicyType.esriSPTDuplicate;
    pWorkspaceDomains.AddDomain(pDomainCodeValue);
}
```

上例中的 MergePolicy 和 SplitPolicy 属性是指当要素被合并或者分割时，其值在变化时应遵守的准则。

7.6　行、对象和要素

ArcGIS 中使用地理数据都以二维表的形式存在，对于这些表的操作是不区分数据的类型和来源的。表、对象类和要素类是一个数据集，作为它们的组成部分，行（Row）、对象（Object）

和要素（Feature）就是最小的数据单元。它们的物理组成就是地理数据库中的一行记录。

7.6.1　RowBuffer 和 Row 对象

缓冲行（RowBuffer）对象可以以一个行（Row）对象的状态出现，但是它并不是一个对象实体，而是临时存在内存中的对象。该对象主要被使用在一个插入游标的 InsertRow 方法中，作为一个参数使用。按之前介绍的内容，可通过 ITable 接口的 CreateRowBuffer 方法来获得一个缓冲行对象。

IRowBuffer 接口用于获得 RowBuffer 对象的属性，如 Fields 用于获得缓冲行对象的字段集，而 Value 属性可通过字段的索引值得到某个字段的值，常用于设置字段值。

Row 是一个组件类对象，代表了表对象中的一行记录。程序中可根据表的游标来获得 Row 对象，如通过 ICursor 接口的 Row 属性获得。也可根据其 OID 值来获得，如 ITable 接口的 GetRow。在 ArcGIS Engine 中一般使用 ITable 接口的 CreateRow 方法来产生一个新的 Row 对象。在得到该对象后，需要给这个对象设置不同字段的值，Row 对象也有字段集，且该字段集和它所属表的字段集相同。为此，需通过 IFields 对象的各种方法和属性来获得某个具体的字段，并为其赋值。

Row 对象主要支持 IRow 接口，这个接口从 IRowBuffer 继承而来，除继承了 Fields 和 Value 两个属性外，还可通过 IRow 接口的 HasOID 属性来判断 Row 对象是否有 OID 值，以此判断这个 Row 所属表是否已被注册到地理数据库中。利用 OID 属性可直接得到特定 Row 对象的 OID 值。在地理数据库自动建立索引时，系统会将 OID 字段设置为索引，这是因为此字段是 Row 对象的唯一身份，不会出现重复。

若修改了某个 Row 对象的值，就需要使用 Store 方法来保存修改结果，在执行此方法时，系统会触发 IRowEvents 接口的 OnChanged 方法；当产生一个新的 Row 对象并保存时，则会引发 OnNew 方法。

下面是新建、更新和删除 Row 对象的示例方法：

```
private void OperateRow(ITable pTable)
{
    int i = pTable.FindField("Name");
    IRow pRow = pTable.CreateRow();        //添加记录
    pRow.set_Value(i, "esri");
    pRow.Store();
    pRow.set_Value(i, "esrichina");        //更新记录
    pRow.Store();
    pRow.Delete();        //删除记录
}
```

7.6.2　Object 和 Feature 对象

对象类（ObjectClass）是 Object（对象）的集合，Object 代表具有属性和行为的实体对象。在地理数据库中，ObjectClass 也是一张表，所以 Object 对象就是表中的一条记录。IObject 接口是 Object 对象的主要接口。其 Class 属性可获得对象的容器，即对象类。

要素（Feature）是要素类中的记录，是从对象派生出来的，具有属性和行为，且能保存空间数据的对象。要素中的几何形体对象定义了要素类的类型。一个要素中可能保存的几何形体有点、点集、多边形和多义线。Feature 对象的主要接口是 IFeature，它定义了要素对象特有的属性，例如，Extent 可返回一个要素对象的外包矩形，用于获取其地理空间范围；FeatureType 可获得要素的类型；Shape 属性返回要素的几何形体对象；通过 ShapeCopy 属性，可得到此几何形体对象的一份拷贝，以便用于修改一个要素集中的几何属性。

一般常处理的都是简单要素对象，但在复杂环境中，要素还可参与拓扑、网络和标注等运算。

IFeatureBuffer 接口定义的属性和方法可得到一个缓冲要素对象的各种属性，下面介绍另一种添加要素进入要素类的方法，该方法主要使用了 IFeatureBuffer 和 IFeatureCursor 接口。

```
private void AddFeatureToFeatureClass(IFeatureClass pFeatClass, IGeometry pGeom)
{
    //打开要素游标和要素缓冲，pFeatcls的一个要素类
    IFeatureCursor pFeatCur = pFeatClass.Insert(true);
    IFeatureBuffer pFeatBuf = pFeatClass.CreateFeatureBuffer();
    //pGeom对象是一个需要传入的几何形体对象
    IPolygon pPolygon = pGeom as IPolygon;
    //开始对要素类的字段进行遍历，并设置属性值
    IFields pFlds = pFeatClass.Fields;
    for (int i = 1; i <= pFlds.FieldCount - 1; i++)
    {
        IField pFld = pFlds.get_Field(i);
        //如果为几何字段，将pGeom传入
        if (pFld.Type == esriFieldType.esriFieldTypeGeometry)
        {
            pFeatBuf.set_Value(i, pGeom);
        }
        else
        {
            //传入各种试验值
            if (pFld.Type == esriFieldType.esriFieldTypeInteger)
                pFeatBuf.set_Value(i, 0);
            if (pFld.Type == esriFieldType.esriFieldTypeDouble)
                pFeatBuf.set_Value(i, 0.0);
            if (pFld.Type == esriFieldType.esriFieldTypeSmallInteger)
                pFeatBuf.set_Value(i, 0);
            if (pFld.Type == esriFieldType.esriFieldTypeString)
                pFeatBuf.set_Value(i, "noname");
        }
```

```
    }
    //将要素缓冲对象通过插入游标保存进要素类中
    pFeatCur.InsertFeature(pFeatBuf);
}
```

在上面的示例代码中，首先需要得到一个几何对象，再将这个几何对象保存到要素类的 Shape 字段中，如果要素类存在其他类型的字段，则依据这个字段的类型设置一些默认的数值或字符串。

IFeatureEdit 接口定义的方法可用于编辑单个或多个要素组成的要素集。该接口定义的 MoveSet、RotateSet 和 DeleteSet 方法既可使用到单个要素上，也可用在多个要素组成的要素集上。该接口中的 Split 和 SplitAttributes 操作，使用在一个单一要素上，前者可通过一个或多个点分割多义线，或者使用多义线分割多边形。分割后会产生新要素，而旧要素将被删除掉，该操作就是分割几何形体。当在分割了一个或多个要素时，用户需要通过一定的机制来分割要素属性字段中的值，SplitAttributes 方法会执行此过程。而属性分割的机制是由字段的值域来确定的，代码中并不需要在 Split 要素后执行属性分割的方法，系统会自动执行 SplitAttributes 方法。

以下演示一个工具类代码，用于分割多个面状要素，其中省略了部分系统生成的代码。

```
public sealed class SplitPolygonFeatures : BaseTool
{
    private IHookHelper m_hookHelper;
    int lyrNum;
    public SplitPolygonFeatures(int layerIndex)
    {
        base.m_category = "EditFeatures"; //localizable text
        base.m_caption = "分割面要素";  //localizable text
        base.m_message = "分割面要素";  //localizable text
        base.m_toolTip = "分割面要素";  //localizable text
        base.m_name = "分割面要素";
        lyrNum = layerIndex;
        try
        {
            string bitmapResourceName = GetType().Name + ".bmp";
            base.m_bitmap = new Bitmap(GetType(), bitmapResourceName);
            base.m_cursor = new System.Windows.Forms.Cursor(GetType(), GetType().Name + ".cur");
        }
        catch (Exception ex)
        {
            System.Diagnostics.Trace.WriteLine(ex.Message, "Invalid Bitmap");
        }
    }
```

```
#region Overriden Class Methods
public override void OnCreate(object hook)
{
    if (m_hookHelper == null)
        m_hookHelper = new HookHelperClass();
    m_hookHelper.Hook = hook;
}
public override void OnClick()
{
}
public override void OnMouseDown(int Button, int Shift, int X, int Y)
{
    // TODO:   Add SplitPolygonFeatures.OnMouseDown implementation
    IActiveView pActiveView = m_hookHelper.ActiveView;
    IMap pMap = m_hookHelper.FocusMap;
    IFeatureLayer pFeatureLayer = pMap.get_Layer(lyrNum) as IFeatureLayer;
    IScreenDisplay screenDisplay = pActiveView.ScreenDisplay;
    ISimpleLineSymbol lineSymbol = new SimpleLineSymbolClass();
    IRgbColor rgbColor = new RgbColorClass();
    rgbColor.Red = 255;
    lineSymbol.Color = rgbColor;
    IRubberBand rubberLine = new RubberLineClass();
    IPolyline pPolyline = (IPolyline)rubberLine.TrackNew(screenDisplay,
 (ISymbol)lineSymbol);
    screenDisplay.StartDrawing(screenDisplay.hDC,
 (short)esriScreenCache.esriNoScreenCache);
    screenDisplay.SetSymbol((ISymbol)lineSymbol);
    screenDisplay.DrawPolyline(pPolyline);
    screenDisplay.FinishDrawing();
    IFeatureSelection pFeatSel = (IFeatureSelection)pFeatureLayer;
    pFeatSel.SelectFeatures(null,
        esriSelectionResultEnum.esriSelectionResultNew, false);
    ISelectionSet pSelectionSet = pFeatSel.SelectionSet;
    SplitFeatures(pSelectionSet, pPolyline);
}
#endregion
private void SplitFeatures(ISelectionSet pSelectionSet, IPolyline pPolyLine)
{
    //使用空间过滤器来获取与polyline进行分割的要素集
```

```
        ICursor pCursor;
        ISpatialFilter pSpatialFilter = new SpatialFilterClass();
        pSpatialFilter.Geometry = pPolyLine;
        pSpatialFilter.SpatialRel = esriSpatialRelEnum.esriSpatialRelCrosses;
        pSelectionSet.Search(pSpatialFilter, true, out pCursor);
        IFeatureCursor pFeatCursor = pCursor as IFeatureCursor;
        //清理将被分割的要素
        ITopologicalOperator pTopoOpo = pPolyLine as ITopologicalOperator;
        pTopoOpo.Simplify();
        //遍历要素以分割
        IFeature pFeature = pFeatCursor.NextFeature();
        while (pFeature != null)
        {
            IFeatureEdit pFeatureEdit = pFeature as IFeatureEdit;
            pFeatureEdit.Split(pPolyLine);
            pFeature = pFeatCursor.NextFeature();
        }
    }
}
```

7.6.3　更新要素

在地理数据库模型中，可方便更新一个要素的数据，ArcGIS Engine 提供了多种方法用于实现此功能，如 IFeature 接口的 Store 和 Update 方法都可达到此目的，但前一种方法一次只能够改变一个要素的值，而后者可一次更新多个要素的值。以下是更新要素属性值的示例方法。

```
private void UpdateFeatures(IMap pMap, int layerIndex)
{
    //得到要更新的要素类
    IFeatureLayer pFeatLayer = pMap.get_Layer(layerIndex) as IFeatureLayer;
    IFeatureClass pFeatcls = pFeatLayer.FeatureClass;
    //产生一个过滤器
    IQueryFilter pQueryFilter = new QueryFilterClass();
    pQueryFilter.WhereClause = "subtype='COM'";
    pQueryFilter.SubFields = "FID,Type";
    //获得指向被选择要素的游标
    IFeatureCursor pFeatCur = pFeatcls.Update(pQueryFilter, false);
    IFields pFlds = pFeatcls.Fields;
    int iFld = pFlds.FindField("Type");
    IFeature pFeat = pFeatCur.NextFeature();
```

```
        while (pFeat != null)
        {
            pFeat.set_Value(iFld, "ABC");
            pFeatCur.UpdateFeature(pFeat);
            pFeat = pFeatCur.NextFeature();
        }
    }
```

上述方法通过使用一个更新型游标，将选择出来的要素 COM 子类的 Type 字段值全部更新为“ABC”。

7.7　关系与关系类

关系数据库中的关系是通过两张表的主键和外键来实现的，而在地理数据库中，关系是指两个对象之间的某种关联，关系类则是一个或多个关系的集合。用户可将关系看成是关系类表中的一条记录实体。

一个关系中的两个相关对象：一个是起始对象（OriginObject）；另一个是目标对象（DestinationObject），可为两个相关要素建立一个关系类，分别设置其起始和目标对象。

地理数据库中的关系作为两个对象类之间的某种关联，有一对一、一对多和多对多三种形式，这与一般的关系数据库是一致的，这三种关系类型描述了自然界对象之间的普遍联系。

关系（Relationship）是一个抽象类，它的一个子类为 SimpleRelationship，代表了一对一或一对多的关系结构，这种关系是通过一个外键来关联两个对象类的；另一个子类对象为 AttributedRelationship，代表了多对多的关系结构，由于多对多关系复杂，在 ArcGIS Engine 描述时需要使用额外的信息，此关系常存储在一个二维表中。这两个关系类都实现了 IRelationship 接口，该接口提供了获得关系对象信息的多个只读属性，如 DestinationObject、OriginObject 和 RelationshipClass，可通过这些属性得到一个关系对象的源对象、目的对象及保存这个关系对象的关系类。

关系类（RelationshipClass）代表了两个对象类之间的联系，这两个对象类，同样一个作为起始对象，一个作为目标对象，而关系类就是这两个对象类中对象的关系集合。关系类分为两种：一种是简单关系类（RelationshipClass）；另一种为属性关系类（AttributedRelationship-Class）。关系类也支持 IDataset 接口，但并不支持 IClass 接口，这是因为简单关系类并不包含它自己拥有的字段，即它没有单独用于描述关系的表，而拥有这种表的只有属性关系类。

IRelationshipClass 接口提供了操作一个关系类的属性和方法。该接口的 OriginPrimaryKey 属性是起始对象类的主键，标识一张表中众多记录唯一性的字段，其值不能重复出现；OriginForeignKey 属性是目标对象类中的外键，它是用于和起始对象类中主键相关联的字段，一张表的主键往往是其他表的外键。

由于属性关系类在工作空间中存在一张单独存储信息的二维表，因此在起始对象类、属性关系类和目标对象类三者之间的联系，由四个字段定义。起始对象类中的唯一标识字段为 OriginPrimaryKey。属性关系类中有两个字段：一个与起始对象类关联，称为 OriginForeignKey；另一个与目标对象类关联，称为 DestinationForeignKey，而目标对象的主键则为 Destination-

PrimaryKey。

IRelationshipClass 的 IsAttributed 属性可用于返回一个要素类是否有属性信息，可利用 GetRelationship 方法获得关系属性。

AttributedRelationshipClass 是一种特殊的关系类，在物理实现上它是一张二维表；对关系类而言，这些关系都是使用外键值保存在对象本身中的。因属性关系类才能在工作空间中拥有一张二维表，若要判断一个关系类是否为属性关系类，可参照如下代码：

```
if (pRelClass is ITable)
    MessageBox.Show("AttributedRelationshipClass 类","信息提示");
```

使用 IRelationshipClassContainer 或 IFeatureWorkspace 接口可创建一个关系类，如利用 IFeatureWorkspace 接口的 CreateRelationshipClass 方法可新建一个独立关系类，该关系类不放在要素数据集中。下面是使用此方法的示例。

```
public IRelationshipClass CreateRelationshipClass(string relClassName, IObjectClass
OriginClass,IObjectClass DestinationClass, string forwardLabel,string backwardLabel, esriRelCardinality
Cardinality,esriRelNotification Notification, bool IsComposite,bool IsAttributed, IFields relAttrFields, string
OriginPrimaryKey, string destPrimaryKey,string OriginForeignKey, string destForeignKey);
```

该方法有众多参数，如 Cardinality 是关系的类型，如果它是属性关系类，则是多对多；relAttrFields 是一个可选参数，对于简单关系类而言通常被设置为 0 或 null。如果是多对多关系的属性关系类，这个方法要求设置所有四个字段，即 OriginPrimaryKey、Destination-PrimaryKey、OriginForeignKey 和 DestinationForeignKey；如果关系类型是一对一或一对多的简单关系类，则只需要设置 OriginPrimaryKey 和 OriginForeignKey 属性。

第8章 空间分析

8.1 概　　述

空间分析是为解决地理空间问题而进行的数据分析与数据挖掘技术，是从一个或多个空间数据图层中获取信息的过程，通过地理计算和空间表达挖掘潜在的空间信息，其本质包括：探测空间数据中的模式；研究数据间的关系并建立空间数据模型；使空间数据更直观表达出其潜在含义；改进地理空间事件的预测和控制能力。空间分析是基于地理对象位置和形态的空间数据分析技术，其目的是提取和传输空间信息。空间分析可从GIS目标之间的空间关系中获取派生信息和新的知识，是地理信息系统的主要特征。空间分析能力，特别是对空间隐含信息的提取和传输能力，是地理信息系统有别于一般信息系统的主要功能特征，也是评价一个地理信息系统成功与否的重要指标。

空间分析根据所使用数据的性质不同，可以分为以下几类：

（1）基于空间图形数据的分析运算；

（2）基于非空间属性数据的分析运算；

（3）空间和非空间数据的联合运算。

本章主要介绍GIS应用开发过程中空间分析的部分基本功能，包括空间查询、空间拓扑运算、空间关系运算、缓冲区分析、叠加分析和网络分析等内容，同时对利用ArcGIS Engine进行空间分析所涉及的部分接口进行详细介绍。本章将结合实际开发案例，描述如何利用C#和ArcGIS Engine实现空间分析的功能。

8.2 空 间 查 询

空间数据查询是GIS的基本功能之一，其实质是找出满足空间约束条件和属性约束条件的地理对象。在ArcMap软件中就可设定以上两种约束条件，以便查找需要的地理数据。这种查询是对空间对象的查询，而不是对文字信息的查询。本节中将重点讨论在ArcGIS Engine中进行空间查询操作使用的各种对象及实现接口。

8.2.1 Cursor与Featurecursor对象

本书前面章节已述及 Cursor(游标)实质上是一个指向数据的指针，本身并不包含数据内容，它是连接到Row对象或要素对象的桥梁。游标共有四种类型，即Search Cursors、Update Cursors、Insert Cursors和QueryDef Cursors，前三种游标都是利用与ITable或IFeatureClass接口相适应的方法来获得，如Search、Insert和Update方法；最后一种游标QueryDef Cursors是通过IQueryDef接口的Evaluate方法获得。更新和插入游标都需要使用一个过滤器(Filter)对象，因为它们首先必须获得需要进行操作的要素。

Search Cursor是一种最常用的游标，被用于查询操作，以返回一个满足查询条件的记录子集，并且是一种只读的Cursor，可以用它遍历获取的信息，但不能使用该游标来插入、更新或删除表中的记录。

Insert Cursor 专门用于往一个表中插入一条新记录。Update Cursor 则用于更新或删除记录，这两种 Cursor 返回的记录都可通过一个属性或空间查询条件来限定。

Cursor 类是用于产生一个与数据库表进行交互的对象。在 ArcGIS Engine 中，Cursor 类不能实例化类对象，必须使用另一个对象来获得一个 Cursor 类的实例。在 ArcGIS Engine 中，表类被用于产生一个 Cursor 类的实例，表类包含了三种产生 Cursor 类实例的方法，即 ITable 接口的 Search、Insert 和 Update 三种方法都能够用于返回特定类型的 Cursor 实例，具体返回的 Cursor 类型取决于程序员调用的方法。

FeatureCursor 是一个与 Cursor 非常相似的对象，是 Cursor 的一个子类，在实际开发中常用于操作要素类，它实现了 IFeaturecursor 接口，该接口定义的属性和方法与 ICursor 接口类似。

凡是 Search 方法，如 ILayer 接口的 Search、ITable 接口的 Search、IFeaturecursor 接口的 Search 等都可以返回一个游标对象，这个 Cursor 指向了那些符合选择的要素，并可在循环中遍历游标指向的要素。在实际 GIS 软件开发中，当需获取满足一定约束条件的要素时，均是使用 IFeaturecursor 接口的 Search 方法，如下面的示例代码所示。

```
IFeatureCursor pFeatureCursor = pFeatureClass.Search(pFilter, false);
IFeature pFeature = pFeatureCursor.NextFeature();
while (pFeature != null)   //遍历要素
{
    pFeature = pFeatureCursor.NextFeature();
}
```

当一个 Cursor 第一次产生后，就会产生一个相关联的指针，可使用这个 Cursor 来访问一行记录，并且相应的指针可追踪目前是哪一条行记录在被访问。在 Cursor 初始化时，指针实际上可指向第一条记录。为了通过 Cursor 获得第一条记录，必须调用 NextRow 或 NextFeature 方法，这两种方法指向了 Cursor 的下一条记录，但当第一次被调用时，实际上指向了第一条记录，之后每一次调用这个方法都指向下一条记录。

若数据源的种类不同，将使用不同的 Cursor 来管理记录子集。Cursor 和 FeatureCursor 是非常相似的对象，前者用于操作表，后者用于操作要素类。换而言之，Cursor 是一种为了操作存储在传统数据库表中的记录子集而建立的类结构，而 FeatureCursor 的记录子集则存储在 Shapefile 文件、个人 Geodatabase 或企业级 Geodatabase 中。

上面分析了如何获取满足约束条件的地理对象，下面介绍如何设置约束条件。

8.2.2　QueryFilter 对象

空间数据查询就是找出满足空间或属性约束条件的地理对象，在进行查询时需要提供具体的查找条件，以便让系统知道应返回满足什么条件的数据。

在 ArcGIS Engine 中，QueryFilter 对象就是一个依据属性约束条件查询属性数据的过滤器。在实际应用中，用户并不需要所有的数据，仅关心自己感兴趣的数据，使用该过滤器可方便设定自己感兴趣的数据，让系统执行特定操作。

IQueryFilter 接口定义了 QueryFilter 类用于过滤数据时使用的属性和方法。在新建一个过滤器对象后，必须设置 WhereClause，以便确定选择什么样的数据。而 SubField 和 AddFiled 则用于设置返回的数据包含哪些字段，在默认情况下被设置为“*”，以便返回所有字段。若希望返回数据的字段中包括几个字段，那么 IQueryFilter 接口的 OutputSpatialReference 属性就必须设置为这个字段的空间参考。

下面是实际 GIS 软件开发中关于空间属性查询的例子，在该例子中使用 IQueryFilter 接口的 WhereClause 属性设定约束条件，在图层中选出“LBH 等于 9”的要素，它仅选择了基于 LBH 属性的一条记录，满足属性过滤条件的查询结果在视图中将以蓝色高亮形式显示，且可在消息框中显示查询统计结果。查询结果也可以 Shapefile 文件格式输出，设置查询的程序运行界面如图 8.1 所示。

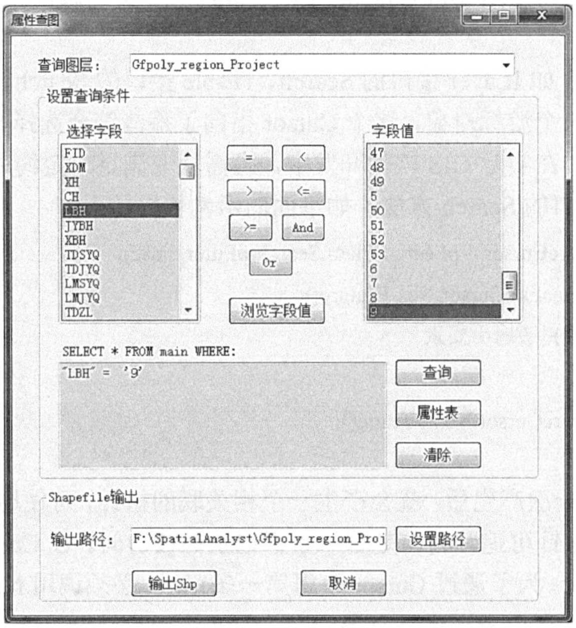

图 8.1　设置查询条件的运行界面

设置查询条件程序的示例代码如下：

```
IQueryFilter pQueryFilter = new QueryFilterClass();
pQueryFilter.WhereClause = "LBH='9 '";//设置过滤器对象的属性
IFeatureSelection pFeatureSelection = pFeatureLayer as IFeatureSelection;
pFeatureSelection.SelectFeatures(pQueryFilter, esriSelectionResultEnum.esriSelectionResultNew, false);
pActiveView.PartialRefresh(esriViewDrawPhase.esriViewGeoSelection, null, null);
```

查询结果将以蓝色高亮面要素显示，如图 8.2 所示。

如果在查询过程中不设置过滤条件，即 pQueryFilter 对象被设置为 null，则将返回所有的数据。应注意赋予 WhereClause 属性的字符串是区分大小写的。过滤器对象不仅支持完全查询，也支持模糊查询。

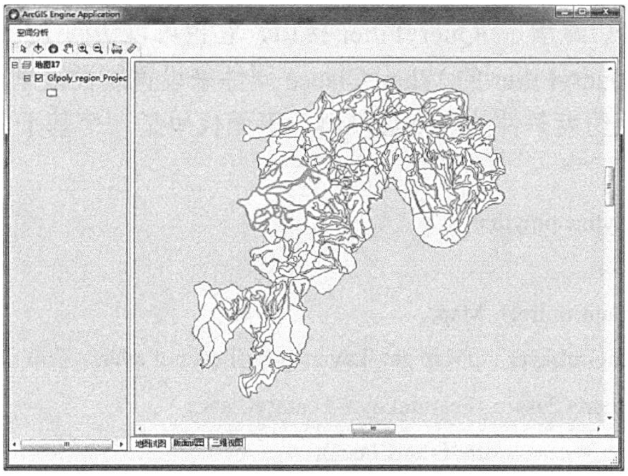

图 8.2　查询结果

8.2.3　SpatialFilter 对象

GIS 中主要还是进行具有空间要素的查询，在进行这种空间查询过滤运算时，使用 IQueryFilter 的子类 ISpatialFilter。空间查询只能用在要素类（FeatureClass）上，如果在一个数据库表上使用空间查询则会返回错误，因为没有地理对象可用过滤器过滤。

可进行空间过滤应用的范围非常广泛，如寻找与某个要素区域相覆盖的要素；寻找某个要素附近的对象；为要素的显示产生一个有限的地理范围等。因此，可以看出空间查询同样需要构造一个几何对象作为查询条件。

SpatialFilter 对象可以用于产生一个基于空间约束的记录子集，它能够使用在 FeatureClass 上，但不能用于 Table。SpatialFilter 是一个组件类，可使用 New 关键字来产生一个类的实例；ISpatialFilter 接口使用 Geometry 属性和 SpatialRel 属性来设置查询的约束条件，Geometry 属性用于设置一个特定的地理要素，SpatialRel 则用于预设相交、叠加或相邻等空间关系。ISpatialFilter 接口的 SpatialRel 属性是一个描述空间关系的枚举值，它支持十种基本的空间类型，如表 8.1 所示。

表 8.1　ISpatialFilter.SpatialRel 空间关系属性种类

空间关系	空间关系描述
esriSpatialRelUndefined	关系未定义
esriSpatialRelIntersects	相交
esriSpatialRelEnvelopeIntersects	包络线相交
esriSpatialRelIndexIntersects	索引相交
esriSpatialRelTouches	相接
esriSpatialRelOverlaps	叠加
esriSpatialRelCrosses	查询要素穿过目标要素
esriSpatialRelWithin	查询要素在目标要素内部
esriSpatialRelContains	查询要素包含目标要素
esriSpatialRelRelation	查询要素与目标要素空间关联

因 ISpatialFilter 接口继承了 IQueryFilter 接口，它也可以访问 IQueryFilter 接口的所有属性和方法。能够使用 IQueryFilter 的 WhereClause 属性来设置属性限制，它是一个既包含空间约束条件，又包含属性约束条件的查询过滤器。下面代码是一个基于空间属性和空间位置联合查询的示例。

```
private void Query(IPolyline polyline)
{
    IMap pMap = axMapControl1 .Map;
    IFeatureLayer pFeatureLayer = pMap.get_Layer(0) as IFeatureLayer; //获取查询面图层
    IFeatureClass pFeatureClass = pFeatureLayer.FeatureClass;
    ISpatialFilter pFilter = new SpatialFilterClass();
    //设置空间过滤器的三个必须属性
    pFilter.Geometry = polyline; //过滤线要素
    pFilter.GeometryField = "Shape" ;
    pFilter.SpatialRel = esriSpatialRelEnum.esriSpatialRelIntersects;
    //设置过滤器的属性限制
    pFilter.WhereClause = "LBH='10'";
    IFeatureCursor pFeatureCursor = featureClass.Search(pFilter, false);
    IFeature pFeature = pFeatureCursor.NextFeature();  //遍历游标指向的要素
    while (pFeature != null)
    {
        pMap.SelectFeature(pFeatureLayer, pFeature);
        pFeature = pFeatureCursor.NextFeature();
    }
}
```

在上面代码段中，FeatureClass 要素类的 Search 方法用于返回一个查询型游标，该游标将指向要素类中所有与 Polyline 具有相交拓扑关系且 LBH 等于 10 的要素。

ISpatialFilter 接口的 SearchOrder 属性用于设置查询顺序，当某查询过程同时具有属性查询和空间查询时，将用这个属性确定先执行哪一部分查询，该属性的默认值为 esriSearchOrder-Spatial。

ISpatialFilter 接口的 SaptialRelDescription 属性是个字符串，表示两个图形之间任何可能的空间关系，可代替 SpatialRel 属性定义额外的空间关系。这是一种通过比较两个或者多个对象的外部、边界和内部的关系，并使用字符串描述空间关系的九交模型，该字符串由九个字符组成，这些字符可以是“F”（表示 False）、“T”（表示 True）或“*”（表示无特定要求）。例如，有某个多边形 A，查找与 A 边界有重合，但又不存在交叉的另一个多边形（即公共面积等于零），那么这个字符串为“F***T****”,第一个 F 表示两多边形不能有重合部分（即内部不相交），第五个 T 表示两多边形的边界要有重合，其他关系不需考虑可用*代替。每个字符对应的关系如表 8.2 所示。在用九交模型描述空间关系时，SpatialRel 参数必须设置成 esriSpatialRelRelation。

表 8.2　九交模型

序号	Query Geometry	Requested Geometry
1	interior	interior
2	interior	boundary
3	interior	exterior
4	boundary	interior
5	boundary	boundary
6	boundary	exterior
7	exterior	interior
8	exterior	boundary
9	exterior	exterior

8.2.4　要素选择集

在 ArcMap 中被选中的要素将以蓝色高亮的形式显示在地图控件上，这些蓝色高亮显示的要素将对应一个要素选择集。利用 IMap 接口的 SelectByShape 和 SelectFeature 方法可得到选择集，使用要素图层的 IFeatureSelection 接口同样也可以得到选择集。下面主要介绍 SelectionSet 对象的一些属性和实现接口。

SelectionSet 对象是程序获得被选择行对象的集合，这些行只能来自单个表或要素类，但一个表或要素类可产生多个选择集对象。选择集有两种形式，要么是基于被选择行对象的 OID 集合，要么就是行对象本身。对后一种情况，选择集会提供方法，可让程序员与在选择集中的行对象进行交互。在实际软件开发中，可使用 SelectionType 属性来设置使用何种方式得到选择集。

SelectionType 属性可取三种类型的值，若取值为 esriSelectionTypeIDSet，代表选择集使用的是一个 OID 集合，这些 OID 值可能保存在一个物理表中，也可能保存在内存中，这取决于数据源的类型；当取值为 esriSelectionTypeSnapShot 时，它表明选择集使用的是保存在内存中的实际行对象；若取值是 esriSelectionTypeHybird，则情况就比较灵活，当选择数量少的时候，选择集使用在内存中的行对象，在数量多时，则使用 OID 集合。

使用标识集合（如 OID 集合）可以表示数目巨大的选择集，它是程序最常使用的一种方式。在数据源每一次被选择的对象还需进行查询时，该方式可保证选择集是动态的，且在数据源改变时将自动变化。Snapshot 类型选择集速度最快，且在选择集构造完成后，就不再要求与数据源发生查询，但它仅对少量数据有效，若选择的数据较多，占用内存大时，其优势将无法发挥；Hybird 类型选择集包含了前两者的优点，它可以根据选择数据的大小，自动选用不同的选择方式，但选择数据的大小并不能由程序来控制。下面是一种在要素类中构造要素选择集的方法：

```
public ISelectionSet Select
(
    IQueryFilter queryFilter,
    esriSelectionType selType,
```

```
        esriSelectionOption selOption,
        IWorkSpace selectionContainer
    );
```

该方法中的最后一个参数被设置为 Null，是它的缺省设置，这个参数被用于传递一个存储 ID 集合的工作空间，该 ID 集合结构如同一个二维表，是临时的，且保存在同一个数据库中。若程序员是在基于文件的工作空间中构造选择集，则该表将被保存在内存中。无论是哪一种情况，该参数被设置为 Null 都是合适的。

SelectionSet 对象主要实现的是 ISelectionSet 接口，它用于管理和查询选择集。该接口的 Search 方法通常用于在选择集内进行再选择，它返回的是一个 Cursor 类型的对象，但它也需要一个过滤器对象配合。当程序员使用 QueryFilter 对象时，选择集的类型都使用标识集合，开始是 Snapshot 类型的选择集，也是如此；Select 方法则用于在目前的选择集中构造一个新的选择集对象，它也是使用一个过滤器对象来进行设置；Add、AddList 和 ReomveList 方法可以用于在选择集中添加和移除对象，这些方法都是通过 OID 属性来完成。Combine 方法则可以用于绑定两个选择集，但这两个选择集必须来自同一个目标表或者要素类。

SelectionSet 对象也支持 ISelectionSet2 接口，它提供的方法用于更新或删除选择集中的对象，更新和删除都使用到了 Cursor 对象。但更新和删除等操作使用的 Cursor 对象其类型是不同的，关于这些内容，读者可以参阅 Cursor 对象一节。下面的代码段是使用 IDataStatistics 对象获得所有要素“ZMJ”字段的最大值。

```
private void SelectionStatistic()
{
    IMap pMap = axMapcontrol1.Map;
    IFeatureLayer pFeatLayer = pMap.get_Layer(0) as IFeatureLayer;
    IFeatureSelection featureSelection = pFeatLayer as IFeatureSelection;
    featureSelection.SelectFeature(null, esriSelectionResultEnum.esriSelectionResultNew, false);
    ISelectionSet selectionSet = featureSelection.SelectionSet;
    ICursor pCursor;
    selectionSet.Search(null, false, out pCursor);
    IFeatureCursor pFeatureCursor = pCursor as IFeatureCursor;
        IDataStatistics dataStatistics = new DataStatisticsClass();
    dataStatistics.Field = "ZMJ”；
    dataStatistics.Cursor = pCursor;
     MessageBox.Show("ZMJ 最大值:"+dataStatistics.Statistics.Maximum);
}
```

上述代码中使用的 IFeatureSelection 接口的 SelectFeatures 方法，在选择要素时更为简单，可以将已经通过 Search 方法得到要素添加到一个选择集中。

8.3　空间拓扑运算

空间拓扑描述的是自然界地理对象的空间位置关系，如相邻、重合和连通等。拓扑是在同一个要素集（FeatureDataset）下的要素类（FeatureClass）之间关系的集合。因此，参与拓扑运算的所有要素类必须在同一个要素集内，即需具有相同的空间参考。一个要素集可以有多个拓扑，但每个要素类最多只能参与一个拓扑。在一个拓扑中可以定义多个规则，这些规则是地理对象空间属性的一部分。在目前 ESRI 提供的数据存储方式中，只有 Coverage 和 GeoDatabase 能够建立拓扑，Shape 格式的数据则不能建立拓扑。ESRI 提供了如表 8.3 所示的 27 种拓扑关系。

表 8.3　ESRI 提供的拓扑关系

esriTRTAny	任何拓扑规则，在查询拓扑时使用
esriTRTFeatureLargerThanClusterTolerance	地理要素小于聚类容限被删除
esriTRTAreaNoGaps	面是封闭的
esriTRTAreaNoOverlap	面不相交
esriTRTAreaCoveredByAreaClass	必须被其他要素的要素类覆盖
esriTRTAreaAreaCoverEachOther	两个区域完全重合
esriTRTAreaCoveredByArea	一个区域被另一个区域覆盖
esriTRTAreaNoOverlapArea	一个面没有与之相交的其他面
esriTRTLineCoveredByAreaBoundary	线被区域的边线覆盖
esriTRTPointCoveredByAreaBoundary	点在面的边界上
esriTRTPointProperlyInsideArea	点完全在面内
esriTRTLineNoOverlap	无重合的线
esriTRTLineNoIntersection	无相交的线
esriTRTLineNoDangles	无摇摆的线
esriTRTLineNoPseudos	线不存在伪节点
esriTRTLineCoveredByLineClass	必须被其他要素的要素类覆盖
esriTRTLineNoOverlapLine	线不重叠
esriTRTPointCoveredByLine	点被线覆盖
esriTRTPointCoveredByLineEndpoint	点被线的尾节点覆盖
esriTRTAreaBoundaryCoveredByLine	一个面的边界被线覆盖
esriTRTAreaBoundaryCoveredByAreaBoundary	一个面的边界被另一个面的边界覆盖
esriTRTLineNoSelfOverlap	不存在自重合的线
esriTRTLineNoSelfIntersect	不存在自相交的线
esriTRTLineNoIntersectOrIntersectTouch	不能与其他要素相交或内部接触
esriTRTLineEndPointCoveredByPoint	线的尾节点被点覆盖
esriTRTAreaContainPoint	面包含点
esriTRTLineNoMultipart	必须为单一部分

通过一系列基于一个或多个几何图形中点间的逻辑比较，返回另外一些几何图形，该过程就是空间几何图形的拓扑运算。它是空间分析的基础，各种空间分析的结果都可以通过几何图形之间的拓扑运算实现。例如，要了解某旅游景点附近 10km 范围内加油站的分布情况，

就是一个典型的缓冲区查询问题，其实质就是将缓冲区多边形与加油站中心进行求交运算的过程。

空间几何图像的拓扑运算包括：裁切（Clip）、凸多边形切割（Convex Hull Cut）、差分（Difference）、交集（Intersect）、对称差分即异或（Symmetric Difference）和并集（Union）等。这些拓扑运算在 ITopologicalOperator 接口中定义。ITopologicalOperator 接口用来对已存在的几何对象做空间拓扑运算，以便产生新的几何对象。ITopologicalOperator 接口的方法只能使用在 Point、Multipoint、Polyline 和 Polygon 这些高级几何对象上，若要用在 Segment、Path 或 Ring 这些低级几何对象上，需先将它们组合成高级几何对象才行。

在 GIS 应用中，缓冲区分析、裁切与合并几何图形、差分等操作都需要用到 ITopologicalOperator 接口。表 8.4 为 ITopologicalOperator 接口的一些常用方法。

表 8.4　ITopologicalOperator 接口常用方法

方法	说明
Boundary	获取几何对象的边界
Buffer	对几何对象进行缓冲区操作
Clip	对几何对象进行裁切操作
ConstructUnion	将多个枚举几何对象与单个几何对象合并，对于大量几何对象的合并效率很高
ConvexHull	构建几何对象的凸多边形
Cut	切割几何对象
Difference	一个几何对象减去它与另外一个几何对象相交的部分
Intersect	两个同维度几何对象的交集部分
Simplify	使几何对象拓扑一致
SymmetricDifference	对称差分将两个几何图形的并集部分减去两个几何图形交集的部分
Union	合并两个同维度的几何对象为单个几何对象

ITopologicalOperator 接口的 Boundary 方法用于返回一个几何对象的边界，Boundary 的维度要比原几何对象低一维，多边形（Polygon）的 Boundary 是多义线（Polyline），多义线（Polyline）的 Boundary 是组成它顶点的集合，而点对象（Point）的 Boundary 是空对象，如图 8.3 所示。

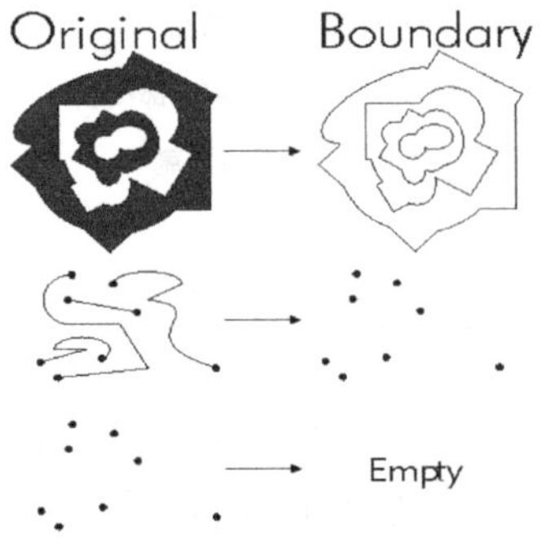

图 8.3　几何对象的边界

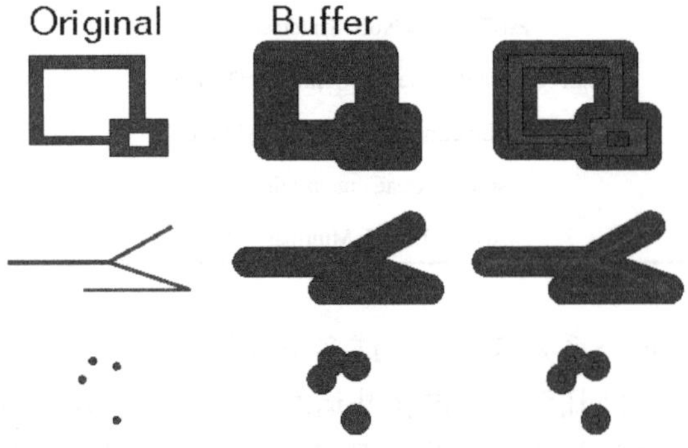

图 8.4　几何对象的缓冲区操作

Buffer 方法用于给一个高级几何对象按照给定的缓冲距离产生一个缓冲区，Point、Multipoint、Polyline 和 Polygon 产生的缓冲区都是一个具有面积的几何对象，生成缓冲区时需要设定一个缓冲距离，如图 8.4 所示。

缓冲区分析是 GIS 软件系统重要的空间分析功能之一，它在交通、农业、林业和规划设计等方面均有广泛应用，如林区中瞭望塔、消防站的分布，河流两旁保护区的定界等。在实际 GIS 软件开发中，缓冲区生成通常有两种方式：一种是对整个图层生成缓冲区；一种是对选择的要素生成缓冲区。下面是实际软件开发中生成缓冲区的界面，如图 8.5 所示，当图层中不存在选择要素时为对整个图层生成缓冲区，界面如图 8.5(a)所示，当图层中存在已选择要素时，打开界面时代码检测自动变为图 8.5(b)，相应程序的示例代码如下：

(a) (b)

图 8.5 生成缓冲区的界面

```
private void btnBuffer_Click(object sender, EventArgs e)
    {
        IEnumFeature pEnumFeature;
        ITopologicalOperator pTopoOp;
        IPolygon pPoly;
        double bufferDistance;
        try
        {
            double length = (double)nudBufferDis.Value; //单位转换
            // 依据当前视图，将屏幕像素转换成地图单位
            FromElementsControls pFromElementsControl = new FromElementsControls();
            bufferDistance = pFromElementsControl.ConvertPixelsToMapUnits(pActiveView, length);
            if (pMap.SelectionCount == 0)
            {
                //以选择的图层生成缓冲
                IFeatureLayer pFeatureLayer = new FeatureLayerClass();
```

```
        pFeatureLayer = pMap.get_Layer(iLayerIndex) as IFeatureLayer;
        IFeatureCursor pmFeatureCursor = pFeatureLayer.FeatureClass.Search(null, false); //返回
游标对象
        IFeature pmFeature = pmFeatureCursor.NextFeature();
        while (pmFeature != null)
        {
            pMap.SelectFeature(pFeatureLayer, pmFeature);
            pmFeature = pmFeatureCursor.NextFeature();
        }
        pEnumFeature = pMap.FeatureSelection as IEnumFeature;
    }
    else  //以选择的要素生成缓冲
    {
        pEnumFeature = pMap.FeatureSelection as IEnumFeature;
    }
    IFeature pFeature;
    pEnumFeature.Reset();
    pFeature = pEnumFeature.Next();
    string pathString = txtOutputPath.Text.Trim();
    AnalyseShapeCreatClass pCreatShapeClass = new AnalyseShapeCreatClass();
    IFeatureClass pFClass = pCreatShapeClass.CreateNewShapefile(pathString, "Text");
    IFeatureBuffer pFeatureBuffer= pFClass.CreateFeatureBuffer();
    IFeatureCursor pFeatureCursor = pFClass.Insert(true);
    int pFldAttribute = pFClass.FindField("Text");
    while (pFeature != null)
    {
        pTopoOp = pFeature.Shape as ITopologicalOperator;
        pPoly = new PolygonClass();
        pPoly = pTopoOp.Buffer(bufferDistance) as IPolygon;
        pFeatureBuffer.Shape = pPoly;
        pFeatureBuffer.set_Value(pFldAttribute, pFeature.OID);
        pFeatureCursor.InsertFeature(pFeatureBuffer);
        pFeature = pEnumFeature.Next();
    }
    pFeatureCursor.Flush();
    IFeatureLayer pOutputFeatLayer = new FeatureLayerClass();
    pOutputFeatLayer.FeatureClass = pFClass;
    pOutputFeatLayer.Name = pFClass.AliasName;
    pMap.AddLayer(pOutputFeatLayer);
```

```
        }
        catch (Exception ex)
        {
            MessageBox.Show("生成失败，请确认所选目录不会生成重名文件", "警告");
        }
        pMap.ClearSelection();
}
```

选择单个要素生成缓冲区的示例如图 8.6 所示。

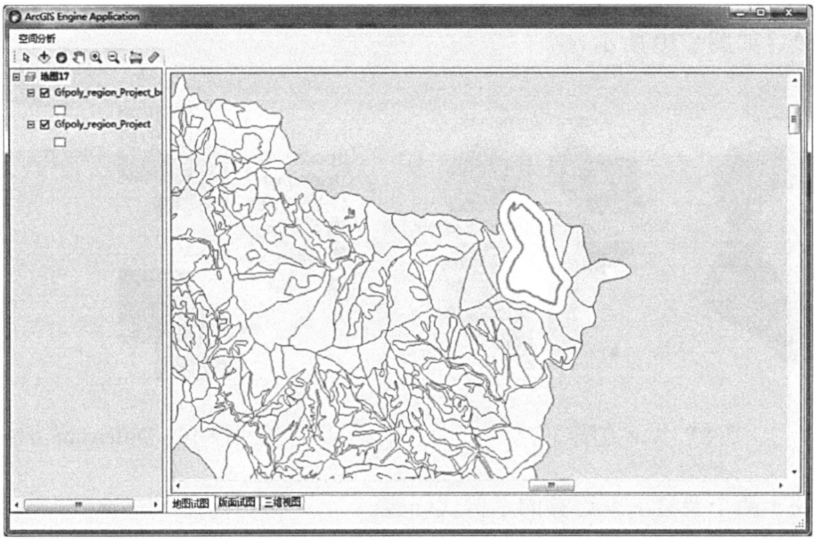

图 8.6　选择单个要素生成缓冲区

Clip 方法可以将一个几何对象使用一个包络线来进行裁切，裁切的结果为几何对象被包络线包围的部分，如图 8.7 所示。

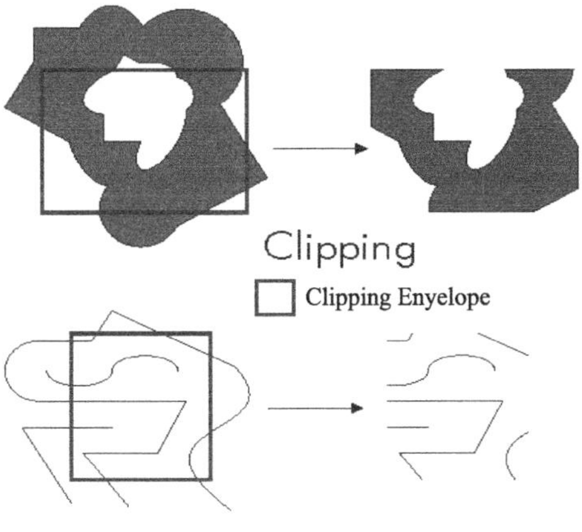

图 8.7　Clip 方法裁切

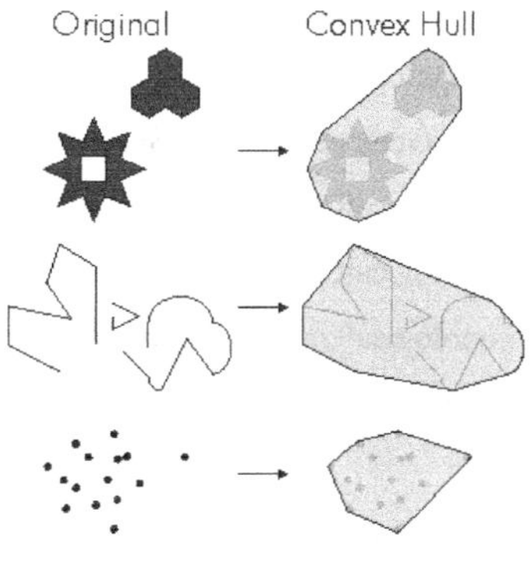

图 8.8　Convex Hull 方法

ConstructUnion 方法可以将多个几何对象的枚举值与一个同维度的几何对象合并，这种合并方法在大量几何对象合并时非常高效。

ConvexHull 方法可以产生一个或多个几何对象的最小边框凸多边形，该方法不支持 GeometryBags 对象，如图 8.8 所示。

Cut 方法用于切割一个几何对象，它需指定一条切割线和一个几何对象，经过切割运算后把几何对象分为左右两个部分，左右部分是相对切割线的方向而言。且只有 Polyline、Polygon 与切割线相交时，才能完成切割操作，Point、Multipoint 不能被切割，该方法不支持 GeometryBags 对象，如图 8.9 所示。

Difference 方法用于产生两个几何对象的差集，即一个几何对象除去它与另一个几何对象相交的部分，如图 8.10 所示。

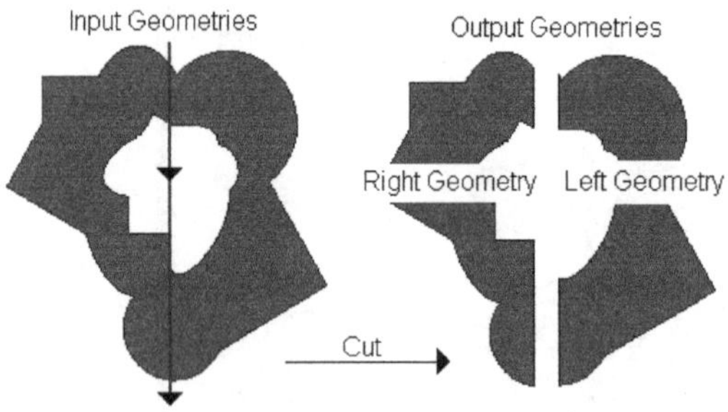

图 8.9　Cut 方法

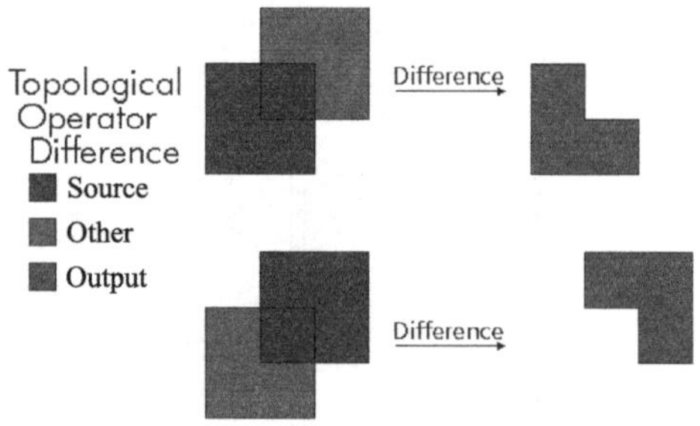

图 8.10　Difference 方法

以下是关于两个要素求差运算的示例代码段。

```
//两个要素的拓扑求差
public static IGeometry TopDifference(IGeometry origin_Geometry, IGeometry ref_geometry)
{
    ITopologicalOperator2 m_TopologicalOperator2;
    ITopologicalOperator2 pTopologicalOperator2;
    m_TopologicalOperator2 = origin_Geometry as ITopologicalOperator2;
    m_TopologicalOperator2.IsKnownSimple_2 = false;
    m_TopologicalOperator2.Simplify();
    origin_Geometry.SnapToSpatialReference();
    pTopologicalOperator2 = ref_geometry as ITopologicalOperator2;
    pTopologicalOperator2.IsKnownSimple_2 = false;
    pTopologicalOperator2.Simplify();
    ref_geometry.SnapToSpatialReference();
    //求差
    origin_Geometry = m_TopologicalOperator2.Difference(ref_geometry);
    return origin_Geometry;
}
```

Intersect 方法可以得到两个同维度几何对象的交集，即两个几何对象的公共部分，该方法不支持 GeometryBags 对象。

SymmetricDifference 方法用于产生两个几何图形的对称差分，即用两个几何对象的并集部分减去它们的交集部分，该方法同样不支持 GeometryBags 对象，如图 8.11 所示。

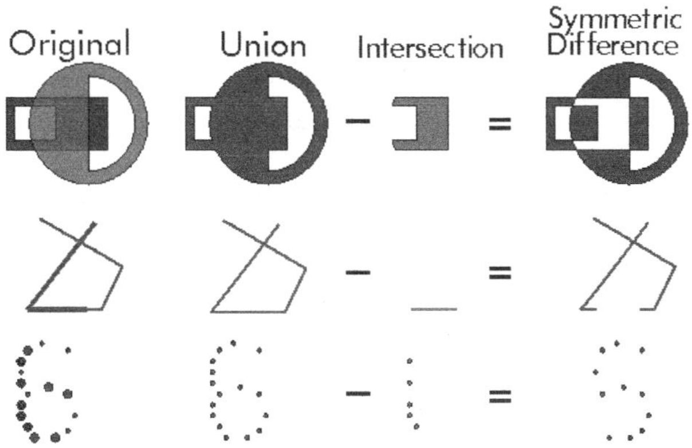

图 8.11 SymmetricDifference 方法

IsSimple 属性用于检测几何对象是否是拓扑正确的，即是否为简化几何对象。Simplify 方法可让一个几何对象在拓扑上变得一致。

在进行空间分析操作时，所有几何对象都必须是简化的几何对象，保证几何对象在拓扑上一致。为此，在运算前先必须用 IsSimple 函数进行判断，若不是简单几何对象，就需要使用 Simplify 方法来处理，以保证几何对象为简化的几何对象。例如，在一个 PointCollection 对象中，可用 Simplify 方法来移除所有的重合点；对于 SegmentCollection，Simplify 方法可移除所有重合线段，使相交的线段变成非相交线段(在相交处产生一个顶点)；对于 Polygon，Simplify 方法将使所有相交的环被移除，使未封闭的环被封闭，如图 8.12 所示。

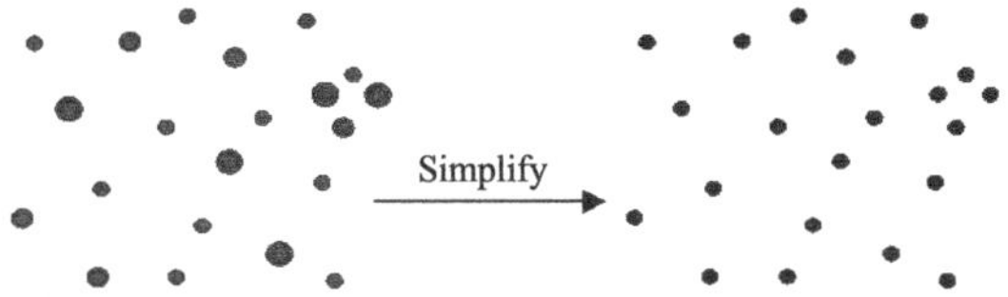

(a) Point Simplify

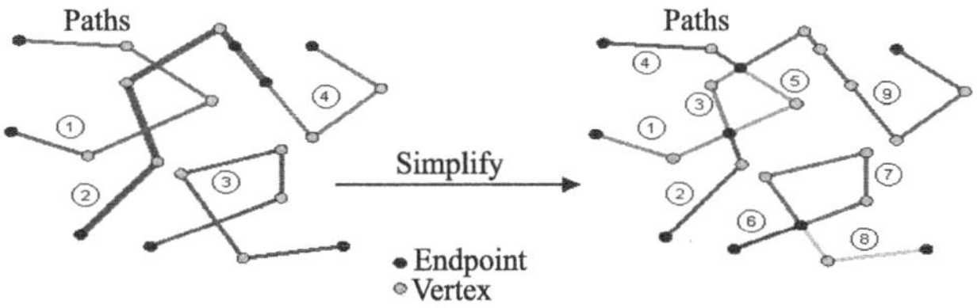

(b) Polyline Symplify

图 8.12 Simplify 方法

(c) Polygon Symplify

图 8.12 (续)

以下示例代码用于演示如何让一个几何对象在拓扑上变得一致。

```
private void SimplifyGeometry(IGeometry pGeometry)
{
    try
    {
        ITopologicalOperator pTopOperator = pGeometry as ITopologicalOperator;
        if (pTopOperator != null)
        {
            if (!(pTopOperator.IsKnownSimple))
            {
                if (!(pTopOperator.IsSimple))
                {
                    pTopOperator.Simplify();
                }
            }
        }
    }
    catch (Exception Err)
    {
        MessageBox.Show(Err.Message, "信息提示", MessageBoxButtons.OK,
MessageBoxIcon.Information);
    }
}
```

8.4 空间关系运算

几何对象之间除了可进行各种拓扑运算外，它们之间应该还拥有某种关系属性，如包含、相交、叠加和在内部等。通过 IRelationalOperator 接口提供的方法，可获取两个几何对象间的关系，它通过返回一个布尔值来说明几何对象间是否具有这种关系。有些关系运算要求几何对象具有相同的维度，有些却没有这种限制。

IRelationalOperator 接口中共包含了如表 8.5 所示的八种关系运算方法，并且所有支持 ITopologicalOperator 几何对象的类都实现了 IRelationalOperator 接口。

表 8.5 **IRelationalOperator 接口中包含的关系运算方法**

方法	说明
Contains	检测两个几何图形的包含关系
Crosses	检测两个几何图形是否相交
Disjoint	检测两个几何图形是否不相交
Equals	检测两个几何图形是否相等
Overlaps	检测两个几何图形是否重叠
Relation	检测两个几何图形是否存在定义的关系
Touches	检测两个几何图形的相接关系
Within	检测两个几何图形的内部关系

Contains 方法用于检测两个几何对象的包含关系，如果几何对象 A 包含几何对象 B，那么几何对象 B 就在几何对象 A 的内部。因此，Contains 与 Within 是一种相反的关系判断操作。在包含关系中，几何对象 B 的维度必须等于或低于几何对象 A 的维度，如图 8.13 所示。

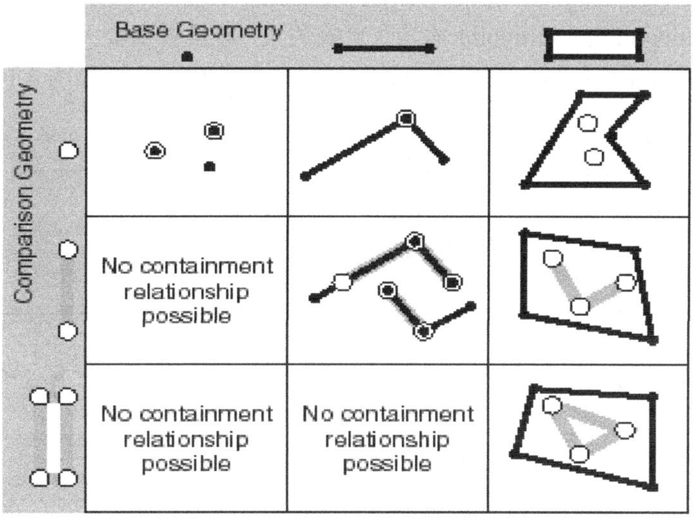

图 8.13 Contains 关系

Crosses 方法用于检测两个几何对象是否相交，两个几何对象相交于较低维的几何对象，而不是较高维度的几何对象。例如，Polyline 与 Polyline 相交于一个点，Polyline 与 Polygon 相交于一条线，而点与点不存在相交关系，多边形与多边形之间存在的是一种 Overlaps（重叠）关系。如果两个几何对象 Crosses 方法返回的值为 False，那么它们之间是不相交(Disjoint) 关系，如图 8.14 和图 8.15 所示。

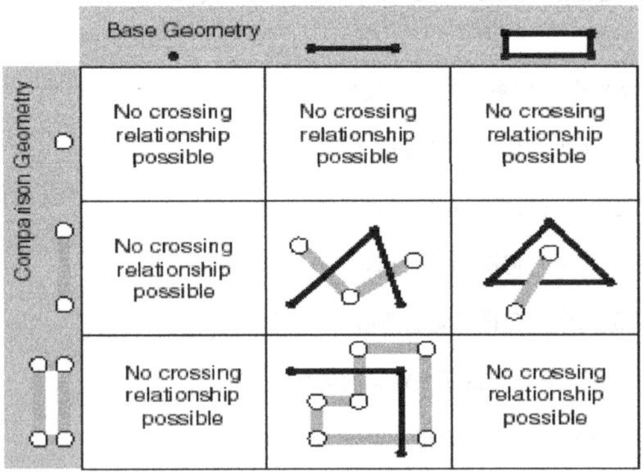

图 8.14　Crosses 方法

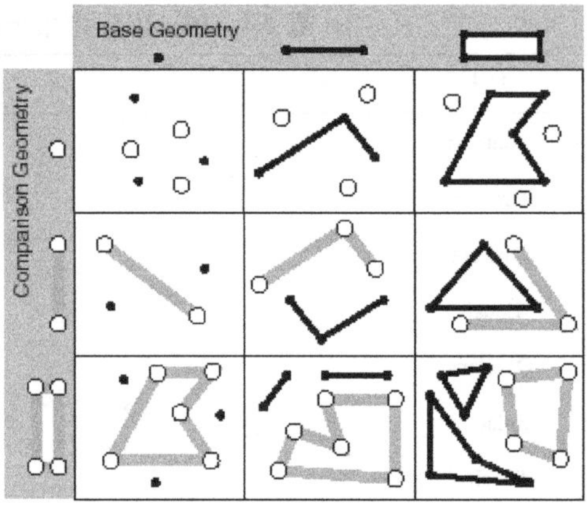

图 8.15　Disjoint 方法

Equal 方法用于检测两个几何对象是否相等，只有两个几何对象同为点、线或面时，才有可能具有相等关系。在该方法中，几何对象的 *M* 值和 *Z* 值不用考虑，若要检测这两个属性值是否相等，可以使用 IClone 接口的 IsEqual 方法，如图 8.16 所示。

Overlaps 方法用于检测两个几何对象是否有重叠，只有 Polyline 与 Polyline、Polygon 与 Polygon、Multipoint 与 Multipoint 才具有重叠关系，即具有重叠关系的两个几何对象需具有相同的维度，并且重叠区域不等于两个几何对象中的任何一个，如图 8.17 所示。

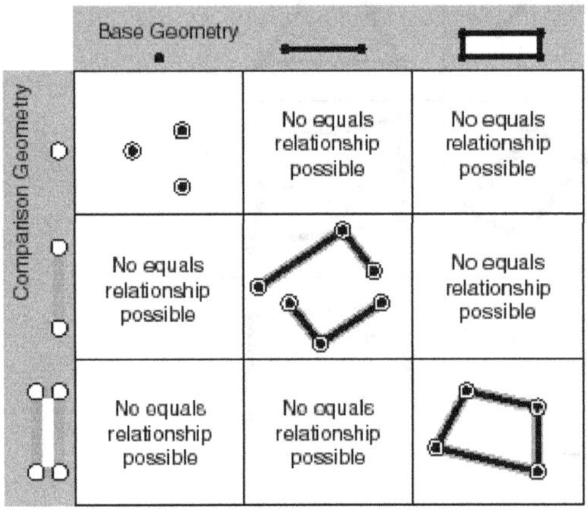

图 8.16　Equal 方法

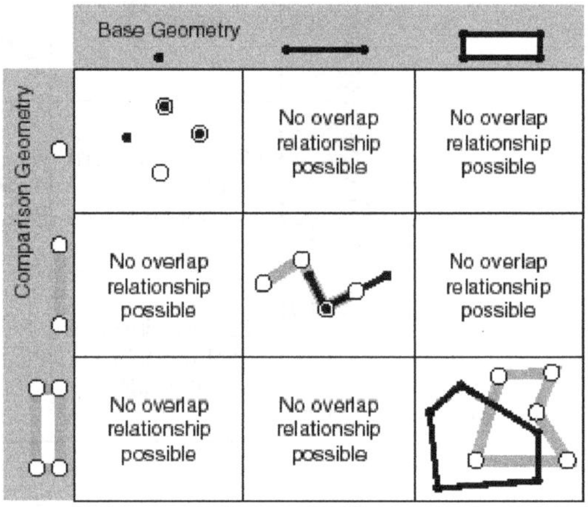

图 8.17　Overlaps 关系

Touches 方法用于检测两个几何对象的相接关系，此处说的相接是指两个几何对象相接处不为空，但相接处的内部为空，即两个几何对象是在它们的边界处相交。除了点与点外，其他的几何对象都可能存在这种关系，如图 8.18 所示。

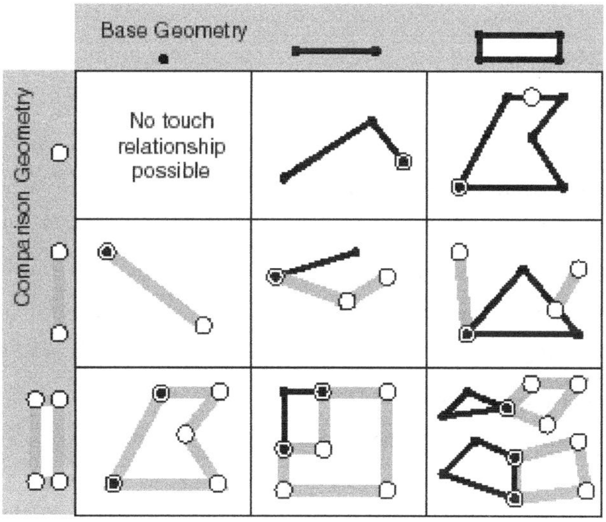

图 8.18 Touches 关系

8.5 IProximityOperator 接口

IProximityOperator 接口定义的方法主要用于得到两个几何对象之间的距离，或者一个给定点到某个几何形体最近点的距离。在很多 GIS 软件系统中，均实现了距离量算功能，该功能可使用这个接口定义的方法来实现。而 IProximityOperator 接口共定义了 QueryNearestPoint、ReturnDistance 和 ReturnNearestPoint 三种方法。

IProximityOperator 接口被很多几何对象类所实现，其中包括 BezierCurve、CircularArc、EllipticArc、Envelope、Line、Multipoint、Point、Polygon 和 Polyline 等。该接口的 QueryNearestPoint 方法可以查询几何对象上距离给定点最近的一个点，如图 8.19 所示。

ReturnNearestPoint 方法可得到几何对象上距离给定点最近的那个点。ReturnDistance 方法可以得到两个几何对象之间的最短距离，如图 8.20 所示。

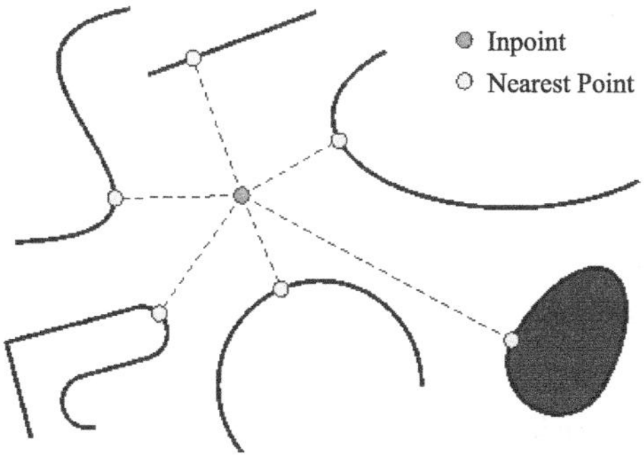

图 8.19 距离最近点查询

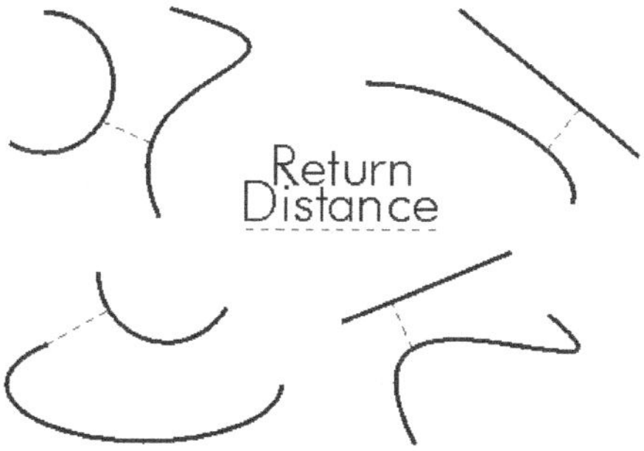

图 8.20 得到两个几何对象之间的最短距离

下面示例代码是 GIS 软件系统中实现的长度量算工具，通过鼠标点击勾绘量测线，以确定长度。

```
//此处省去了命名空间的引用
namespace SpatialAnalystPlugins
{
    public sealed class DistancePointsTool : BaseTool
    {
        private IHookHelper m_hookHelper;
        private IGraphicsContainer pGraphicContainer;
        private IMap pMap;
        private IActiveView pActiveView;
        private IDisplayFeedback pDisplayFeedback;
        private IScreenDisplay pScreenDisplay=null;
        IPoint pPointStd;
        IPoint pPoint;
        IPoint pPointLast;
        IProximityOperator pProximity;
        public double measureDistance=0;
        public double DistanceSegment = 0;
        INewLineFeedback pNewLineFeedback = null;
        public DistancePointsTool()
        {
            base.m_category = "SpatailAnalyse";
            base.m_caption = "长度量算";
            base.m_message = "长度量算";
            base.m_toolTip = "长度量算";
            base.m_name = "长度量算";
        }
        public override void OnCreate(object hook)
        {
            if (m_hookHelper == null)
            m_hookHelper = new HookHelperClass();
            m_hookHelper.Hook = hook;
            pActiveView = m_hookHelper.ActiveView;
            pMap = pActiveView.FocusMap;
            pGraphicContainer = pMap as IGraphicsContainer;
            pDisplayFeedback = null;
            pScreenDisplay = pActiveView.ScreenDisplay;
        }
        //重载鼠标点击事件
```

```
public override void OnMouseDown(int Button, int Shift, int X, int Y)
{
    //产生一个当前的点击的点对象
    if (Button == 1)
    {
        //判断该点是否为第一个点
        if (pDisplayFeedback == null)
        {
            pPointStd = new PointClass();
            pPointStd.SpatialReference = pMap.SpatialReference;
            pPointStd = pActiveView.ScreenDisplay.DisplayTransformation.ToMapPoint(X, Y);
            pDisplayFeedback = new NewLineFeedbackClass();
            pDisplayFeedback.Display = pScreenDisplay;
            pNewLineFeedback = pDisplayFeedback as INewLineFeedback;
            pNewLineFeedback.Start(pPointStd);
            pPointLast = pPointStd;
            pProximity = pPointStd as IProximityOperator;
        }
        else
        {
            pNewLineFeedback = pDisplayFeedback as INewLineFeedback;
            pNewLineFeedback.AddPoint(pPoint);
            IProximityOperator pProximity = pPointLast as IProximityOperator;
            DistanceSegment = pProximity.ReturnDistance(pPoint);
            measureDistance += pProximity.ReturnDistance(pPoint);
            pPointLast = pPoint;
        }
    }
}
//重载鼠标移动事件
public override void OnMouseMove(int Button, int Shift, int X, int Y)
{
    pPoint = new PointClass();
    pPoint.SpatialReference = pMap.SpatialReference;
    pPoint = pActiveView.ScreenDisplay.DisplayTransformation.ToMapPoint(X, Y);
    if (pNewLineFeedback != null)
    {
        pNewLineFeedback.MoveTo(pPoint);
    }
```

```
        }
        //重载鼠标双击事件，距离量测结束
        public override void OnDblClick()
        {
            base.OnDblClick();
            IGeometry pGeometry = null;
            string lengthUnits = null;
            if (pNewLineFeedback != null)
            {
                pGeometry = pNewLineFeedback.Stop();
                pNewLineFeedback = null;
                IElement pElement = null;
                ISimpleLineSymbol pSimpleLineSymbol = new SimpleLineSymbolClass();
                pSimpleLineSymbol.Width = 2;
                pSimpleLineSymbol.Style = esriSimpleLineStyle.esriSLSSolid;
                ISimpleFillSymbol pSimpleFillSymbol = new SimpleFillSymbolClass();
                pSimpleFillSymbol.Style = esriSimpleFillStyle.esriSFSSolid;
                pSimpleFillSymbol.Outline = pSimpleLineSymbol;
                ILineElement pLineElement = new LineElementClass();
                pLineElement.Symbol = pSimpleLineSymbol;
                pElement = pLineElement as IElement;
                pElement.Geometry = pGeometry;
                IGraphicsContainer pGraphicsContainer = pActiveView.FocusMap as
                IGraphicsContainer;
                pGraphicsContainer.AddElement(pElement, 0);
                pActiveView.PartialRefresh(esriViewDrawPhase.esriViewGraphics, null, null);
                pGraphicsContainer.DeleteElement(pElement);
                lengthUnits = Get_MapUnits(pMap.MapUnits);
        }
            MessageBox.Show("\n线段长度： " + DistanceSegment.ToString() + "\n总长度： " +
measureDistance.ToString() + "\n地图单位：  " + lengthUnits,"长度量算");
            measureDistance = 0;
            DistanceSegment = 0;
            pNewLineFeedback = null;
            pDisplayFeedback = null;
        }
    public string Get_MapUnits(esriUnits mapUnits)
        {
            switch (mapUnits)
```

```
                {
                    case esriUnits.esriUnknownUnits:
                        return "未知单位";
                    case esriUnits.esriInches:
                        return "英寸";
                    case esriUnits.esriPoints:
                        return "点";
                    case esriUnits.esriFeet:
                        return "英尺";
                    case esriUnits.esriYards:
                        return "码";
                    case esriUnits.esriMiles:
                        return "英里";
                    case esriUnits.esriNauticalMiles:
                        return "海图比例尺";
                    case esriUnits.esriMillimeters:
                        return "毫米";
                    case esriUnits.esriCentimeters:
                        return "厘米";
                    case esriUnits.esriMeters:
                        return "米";
                    case esriUnits.esriKilometers:
                        return "千米";
                    case esriUnits.esriDecimalDegrees:
                        return "十进制度";
                    case esriUnits.esriDecimeters:
                        return "分米";
                    case esriUnits.esriUnitsLast:
                        return "仅内部使用";
                }
                return null;
            }
        }
}
```

使用上述工具进行长度量算的示例结果如图 8.21 所示。

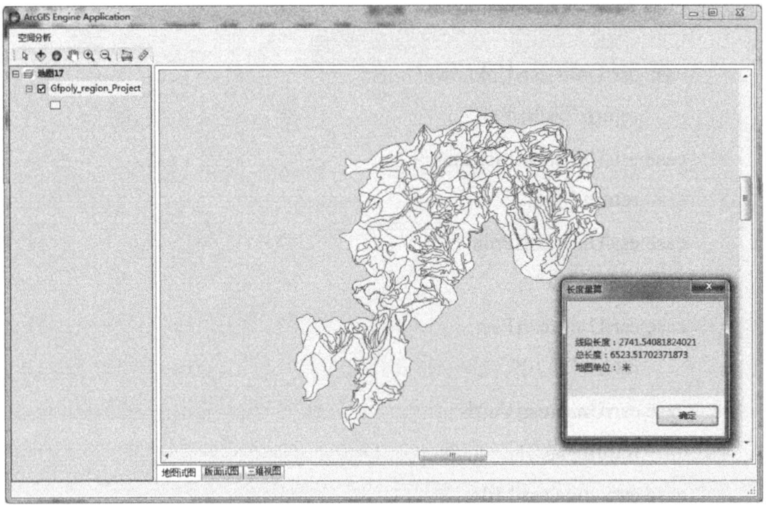

图 8.21　长度量算结果

8.6　叠 加 分 析

叠加分析（Overlay Analysis）是 GIS 软件系统中一项非常重要的空间分析功能，常用于提取隐含信息，是指在统一空间参考系统下，通过对两个数据进行的一系列集合运算，产生新数据的过程。此处提到的数据可以是图层对应的数据集，也可以是地物对象。叠加分析的目标是分析在空间位置上有一定关联的空间对象的空间特征和专题属性之间的相互关系。多层数据的叠加分析，不仅可产生新的空间关系，还可产生新的属性特征关系，能够发现多层数据间的相互差异、联系和变化等特征。

考虑不同类型 GIS 数据的基本结构，GIS 叠加分析可分为基于矢量数据的叠加分析和基于栅格数据的叠加分析两大类型。

8.6.1　矢量图层的叠加分析

矢量图层的叠加分析可以分为点与多边形叠加分析、线与多边形叠加分析和多边形与多边形叠加分析。

1. 点与多边形的叠加分析

点与多边形的叠加分析实质上是计算多边形对点的包含关系，用于统计或属性赋值。例如，在森林资源二类调查中，外业调查时可以将调查小班的属性保存在一个点内，在内业数据处理时可利用点与多边形叠加分析，得到哪个点落入哪个小班面内，然后再给小班面属性赋值。

2. 线与多边形的叠加分析

线与多边形的叠加分析是比较线上坐标与多边形坐标的关系，判断线是否落入多边形内。通常是计算线与多边形的交点，只要相交就产生一个结点，便将原线打断成一条条弧段，找到线要素与多边形共有的地理空间。例如，一个林带要素类和一个小班要素类，可以找出哪个林带落在哪个小班内，以及有多长的部分落入这个小班内。

3. 多边形与多边形的叠加分析

多边形与多边形的叠加分析是一种最常用的叠加分析，就是将两个或多个多边形进行叠加产生一个新多边形的操作，以解决区域多重属性的模拟分析、地理特征的动态变化分析、区域信息提取等。例如，森林资源数据更新时，一个林班要素类和森林采伐要素类进行叠加，就可以得到采伐后的森林小班更新数据。

根据具体情况，可以进行叠加求交、并、差、异或、裁切等，但也不局限于这几种，还可以根据具体情况设计具体的叠加分析。

8.6.2 IBasicGeoProcessor 接口

ArcGIS Engine 封装了 BasicGeoProcessor 对象，用于实现矢量数据的叠加分析，其实现的主要接口是 IBasicGeoProcessor。IBasicGeoProcessor 接口提供了基本的空间数据处理属性和方法，包括叠加求交（Interset）和叠加求和（Union)、要素的裁切（Clip）、要素的融合（Dissolve）和要素的合并（Merge）。

8.6.3 栅格图层的叠加分析

栅格数据结构具有空间信息隐含但属性信息明显的特点，可通过各种函数关系将不同层的栅格图层进行叠加运算，以便揭示各种空间现象和空间过程。例如，山体滑坡和海拔、倾角、植被覆盖等因素的关系，可根据多年统计的经验方程，将海拔、倾角和植被覆盖等作为栅格图层输入，通过数学运算得到山体滑坡危险系数评估图。栅格地图叠加分析主要包括以下三种类型：

（1）基于常数对栅格图层进行的代数运算；

（2）基于数学变换对栅格图层进行的数学变换（指数、对数、三角变换等）；

（3）多个栅格图层的代数运算（加、减、乘、除、乘方等）和逻辑运算（与、或、非、异或等）。

8.6.4 RasterMathops 组件类

RasterMathops 组件类提供了栅格运算的操作机制，主要包括 IMathOP、ILogicalOP、ITrigOP 等。

IMathOP 接口提供了栅格数学运算的方法，共包含 21 种方法，如 Abs、Divide、Minus、Times 等，下面是关于栅格数据集简单相减和栅格图层相乘的示例代码段。

```
private void RasterMinus()
{
    IMathop pMathOp = new RasterMathOpsClass();
    IGeoDataset inputDataset1;
    inputDataset1=OpenRasterDataset(@"D:\SpatialData","inputraster1") as  IGeoDataset;
    IGeoDataset inputDataset2;
    inputDataset2=OpenRasterDataset(@"D:\SpatialData","inputraster2") as  IGeoDataset;
    IGeoDataset outputRaster = pMathOp.Minus(inputDataset1, inputDataset2);
}
```

```
private void RasterTimes()
{
    IMathop pMathOp = new RasterMathOpsClass();
    IGeoDataset outputDataset = new RasterDataset();
    ILayer pLayer = this.axMapControl1.get_Layer(0);
    IRasterLayer  inputRasterLayer1= pLayer as IRasterLayer;
    pLayer = this.axMapControl1.get_Layer(1);
    IRasterLayer inputRasterLayer2= pLayer as IRasterLayer;
    outputDataset = pMathOp.Times(inputRasterLayer1.Raster as IGeoDataset, inputRasterLayer2.Raster as
    IGeoDataset);
}
```

ILogicalOp 接口提供了栅格逻辑运算方法，如 BooleanAnd、BooleanOr、BooleanNot 等，下面给出一个使用 BooleanAnd 的简单示例：

```
private void RasterBooleanAnd()
{
    ILogicalOp pLogicalOp = new RasterMathOpsClass();
    IGeoDataset inputDataset1;
    inputDataset1=OpenRasterDataset(@"D:\SpatialData","inputraster1") as  IGeoDataset;
    IGeoDataset inputDataset2;
    inputDataset2=OpenRasterDataset(@"D:\SpatialData","inputraster2") as  IGeoDataset;
    IGeoDataset outputRaster = pLogicalOp.BooleanAnd(inputDataset1, inputDataset2);
}
```

ItrigOp 接口提供了栅格运算的三角函数，包括正切、余切、正弦、余弦等，下面给出一个使用正弦函数的简单示例：

```
private void RasterSin()
{
    ITrigOp pTrigOp = new RasterMathOpsClass();
    IGeoDataset inputDataset;
    inputDataset=OpenRasterDataset(@"D:\SpatialData","inputraster") as  IGeoDataset;
    IGeoDataset outputRaster = pLogicalOp.Sin (inputDataset);
}
```

8.7　网络分析

8.7.1　网络分析概述

网络分析是空间分析的一个重要方面，它依据网络拓扑关系（线性实体之间、线性实体与节点之间、节点与节点之间的连接和连通关系），并通过考察网络元素的空间、属性数据，对网络的性能特征进行多方面的分析和计算。网络的组成很简单，它包括两个基本组成部分：

边线（Edge）和交汇点（Junction），其中，街道、传输线路、管网及河流等都属于边线的范畴，而街道交汇点、保险丝、开关及河流交汇点等都属于交汇点的范畴，边线与边线之间通过交汇点相连接，流（Flow）可从一条边线传输到另一条边线。

网络在 Geodatabase 中有两种描述，即几何网络（Geometric NetWork）和逻辑网络（Logic NetWork）。几何网络是组成线性网络系统要素的集合，这些要素作为网络要素（NetWork Feature）被限制存在网络内；逻辑网络主要是用特定的属性表存储网络的连通信息（存储边线和交汇点的连接关系），它不存储坐标值，直接反映网络拓扑关系。一个几何网络总是与一个逻辑网络相联系，逻辑网络是几何网络的虚拟表示，是一个幕后的数据结构，是几何网络进行高效工作的基础。它们是密不可分的。

网络分析的根本目的是研究、筹划一项网络工程如何安排，并使其运行效果最好，其应用范围十分广泛。例如，环保部门可根据对水流中不同地点的水样分析来追踪污染物的流向；交通部门根据交通数据来规划将来的高速公路建设；在电力和通信等部门，网络分析在各种管线和管网的布局中发挥着重要作用。

8.7.2 网络分析的实际应用

ArcGIS 网络分析的功能和具体应用，可查阅 ArcGIS 相关的帮助文档。网络分析提供了五个基本函数，在 ArcGIS 10 中又增加了一个，它们分别是 Route、Service Area、Closest Facility、OD Cost Matrix、VRP 和 Location-Allocation(ArcGIS10 新增)。

Route 用于最短路径分析，也是目前为止用户经常使用的，可简单地分为时间最短和距离最短两种类型。Route 不仅可以计算起始点和终止点之间的最优路径，而且还可以计算多个点的最优路径。

Service Area 为服务区域分析，在商业上也叫商圈分析。借助 Service Area 分析，可以知道一家超市或一家医院可覆盖的服务范围(如以 *N* 分钟到达的路程作为判定标准)。

Closest Facility 为最近设施查询，如查找距离某所大学最近的某类型餐馆、医院和其他公共设施等。

OD Cost Matrix 为源点终点成本矩阵，能够从多个源点和终点之间创建源点-终点成本矩阵(Origin-Destination Cost Matrix)。OD Cost Matrix 是一个包含从每一个源点(Origin)到每一个终点(Destination)的总阻抗(Impedance)的表(Table)，在地图上表示时，Origin 到 Destination 的 Path 是用直线表示的。

VRP 为车辆路径规划，目标是使得客户的需求得到满足，并能在一定的约束下，达到诸如路程最短、成本最小、耗费时间最少等目的。

Location-Allocation 为最优选址。

网络分析的功能主要依赖于网络数据集的质量，归根到底是网络的质量。

8.7.3 网络数据集

上面提到了网络分析功能主要依赖于网络数据集的质量，这是因为在 ArcGIS 中，用于网络分析的网络被存储在网络数据集（Network Dataset）中，网络数据集是进行网络分析的基础。

网络数据集由网络元素（Network Elements）组成，网络元素由创建网络数据集的要素源产生。要素源的几何信息用于建立网络的连通性，且网络元素的属性可以约束网络中被运输对象的运输路径。

网络数据集中包含三种类型的网络元素，边（Edge）、节点（Junction）和转向（Turn）。边元素是连接节点元素的桥梁，节点元素用于连接边元素，而转向元素用于记录被运输对象在不同边元素间流动的过程信息。

8.7.4 网络分析的相关类说明

本节将具体介绍 ArcGIS Engine 实现最短路径所用到的主要对象和接口。使用 ArcGIS Engine进行最短路径功能开发需要用到NetworkAnalyst库中的NAClass、NAContext、NALayer、NAClassLoader、NAClassFieldMap、NARouteSolver 等组件类。

（1）NAClass 类，是一个内存中存在的要素对象，该对象用于存储网络分析中所使用的输入输出要素。此对象除了实现独有的 INAClass 接口外，还实现了所有普通要素类实现的接口。

（2）NAContext 组件类，是所有参与网络分析对象中最重要的一个，网络问题的定义和解决都要用到该对象。

（3）NALayer 组件类，为一个图层对象，该对象用于网络分析问题的定义、解决及结果的显示。

（4）NAClassLoader 组件类，用于加载网络 NAClass 对象。

（5）NAClassFieldMap 组件类，被 NAClassLoader 组件类对象所使用，用于加载网络 NAClass 对象。

（6）NARouteSolver 组件类，主要用于最短路径分析，该对象用于执行网络中给定点间的最短路径网络分析，可以记录该最短路径各节点的访问顺序，并能以线状要素类形式保存最短路径结果。NARouteSolver 组件类对象在寻找最短路径时遵循 NASolverSettings 组件类对象的设置。

8.7.5 相关接口说明

前面介绍了实现最短路径功能的组件类，这些组件类所实现的接口有 INASolver、INARouteSolver、INASolverSettings、INAClassFieldMap、INAClassLoader、INAContext 等，下面是对这些相关接口的说明。

（1）INASolver 接口，是所有类型网络决策分析对象的通用接口，主要用于网络分析上下文对象的创建与更新。该接口共定义了六种方法和六个属性。CreateContext 方法为网络分析决策对象创建分析上下文对象；UpdateContext 方法用于更新分析上下文对象；Slove 方法用于执行网络分析。

（2）INARouteSolver 接口，用于设置路径分析决策对象，该接口共定义了六个属性。OutputLines 属性用于设置路径的表现形式；CreateTraversalResult 属性用于设置是否生成路径分析结果；UseTimeWindows 属性用于设置路径分析过程中是否考虑时间窗口；FindBestSequence 属性用于设置是否需要按照最优路径重新排序；PreserveFirstStop 属性用于设置是否需要固定第一个点在结果中的位置；PreserveLastStop 属性用于设置是否需要固定最后一个停靠点在结果中的位置。

（3）INASolverSettings 接口，提供了一些属性用于对各种网络决策对象进行设置。ImpedanceAttributeName 属性用于设置在分析过程中作为阻抗属性的网络属性名称；RestrictionAttributeNames 属性用于设置在分析过程中作为限制属性的网络属性名称。RestrictUTurns 属性用于设置在分析过程中 U-Turns 以何种方式被限制；UseHierarchy 属性用于设置在分析过程中是否需要考虑网络层次属性；HierarchyAttributeName 属性用于设置在分析过程中网络层次属性的名称；HierarchyLevelCount 属性用于设置在分析过程中网络层次的层次数；MaxValueForHierarchy 属性用于设置层数属性的最大值。

（4）INAClassFieldMap 接口，定义了一些属性和方法用于将网络输入字段信息映射到输出字段信息中。CreateMapping 方法用于创建一个新的字段映射关系。

（5）INAClassLoader 接口，用于对网络分析对象的装载。Locator 属性指定如何确定网络位置；NAClass 属性用于设置参与网络分析的网络分析对象；FieldMap 属性用于字段映射的定义。Load 方法用于装载网络分析对象。

（6）INAContext 接口，定义了一些属性用于网络分析上下文的使用。NAClasses 属性用于返回与网络分析有关的对象集合；Solver 属性用于返回网络分析上下文对象的决策分析模型；NetworkDataset 属性用于返回网络分析上下文对象的网络数据集。

8.7.6 最短路径分析的代码实现

ArcGIS 提供了完整的空间分析功能，通过 ArcMap 可以完成常规的网络问题分析，本节将通过 ArcGIS Engine 实现网络分析中查找最短路径的功能。最短路径分析作为 GIS 网络分析中最基本的功能，不仅能应用在二维网络分析中，在三维空间曲面的计算中也能发挥重要作用。最短路径不仅仅指一般地理意义上的距离最短，还可以引申到其他的度量，如时间、费用等。关键是对“短”含义的理解，例如，如果网络属性为时间，则为时间最短路径；如果以费用为网络属性，则为费用最短路径等。

通过 ArcGIS Engine 实现最短路径的主要思路是：打开工作空间与网络数据集，并加载网络数据集；创建 NAClass 网络分析上下文对象和最短路径分析使用的分析决策对象 NASolver；从要素类中载入最短路径所要经历的停留点，并将其映射到网络拓扑中，从而创建最短路径图层。

下面是实现该功能的具体步骤：

（1）新建一个 Windows 窗体应用程序，缺省窗体的名称为 FrmNearestRoute，在窗体上分别添加 axMapControl 控件、axLicenseControl 和 toolStrip 控件，在 toolStrip 上添加两个 Button 按钮，界面设计结果如图 8.22 所示。

（2）在 FrmNearestRoute 窗体层代码区域定义以下变量：

```
private INAContext m_NAContext;  //网络分析上下文
private INetworkDataset networkDataset;  //网络数据集
private IFeatureWorkspace pFWorkspace;
private IFeatureClass inputFClass; //打开stops数据集
private IFeatureDataset featureDataset;
private bool networkanalasia = false;  //判断是否点击NewRoute按钮，进入添加旗点阶段
private int clickedcount = 0; //mapcontrol上加点时显示点数
```

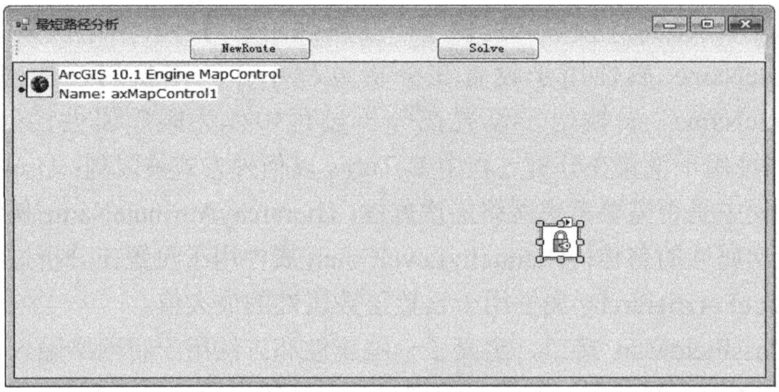

图 8.22　最短路径界面

```
private IActiveView m_ipActiveView;
private IGraphicsContainer pGC;
private IMap m_ipMap;
```

（3）在窗体 FrmNearestRoute 的初始化函数中获取工作空间、网络数据集、打开相应的图层数据，并生成网络图层与网络分析图层。

```
private void Initialize()
{
    axMapControl1.ActiveView.Clear();
    axMapControl1.ActiveView.Refresh();
    //获取当前应用程序的目录的名称
    string path = AppDomain.CurrentDomain.SetupInformation.ApplicationBase;
    path = path.Remove(path.Length - 5, 5);
    string name = path + "NetworkAnalyst.gdb";
    //打开工作空间
    pFWorkspace = OpenWorkspace(name) as IFeatureWorkspace;
    //打开网络数据集
    networkDataset = OpenNetworkDataset(pFWorkspace as IWorkspace, "Road_network_ND", "
Road_network");
    //创建网络分析上下文，建立一种解决关系
    m_NAContext = CreateSolverContext(networkDataset);
    //打开数据集
    inputFClass = pFWorkspace.OpenFeatureClass("stops");
    // Test_ND_Junctions图层
    IFeatureLayer vertex = new FeatureLayerClass();
    vertex.FeatureClass = pFWorkspace.OpenFeatureClass("Road_network_ND_Junctions");
    vertex.Name = vertex.FeatureClass.AliasName;
    axMapControl1.AddLayer(vertex, 0);
    //street图层
```

```
        IFeatureLayer road3 = new FeatureLayerClass();
        road3.FeatureClass = pFWorkspace.OpenFeatureClass("Road");
        road3.Name = road3.FeatureClass.AliasName;
        axMapControl1.AddLayer(road3, 0);
        //为Network Dataset生成一个图层，并将该图层添加到axMapControl1中
        ILayer layer;//网络图层
        INetworkLayer networkLayer = new NetworkLayerClass();
        networkLayer.NetworkDataset = networkDataset;
        layer = networkLayer as ILayer;
        layer.Name = "Network Dataset";
        axMapControl1.AddLayer(layer, 0);
        //生成一个网络分析图层并添加到axMapControl1中
        INALayer naLayer = m_NAContext.Solver.CreateLayer(m_NAContext);
        ILayer layer1 = naLayer as ILayer;
        layer1.Name = m_NAContext.Solver.DisplayName;
        axMapControl1.AddLayer(layer1, 0);
        m_ipActiveView = axMapControl1.ActiveView;
        m_ipMap = m_ipActiveView.FocusMap;
        pGC = m_ipMap as IGraphicsContainer;
    }
    //打开工作空间
    public IWorkspace OpenWorkspace(string strGDBName)
    {
        IWorkspaceFactory workspaceFactory = new FileGDBWorkspaceFactoryClass();
        return workspaceFactory.OpenFromFile(strGDBName, 0);
    }
```

打开网络数据集是通过OpenNetworkDataset方法实现的，该方法通过网络数据集所在的工作空间及数据集名称，返回相应的网络数据集对象。

```
  //打开网络数据集
    public INetworkDataset OpenNetworkDataset(IWorkspace networkDatasetWorkspace, System.String
  networkDatasetName, System.String featureDatasetName)
    {
        if (networkDatasetWorkspace == null || networkDatasetName == "" || featureDatasetName == null)
        {
            return null;
        }
        IDatasetContainer3 datasetContainer3 = null;
        IFeatureWorkspace featureWorkspace = networkDatasetWorkspace as IFeatureWorkspace;
        featureDataset = featureWorkspace.OpenFeatureDataset(featureDatasetName);
```

```
        IFeatureDatasetExtensionContainer featureDatasetExtensionContainer = featureDataset as
IFeatureDatasetExtensionContainer;
        IFeatureDatasetExtension featureDatasetExtension =
featureDatasetExtensionContainer.FindExtension(esriDatasetType.esriDTNetworkDataset);
        datasetContainer3 = featureDatasetExtension as IDatasetContainer3;
        if (datasetContainer3 == null)
            return null;
        IDataset dataset = datasetContainer3.get_DatasetByName(esriDatasetType.esriDTNetworkDataset,
networkDatasetName);
        return dataset as INetworkDataset;
    }
```

打开网络数据集后，可根据网络数据集对象创建 NAContext 网络分析上下文对象和最短路径分析使用的分析决策对象 NASolver。

```
//创建网络分析上下文
    public INAContext CreateSolverContext(INetworkDataset networkDataset)
    {
        //获取创建网络分析上下文所需的IDENetworkDataset类型参数
        IDENetworkDataset deNDS = GetDENetworkDataset(networkDataset);
        INASolver naSolver = new NARouteSolver();
        INAContextEdit contextEdit = naSolver.CreateContext(deNDS, naSolver.Name) as INAContextEdit;
        contextEdit.Bind(networkDataset, new GPMessagesClass());
        return contextEdit as INAContext;
    }
    //得到创建网络分析上下文所需的IDENetworkDataset类型参数
    public IDENetworkDataset GetDENetworkDataset(INetworkDataset networkDataset)
    {
        //将网络数据集QI到DatasetComponent
        IDatasetComponent dsComponent = networkDataset as IDatasetComponent;
        return dsComponent.DataElement as IDENetworkDataset; //获得数据元素
    }
```

（4）添加 NewRoute 按钮的 Click 事件，用于清除已经存在的网络分析上下文与生成的路径，并进入到下一次添加标注点工作状态。

```
    private void button1_Click(object sender, EventArgs e)
    {
        networkanalasia = true;
        axMapControl1.CurrentTool = null;
        ITable pTable = inputFClass as ITable;
        pTable.DeleteSearchedRows(null);
        //提取路径前，删除上一次路径Routes网络上下文
```

```
        IFeatureClass routesFC = m_NAContext.NAClasses.get_ItemByName("Routes") as IFeatureClass;
        ITable pTable1 = routesFC as ITable;
        pTable1.DeleteSearchedRows(null);
        //提取路径前，删除上一次路径Stops网络上下文
        INAClass stopsNAClass = m_NAContext.NAClasses.get_ItemByName("Stops") as INAClass;
        ITable pTable2 = stopsNAClass as ITable;
        pTable2.DeleteSearchedRows(null);
        //提取路径前，删除上一次路径Barriers网络上下文
        INAClass barriersNAClass = m_NAContext.NAClasses.get_ItemByName("Barriers") as INAClass;
        ITable pTable3 = barriersNAClass as ITable;
        pTable3.DeleteSearchedRows(null);
        pGC.DeleteAllElements();
        clickedcount = 0;
        axMapControl1.Refresh();
    }
```

（5）在 axMapControl1_OnMouseDown 事件中添加如下代码，用于获取距离鼠标点击点最近的网络交汇点。

```
    private void axMapControl1_OnMouseDown(object sender, IMapControlEvents2_OnMouseDownEvent e)
    {
        if (networkanalasia==true)
        {
            PointCollection m_ipPoints = new MultipointClass();   //输入点集合
            IPoint ipNew =
axMapControl1.ActiveView.ScreenDisplay.DisplayTransformation.ToMapPoint(e.x, e.y);
            object o = Type.Missing;
            m_ipPoints.AddPoint(ipNew, ref o, ref o);
            CreateFeature(inputFClass, m_ipPoints);   //获鼠标点击最近点
            //把得到的最近点显示出来
            ITextElement textelement = new TextElementClass();
            IElement element = textelement as IElement;
            ITextSymbol textSymbol = new TextSymbol();
            textSymbol.Color = GetRGB(189,190,0);
            textSymbol.Size = 30;
            textelement.Symbol = textSymbol;
            clickedcount++;
            textelement.Text = clickedcount.ToString();
            element.Geometry = m_ipActiveView.ScreenDisplay.DisplayTransformation.ToMapPoint(e.x,
e.y);
            pGC.AddElement(element, 0);
```

```
            m_ipActiveView.PartialRefresh(esriViewDrawPhase.esriViewGraphics, null, null);
        }
    }
    //获取距离鼠标点击最近的点
    public void CreateFeature(IFeatureClass featureClass, IPointCollection PointCollection)
    {
        // 是否为点图层
        if (featureClass.ShapeType != esriGeometryType.esriGeometryPoint)
        {
            return;
        }
        // 创建点要素
        for (int i = 0; i < PointCollection.PointCount; i++)
        {
            IFeature feature = featureClass.CreateFeature();
            feature.Shape = PointCollection.get_Point(i);
            IRowSubtypes rowSubtypes = (IRowSubtypes)feature;
            feature.Store();
        }
    }
```

（6）添加 Solve 按钮的 Click 事件，用于生成给定点的最短路径。

```
    private void btnSolve_Click(object sender, EventArgs e)
    {
        IGPMessages gpMessages = new GPMessagesClass();
        LoadNANetworkLocations("Stops", inputFClass, 80);
        INASolver naSolver = m_NAContext.Solver;
        naSolver.Solve(m_NAContext, gpMessages, null);
        //解决完后，删除图层内容
        ITable pTable_inputFClass = inputFClass as ITable;
        pTable_inputFClass.DeleteSearchedRows(null);
        axMapControl1.Refresh();
    }
    //根据点图层，在网络拓扑图层上确定用户要查找最优路径所用经历的点
    public void LoadNANetworkLocations(string strNAClassName, IFeatureClass inputFC, double
snapTolerance)
    {
        INamedSet classes = m_NAContext.NAClasses;
        INAClass naClass = classes.get_ItemByName(strNAClassName) as INAClass;
        //删除naClass中添加的项
```

```
        naClass.DeleteAllRows();
        //加载网络分析对象，设置容差值
        INAClassLoader classLoader = new NAClassLoader();
        classLoader.Locator = m_NAContext.Locator;
        if (snapTolerance > 0) classLoader.Locator.SnapTolerance = snapTolerance;
        classLoader.NAClass = naClass;
        //创建INAClassFieldMap，用于字段映射
        INAClassFieldMap fieldMap = new NAClassFieldMap();
        fieldMap.set_MappedField("ObjectID", "OBJECTID");
        classLoader.FieldMap = fieldMap;
        //加载网络分析类
        int rowsIn = 0;
        int rowsLocated = 0;
        IFeatureCursor featureCursor = inputFC.Search(null, true);
        classLoader.Load((ICursor)featureCursor, null, ref rowsIn, ref rowsLocated);
        ((INAContextEdit)m_NAContext).ContextChanged();
    }
```

（7）生成给定点的最短路径结果如图 8.23 所示。

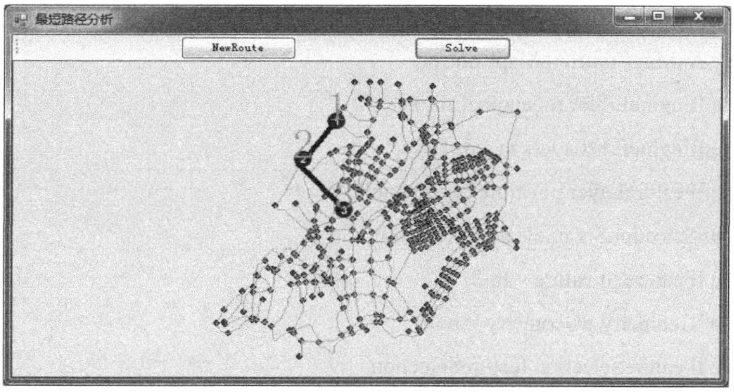

图 8.23 生成最短路径的结果

8.8 开 发 实 例

8.8.1 线、面要素分割工具实例

该实例的功能就是首先启动编辑功能，选择需要分割的要素，然后绘制分割点或分割线，在选择的要素中判断与分割线具有相交或穿过空间关系的线要素或者面要素，所用到的接口包括 ITopologicalOperator 和 ISpatialFilter，再对得到的这些要素进行分割操作，高亮显示要素为待分割的要素，黑线为分割线，下面列出此功能的代码段。程序运行示例如图 8.24 所示。

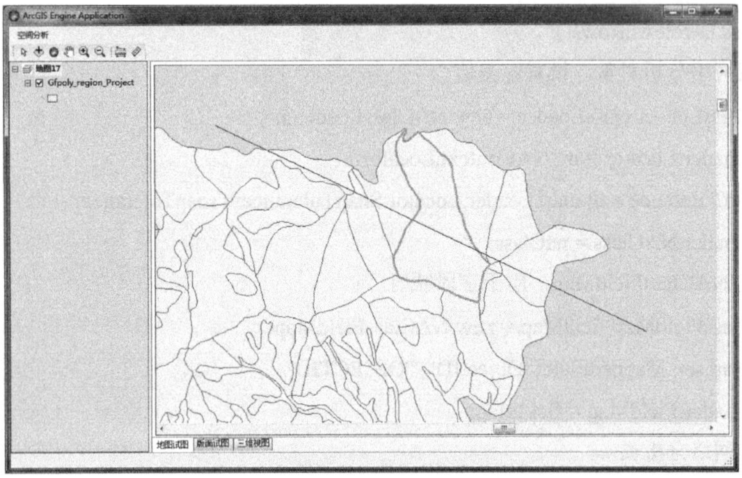

图 8.24　绘制分割线

```
//此处省去命名空间的引用
namespace SpatialAnalystPlugins
{
    public sealed class SplitFeatureEditingTool : BaseTool
    {
        private IHookHelper m_hookHelper;
        private AxMapControl pMapControl;
        private IEngineEditor m_engineEditor;
        private IEngineEditLayers m_editLayer;
        private IFeatureLayer pFeatureLayer = null;
        private ISelectionSet pSelectionSet = null;
        private IFeature pFeature = null;
        private IGeometry pGeometry = null;
        private IFeatureSelection featureSelection;
        private ISelectionSet selectionSet;

        public SplitFeatureEditingTool(AxMapControl con_MapControl)
        {
            base.m_category = "SpatialAnalyst";
            base.m_caption = "分割线面工具";
            base.m_message = "分割线面工具";
            base.m_toolTip = "分割线面工具";
            base.m_name = "分割线面工具";
            pMapControl = con_MapControl;
            m_engineEditor = new EngineEditorClass();
```

```
        }
        public override void OnCreate(object hook)
        {
            if (m_hookHelper == null)
                m_hookHelper = new HookHelperClass();
            m_hookHelper.Hook = hook;
            m_editLayer = m_engineEditor as IEngineEditLayers;
            if (m_editLayer.TargetLayer == null)
                {
                    MessageBox.Show("请先启动编辑！ ", "信息提示", MessageBoxButtons.OK,
MessageBoxIcon.Information);
                    return;
                }
        }
        //重载鼠标OnMouseDown事件，绘制分割线
        public override void OnMouseDown(int Button, int Shift, int X, int Y)
        {
            if (Button == 2)
                return;
            //Map中选择的要素
            IEnumFeature pEnumFeature = m_engineEditor.EditSelection;
            pEnumFeature.Reset();
            pFeature = pEnumFeature.Next();
            pFeatureLayer = ((IEngineEditLayers)m_engineEditor).TargetLayer as IFeatureLayer;
            IFeatureSelection pFeatSel = (IFeatureSelection)pFeatureLayer;
            //要素选择集
            pSelectionSet = pFeatSel.SelectionSet;
            //根据分割要素的类型绘制分割线
            if (m_editLayer.TargetLayer.FeatureClass.ShapeType ==
esriGeometryType.esriGeometryPolygon)
            {
                IScreenDisplay pScreenDisplay = m_hookHelper.ActiveView.ScreenDisplay;
                ISimpleLineSymbol pLineSymbol = new SimpleLineSymbolClass();
                IRgbColor pRgbColor = new RgbColorClass();
                pRgbColor.Red = 255;
                pLineSymbol.Color = pRgbColor;
                IRubberBand pRubberBand = new RubberLineClass();
                IPolyline pPolyline = (IPolyline)pRubberBand.TrackNew(pScreenDisplay,
(ISymbol)pLineSymbol);   //响应mousedown事件绘制线
```

```
                pScreenDisplay.StartDrawing(pScreenDisplay.hDC,
(short)esriScreenCache.esriNoScreenCache);
                pScreenDisplay.SetSymbol((ISymbol)pLineSymbol);
                pScreenDisplay.DrawPolyline(pPolyline);
                pScreenDisplay.FinishDrawing();
                //清理将被分割的要素
                ITopologicalOperator pTopoOpo;
                pTopoOpo = pPolyline as ITopologicalOperator;
                pTopoOpo.Simplify();  //确保几何体的拓扑正确
                m_engineEditor.StartOperation();
                Split(pSelectionSet, pPolyline); //分割
                MessageBox.Show("分割完毕！请重新选择要素继续分割！");
                m_hookHelper.ActiveView.PartialRefresh(esriViewDrawPhase.esriViewGeography, null,
                m_hookHelper.ActiveView.Extent);
            }
            if (m_editLayer.TargetLayer.FeatureClass.ShapeType ==
esriGeometryType.esriGeometryPolyline)
            {
                IScreenDisplay pScreenDisplay = m_hookHelper.ActiveView.ScreenDisplay;
                ISimpleMarkerSymbol pSimpleMarkerSymbol = new SimpleMarkerSymbolClass();
                IRgbColor pRgbColor = new RgbColorClass();
                pRgbColor.Red = 255;
                pSimpleMarkerSymbol.Color = pRgbColor;
                IRubberBand pRubberBand = new RubberPointClass();
                IPoint pPoint = (IPoint)pRubberBand.TrackNew(pScreenDisplay,
(ISymbol)pSimpleMarkerSymbol);
                pScreenDisplay.StartDrawing(pScreenDisplay.hDC,
(short)esriScreenCache.esriNoScreenCache);
pScreenDisplay.SetSymbol((ISymbol)pSimpleMarkerSymbol);
                pGeometry = pPoint as IGeometry;
                IHitTest hitShape = pFeature.Shape as IHitTest;
                IPoint hitPoint = new PointClass();
                double hitDistance = 0;
                int hitPartIndex = 0;
                int hitSegmentIndex = 0;
                bool bRightSide = false;
                esriGeometryHitPartType hitPartType =
esriGeometryHitPartType.esriGeometryPartBoundary;
                hitShape.HitTest(pPoint, 10, hitPartType, hitPoint, ref hitDistance, ref hitPartIndex, ref
```

```
hitSegmentIndex, ref bRightSide);
                    if (hitPoint.IsEmpty == false)
                    {
                        m_engineEditor.StartOperation();
                        pScreenDisplay.DrawPoint(pPoint);
                        IFeatureEdit pFeatureEdit = pFeature as IFeatureEdit;
                        ISet pSet = pFeatureEdit.Split(pGeometry);
                        for (int setCount = 0; setCount < pSet.Count; setCount++)
                        {
                            pFeature = pSet.Next() as IFeature;
                            //矢量图层如果不具有OID字段
                            //featureSelection.SelectionSet.Add(pFeature.OID);
                        }
                        MessageBox.Show("分割完毕！请重新选择要素继续分割！");
                        m_hookHelper.ActiveView.PartialRefresh(esriViewDrawPhase.esriViewGeography,
null, m_hookHelper.ActiveView.Extent);
                    }
                    else
                    {
                        MessageBox.Show("未被分割要素，请重新选取位置！");
                    }
                    pScreenDisplay.FinishDrawing();
                }
                //清空选择集
                ReBackStates();
                m_hookHelper.FocusMap.ClearSelection();
                m_hookHelper.ActiveView.Refresh();
                m_engineEditor.StopOperation("分割线面工具");
                IEngineEditTask pEngineEditCurrentTask =
m_engineEditor.GetTaskByUniqueName("ControlToolsEditing_CreateNewFeatureTask");
                m_engineEditor.CurrentTask = pEngineEditCurrentTask;
                ICommand pCmd = new ControlsEditingEditToolClass();
                pCmd.OnCreate(pMapControl.Object);
                pMapControl.CurrentTool = pCmd as ITool;
            }
            public void Split(ISelectionSet pSelectionSet, IGeometry pGeometry)
            {
                //使用空间过滤器来获得将与pPoint进行分割的要素类
                IFeatureCursor pFeatCursor;
```

```
        ICursor pCursor;
        ISpatialFilter pSpatialFilter = new SpatialFilterClass();
        pSpatialFilter.Geometry = pGeometry;
        if (pGeometry.GeometryType == esriGeometryType.esriGeometryPoint)
        {
            pSpatialFilter.SpatialRel = esriSpatialRelEnum.esriSpatialRelEnvelopeIntersects;    //空间
关系
        }
        else
        {
            pSpatialFilter.SpatialRel = esriSpatialRelEnum.esriSpatialRelCrosses;
        }
        pSelectionSet.Search(pSpatialFilter, true, out pCursor);
        pFeatCursor = pCursor as IFeatureCursor;
        //清理将被分割的要素
        ITopologicalOperator pTopoOpo = pGeometry as ITopologicalOperator;
        pTopoOpo.Simplify();   //确保几何体的拓扑正确
        //遍历要素来分割它们
        IFeature pFeature = pFeatCursor.NextFeature();
        while (pFeature != null)
        {
            IFeatureEdit pFeatureEdit = pFeature as IFeatureEdit;
            ISet pSet = pFeatureEdit.Split(pGeometry);
            for (int setCount = 0; setCount < pSet.Count; setCount++)
            {
                pFeature = pSet.Next() as IFeature;
                featureSelection.SelectionSet.Add(pFeature.OID);
            }
            pFeature = pFeatCursor.NextFeature();
        }
    }
    private void ReBackStates()
    {
        //清空选择集
        ICommand pCommand = new ControlsClearSelectionCommandClass();
        pCommand.OnCreate(pMapControl.Object);
        pCommand.OnClick();
        pCommand = new ControlsEditingEditToolClass();
        pCommand.OnCreate(pMapControl.Object);
```

```
                pMapControl.CurrentTool = pCommand as ITool;
            }
        }
    }
```

分割后所得结果如图 8.25 所示。

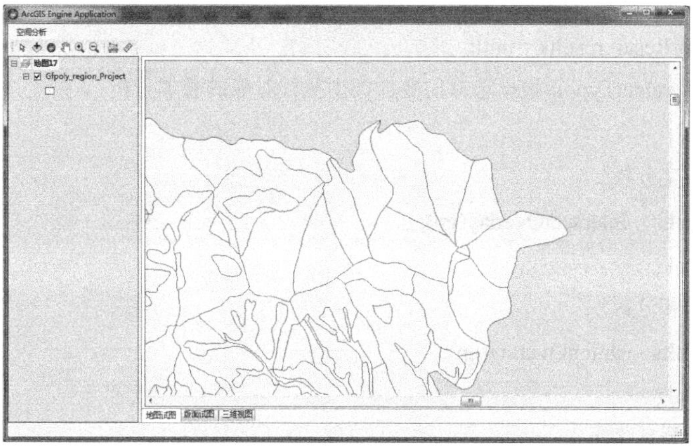

图 8.25　分割所得结果

8.8.2　矢量图层叠加运算实例

矢量图层的叠加运算包括求交、合并、数据裁切、擦除、同一性和异或等多种类型。在示例程序中，矢量图层叠加运算实现的功能是对两个具有相同几何类型的图层进行求交、合并和裁切叠加操作，并将结果要素保存到一个新的图层中，所用接口是 IBasicGeoprocessor，新图层采用 Shapefile 文件格式保存，读者可根据示例程序开发其他类型的叠加运算功能。该功能的操作界面如图 8.26 所示，部分示例代码如下。

图 8.26　操作界面

```
private void buttonOK_Click(object sender, EventArgs e)
{
    if (strInputLayer == "" || strOverLayer == "") return;//处理图层和参照图层不为空
    Geoprocessor gp = new Geoprocessor();
    gp.OverwriteOutput = true;
    gp.AddOutputsToMap = true;
    IGeoProcessorResult results = null;
    switch (strOveralyerType)//根据选择的叠加类型执行对应的叠加分析
    {
        case "求交分析":
            results = IntersectOverlay(gp);
            break;
        case "求和分析":
            results = UnionOverlay(gp);
            break;
        case "数据裁切":
            results = ClipOverlay(gp);
            break;
        default:
            break;
              }
this.Close();
}
    private IGeoProcessorResult IntersectOverlay(Geoprocessor gp)//求交分析
    {
        IGpValueTableObject vtobject = new GpValueTableObjectClass();
        vtobject.SetColumns(1);
        object row = null;
        row = GetFeatureLayer(strInputLayer);
        vtobject.AddRow(ref row);
        row = GetFeatureLayer(strOverLayer);
        vtobject.AddRow(ref row);
        IVariantArray pVarArray = new VarArrayClass();
        pVarArray.Add(vtobject);
        pVarArray.Add(outputFullPath);
        pVarArray.Add(strJoinAttributeType);
        pVarArray.Add(tolerance);
        pVarArray.Add(strOutputFeatureType);//设置要素的输出类型与输入相同
        IGeoProcessorResult results = gp.Execute("intersect_analysis", pVarArray, null) as
```

```
IGeoProcessorResult;
            return results;
        }
        private IGeoProcessorResult UnionOverlay(Geoprocessor gp)//求和分析
        {
            IGpValueTableObject vtobject = new GpValueTableObjectClass();
            vtobject.SetColumns(1);
            object row = "";
            row = GetFeatureLayer(strInputLayer);
            vtobject.AddRow(ref row);
            row = GetFeatureLayer(strOverLayer);
            vtobject.AddRow(ref row);
            IVariantArray pVarArray = new VarArrayClass();
            pVarArray.Add(vtobject);
            pVarArray.Add(outputFullPath);
            pVarArray.Add(strJoinAttributeType);
            pVarArray.Add(tolerance);
            IGeoProcessorResult results = gp.Execute("Union_analysis", pVarArray, null) as
IGeoProcessorResult;
            System.Runtime.InteropServices.Marshal.ReleaseComObject(pVarArray);
            System.Runtime.InteropServices.Marshal.ReleaseComObject(vtobject);
            return results;
        }
        private IGeoProcessorResult ClipOverlay(Geoprocessor gp)//数据裁切
        {
            ESRI.ArcGIS.AnalysisTools.Clip clip = new ESRI.ArcGIS.AnalysisTools.Clip();
            IFeatureLayer inputLayer = GetFeatureLayer(strInputLayer);
            IFeatureLayer clipLayer = GetFeatureLayer(strOverLayer);
            clip.in_features = inputLayer;
            clip.clip_features = clipLayer;
            clip.out_feature_class = outputFullPath;
            IGeoProcessorResult results = (IGeoProcessorResult)gp.Execute(clip, null);
            return results;
        }
```

叠加求交结果如图8.27所示，圆形区域为求得的相交部分。

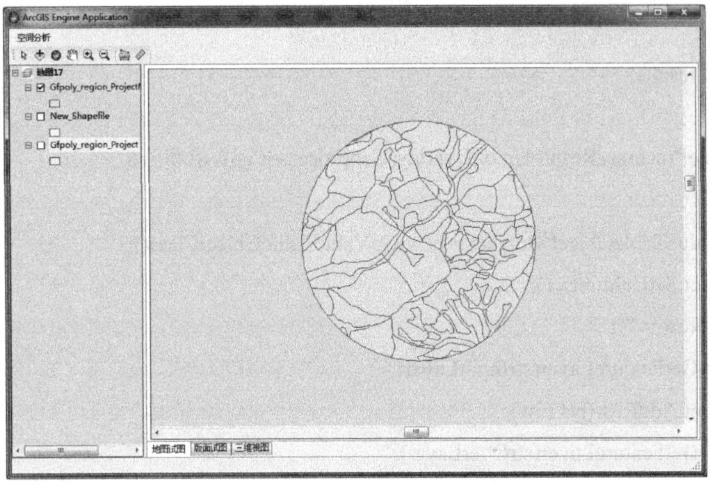

图 8.27　两个矢量图层叠加求交

第 9 章　空间数据编辑

空间数据编辑是建设基础地理信息系统的重要环节。无论是空间数据的采集、创建，还是数据的实时化更新都需要作编辑处理。虽然各种 GIS 软件系统都包含编辑功能，但在实际工作中，用户的需求千变万化。功能强大的 GIS 系统，需在继承传统 GIS 软件编辑功能的基础上，开发更能适合具体用户需求的空间数据编辑功能模块。本章主要介绍如何应用 ArcGIS Engine10.1 平台提供的组件，开发空间数据编辑功能模块的方法，并对所涉及的主要接口进行介绍。

在 ArcGIS Engine9.2 以后的版本中，编辑功能主要有两种实现方式:一种是利用 IWorkspceEdit 接口提供的方法，并结合 DisplayFeedback 对象来完成，其中 IWorkspceEdit 接口主要用于控制编辑流程，DisplayFeedback 对象主要用于处理编辑过程与地图互动;另一种主要是通过命名空间 ESRI.ArcGIS.Controls 下的 IEngineEditor 接口实现。

9.1　IWorkspaceEdit2 接口

IWorkspaceEdit2 接口是在 IWorkspaceEdit 接口上的丰富和扩展。可让程序启动或者停止一个编辑流程，在这个编辑流程内，可以进行编辑恢复操作，地理数据库中的数据可以进行更新操作。一个编辑流程对应一个长事务过程，一个应用程序在它的一个编辑流程中只能查看自己所做的数据更新，其他并发应用程序对数据所做的修改只能当该编辑活动保存或取消以后才能查看得到。

IWorkspaceEdit2 接口的 StartEditing 方法用于开始一个编辑流程，这个方法有一个 Bool 类型的参数 WithUndoRedo，可用来确定工作空间是否支持“恢复/取消恢复”操作。若希望在编辑过程中实现“恢复/取消恢复”的功能，则所有的数据操作必须在一个编辑流程内的编辑操作中。下面的示例代码是开始一个编辑流程的例子，m_FeatureLayer 是需要被编辑的图层。

```
private void StartEditing(IFeatureLayer m_FeatureLayer)
{
    IDataset m_Dataset = (IDataset)m_FeatureLayer.FeatureClass;
    if (m_Dataset == null) return;
    //声明编辑工作空间对象
    IWorkspaceEdit2 m_WorkspaceEdit = (IWorkspaceEdit2)m_Dataset.Workspace;
    if (!m_WorkspaceEdit.IsBeingEdited())
    {
        m_WorkspaceEdit.StartEditing(true);//启动编辑
        m_WorkspaceEdit.EnableUndoRedo();//设置撤销与重做可用
    }
}
```

StartEditOperation 方法用于开启编辑操作，在一个编辑流程中对数据库中对象所做的所有相关修改都应该在编辑操作中进行。一次编辑操作可以理解为编辑流程中相应长处理的一个短操作。若在编辑过程中出现异常，程序将使用该接口的 AbortEditOperation 方法，以便取消所有的编辑操作，避免发生不可恢复的破坏。

在完成编辑操作后，应使用 StopEditOperation 方法来确保编辑操作的完成。UndoEditOperation 方法可用于编辑状态的回滚操作，若发现编辑过程有误，通过执行该方法，以恢复到最近变化之前的状态。RedoEditOperation 方法可用于编辑状态的恢复操作，在撤销操作过程中，通过执行该方法，以便恢复到最后一个撤销操作。

HasRedos 方法用于返回当前编辑是否可以恢复操作，若为 true，则可以恢复操作。HasUndos 方法用于返回当前编辑是否可以撤销操作，若为 true，则可以撤销操作。

StopEditing 方法用于结束一个编辑流程。这个方法有一个 Bool 类型的参数 saveEdits,用来控制保存或放弃保存编辑所做的修改。下面的示例代码是结束一个编辑流程的例子。

```
private bool StopEditing(IFeatureLayer m_FeatureLayer)
{
    if (m_FeatureLayer.FeatureClass == null) return false;
    IDataset m_Dataset = (IDataset)m_FeatureLayer.FeatureClass;
    if (m_Dataset == null) return false;
    IWorkspaceEdit2 m_WorkspaceEdit = (IWorkspaceEdit2)m_Dataset.Workspace;
    if (m_WorkspaceEdit.IsBeingEdited())
    {
        bool bHasEdits = false;
        m_WorkspaceEdit.HasEdits(ref bHasEdits);
        bool bSave = false;
        //是否发生了编辑操作
        if (bHasEdits)
        {
            DialogResult result;
            result = MessageBox.Show(this, "需要保存编辑吗？", "结束编辑",
MessageBoxButtons.YesNoCancel, MessageBoxIcon.Question);
            if (DialogResult.Yes == result)
                bSave = true;
            else if (DialogResult.Cancel == result)
                return false;
        }
        m_WorkspaceEdit.StopEditing(bSave);
    }
    IActiveView m_ActiveView = (IActiveView)axMapControl1.Map;
    m_ActiveView.Refresh();
    return true;
}
```

9.2　DisplayFeedback 对象

DisplayFeedback 是用户能够使用鼠标与控件进行可视化交互的对象集，这种交互包括添加、移动要素或者图形元素及改变它们的几何形状，如产生和修改要素或者图形元素的几何属性等。该对象也可用在不产生任何几何对象的任务中，如测量两点之间的距离等。该对象多用于进行绘制和编辑等任务。

DisplayFeedback 对象需在鼠标事件的配合下完成其功能，但并不是所有的 DisplayFeedback 对象所使用的鼠标事件都一样，使用何种事件取决于任务类型。例如，添加一个新的 Polyline 对象，会用到 MouseDown、MouseMove、MouseUp 和 MouseDblClick 四种事件，而在对 Polyline 对象进行编辑时，只需用到 MouseDown、MouseMove 和 MouseUp 三种事件。

所有 DisplayFeedback 对象类都实现了 IDisplayFeedback 接口，该接口定义了它们的公共属性和方法。Display 属性是一个只写属性，用于设置反馈对象要使用的显示，用于绘制图形时，使显示与屏幕显示区域结合。Symbol 属性是一个可读可写属性，是返回和设置反馈对象要使用的符号。在操作一个 NewLineFeedback 对象时，应设置该符号为线状符号，当操作一个 NewMultiPointFeedback 时，应设置该符号为点状符号。若不明确设置一个 Symbol 属性，系统将会给 DisplayFeedback 一个缺省的 Symbol 对象。MoveTo 方法将对象移动到输入点所指定的位置。Refresh 方法重画相关的屏幕显示区域。

在 DisplayFeedback 对象中，除 GroupFeedback 子对象外，其他所有对象都有相似的方法，按行为可分为两种类型：一种使 DisplayFeedback 对象返回一个新的 Geometry，这些对象的接口定义了一种 Stop 方法，用来返回新的几个形体对象；另一种是 DisplayFeedback 对象仅为显示目的，这时系统需要得到计算机的几何形体对象。下面将对 DisplayFeedback 的这些对象进行介绍。

9.2.1　产生新 Geometry 的 Feedback 对象

NewLineFeedback、 NewPolygonFeedback、NewBezierCurveFeedback 三个对象用来返回 Polyline、Polygon、BezierCurve(贝塞尔曲线)新几何形体对象。在产生多义线、多边形和贝塞尔曲线时，都需要先点击一点作为起点，然后移动鼠标到下一点处，这样逐个产生新点。如果要结束这个过程，则需要双击鼠标左键。三个对象实现的接口如表 9.1 所示。

表 9.1　产生新 Geometry 所用的接口

对象	接口
NewLineFeedback	INewLineFeedback
NewPolygonFeedback	INewPolygonFeedback
NewBezierCurveFeedback	INewBezierCurveFeedback

尽管表 9.1 中不同对象产生的几何形体对象和实现的接口都不一样，但它们使用的方法却大同小异。三个对象实现接口定义的方法也基本一致，例如，在 MouseDown 事件中使用 Start 方法添加一个起始点或者添加点；在 MouseMove 事件中使用 MoveTo 方法来移动几何

形体对象到一个新的点；在 MouseDblClick 事件中使用 Stop 方法返回所产生的几何形体对象。

下面的类是一个依据要素图层类型给图层添加点、线、面要素的例子。在本书后续章节中，示例代码最前面关于命名空间的引用，将不作赘述。

```
using System;
using System.Drawing;
using System.Runtime.InteropServices;
using ESRI.ArcGIS.ADF.BaseClasses;
using ESRI.ArcGIS.ADF.CATIDs;
using ESRI.ArcGIS.Controls;
using System.Windows.Forms;
using ESRI.ArcGIS.Carto;
using ESRI.ArcGIS.Display;
using ESRI.ArcGIS.Geodatabase;
using ESRI.ArcGIS.Geometry;
using ESRI.ArcGIS.esriSystem;
namespace InAll//命名空间名称与应用程序名称一致
{
    public sealed class FeatureCreate : BaseTool
    {
        private IGlobeHookHelper m_globeHookHelper = null;
        private IActiveView pActiveView;
        //当前的编辑要素图层
        private ILayer m_CurrentLayer;
        private IPoint m_PointStop;
        //移动图形的拖放对象
        private IDisplayFeedback m_Feedback;
        //画点线面时的使用状态，画线面时为真
        private bool m_bInUse;
        public FeatureCreate(ILayer pCurrentLayer, IActiveView m_ActiveView)
        {
            base.m_category = "生成要素"; //localizable text
            base.m_caption = "生成要素";   //localizable text
            base.m_message = "This should work in ArcGlobe or GlobeControl";
            base.m_toolTip = "生成要素";   //localizable text
            base.m_name = "生成要素";
            m_CurrentLayer = pCurrentLayer;
            pActiveView = m_ActiveView;
            try
            {
```

```
                string bitmapResourceName = GetType().Name + ".bmp";
                base.m_bitmap = new Bitmap(GetType(), bitmapResourceName);
                base.m_cursor = new System.Windows.Forms.Cursor(GetType(), GetType().Name +
".cur");
            }
            catch (Exception ex)
            {
                System.Diagnostics.Trace.WriteLine(ex.Message, "Invalid Bitmap");
            }
        }
        public override void OnCreate(object hook)
        {
            try
            {
                m_globeHookHelper = new GlobeHookHelperClass();
                m_globeHookHelper.Hook = hook;
                if (m_globeHookHelper.ActiveViewer == null)
                {
                    m_globeHookHelper = null;
                }
            }
            catch
            {
                m_globeHookHelper = null;
            }
            if (m_globeHookHelper == null)
                base.m_enabled = false;
            else
                base.m_enabled = true;
            m_bInUse = false;
        }
        public override void OnMouseDown(int Button, int Shift, int X, int Y)
        {
            if (Button == 1)
            {
                IFeatureLayer m_FeatureLayer =(IFeatureLayer)m_CurrentLayer;
                if (m_FeatureLayer.FeatureClass == null) return;
                IActiveView m_ActiveView = pActiveView;
                IPoint m_PointMousedown =
```

```
m_ActiveView.ScreenDisplay.DisplayTransformation.ToMapPoint(X, Y);
            if (!m_bInUse)
            {
                m_PointStop = m_PointMousedown;
                switch (m_FeatureLayer.FeatureClass.ShapeType)
                {
                    //点类型
                    case esriGeometryType.esriGeometryPoint:
                        CreateFeature(m_PointMousedown);
                        pActiveView.Refresh();
                        break;
                    //线类型
                    case esriGeometryType.esriGeometryPolyline:
                        m_bInUse = true;
                        m_Feedback = new NewLineFeedback();
                        INewLineFeedback m_LineFeed= (INewLineFeedback)m_Feedback;
                        m_LineFeed.Start(m_PointMousedown);
                        break;
                    //多边形类型
                    case esriGeometryType.esriGeometryPolygon:
                        m_bInUse = true;
                        m_Feedback = new NewPolygonFeedback();
                        INewPolygonFeedback m_PolyFeed =
(INewPolygonFeedback)m_Feedback;
                        m_PolyFeed.Start(m_PointMousedown);
                        break;
                }
                if (m_Feedback != null)
                    m_Feedback.Display = m_ActiveView.ScreenDisplay;
            }
            else
            {
                if (m_Feedback is INewLineFeedback)
                {
                    INewLineFeedback m_LineFeed= (INewLineFeedback)m_Feedback;
                    m_LineFeed.AddPoint(m_PointMousedown);
                }
                else if (m_Feedback is INewPolygonFeedback)
                {
```

```
                INewPolygonFeedback m_PolyFeed= (INewPolygonFeedback)m_Feedback;
                m_PolyFeed.AddPoint(m_PointMousedown);
            }
        }
    }
}
public override void OnMouseMove(int Button, int Shift, int X, int Y)
{
    if (Button == 1)
    {
        if (!m_bInUse || m_Feedback == null) return;
        // 移动鼠标形成线、面的节点
        IActiveView m_ActiveView = pActiveView;

m_Feedback.MoveTo(m_ActiveView.ScreenDisplay.DisplayTransformation.ToMapPoint(X, Y));
    }
}
public override void OnDblClick()
{
    EndSketch();
}
//结束一次画图操作
private void EndSketch()
{
    IGeometry m_Geometry = null;
    IPointCollection m_PointCollection = null;
    //线对象有效
    if (m_Feedback is INewLineFeedback)
    {
        INewLineFeedback m_LineFeed= (INewLineFeedback)m_Feedback;
        IPolyline m_PolyLine = m_LineFeed.Stop();
        m_PointCollection = (IPointCollection)m_PolyLine;
        if (m_PointCollection.PointCount < 2)
        {
            MessageBox.Show("需要两个点才能生成一条线！ ", "未能生成线",
MessageBoxButtons.OK);
            return;
        }
        else
```

```
                {
                    m_Geometry = (IGeometry)m_PointCollection;
                    pActiveView.Refresh();
                }
            }
            //多边形对象有效
            else if (m_Feedback is INewPolygonFeedback)
            {
                INewPolygonFeedback m_PolyFeed= (INewPolygonFeedback)m_Feedback;
                m_PolyFeed.AddPoint(m_PointStop);
                IPolygon m_Polygon = m_PolyFeed.Stop();
                if (m_Polygon != null)
                    m_PointCollection = (IPointCollection)m_Polygon;
                    m_PointCollection.RemovePoints(m_PointCollection.PointCount - 2, 1);
                if (m_PointCollection.PointCount < 4)
                {
                    MessageBox.Show("需要三个点才能生成一个面！","未能生成面",
MessageBoxButtons.OK);
                    return;
                }
                else
                {
                    m_Geometry = (IGeometry)m_PointCollection;
                    pActiveView.Refresh();
                }
            }
            CreateFeature(m_Geometry);
            pActiveView.Refresh();
            m_Feedback = null;
            m_bInUse = false;
        }
        //该函数用于创建要素
        private void CreateFeature(IGeometry m_Geometry)
        {
            if (m_Geometry == null) return;
            if (m_CurrentLayer == null) return;
            IWorkspaceEdit m_WorkspaceEdit = GetWorkspaceEdit();
            IFeatureLayer m_FeatureLayer = (IFeatureLayer)m_CurrentLayer;
            IFeatureClass m_FeatureClass = m_FeatureLayer.FeatureClass;
```

```
            //使用WorkspaceEdit接口新建要素
            m_WorkspaceEdit.StartEditOperation();
            IFeature m_Feature = m_FeatureClass.CreateFeature();
            m_Feature.Shape = m_Geometry;
            m_Feature.Store();
            m_WorkspaceEdit.StopEditOperation();
            // 以一定缓冲范围刷新视图
            IActiveView m_ActiveView = pActiveView;
            if (m_Geometry.GeometryType == esriGeometryType.esriGeometryPoint)
            {
                double Length;
                Length = ConvertPixelsToMapUnits(m_ActiveView, 30);
                ITopologicalOperator m_Topo = (ITopologicalOperator)m_Geometry;
                IGeometry m_Buffer = m_Topo.Buffer(Length);
m_ActiveView.PartialRefresh((esriViewDrawPhase)(esriDrawPhase.esriDPGeography |
esriDrawPhase.esriDPSelection), m_CurrentLayer, m_Buffer.Envelope);
            }
            else
m_ActiveView.PartialRefresh((esriViewDrawPhase)(esriDrawPhase.esriDPGeography
|esriDrawPhase.esriDPSelection), m_CurrentLayer, m_Geometry.Envelope);
        }
        //获取当前编辑空间
        private IWorkspaceEdit GetWorkspaceEdit()
        {
            if (m_CurrentLayer == null) return null;
            IFeatureLayer m_FeatureLayer = (IFeatureLayer)m_CurrentLayer;
            IFeatureClass m_FeatureClass = m_FeatureLayer.FeatureClass;
            IDataset m_Dataset = (IDataset)m_FeatureClass;
            if (m_Dataset == null) return null;
            return (IWorkspaceEdit)m_Dataset.Workspace;
        }
        private double ConvertPixelsToMapUnits(IActiveView pActiveView, double pixelUnits)
        {
            // 依据当前视图，将屏幕像素转换成地图单位
            IPoint Point1 = pActiveView.ScreenDisplay.DisplayTransformation.VisibleBounds.UpperLeft;
            IPoint Point2 =
pActiveView.ScreenDisplay.DisplayTransformation.VisibleBounds.UpperRight;
            int x1, x2, y1, y2;
            pActiveView.ScreenDisplay.DisplayTransformation.FromMapPoint(Point1, out x1, out y1);
```

```
                pActiveView.ScreenDisplay.DisplayTransformation.FromMapPoint(Point2, out x2, out y2);
                double pixelExtent = x2 - x1;
                double realWorldDisplayExtent =
pActiveView.ScreenDisplay.DisplayTransformation.VisibleBounds.Width;
                double sizeOfOnePixel = realWorldDisplayExtent / pixelExtent;
                return pixelUnits * sizeOfOnePixel;
            }
        }
    }
```

NewEnvelopeFeedback 和 NewCircleFeedback 两个对象返回的也是几何图形，但是它们的事件却是另外三种类型，即 MouseDown、MouseMove 和 MouseUp。矩形和圆形的绘制无需双击鼠标就完成图形的绘制。

NewEnvelopeFeedback 对象实现了 INewEnvelopeFeedback 接口，该接口定义了产生一个矩形包络线的属性和方法，Constraint 属性是 esriEnvelopeConstraints 类型的枚举类型变量，用于限制鼠标交互产生的矩形包络线形状，它有三种类型的取值，如表 9.2 所示。

表 9.2　esriEnvelopeConstraints 枚举值类型

类型	描述
esriEnvelopeConstraintsNone	返回矩形形状不作限制
esriEnvelopeConstraIntsSquare	返回矩形是一个正方形
esriEnvelopeConstraintsAspect	返回矩形对象的长宽成一定比例

NewCircleFeedback 对象实现了 INewCircleFeedback 接口，该接口定义了产生一个圆形对象的属性和方法，在绘制一个圆形对象时，用户需首先选择一个点作为圆心，然后移动鼠标，用在释放鼠标的点处来确定圆的半径。下面的示例代码简要介绍了如何生成一个 Circle 图形。

```
//此处省去了命名空间的引用
namespace InAll
{
    public sealed class CreateCircleByFeedback : BaseTool
    {
        private IHookHelper m_hookHelper = null;
        //NewCircleFeedback对象
        INewCircleFeedback pCircleFeedback;
        public CreateCircleByFeedback()
        {
            base.m_category = "画圆";
            base.m_caption = "画圆";
            base.m_message = "This should work in ArcMap/MapControl/PageLayoutControl";
```

```
            base.m_toolTip = "画圆";
            base.m_name = "画圆";
            try
            {
                string bitmapResourceName = GetType().Name + ".bmp";
                base.m_bitmap = new Bitmap(GetType(), bitmapResourceName);
                base.m_cursor = new System.Windows.Forms.Cursor(GetType(), GetType().Name +
".cur");
            }
            catch (Exception ex)
            {
                System.Diagnostics.Trace.WriteLine(ex.Message,"无效图标");
            }
        }
        public override void OnCreate(object hook)
        {
            try
            {
                m_hookHelper = new HookHelperClass();
                m_hookHelper.Hook = hook;
                if (m_hookHelper.ActiveView == null)
                {
                    m_hookHelper = null;
                }
            }
            catch
            {
                m_hookHelper = null;
            }
            if (m_hookHelper == null)
                base.m_enabled = false;
            else
                base.m_enabled = true;
        }
        public override void OnMouseDown(int Button, int Shift, int X, int Y)
        {
            IActiveView pActiveView = m_hookHelper.ActiveView;
            IMap pMap = m_hookHelper.FocusMap;
            IGraphicsContainer pGraphicsContainer = pMap as IGraphicsContainer;
```

```
        //获得鼠标在控件上点击的位置，得到一个点对象，即圆心
        IPoint pPt = pActiveView.ScreenDisplay.DisplayTransformation.ToMapPoint(X,Y);
        if (pCircleFeedback == null)
        {
            pCircleFeedback = new NewCircleFeedbackClass();
            pCircleFeedback.Display = pActiveView.ScreenDisplay;
            pCircleFeedback.Start(pPt);
        }
    }
    public override void OnMouseMove(int Button, int Shift, int X, int Y)
    {
        IPoint pPoint = pActiveView.ScreenDisplay.DisplayTransformation.ToMapPoint(X, Y);
        // MoveTo方法继承自IDisplayFeedback接口的定义
        if (pCircleFeedback != null)
            pCircleFeedback.MoveTo(pPoint);
    }
    public override void OnMouseUp(int Button, int Shift, int X, int Y)
    {
        IGeometry pGeo = pCircleFeedback.Stop();
        pCircleFeedback = null;
        AddCircleElement(pGeo, pActiveView);
    }
    private void AddCircleElement(IGeometry pGeo, IActiveView pAv)
    {
        ISegmentCollection pSegColl = new PolygonClass();
        object Missing1 = Type.Missing;
        object Missing2 = Type.Missing;
        pSegColl.AddSegment(pGeo as ISegment, ref Missing1, ref Missing2);
        ISimpleLineSymbol pLineSym = new SimpleLineSymbolClass();
        pLineSym.Color = GetRGB(110, 22, 125);
        pLineSym.Style = esriSimpleLineStyle.esriSLSSolid;
        pLineSym.Width = 2;
        ISimpleFillSymbol pSimpleFillSym = new SimpleFillSymbolClass();
        pSimpleFillSym.Color = GetRGB(66, 55, 145);
        pSimpleFillSym.Outline = pLineSym;
        pSimpleFillSym.Style = esriSimpleFillStyle.esriSFSCross;
        IElement pPolygonElepPolygonEle = new CircleElementClass();
        pPolygonEle.Geometry = pSegColl as IGeometry;
        IFillShapeElement pFillEle = pPolygonEle as IFillShapeElement;
```

```
                pFillEle.Symbol = pSimpleFillSym;
                IGraphicsContainer pGraphicsContainer = pAv as IGraphicsContainer;
                pGraphicsContainer.AddElement(pFillEle as IElement, 0);
                pAv.PartialRefresh(esriViewDrawPhase.esriViewGraphics, null, null);
            }
        }
    }
```

9.2.2 移动几何形体对象上的节点

无论用户编辑的是要素还是图形元素，实质上都是在改变它们的 Geometry 属性，若要改变这些形体，除直接移动整个图形外，还包括移动形体上的某个节点对象。

在 Polyline、Polygon 和贝塞尔曲线这三类几何形体对象上，都有节点(Vertex)存在。可分别用 LineMovePointFeedback、PolygonMovePointFeedback 和 BezierMovePointFeedback 三个对象来分别移动这三类几何形体上的节点，它们移动节点的方法都是一样的，且使用的鼠标事件都是 MouseDown、MouseMove 和 MouseUp 三种。这三个对象实现的接口如表 9.3 所示。

表 9.3　移动几何形体上节点对象实现的接口

对象	接口
LineMovePointFeedback	ILineMovePointFeedback
BezierMovePointFeedback	ILineMovePointFeedback
PolygonMovePointFeedback	IPolygonMovePointFeedback

在 ILineMovePointFeedback 和 IPolygonMovePointFeedback 接口的使用方法中，Start 方法要求传入三个参数，即需要移动节点的几何形体对象、移动的点索引号和点击该几何形体对象的点。软件开发人员需要寻找的就是 Polyline 或 Polygon 上距离鼠标在视图上的点击点最近节点的索引号。为了获得此参数，系统需要使用 IHitTest 接口定义的方法来实现。

IHitTest 接口用于查找几何对象中距离某点最近的片段(Segment)。该接口被 Envelope、MultiPoint、Point、Polygon 和 Polyline 五种对象实现。此接口只有一种方法 HitTest。

利用 HitTest 方法可以得到查询点查询范围内的节点索引号。在调用此方法时，使用的距离单位就是输入几何对象的单位，该方法不会执行单位转换，且用来查询目标的 GeometryPart 参数不能被设置成几个 esriGeometryHitPartType 类型的合并。该方法的调用格式如下：

```
public bool HitTest(IPoint QueryPoint,double searchRadius,
esriGeometryHitPartType geometryPart,IPoint hitPoint
,ref double hitDistance,ref int hitPartIndex,
    ref int hitSegmentIndex,ref bool bRightSide);
```

上述方法中各参数的类型和含义如表 9.4 所示。

表 9.4　HitTest 方法中各参数的类型和含义

QueryPoint	IPoint 类型的对象，鼠标查询，鼠标在视图上的点击点
searchRadius	双精度型值，表示查询半径
geometryPart	esriGeometryHitPartType 常量，定位查询使用的规则
hitPoint	IPoint 类型的对象，被选择点的坐标
hitDistance	双精度型值，表示要查到的距离
hitPartIndex	长整形值，表示要查找部分图块的索引
hitSegmentIndex	长整形值，表示查找到片段索引
bRightSide	Bool 类型变量，确定输入点是否在输入几何对象的右边

esriGeometryHitPartType 常量用于定位查询目标，该常量有六种枚举类型值，如表 9.5 所示。

表 9.5　esriGeometryHitPartType 枚举常量取值类型及含义

常量	值	描述
esriGeometryPartNone	0	不可用
esriGeometryPartVertex	1	查询几何对象上离查询点最近的顶点
esriGeometryPartBoundary	4	在多边形边界的任何地方或折线的任何地方定位距离查询最近的点
esriGeometryPartMidpoint	8	定位多边形和折线的线段中距离查询点最近的中点
esriGeometryPartCentroid	32	定位多边形距离查询点最近的质心或距离查询点最近的中心
esriGeometryPartEndpoint	16	定位折线距离查询点最近的端点

下面的示例代码演示了如何移动 Point 对象，以及 Polyline 和 Polygon 上的顶点，程序会根据传入的要素图层类型来判断使用的 Feedback 类型。

```
//此处省去了命名空间的引用
namespace InAll
{
    public sealed class FeatureModify : BaseTool
    {
        private IGlobeHookHelper m_globeHookHelper = null;
        //设置地图控件对象
        ESRI.ArcGIS.Controls.AxMapControl m_MapControl;
        //获取当前编辑图层
        ESRI.ArcGIS.Carto.ILayer m_CurrentLayer;
        //当前编辑要素
        private IFeature m_EditFeature;
        private IActiveView m_ActiveView;
        private IDisplayFeedback pDisplayFeedback;
        private IScreenDisplay pScreenDisplay;
```

```
private IPolygonMovePointFeedback m_PolygonMovePointFeedback;
private ILineMovePointFeedback m_LineMovePointFeedback;
public IGeometry m_geometry;
public bool m_bClick;
public FeatureModify(ILayer pCurrentLayer, AxMapControl pAxMapControl)
{
    base.m_category = "要素修改";
    base.m_caption = "要素修改";
    base.m_message = "This should work in ArcGlobe or GlobeControl";
    base.m_toolTip = "要素修改";
    base.m_name = "要素修改";
    m_MapControl = pAxMapControl;
    m_CurrentLayer = pCurrentLayer;
    m_ActiveView = m_MapControl.ActiveView;
    pScreenDisplay = m_ActiveView.ScreenDisplay;
    m_bClick = false;
    try
    {
        string bitmapResourceName = GetType().Name + ".bmp";
        base.m_bitmap = new Bitmap(GetType(), bitmapResourceName);
        base.m_cursor = new System.Windows.Forms.Cursor(GetType(), GetType().Name +
".cur");
    }
    catch (Exception ex)
    {
        System.Diagnostics.Trace.WriteLine(ex.Message, "无效图标");
    }
}
public override void OnCreate(object hook)
{
    try
    {
        m_globeHookHelper = new GlobeHookHelperClass();
        m_globeHookHelper.Hook = hook;
        if (m_globeHookHelper.ActiveViewer == null)
        {
            m_globeHookHelper = null;
        }
    }
```

```
        catch
        {
            m_globeHookHelper = null;
        }
        if (m_globeHookHelper == null)
            base.m_enabled = false;
        else
            base.m_enabled = true;
    }
    public override void OnMouseDown(int Button, int Shift, int X, int Y)
    {
        IPoint pPoint = new PointClass();
        pPoint = m_ActiveView.ScreenDisplay.DisplayTransformation.ToMapPoint(X, Y);
        m_MapControl.Map.ClearSelection();
        m_ActiveView.Refresh();
        //先调用选择要素方法
        SelectMouseDown(X, Y);
        //获取选中要素
        IEnumFeature pSelected = (IEnumFeature)m_MapControl.Map.FeatureSelection;
        m_EditFeature = pSelected.Next();
        //清除上一次保存的bool类型的值
        m_bClick = false;
        //如果没选中要素，则退出函数
        m_geometry = m_EditFeature.Shape;
        m_ActiveView.Selection.Clear();
        ClearSelection();
        m_bClick = true;
        m_ActiveView.Refresh();
        if (m_EditFeature == null) return;
        IHitTest pHitTest;
        IPoint hitPoint = new PointClass();
        double distance = 0;
        bool isOnRightSide = true;
        int hitPartIndex = 0;
        int hitSegmentIndex = 0;
        bool isHit;
        switch (m_geometry.GeometryType)
        {
            case esriGeometryType.esriGeometryPolygon:
```

```
                    IPolygon pPolygon = m_geometry as IPolygon;
                    pHitTest = pPolygon as IHitTest;
                    isHit = pHitTest.HitTest(pPoint, m_ActiveView.Extent.Width / 100,
esriGeometryHitPartType.esriGeometryPartVertex, hitPoint, ref distance, ref hitPartIndex, ref
hitSegmentIndex, ref isOnRightSide);
                    if (isHit)
                    {
                        m_PolygonMovePointFeedback = new PolygonMovePointFeedbackClass();
                        m_PolygonMovePointFeedback.Display = pScreenDisplay;
                        m_PolygonMovePointFeedback.Start(pPolygon, hitSegmentIndex, pPoint);
                        pDisplayFeedback = (IDisplayFeedback)m_PolygonMovePointFeedback;
                    }
                    break;
                case esriGeometryType.esriGeometryPolyline:
                    IPolyline pPolyline = m_EditFeature.Shape as IPolyline;
                    pHitTest = pPolyline as IHitTest;
                    isHit = pHitTest.HitTest(pPoint, m_ActiveView.Extent.Width / 100,
esriGeometryHitPartType.esriGeometryPartVertex, hitPoint, ref distance, ref hitPartIndex, ref
hitSegmentIndex, ref isOnRightSide);
                    if (isHit)
                    {
                        m_LineMovePointFeedback = new LineMovePointFeedbackClass();
                        m_LineMovePointFeedback.Display = pScreenDisplay;
                        m_LineMovePointFeedback.Start(pPolyline, hitSegmentIndex, pPoint);
                        pDisplayFeedback = (IDisplayFeedback)m_LineMovePointFeedback;
                    }
                    break;
            }
        }
        public override void OnMouseMove(int Button, int Shift, int X, int Y)
        {
            m_ActiveView.Refresh();
            IPoint pPoint = new PointClass();
            pPoint = pScreenDisplay.DisplayTransformation.ToMapPoint(X, Y);
            if (this.pDisplayFeedback != null)
            {
                this.pDisplayFeedback.MoveTo(pPoint);
            }
            m_ActiveView.Refresh();
```

```
}
public override void OnMouseUp(int Button, int Shift, int X, int Y)
{
    switch (m_geometry.GeometryType)
    {
        case esriGeometryType.esriGeometryPolygon:
            IPolygon pPolygon;
            pPolygon = m_PolygonMovePointFeedback.Stop();
            m_EditFeature.Shape = pPolygon;
            m_EditFeature.Store();
            m_EditFeature = null;
            m_PolygonMovePointFeedback = null;
            pDisplayFeedback = null;
            break;
        case esriGeometryType.esriGeometryPolyline:
            IPolyline pPolyline;
            pPolyline = m_LineMovePointFeedback.Stop();
            m_EditFeature.Shape = pPolyline;
            m_EditFeature.Store();
            m_EditFeature = null;
            m_LineMovePointFeedback = null;
            pDisplayFeedback = null;
            break;
    }
    m_ActiveView.Refresh();
}
public override void OnDblClick()
{
    m_ActiveView.Refresh();
}
#endregion
//选择要素(点选方式)
private void SelectMouseDown(int x, int y)
{
    IFeatureLayer pFeatureLayer = (IFeatureLayer)m_CurrentLayer;
    IFeatureClass pFeatureClass = pFeatureLayer.FeatureClass;
    if (pFeatureClass == null) return;
    IActiveView pActiveView = m_ActiveView;
    IPoint pPoint = pActiveView.ScreenDisplay.DisplayTransformation.ToMapPoint(x, y);
```

```
        IGeometry pGeometry = pPoint;
        double length = ConvertPixelsToMapUnits(pActiveView, 4);
        ITopologicalOperator pTopo = (ITopologicalOperator)pGeometry;
        IGeometry pBuffer = pTopo.Buffer(length);
        pGeometry = (IGeometry)pBuffer.Envelope;
        ISpatialFilter pSpatialFilter = new SpatialFilter();
        pSpatialFilter.Geometry = pGeometry;
        switch (pFeatureClass.ShapeType)
        {
            case esriGeometryType.esriGeometryPoint:
                pSpatialFilter.SpatialRel = esriSpatialRelEnum.esriSpatialRelContains;
                break;
            case esriGeometryType.esriGeometryPolyline:
                pSpatialFilter.SpatialRel = esriSpatialRelEnum.esriSpatialRelCrosses;
                break;
            case esriGeometryType.esriGeometryPolygon:
                pSpatialFilter.SpatialRel = esriSpatialRelEnum.esriSpatialRelIntersects;
                break;
        }
        pSpatialFilter.GeometryField = pFeatureClass.ShapeFieldName;
        IQueryFilter pFilter = pSpatialFilter;
        IFeatureCursor pCursor = pFeatureLayer.Search(pFilter, false);
        IFeature pFeature = pCursor.NextFeature();
        while (pFeature != null)
        {
            m_MapControl.Map.SelectFeature(m_CurrentLayer, pFeature);
            pFeature = pCursor.NextFeature();
        }
        pActiveView.PartialRefresh(esriViewDrawPhase.esriViewGeoSelection, null, null);
    }
    private double ConvertPixelsToMapUnits(IActiveView pActiveView, double pixelUnits)
    {
        // 依据当前视图，将屏幕像素转换成地图单位
        IPoint Point1 = pActiveView.ScreenDisplay.DisplayTransformation.VisibleBounds.UpperLeft;
        IPoint Point2 =
pActiveView.ScreenDisplay.DisplayTransformation.VisibleBounds.UpperRight;
        int x1, x2, y1, y2;
        pActiveView.ScreenDisplay.DisplayTransformation.FromMapPoint(Point1, out x1, out y1);
        pActiveView.ScreenDisplay.DisplayTransformation.FromMapPoint(Point2, out x2, out y2);
```

```
            double pixelExtent = x2 - x1;
            double realWorldDisplayExtent =
pActiveView.ScreenDisplay.DisplayTransformation.VisibleBounds.Width;
            double sizeOfOnePixel = realWorldDisplayExtent / pixelExtent;
            return pixelUnits * sizeOfOnePixel;
        }
        private bool TestGeometryHit(double tolerance, IPoint pPoint, IFeature pFeature, ref IPoint
pHitPoint, ref double hitDist, ref int partIndex, ref int vertexIndex, ref int vertexOffset, ref bool vertexHit)
        {
            // Function returns true if a feature's shape is hit and further defines
            // if a vertex lies within the tolorance
            bool bRetVal = false;
            IGeometry pGeom = (IGeometry)pFeature.Shape;
            IHitTest pHitTest = (IHitTest)pGeom;
            pHitPoint = new ESRI.ArcGIS.Geometry.Point();
            bool bTrue = true;
            // 检查顶点是否被点击
            if (pHitTest.HitTest(pPoint, tolerance, esriGeometryHitPartType.esriGeometryPartVertex,
pHitPoint, ref hitDist, ref partIndex, ref vertexIndex, ref bTrue))
            {
                bRetVal = true;
                vertexHit = true;
            }
            // 检查边界是否被点击
            else if (pHitTest.HitTest(pPoint, tolerance,
esriGeometryHitPartType.esriGeometryPartBoundary, pHitPoint, ref hitDist, ref partIndex, ref vertexIndex,
ref bTrue))
            {
                bRetVal = true;
                vertexHit = false;
            }
            // 统计vertexOffset顶点数目
            if (partIndex > 0)
            {
                MessageBox.Show(partIndex.ToString());
                IGeometryCollection pGeomColn = (IGeometryCollection)pGeom;
                vertexOffset = 0;
                for (int i = 0; i < partIndex; i++)
                {
```

```
                IPointCollection pPointColn = (IPointCollection)pGeomColn.get_Geometry(i);
                vertexOffset = vertexOffset + pPointColn.PointCount;
            }
        }
        return bRetVal;
    }
    //修改要素后，更新要素
    private void UpdateFeature(IFeature pFeature, IGeometry pGeometry)
    {
        // 检查是否在编辑操作中
        IDataset pDataset = (IDataset)pFeature.Class;
        IWorkspaceEdit pWorkspaceEdit = (IWorkspaceEdit)pDataset.Workspace;
        // 保存当前编辑的要素
        pWorkspaceEdit.StartEditOperation();
        pFeature.Shape = pGeometry;
        pFeature.Store();
        pWorkspaceEdit.StopEditOperation();
    }
    public void ClearSelection()
    {
        m_MapControl.Map.ClearSelection();
        m_MapControl.ActiveView.PartialRefresh(esriViewDrawPhase.esriViewGeography,
m_CurrentLayer, null);
    }
  }
}
```

9.2.3　移动整个几何形体对象

用户也常常需要移动整个几何形体对象，如把点、线、包络线(Envelope)或多边形整体移动，移动这些几何形体需要用到 MovePointFeedback、MoveLineFeedback、MoveEnvelopeFeedback 和 MovePolygonFeedback 四个类对象。用它们移动整个几何形体对象，而不改变几何形体对象的形状。每一个这样的 Feedback 对象都实现了相应的接口，且各接口定义的方法都是相似的，Start 方法用于开始移动，Stop 方法用于停止移动。四个类对象实现的接口如表 9.6 所示。

表 9.6　移动整个几何形体的类对象实现的接口

对象	接口
MovePointFeedback	IMovePointFeedback
MoveLineFeedback	IMoveLineFeedback

续表

对象	接口
MovePolygonFeedback	IMovePolygonFeedback
MoveEnvelopeFeedback	IMoveEnvelopeFeedback

下面的示例代码用于移动 PolyLine 元素对象。

```
//此处省去了命名空间的引用
namespace InAll
{
    public sealed class MoveEntireLine : BaseTool
    {
        private IHookHelper m_hookHelper = null;
        private IElement pHitElement;
        private IDisplayFeedback pDisplayFeedback;
        public MoveEntireLine()
        {
            base.m_category = "线元素整体移动";
            base.m_caption = "线元素整体移动";
            base.m_message = "This should work in ArcMap/MapControl/PageLayoutControl";
            base.m_toolTip = "线元素整体移动";
            base.m_name = "线元素整体移动";
            try
            {
                string bitmapResourceName = GetType().Name + ".bmp";
                base.m_bitmap = new Bitmap(GetType(), bitmapResourceName);
                base.m_cursor = new System.Windows.Forms.Cursor(GetType(), GetType().Name +
".cur");
            }
            catch (Exception ex)
            {
                System.Diagnostics.Trace.WriteLine(ex.Message, "无效图标");
            }
        }
        public override void OnCreate(object hook)
        {
            try
            {
                m_hookHelper = new HookHelperClass();
```

```
            m_hookHelper.Hook = hook;
            if (m_hookHelper.ActiveView == null)
            {
                m_hookHelper = null;
            }
        }
        catch
        {
            m_hookHelper = null;
        }
        if (m_hookHelper == null)
            base.m_enabled = false;
        else
            base.m_enabled = true;
    }
    public override void OnMouseDown(int Button, int Shift, int X, int Y)
    {
        //鼠标在控件上按下左键，通过一个点选择到几何形体对象
        IActiveView pActiveView = m_hookHelper.ActiveView;
        IMap pMap = m_hookHelper.FocusMap;
        IGraphicsContainer pGraphicsContainer = pMap as IGraphicsContainer;
        //获得鼠标在控件上点击的位置，产生一个点对象
        IPoint pPt = pActiveView.ScreenDisplay.DisplayTransformation.ToMapPoint(X,Y);
        double dist;
        dist = pActiveView.Extent.Width / 100;
        pHitElement = getElement(pPt, dist);
        IGeometry pGeomEle;
        if (pHitElement != null)
        {
            pGeomEle = pHitElement.Geometry;
            if (pGeomEle.GeometryType == esriGeometryType.esriGeometryPolyline)
            {
                // 产生一个MoveLineFeedback对象
                pDisplayFeedback = new MoveLineFeedbackClass();
                pDisplayFeedback.Display = pActiveView.ScreenDisplay;
                IMoveLineFeedback pMoveLineFeed;
                pMoveLineFeed = pDisplayFeedback as IMoveLineFeedback;
                //选择地理对象 ,在点选处开始移动
                pMoveLineFeed.Start(pGeomEle as IPolyline, pPt);
```

```
            }
        }
    }
    public override void OnMouseMove(int Button, int Shift, int X, int Y)
    {
        IPoint pPt = pActiveView.ScreenDisplay.DisplayTransformation.ToMapPoint(X, Y);
        pDisplayFeedback.MoveTo(pPt);
    }
    public override void OnMouseUp(int Button, int Shift, int X, int Y)
    {
        //移动到指定地方后，鼠标按键放开，产生MouseUp事件
        IGeometry pGeom;
        IGeometry pGeomEles;
        if (pHitElement != null)
        {
            pGeomEles = pHitElement.Geometry;
            if (pGeomEles.GeometryType == esriGeometryType.esriGeometryPolyline)
            {
                IMoveLineFeedback pMvLnFeed;
                pMvLnFeed = pDisplayFeedback as IMoveLineFeedback;
                pGeom = pMvLnFeed.Stop();
                //将被选择的元素pHitElementGeometry换为移动后的新几何形体对象，并更新这
个元素
                pHitElement.Geometry = pGeom;
                pGraphicsContainer.UpdateElement(pHitElement);
                pActiveView.PartialRefresh(esriViewDrawPhase.esriViewGraphics,
        null, null);
            }
        }
    }
    private IElement getElement(IPoint pPt, double dist)
    {
        //它用于使用鼠标在视图上获得一个图形元素对象并返回
        IEnumElement pEnumElement;
        IElement pEle;
        //找出所有被选择的元素
        pEnumElement = pGraphicsContainer.LocateElements(pPt, dist);
        if (pEnumElement != null)
        {
```

```
                pEle = pEnumElement.Next();
                while (pEle != null)
                {
                    //只用找出第一条Polyline类型的元素即可，贝塞尔曲线也是Polyline的一种
                    if (pEle.Geometry.GeometryType == esriGeometryType.esriGeometryPolyline)
                    {
                        return pEle;
                    }
                    pEle = pEnumElement.Next();
                }
            }
            return null;
        }
    }
}
```

9.2.4 其他 DisplayFeedback 介绍

在实际软件开发中，若打算同时移动多个几何形体对象，可使用 IMoveGeometryFeedback 接口定义的方法来实现。该接口的 AddGeometry 方法用于添加要移动的对象；ClearGeometry 可以清除 DisplayFeedback 中所有要移动的几何形体对象；Start 方法用于设置移动的起始点。

ReshapeFeedback 对象可以用于对一个实现了 IPath 接口的对象进行整形，实现 IPath 接口的对象包括 Path 和 Ring。它可以对 Polyline 和 Polygon 整形。IReshapeFeedback 接口 Start 方法的 Stretch 参数决定了整形的方式。

ResizeEnvelopeFeedback 对象用于改变一个 Envelope 对象的尺寸外观，读者可以使用 ResizeEdge 属性来确定是移动 Envelop 的边或角。Constraints 属性可以确定整形时的对象尺寸比例，如整形为一个正方行或者整形过程中 Envelope 的宽度和高度保持一定的比例。

若希望旋转或伸缩一个已经存在的 Polyline 对象，则可以使用 IStretchLineFeedack 接口定义的属性和方法来完成这个任务。该接口定义了一个 Anchor 属性，用于确定旋转过程中的固定点，该点一般被设置为 Polyine 的起始点或终止点。如果没有设置，则系统默认使用起始点作为这个锚点，Anchor 属性需要在 IStretchLineFeedback 接口的 Start 方法使用后进行设置。

9.3 EngineEditor 对象

在用 ArcGIS Engine 开发编辑功能模块时，EngineEditor 对象是一个单独的对象，用来管理存放在 ESRI 矢量地理数据集中的数据库和 Shape 文件的编辑环境，即在一个程序中，只有一个实例化的 EngineEditor 对象支持每一个编辑进程。

EngineEditor 对象可以使用 EngineEditorClass 类来进行实例化。使用 EngineEditor 对象来控制编辑属性、建立捕捉条件、管理捕捉时间、创建编辑操作、创建和管理一个编辑绘图、

设置当前任务、设置目标图层和对编辑活动作出反应。

EngineEditor 对象相当于 ArcMap 软件的 Editor 工具条，熟悉 ArcMap 的读者都知道，要在一个线图层中添加一条新的要素，需按下面的步骤进行：①Start Editing；②将 Targetlayer 设置为要编辑的图层；③设置 Task 为 Create New Feature；④使用草图工具开始编辑；⑤保存编辑；⑥Stop Editing。

其实这六步分别对应了四个接口，而这四个接口都直接或间接被 EngineEditorClass 类实现。这四个接口分别是 IEngineEditor、IEngineEditLayers、IEngineEditSketch 和 IEngineEditTask。其中，IEngineEditTask 接口被 EngineEditorClass 类间接实现。在实际应用中，还会用 IEngineEditProperties 接口来管理编辑会话过程中的多个属性。本节将重点介绍这五个接口的方法和属性。

9.3.1　IEngineEditor 接口

IEngineEditor 接口是 ArcGIS Engine 实现空间数据编辑功能的重要接口，它可让程序启动或停止一个编辑流程，在该编辑流程内，地理数据库中的数据可进行更新操作。因 GIS 的编辑操作往往都是长事务操作过程，因而 IEngineEditor 还提供了相应的方法来确保用户在这段时间内所做的编辑能够被恢复。下面介绍 IEngineEditor 接口的主要属性和方法。

（1）StartEditing 方法用于开始一个编辑流程。

（2）EnableUndoRedo 方法用来设置工作空间是否支持“恢复/取消恢复”的操作。若希望在编辑过程中能够提供“恢复/取消恢复”的功能，则对这个数据库中所有对象的相关改变都需要放在一个流程内。

（3）StartOperation 方法用于在启动编辑后，程序员可以使用该方法开启编辑操作。

（4）AbortOperation 方法用于当在编辑过程中出现了异常时，程序可以使用它来取消所有的编辑操作，以免发生不可恢复的破坏。

（5）StopOperation 方法用于完成编辑后，用户可以使用它来确保已完成的编辑操作；

（6）StopEditing 方法用于在整个编辑流程完成后，来完成编辑。当执行完这个方法后，将不能再进行“恢复/取消恢复”操作。因此在数据编辑过程中，如果需要提供“恢复/取消恢复”(UNDO)功能，所有的数据操作必须在一个编辑流程内的编辑操作中，这个编辑流程保证了 UNDO 的可能性。

（7）GetTaskByUniqueName 方法可通过一个特别的名称从 EngineEditor 获得一个编辑任务；EditSessionMode 属性用于设置或获取当前的编辑流程模式。

（8）CurrentTask 属性用于获得当前的编辑任务；EditWorkspace 属性用于得到当前正在编辑的 Workspace 对象。

（9）EditState 属性用于查看当前的编辑状态，该属性可返回一个 esriEngineEditState 类型的变量，该变量是包含三种类型取值的枚举类型变量分别表示不同的编辑状态，当取值为 esriEngineEditState.esriEngineStateEditingUnfocused 时，表示处于地图不在焦点范围内的编辑状态；若为 esriEngineEditState.esriEngineStateNotEditing，表示不处于编辑状态；若取值为 esriEngineEditState.esriEngineStateEditing，表示处于编辑状态。

9.3.2　IEngineEditTask 接口

IEngineEditTask 接口定义了能与 EditingTaskControl 进行任务信息传递的属性和方法，实现了该接口的组件编译。在系统中注册后，可以在运行期间加载到 EditingTaskControl 控件中。ArcGIS Engine 已经提供了一些编辑任务组件，这些组件都实现了 IEngineEditTask 接口。用户也可以创建自己定义的组件实现 IEngineEditTask 接口。下面介绍 IEngineEditTask 接口的属性和方法。

（1）Activate 方法用于通知编辑绘画任务被激活。在编辑绘画开始之前，使用该方法来引用 EngineEditor 对象和修改编辑环境。

（2）Deactivate 方法用于通知撤销编辑绘画任务激活状态。如用来停止监听一个编辑事件或将编辑对象任务设置为空。

（3）OnDeleteSketch 方法用于通知编辑绘画任务被删除，使用该方法用来完全撤销编辑绘画中的所有步骤。

（4）OnFinishSketch 方法用于通知编辑绘画任务完成，通常情况下，该方法用来在新建或者修改一个要素之后的保存操作或者表示开始一个新的编辑操作。

（5）UniqueName 属性返回一个编辑任务的名称，这个编辑任务的名称被要求为唯一标识，如“创建要素”的唯一名称为“ControlToolsEditing_CreateNewFeatureTask”，“编辑要素”的唯一名称为“ControlToolsEditing_ModifyFeatureTask”。

（6）Name 属性用来返回一个编辑任务的名称，该名称属性被 ControlsEditingTask-ToolControl 用来显示这个编辑任务在哪一个具体的编辑组名当中。

（7）GroupName 属性用来返回编辑任务所在的编辑组名，编辑组名利用 ControlsEditing-TaskToolControl 命令来将编辑任务组织在一个标题之下。

9.3.3　IEngineEditLayers 接口

IEngineEditLayers 接口用于获取编辑会话过程中有关图层的信息，如判断一个图层是否可编辑、设置当前目标图层。下面介绍 IEngineEditLayers 接口的属性和方法。

（1）CurrentSubtype 属性用于返回目标图层的子类型行为模式，若 IEngineEditLayers 的目标图层没有任何子类型，返回值将为 0。

（2）TargetLayer 属性用于返回 EngineEditor 的目标图层，目标图层是通过命令或者编辑任务新建一个要素，并写入的要素图层，如“新建要素”任务生成新的要素就存储在目标图层内。

（3）IsEditable 方法用来检查一个指定的图层是否可编辑，当开始一个编辑对象，用该方法自动访问地图中的每一个图层，只有可编辑的图层将被添加到 ControlsEditingTarget-ToolControl 中去。

（4）SetTargetLayer 方法用来设置 EngineEditor 的目标图层。

9.3.4　IEngineEditProperties 接口

IEngineEditProperties 接口定义了用于管理编辑会话过程中的多个属性，包括设置编辑绘画要素的符号、获取目标图层等。下面介绍 IEngineEditProperties 接口的属性和方法。

（1）AutoSaveOnVersionRedefined 属性用来得到或设置停止编辑过程后是否自动地调解编辑对象和没有通告的保存形式。

（2）ReportPrecision 属性用于控制编辑报告数字小数位数，其默认值为 3。

（3）TargetLayer 属性用于得到目标图层。

（4）StretchGeometry 属性用于表明当编辑绘制时移动一个顶点，若该属性值为 true，则图形形状不变，以起点为中心整体旋转，若该属性值为 false，则改变图形形状，移动顶点，不进行旋转。

（5）StreamTolerance 属性用于获取或设置绘制流线容差，容差是以地图单位为单位的，该容差的默认值为 0，流线是指连续记录鼠标按下的轨迹。

（6）StreamGroupingCount 属性用于设置绘制流线组的点的数量。

（7）SnapSymbol 属性用于显示编辑绘图的中断位置，默认情况下，编辑绘图结束标志为鼠标双击。

（8）SketchVertexSymbol 属性用于获取或设置编辑绘图顶点样式，在默认情况下，编辑绘图的顶点为绿色。

（9）SketchSymbol 属性用于获取或者设置绘图时节点间线段的样式，默认情况下，连接线是宽度为 1 的纯绿色。

（10）SelectedVertexSymbol 属性用于定义或设置编辑绘图过程中处于编辑状态点的样式，默认情况下，为红色 4 号大小的点。

9.3.5　IEngineEditSketch 接口

IEngineEditSketch 接口用于管理 EngineEditor 的几何对象。EngineEditor 根据目标图层的要素类型自动地生成一个空的几何图形，使用 AddPoint 方法来产生一个编辑绘图几何对象和结束绘制显示几何对象要准备的当前编辑任务。当前任务给几何对象一些任务和行为。例如，产生一个新要素任务就是记录一个几何对象，并将其作为一个新的要素保存到图层中。下面介绍 IEngineEditSketch 接口的主要属性和方法。

（1）AddPoint 方法用于添加一个点到编辑绘制当中，若允许恢复为 true 时，将产生一个新的操作。

（2）FinishSketch 方法用于结束当前的编辑绘画和修改 EngineEditor 的当前任务，这些事件通过执行 OnFinishSketch 方法来完成，如“生成要素”任务使用 Geometry 方法生成一个新的要素。大量的事件通过执行 OnFinishSketch 方法来释放。

（3）FinishSketchPart 方法用于在生成多部分几何对象时，结束编辑绘画的一部分操作。当要修改一个编辑绘图时，需调用 ModifySketch 方法。RefreshSketch 方法用于刷新编辑绘图范围的内容。

（4）SetEditLocation 方法用于设置编辑绘图的部分、段和顶点所在的 *X*、*Y* 位置。当需给一个编辑绘图添加一个顶点时，需调用 VertexAdded 方法，调用该方法将激发 IEngineEditEvents 接口的 OnVertexAdded 事件。

（5）VertexDeleted 方法用于删除一个编辑绘图的顶点，调用该方法将激发 IEngineEditEvents 接口的 OnVertexDeleted 事件，以确保通知所有监听的委派事件。当需移动一个编辑绘图的顶点时，需调用 VertexMoved 方法，调用该方法将激发 IEngineEditEvents 接口的 OnVertexMoved 事件。

（6）CurrentZ 属性用于设置或获取 *Z* 值，该属性适用于在绘图时添加节点，不适合用于节点的移动和修改。

（7）EditLocation 属性用于获取通过 SetEditLocation 方法设置的编辑点，该属性只能通过调用 SetEditLocation 方法来进行修改。

（8）Geometry 属性用来设置 EngineEditor 操作和最终传递给当前任务的几何对象。默认情况下，编辑绘画启动、目标图层改变、几何类型重置或当一个编辑任务完成时，EngineEditor 的几何对象为空。一般不需要设置该属性，只有在新建一个几何对象时，才设置这个属性。

（9）GeometryType 属性结合 Geometry 属性用来管理编辑绘画中的几何对象。例如，设置几何类型为 esriGeometryPolygon，将产生一个新的空多边形对象。

（10）LastPoint 属性用来检索编辑绘画中的最后一个点。

（11）Part 属性用于返回绘画过程中要素正处于编辑状态部分的索引。该属性值在调用 SetEditLocation 方法时才会改变。

（12）Segment 属性用于返回当前绘画线段的索引。

（13）Vertex 属性用于返回当前绘画顶点的索引。

（14）ZAware 属性用于设置或得到编辑绘画时几何对象是否包含 *Z* 值。

9.4　ArcEngine 编辑任务流

在用 ArcGIS Engine 开发编辑功能模块时，一个编辑任务流主要分为六个步骤：依照工作空间开始一个编辑对象；设置编辑的目标图层；设置编辑任务；开始用户所需的编辑操作；保存编辑对象；停止编辑对象。下面利用 EngineEditor 对象实现的几个接口来介绍一个编辑任务流的使用。

9.4.1　开始编辑对象

通过调用 IEngineEditor 接口的 StartEditing 方法来开始一个编辑对象，调用该方法需传入 IMap 和 IWorkspace 两个接口类型的参数。在当前地图中，位于工作空间内的所有可编辑图层都可以在这个编辑对象中进行编辑。可用 IEngineEditLayers 接口的 IsEditable 属性来标识某一图层是否可编辑。因一个编辑对象中可能存在版本化和非版本化两种类型，在操作 SDE 工作空间时，需要设置 IEnginEditor 接口的 EditSessionMode 属性，用来指明是版本化图层还是非版本化图层可编辑。

下面的示例代码演示了以当前地图中第一个要素图层的工作空间开始一个编辑对象，并把该图层设为编辑图层。需定义一个 IEngineEditor 类型的全局变量供后续使用，定义格式如下：

```
private IEngineEditor m_engineEditor = new EngineEditorClass();
private void StartEditing(IMapControl2 m_mapControl)
{
    IMap map = m_mapControl.Map;
```

```
        //如果一个编辑对象已经开始，程序退出
        if (m_engineEditor.EditState != esriEngineEditState.esriEngineStateNotEditing)
            return;
        //查找到的第一个要素图层的工作空间来开始一个编辑对象
        for (int layerCounter = 0; layerCounter <= map.LayerCount - 1; layerCounter++)
        {
            ILayer currentLayer = map.get_Layer(layerCounter);
            if (currentLayer is IFeatureLayer)
            {
                IFeatureLayer featureLayer = currentLayer as IFeatureLayer;
                IDataset dataset = featureLayer.FeatureClass as IDataset;
                IWorkspace workspace = dataset.Workspace;
                m_engineEditor.StartEditing(workspace, map);
                //设置要进行编辑的目标图层
                ((IEngineEditLayers)m_engineEditor).SetTargetLayer(featureLayer,0);
                break;
            }
        }
}
```

9.4.2　设置编辑图层

设在开始一个编辑对象之后，编辑对象所在工作空间内的所有图层都是可编辑的，可根据需要设置当前编辑图层。通常设置目标图层的方法是，将一个 IEngineEditor 接口跳转到 IEngineEditLayers 接口，再利用 IEngineEditLayers 接口的 SetTargetLayer 方法来设置一个目标图层。为此，需定义一个 IEngineEditLayers 类型的全局变量：

```
private IEngineEditLayers m_EngineEditLayers;
m_EngineEditLayers = m_engineEditor as IEngineEditLayers;
//m_pCurrentLayer为要设为当前目标图层的要素图层
m_EngineEditLayers.SetTargetLayer(m_pCurrentLayer, 0);
```

9.4.3　设置编辑任务

设置编辑任务实质上就是确定在编辑绘画过程中执行什么样的操作，该过程需产生一个 IEngineEditTask 对象，再把这个对象传给当前 EngineEditor 对象的 CurrentTask 属性，以便用来设置当前的编辑任务。下面代码演示了如何获取和设置一个编辑任务。

```
IEngineEditTask editTask =
m_engineEditor.GetTaskByUniqueName("ControlToolsEditing_ModifyFeatureTask");
m_engineEditor.CurrentTask = editTask;
```

9.4.4　编辑操作

编辑任务需通过执行一个编辑对象的编辑操作来完成。把所有的编辑操作放入操作堆栈中，以便能够实现重做和撤销的操作。使用 IEngineEditor 接口的 StartOperation 方法生成一个新的编辑操作。使用错误处理和设定逻辑编程，以确保任何编辑操作的有效性。若有必要需使用 IEngineEditor 接口的 AbortOperation 属性来取消操作，需调用 IEngineEditor 接口的 StopOperation 方法来完成一个编辑操作和把编辑操作放入操作堆栈中。字符串参数操作允许在操作堆栈中定义操作和用来作为撤销和重做命令的提示工具。

下面示例代码演示如何对一个选中的线、面要素在鼠标单击位置添加一个顶点，其中用到了 StartOperation 和 StopOperation 方法。

```
//此处省去了命名空间的引用
namespace InAll.EidtorFeature
{
    public sealed class EditingInsertVertexTool : BaseTool
    {
        private IHookHelper m_hookHelper;
        private IEngineEditor m_engineEditor;
        private IEngineEditLayers m_editLayer;
        public EditingInsertVertexTool()
        {
            base.m_category = "EidtorFeature";
            base.m_caption = "插入节点工具";
            base.m_message = "插入节点工具";
            base.m_toolTip = "插入节点工具";
            base.m_name = "插入节点工具";
            m_engineEditor = new EngineEditorClass();
            try
            {
                string bitmapResourceName = GetType().Name + ".bmp";
                base.m_bitmap = new Bitmap(GetType(), bitmapResourceName);
                base.m_cursor = new System.Windows.Forms.Cursor(GetType(), GetType().Name +
".cur");
            }
            catch (Exception ex)
            {
                System.Diagnostics.Trace.WriteLine(ex.Message, "无效图标");
            }
        }
        public override void OnCreate(object hook)
```

```
{
    if (m_hookHelper == null)
        m_hookHelper = new HookHelperClass();
    m_hookHelper.Hook = hook;
    // TODO:   Add EditingInsertVertexTool.OnCreate implementation
    m_editLayer = m_engineEditor as IEngineEditLayers;
}
public override bool Enabled
{
    get
    {
        //确定是否可编辑状态，否则退出
        if (m_engineEditor.EditState ==esriEngineEditState.esriEngineStateNotEditing)
        {
            return false;
        }
        //确保插入的顶点的图层为线状、面状图层，否则退出
        esriGeometryType geomType =m_editLayer.TargetLayer.FeatureClass.ShapeType;
        if ((geomType != esriGeometryType.esriGeometryPolygon)& (geomType !=
esriGeometryType.esriGeometryPolyline))
        {
            return false;
        }
        //确保当前编辑图层中只有一个要素被选中，否则退出
        IFeatureSelection featureSelection = m_editLayer.TargetLayer as IFeatureSelection;
        ISelectionSet selectionSet = featureSelection.SelectionSet;
        if (selectionSet.Count != 1)
        {
            return false;
        }
        //conditions have been met so enable the tool
        return true;
    }
}
public override void OnClick()
{
    // TODO: Add EditingInsertVertexTool.OnClick implementation
    //设置当前编辑绘画任务
    IEngineEditTask editTask =
```

```
m_engineEditor.GetTaskByUniqueName("ControlToolsEditing_ModifyFeatureTask");
                m_engineEditor.CurrentTask = editTask;
            }
            public override void OnMouseUp(int Button, int Shift, int X, int Y)
            {
                IEngineEditSketch editSketch = m_engineEditor as IEngineEditSketch;
                IGeometry editShape = editSketch.Geometry;
                //得到鼠标点抬起来时的点对象（地图坐标）
                IPoint clickedPt =
m_hookHelper.ActiveView.ScreenDisplay.DisplayTransformation.ToMapPoint(X, Y);
                #region local variables used in the HitTest
                IHitTest hitShape = editShape as IHitTest;
                IPoint hitPoint = new PointClass();
                double hitDistance = 0;
                int hitPartIndex = 0;
                int hitSegmentIndex = 0;
                bool bRightSide = false;
                esriGeometryHitPartType hitPartType =esriGeometryHitPartType.esriGeometryPartBoundary;
                FromElementsControls mapUnitConvert =new FromElementsControls();
                double searchRadius =
mapUnitConvert.ConvertPixelsToMapUnits(m_hookHelper.ActiveView, 50);
                hitShape.HitTest(clickedPt, searchRadius, hitPartType, hitPoint,ref hitDistance, ref
hitPartIndex, ref hitSegmentIndex, ref bRightSide);
                //check whether the HitTest was successful
                if (hitPoint.IsEmpty == false)
                {
                    IEngineSketchOperation sketchOp =new EngineSketchOperationClass();
                    sketchOp.Start(m_engineEditor);
                    // 通过hitPartIndex得到一个要添加顶点的PointCollection
                    IGeometryCollection geometryCol = editShape as IGeometryCollection;
                    IPointCollection pathOrRingPointCollection =geometryCol.get_Geometry(hitPartIndex)
as IPointCollection;
                    object missing = Type.Missing;
                    object hitSegmentIndexObject = new object();
                    hitSegmentIndexObject = hitSegmentIndex;
                    object partIndexObject = new object();
                    partIndexObject = hitPartIndex;
                    esriEngineSketchOperationType opType
=esriEngineSketchOperationType.esriEngineSketchOperationGeneral;
```

```
                    //添加一个新的顶点到轨迹或环的PointCollection当中
                    pathOrRingPointCollection.AddPoint(clickedPt,ref missing, ref hitSegmentIndexObject);
                    sketchOp.SetMenuString("插入节点");
                    //开始一个编辑操作
                    m_engineEditor.StartOperation();
                    opType = esriEngineSketchOperationType.esriEngineSketchOperationVertexAdded;
                    //用添加新顶点后的PointCollection替换原来的
                    geometryCol.RemoveGeometries(hitPartIndex, 1);
                    geometryCol.AddGeometry(pathOrRingPointCollection as IGeometry, ref
partIndexObject, ref missing);
                    sketchOp.Finish(null, opType, clickedPt);
                    //结束编辑操作
                    m_engineEditor.StopOperation("插入节点");
                }
            }
        }
    }
```

9.4.5 保存编辑对象

在编辑对象的过程中，可以通过执行 ControlsEditingSaveCommand 命令来对编辑结果进行保存。下面的代码用于实现对编辑对象的保存。

```
ICommand pCommand = new ControlsEditingSaveCommandClass();
pCommand.OnCreate(axMapControl1.Object);
pCommand.OnClick();
```

保存编辑对象也可以通过调用 IEngineEditor 接口的 StopEditing 方法，需将其中的 SaveChanges 参数设为 true，然后通过调用 IEngineEditor 接口的 StartEditing 方法继续开始这个编辑对象的操作时，就起到了保存的作用。但需注意，当 SaveChanges 参数被设置为 false 时，只停止编辑对象，不保存编辑对象的内容。

9.4.6 停止编辑

编辑对象中的编辑操作被保存在内存中，在停止编辑对象时，将编辑操作保存到磁盘或者返回到开始编辑状态之前，这两种情况都会清除编辑堆栈中所有的编辑和图形操作。下面的示例代码演示了停止一个编辑对象和在编辑内容改变时提示用户进行保存。

```
private void StopEditing()
{
    //监测是否发生编辑操作，没有就不保存直接停止
    if (m_engineEditor.HasEdits() == false)
        m_engineEditor.StopEditing(false);
    else
```

```
    {
        if (MessageBox.Show("是否需要对所做的编辑进行保存", "消息提示",
MessageBoxButtons.YesNo) == DialogResult.Yes)
            m_engineEditor.StopEditing(true);
        else
            m_engineEditor.StopEditing(false);
    }
}
```

9.5 编辑命令和工具

在利用 ArcGIS Engine9.3 开发编辑功能模块时，除了使用 EngineEditor 对象实现的几个接口来进行编辑功能的实现和操作外，ArcGIS Engine 还提供了很多编辑类，这些类可以命令和工具的方式提供给用户，方便软件开发者使用，本节将对此进行介绍。

9.5.1 常用编辑命令介绍

在 ArcGIS Engine 中提供了多种编辑命令类，常用的编辑命令类及其功能如表 9.7 所示。

表 9.7　常用编辑命令类及其功能

编辑命令类	功能
ControlsEditingSketchToolClass	用来新建要素，向编辑绘图过程中添加顶点
ControlsEditingEditToolClass	用来编辑要素和编辑要素的几何对象
ControlsEditingCopyCommandClass	用来复制选中的元素
ControlsEditingPasteCommandClass	用来将剪切板中的内容复制到地图中
ControlsEditingClearCommandClass	用来删除选中的元素
ControlsEditingVertexDeleteCommandClass	用于删除编辑绘画中要素的一个顶点
ControlsEditingVertexInsertCommandClass	用于给编辑绘画中要素添加一个顶点
ControlsEditingVertexMoveCommandClass	用于把绘画中要素的一个顶点移动到一个新的位置
ControlsEditingVertexMoveToCommandClass	用于把绘图中要素一个顶点移动到当前的位置
ControlsEditingStartCommandClass	用于开始一个编辑对象
ControlsEditingStopCommandClass	用于结束一个编辑对象
ControlsEditingSnapEdgeCommandClass	用于捕捉边界点
ControlsEditingSnapEndpointCommandClass	用于终点捕捉
ControlsEditingSnapMidpointCommandClass	用于中点捕捉
ControlsEditingSnapVertexCommandClass	用于顶点捕捉

在使用表 9.7 所示的命令类时，若 ArcGIS Engine 使用这些命令类是通过 ArcGIS Engine 运行许可或者 ArcView 许可来初始化，则这些命令可用来编辑 Shape 文件和个人数据库。若 ArcGIS Engine 使用这些命令类是通过 ArcGIS Engine 地理数据库编辑许可、ArcEditor 或者 ArcInfo 来初始化，则这些命令可用来编辑企业数据库中的数据。

9.5.2　常用编辑命令实例

本节将主要使用编辑命令类并结合 EngineEditor 对象接口实现定制一个简单的编辑工具条，工具条主要功能有：开始编辑、保存编辑、结束编辑、编辑绘画、编辑修改、要素复制、要素粘贴、要素删除等。

新建一个工程命名为“EditorText”，在 Form1 窗体上添加一个 MapControl 控件，一个 LicenseControl 控件，一个 TOCControl 控件，一个 ToolStrip 工具栏控件，在工具栏中添加工具按钮，如图 9.1 所示。

图 9.1　编辑工具条设计

在代码窗体中添加下列代码，即可实现该工具条的设计。

```
//此处省去了命名空间的引用
namespace EditorText
{
    public partial class Form1 : Form
    {
        private IEngineEditor m_engineEditor = new EngineEditorClass();
        private IEngineEditLayers m_EngineEditLayers;
        private IEngineEditTask pEngineEditCurrentTask;
        private IWorkspace editWorkspace;
        private ArrayList workSpacesArrayList;
        public Form1()
        {
            InitializeComponent();
        }
        private void Form1_Load(object sender, EventArgs e)
        {
            currentTasks.Items.Add("创建要素");
            currentTasks.Items.Add("编辑要素");
            EditingStatesControls(false);
        }
        //开始编辑事件按钮事件
        private void BeginEditToolStripMenuItem_Click(object sender, EventArgs e)
        {
```

```
        int featLayerCount = 0;
        ILayer pLayer;
        workSpacesArrayList = new ArrayList();
        for (int i = 0; i <= axMapControl1.Map.LayerCount - 1; i++)
        {
            pLayer = axMapControl1.Map.get_Layer(i);
            if (pLayer is IFeatureLayer)
            {
                IFeatureLayer pFeatureLayer = pLayer as IFeatureLayer;
                pFeatureLayer.Selectable = false;
                IDataset dataset = pFeatureLayer.FeatureClass as IDataset;
                IWorkspace pWorkspace = dataset.Workspace;
                if (!workSpacesArrayList.Contains(pWorkspace))
                {
                    workSpacesArrayList.Add(pWorkspace);
                }
                featLayerCount++;
            }
        }
        if (featLayerCount == 0)
        {
            MessageBox.Show("请加入矢量图层后再启动编辑！", "信息提示");
            return;
        }
        IMap map;
        map = axMapControl1.Map;
        //此处可用窗体的进行选择一个工作空间，本例默认找到的第一个工作空间
        editWorkspace = workSpacesArrayList[0] as IWorkspace;
        m_engineEditor.StartEditing(editWorkspace, map);
        m_EngineEditLayers = m_engineEditor as IEngineEditLayers;
        LoadLayers();
        currentTasks.Text = "创建要素";
        EditingStatesControls(true);
    }
    //该函数用于将当前地图中处于编辑工作空间内的所有要素图层添加到currentEditLayers控件中
    private void LoadLayers()
    {
        currentEditLayers.Items.Clear();
```

```
            for (int i = 0; i < axMapControl1.LayerCount; i++)
            {
                ILayer pLayer = axMapControl1.get_Layer(i);
                if (pLayer is IFeatureLayer)
                {
                    IFeatureLayer pFeatureLayer = pLayer as IFeatureLayer;
                    IDataset dataset = pFeatureLayer.FeatureClass as IDataset;
                    if (dataset.Workspace == editWorkspace)
                    {
                        currentEditLayers.Items.Add(pLayer.Name);
                    }
                }
            }
            if (currentEditLayers.Items.Count > 0)
            {
                currentEditLayers.SelectedIndex = 0;
            }
        }
        //保存编辑按钮事件
        private void SaveEditToolStripMenuItem_Click(object sender, EventArgs e)
        {
            ICommand pCommand = new ControlsEditingSaveCommandClass();
            pCommand.OnCreate(axMapControl1.Object);
            pCommand.OnClick();
        }
        //停止编辑按钮事件
        private void StopEditToolStripMenuItem_Click(object sender, EventArgs e)
        {
            //监测是否发生编辑操作，没有就不保存直接停止
            if (m_engineEditor.HasEdits() == false)
                m_engineEditor.StopEditing(false);
            else
            {
                if (MessageBox.Show("是否需要对所做的编辑进行保存", "消息提示",
MessageBoxButtons.YesNo) == DialogResult.Yes)
                    m_engineEditor.StopEditing(true);
                else
                    m_engineEditor.StopEditing(false);
            }
```

```
    EditingStatesControls(false);
}
//当前任务选择下拉列表框任务选择事件
private void currentTasks_SelectedIndexChanged(object sender, EventArgs e)
{
    pEngineEditCurrentTask = m_engineEditor.CurrentTask;
    ICommand pCommand;
    switch (currentTasks.Text)
    {
        case "创建要素":
            pCommand = new ControlsClearSelectionCommandClass();
            pCommand.OnCreate(axMapControl1.Object);
            pCommand.OnClick();
            pCommand = new ESRI.ArcGIS.Controls.ControlsEditingSketchToolClass();
            pCommand.OnCreate(axMapControl1.Object);
            axMapControl1.CurrentTool = pCommand as ITool;
            editToolButton.CheckState = CheckState.Unchecked;
            break;
        case "编辑要素":
            pCommand = new ESRI.ArcGIS.Controls.ControlsEditingEditToolClass();
            pCommand.OnCreate(axMapControl1.Object);
            axMapControl1.CurrentTool = pCommand as ITool;
            editToolButton.CheckState = CheckState.Checked;
            break;
        default:
            pEngineEditCurrentTask = null;
            axMapControl1.CurrentTool = null;
            break;
    }
    m_engineEditor.CurrentTask = pEngineEditCurrentTask;
    axMapControl1.Focus();
}
//复制按钮事件
private void tlBtnCopy_Click(object sender, EventArgs e)
{
    ICommand pCommand = new ControlsEditingCopyCommandClass();
    pCommand.OnCreate(axMapControl1.Object);
    pCommand.OnClick();
}
```

```
//粘贴按钮事件
private void tlBtnPaste_Click(object sender, EventArgs e)
{
    ICommand pCommand = new ControlsEditingPasteCommandClass();
    pCommand.OnCreate(axMapControl1.Object);
    pCommand.OnClick();
}
//删除要素按钮事件
private void tlBtnDelete_Click(object sender, EventArgs e)
{
    ICommand pCommand = new ESRI.ArcGIS.Controls.ControlsEditingClearCommandClass();
    pCommand.OnCreate(axMapControl1.Object);
    pCommand.OnClick();
}
//设置目标图层下拉列表框事件
private void currentEditLayers_SelectedIndexChanged(object sender, EventArgs e)
{
    for (int i = 0; i <= axMapControl1.Map.LayerCount - 1; i++)
    {
        ILayer pLayer = axMapControl1.Map.get_Layer(i);
        if (pLayer is IFeatureLayer)
        {
            IFeatureLayer m_pCurrentLayer = pLayer as IFeatureLayer;
            m_pCurrentLayer.Selectable = false;
            IFeatureClass pFeatureClass = m_pCurrentLayer.FeatureClass;
            if (currentEditLayers.SelectedItem.ToString()== pLayer.Name && pFeatureClass !=
null)
            {
                m_pCurrentLayer.Selectable = true;
                if (m_engineEditor.EditWorkspace != null)
                {
                    m_EngineEditLayers.SetTargetLayer(m_pCurrentLayer, 0);
                }
            }
        }
    }
    axMapControl1.Focus();
}
//编辑按钮事件
```

```
        private void editToolButton_Click(object sender, EventArgs e)
        {
            currentTasks.Text = "编辑要素";
            editToolButton.CheckState = CheckState.Checked;
        }
        //绘图按钮事件
        private void currentToolSketch_Click(object sender, EventArgs e)
        {
            currentTasks.Text = "创建要素";
            editToolButton.CheckState = CheckState.Unchecked;
        }
        //该函数用于控制工具条内容的现实情况
        private void EditingStatesControls(bool editTag)
        {
            StopEditToolStripMenuItem.Enabled = editTag;
            SaveEditToolStripMenuItem.Enabled = editTag;
            BeginEditToolStripMenuItem.Enabled = !editTag;
            editToolButton.Enabled = editTag;
            currentToolSketch.Enabled = editTag;
            tlBtnCopy.Enabled = editTag;
            tlBtnPaste.Enabled = editTag;
            tlBtnDelete.Enabled = editTag;
            currentTasks.Enabled = editTag;
            currentEditLayers.Enabled = editTag;
        }
    }
}
```

第 10 章　地 图 输 出

10.1　概　　述

地图经整饰以后，最终将以某种介质为载体提供给用户，以便在实际工作中使用。常见的输出载体包括：用绘图仪或打印机输出地图，用印刷机输出地图胶片，或者是用磁盘等存储载体输出，但这种输出结果需通过计算机屏幕显示，如各种类型的地图图片文件。

使用 ArcGIS Engine 进行 GIS 开发所涉及的地图输出，在硬拷贝输出方面主要指的是地图打印输出，包括打印机设置、打印预览和打印。软拷贝输出主要指的是以*.jpg、*.gif 、*.pdf 等不同格式的图片文件存储地图。

10.2　地图打印输出

地图打印输出包括三个方面的内容，分别是打印机设置、打印预览和打印功能的实现。利用微软提供的 PrintDialog、PageSetupDialog、PrintPreviewDialog 三个控件和 ArcGIS Engine 提供的 Printer、Paper 和 PageLayoutControl 三个类，就能完成地图打印所涉及的三个方面的内容。

10.2.1 页面设置

在程序设计时，打印输出的整体界面如图 10.1 所示。

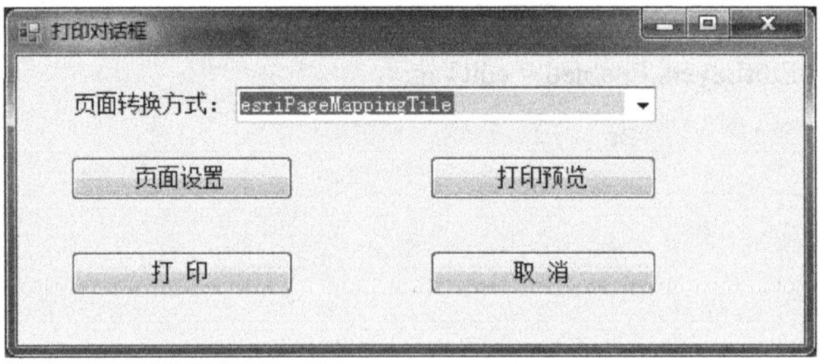

图 10.1　打印输入界面

其中，窗体的名字是(PrintForm1)，页面设置按钮（PageSetupbuttn）用来打开页面设置对话框，打印预览按钮（PrintPreviewbuttn）用来打开打印预览对话框，打印按钮（Printbuttn）用来打开打印对话框，取消按钮（Cancelbuttn）用来关闭对话框，标签控件（Label1）设置“页面转换方式：”的提示，组合框控件 comboBox1 通过下拉列表方式添加三个枚举值。

在这个窗体中定义以下全局变量：

```
//定义打印预览对话框，打印对话框，页面设置对话框，打印文档对象
private PrintPreviewDialog printPreviewDialog1;
private PrintDialog printDialog1;
```

```
private PageSetupDialog pageSetupDialog1;
private System.Drawing.Printing.PrintDocument document = new System.Drawing.Printing.PrintDocument();
private ITrackCancel m_TrackCancel = new CancelTrackerClass();
//打印预览对话框中页数变量
private short m_CurrentPrintPage;
```

在窗体的 Load 事件中添加以下代码:

```
printDialog1 = new PrintDialog(); //实例化打印对话框
InitializePrintPreviewDialog();//初始化打印预览对话框
InitializePageSetupDialog();//初始化页面设置对话框
//定义要打印的地图文档的路径
string fileName = "C:\\Documents and Settings\\GISLab0\\桌面\\高峰.mxd";//用户可利用选择文件对话框进行交互选择
//加载打印地图文档
axPageLayoutControl1.LoadMxFile(fileName, "");
comboBox1.Items.Add("esriPageMappingTile");//全部打印
comboBox1.Items.Add("esriPageMappingCrop");//当前布局页面自动缩放到打印机页面大小
comboBox1.Items.Add("esriPageMappingScale");//只打印一页纸张，内容为当前布局的一部分
comboBox1.SelectedIndex = 0;
```

页面初始化设置函数如下：

```
private void InitializePageSetupDialog()
{
    //定义并初始化页面设置对话框
    pageSetupDialog1 = new PageSetupDialog();
    //初始化页面设置对话框的页面设置属性为缺省的设置
    pageSetupDialog1.PageSettings = new System.Drawing.Printing.PageSettings();
    //初始化页面设置对话框的打印机属性为缺省的设置
    pageSetupDialog1.PrinterSettings = new System.Drawing.Printing.PrinterSettings();
    //设置页面设置对话框中要显示的按钮属性为true
    pageSetupDialog1.AllowPaper = true;
    pageSetupDialog1.AllowPrinter = true;
    pageSetupDialog1.AllowMargins = true;
    pageSetupDialog1.AllowOrientation = true;
    pageSetupDialog1.AllowPaper = true;
    pageSetupDialog1.AllowPrinter = true;
    pageSetupDialog1.Document = document;
    pageSetupDialog1.ShowNetwork = false;
}
```

打印预览对话框初始化函数：

```
private void InitializePrintPreviewDialog()
```

```
{
    // 实例化打印预览对话框
    printPreviewDialog1 = new PrintPreviewDialog();
    //设置打印预览对话框的大小、位置、名字等属性
    printPreviewDialog1.ClientSize = new System.Drawing.Size(800, 600);
    printPreviewDialog1.Location = new System.Drawing.Point(29, 29);
    printPreviewDialog1.Name = "打印预览";
    printPreviewDialog1.MinimumSize = new System.Drawing.Size(375, 250);
    printPreviewDialog1.UseAntiAlias = true;
    //注册打印事件（后面有事件的代码）
    this.document.PrintPage += new
    System.Drawing.Printing.PrintPageEventHandler(document_PrintPage);
}
```

页面设置需借助.NET 提供的 PageSetupDialog 类完成，主要用到如表 10.1 所示的属性。

表 10.1　打印设置所用 PageSetupDialog 类的主要属性

AllowMargins	设置是否可以对边距的编辑
AllowOrientation	是否可以使用“方向”单选框
AllowPaper	设置是否可以对纸张大小的编辑
AllowPrinter	设置是否可以使用“打印机”按钮
Document	获取打印机设置的 PrintDocument
MinMargins	允许用户选择的最小边距

页面设置的运行界面如图 10.2 所示。

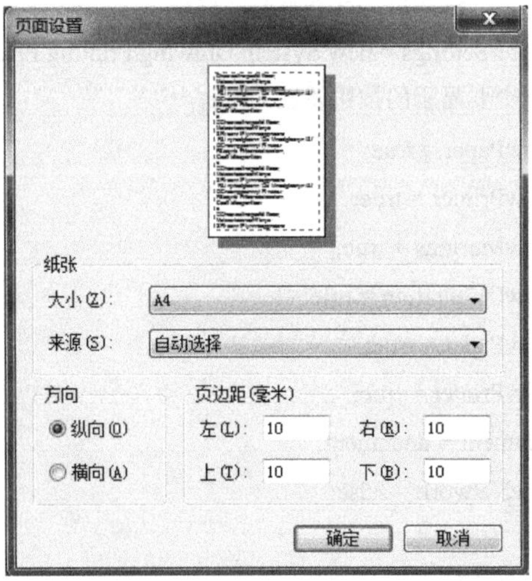

图 10.2　页面设置的运行界面

页面设置按钮的点击事件代码如下：

```
private void PageSetupbuttn_Click(object sender, EventArgs e)
{
    //页面设置对话框中是否出现打印机按钮
    pageSetupDialog1.AllowPrinter = true;
    //设置文档对象的名字
    document.DocumentName = axPageLayoutControl1.DocumentFilename;
    //设置页面设置对话框中打印的对象为文档对象
    pageSetupDialog1.Document = document;
    //设置页面设置对话框中方向单选按钮是否可用
    pageSetupDialog1.AllowOrientation = true;
    DialogResult result = pageSetupDialog1.ShowDialog();
    //设置要打印的文档对象的打印机属性为用户选择的
    document.PrinterSettings = pageSetupDialog1.PrinterSettings;
    //设置要打印的文档对象的页面设置为用户选择的
    document.DefaultPageSettings = pageSetupDialog1.PageSettings;
    //通过迭代papersizes，确定在页面设置中纸张的大小
    int i;
    IEnumerator paperSizes = pageSetupDialog1.PrinterSettings.PaperSizes.GetEnumerator();
    paperSizes.Reset();
    for (i = 0; i < pageSetupDialog1.PrinterSettings.PaperSizes.Count; ++i)
    {
        paperSizes.MoveNext();
        if (((PaperSize)paperSizes.Current).Kind == document.DefaultPageSettings.PaperSize.Kind)
        {
            document.DefaultPageSettings.PaperSize = ((PaperSize)paperSizes.Current);
            break;
        }
    }
    //设置并初始化纸张和打印机对象
    IPaper paper = new PaperClass();
    IPrinter printer = new EmfPrinterClass();
    //关联打印机对象和纸张对象
    paper.Attach(pageSetupDialog1.PrinterSettings.GetHdevmode(pageSetupDialog1.PageSettings).ToInt
32(), pageSetupDialog1.PrinterSettings.GetHdevnames().ToInt32());
    printer.Paper = paper;
    //设置axPageLayoutControl控件的打印机对象
    axPageLayoutControl1.Printer = printer;
}
```

10.2.2　打印预览

在.NET 开发环境中，与打印有关的类主要是 PrintDocumet，该类在 System.Drawing.Printing 命名空间下。利用该类实现的打印预览界面如图 10.3 所示。

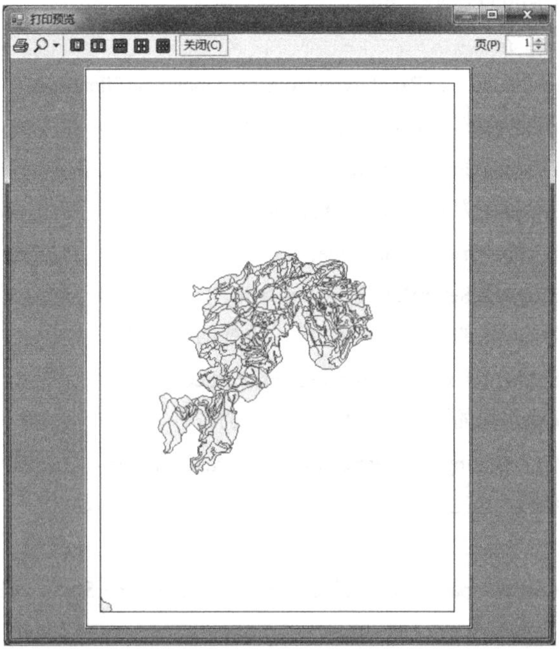

图 10.3　打印预览界面

若要实现打印，需首先构造 PrintDocument 的类对象，添加如下的打印事件。

```
private void document_PrintPage(object sender, System.Drawing.Printing.PrintPageEventArgs e)
{
    string sPageToPrinterMapping = (string)this.comboBox1.SelectedItem;
    if(sPageToPrinterMapping == null)
        axPageLayoutControl1.Page.PageToPrinterMapping =
esriPageToPrinterMapping.esriPageMappingTile;
    else if (sPageToPrinterMapping.Equals("esriPageMappingTile"))
          axPageLayoutControl1.Page.PageToPrinterMapping =
esriPageToPrinterMapping.esriPageMappingTile;
    else if(sPageToPrinterMapping.Equals("esriPageMappingCrop"))
        //当前布局页面自动缩放到打印机页面大小，这样就打印一页了
          axPageLayoutControl1.Page.PageToPrinterMapping =
esriPageToPrinterMapping.esriPageMappingCrop;
    else if(sPageToPrinterMapping.Equals("esriPageMappingScale"))
        //只打印一页纸张，内容为当前布局的一部分
```

```
            axPageLayoutControl1.Page.PageToPrinterMapping =
esriPageToPrinterMapping.esriPageMappingScale;
        else
            axPageLayoutControl1.Page.PageToPrinterMapping =
esriPageToPrinterMapping.esriPageMappingTile;
        short dpi = (short)e.Graphics.DpiX; //获得打印分辨率
        IEnvelope devBounds = new EnvelopeClass();//定义设备范围
        IPage page = axPageLayoutControl1.Page; //获得页面
        //打印预览页面对话框中的页数
        printPageCount = axPageLayoutControl1.get_PrinterPageCount(0);
        m_CurrentPrintPage++;
        //获得被选择的打印机
        IPrinter printer = axPageLayoutControl1.Printer;
        //获得打印机页面大小
        page.GetDeviceBounds(printer, m_CurrentPrintPage, 0, dpi, devBounds);
        //定义设备大小的结构体变量
        tagRECT deviceRect;
        //获得页面大小的四角坐标
        double xmin,ymin,xmax,ymax;
        devBounds.QueryCoords(out xmin, out ymin, out xmax, out ymax);
        //初始化结构变量
        deviceRect.bottom = (int) ymax;
        deviceRect.left = (int) xmin;
        deviceRect.top = (int) ymin;
        deviceRect.right = (int) xmax;
        //确定当前被打印页面的大小
        IEnvelope visBounds = new EnvelopeClass();
        page.GetPageBounds(printer, m_CurrentPrintPage, 0, visBounds);
        //获得打印预览画板的句柄
        IntPtr hdc = e.Graphics.GetHdc();
        //打印页面在画板上
        axPageLayoutControl1.ActiveView.Output(hdc.ToInt32(), dpi, ref deviceRect, visBounds,
m_TrackCancel);
        e.Graphics.ReleaseHdc(hdc);//释放画板句柄
        if( m_CurrentPrintPage < printPageCount)
            e.HasMorePages = true;
        else
            e.HasMorePages = false;
}
```

在打印预览按钮中输入以下代码：

```
private void PrintPreviewbuttn_Click(object sender, EventArgs e)
{
    //初始化打印页面数r
    m_CurrentPrintPage = 0;
    //设置打印预览对话框中要预览的文档的名字
    document.DocumentName = axPageLayoutControl1.DocumentFilename;
    if (m_PrintDocument.DocumentName == string.Empty)
      m_PrintDocument.DocumentName = "MapDoc";
      //设置打印预览对话框中要打印的文档
      printPreviewDialog1.Document = document;
      printPreviewDialog1.ShowDialog();
 }
```

10.2.3　打印

打印是在页面设置和打印预览的基础上进行的，实际程序运行效果如图 10.4 和图 10.5 所示。

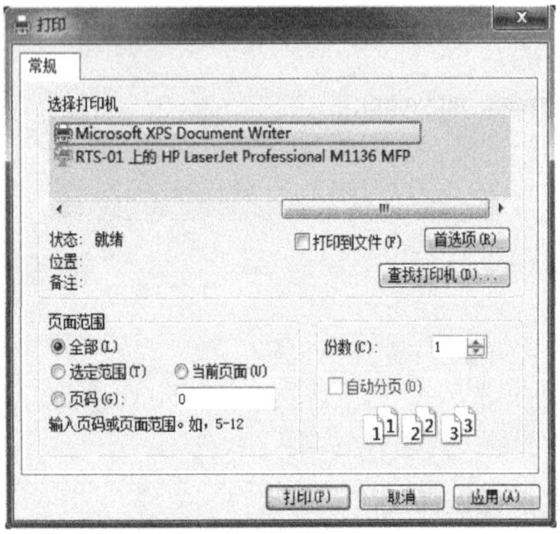

图 10.4　地图硬拷贝打印界面

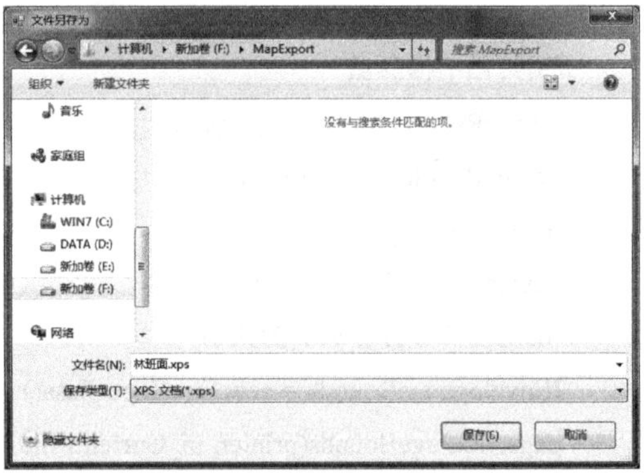

图 10.5　地图硬拷贝输出界面

程序实现代码如下，在打印按钮的点击事件中添加以下代码：

```
private void Printbuttn_Click(object sender, EventArgs e)
{
     printDialog1.ShowHelp = true; //显示帮助按钮
     //设置打印文档属性、当前页等属性
     printDialog1.Document = document;
     printDialog1.AllowCurrentPage = true;
     printDialog1.AllowPrintToFile = true;
```

```
        printDialog1.AllowSelection = true;
        printDialog1.AllowSomePages = true;
        printDialog1.UseEXDialog = true;
        DialogResult result = printDialog1.ShowDialog();//获得打印对话框的显示结果
        if (result == DialogResult.OK)
            document.Print();
    }
```

10.2.4 Printer 类

Printer 类是一个抽象类，EmfPrinter、ArcPressPrinter 和 PsPrinter 类都是从该类派生的子类，程序员要根据程序使用的打印设备类型和驱动程序类型，确定使用哪一个打印对象。

1. EmfPrinter 对象

它使用 Windows Enhanced Metafile 格式作为打印驱动。

2. ArcPressPrinter 对象

它使用 ESRI ArcPress 的打印驱动 ArcPressPrinterDriver，在使用该对象时，需安装 ArcPress。

3. PsPrinter 对象

它使用 PostScript 作为打印驱动。

这三个类都实现了 IPrinter 接口，IPrinter 接口定义了所有打印对象的一般属性和方法。例如，Pager 属性用于初始化与系统关联的打印机；StartPrint 方法用于返回一个打印设备的 hDC；FinishPrinting 方法用于清除打印后的缓存对象。

10.2.5 Paper 对象

Paper 对象是 Printer 对象的一个关键属性对象，主要作用是维持 Printer 对象使用的打印机和打印纸张的联系。当应用程序启动时，一个 Paper 对象就会自动产生，创建的是基于系统的缺省打印机。若要使用另一台打印机就需产生一个新的 Paper 对象，并将它的 PrinterName 设置为打印机名。Paper 类主要实现了 IPaper 接口，它主要用于对打印纸张的设置。例如，Orientation 属性用于获取或设置打印的方向，该属性取值 1 为纵向、取值 2 为横向。QueryPaperSize 方法可获得打印机页面的尺寸。Units 属性用于返回打印设置时所用的单位，是只读属性。PrinterName 属性用于返回和设置打印机的名称。

下面的代码用于产生一个 Paper 对象，并将它关联到一个打印设备上。

```
IPaper pPaper = new PaperClass();
pPaper.PrinterName = @"\\RTS-01\\HP";// RTS\zsx为打印机名
IPsPrinter pPsPrinter = new PsPrinterClass();
IPrinter pPrinter = pPsPrinter as IPrinter;//接口跳转
pPrinter.Paper = pPaper;
```

10.2.6 PageLayoutControl 控件打印出图

通常在开发一个 GIS 的打印模块时，需要用到 PageLayoutControl 控件，使用 IpageLayout-

Control 接口的 PrintPageLayout 方法，可以打印 PageLayoutControl 控件中的视图。它与控件的 Page 对象相关，在使用 IPageLayeoutControl 接口的 PrintPageLayout 方法前，需对 Page 对象进行设置。通过 IPage 接口的 PageToPrinterMapping 方法可设置页面的大小，如果打印页面的宽度大于纸张的宽度，可以选定是伸缩地图还是切割地图。利用 IPage 接口的 FormID 属性，可获取或者设置页面尺寸。Orientation 属性可获取或设置页面打印的方向，取值 1 为纵向，取值 2 为横向。使用 PageLayoutControl 控件打印地图的示例代码片段如下。

```
public void PrintPageLayout(AxPageLayoutControl pPageLayout)
{
    try
    {
        if (pPageLayout.Printer != null)
        {
            IPrinter pPrinter = pPageLayout.Printer;
            IPage pPage = pPageLayout.Page;
            pPage.FormID = esriPageFormID.esriPageFormA4; //设置页面的尺寸，为A4
            pPage.Orientation = 1; //设置打印方向
            //设置匹配值
            pPage.PageToPrinterMapping = esriPageToPrinterMapping.esriPageMappingScale;
            //判断打印机纸方向是否和页面是否方向一致，若不一致设置纸张方向为打印视图方向
            if (pPrinter.Paper.Orientation != pPage.Orientation)
            {
                pPrinter.Paper.Orientation = pPageLayout.Page.Orientation;
            }
            pPageLayout.PrintPageLayout(1, 0, 0);
        }
    }
    catch (Exception Err)
    {
        MessageBox.Show(Err.Message, "打印", MessageBoxButtons.OK, MessageBoxIcon.Information);
    }
}
```

10.3　地图的转换输出

地图输出分为两大类：一类是基于栅格格式的文件输出，如*.jpg、*.bmp、*.pgn 等；一类是基于矢量格式的输出，如 SVG 和 AI 等。Exporter 类是所有转换输出类的父类，它是一个抽象类，实现了 IExport 接口。IExport 接口用于定义地图输出的一般属性和方法。主要属性和方法如表 10.2 所示。

表 10.2　IExport 接口的主要属性和方法

方法属性名称	描述
Name 属性	Exporter 的名称
ExportFileName 属性	输出文件名称
PixelBounds 属性	确定输出范围
Resolution 属性	分辨率
Priority 属性	优先次序
Cleanup 方法	清除临时文件释放内存等
StartExporting 方法	初始化 Exporter
FinishExporting 方法	关闭 Exporter

10.3.1　基于影像格式的输出

ExportImage 类用于将地图输出为栅格格式文件。ExportImage 是 Export 类的一个子类，它是一个抽象类，实现了 IExportImage 接口，定义了所有操作栅格格式文件的一般属性和方法。主要属性如表 10.3 所示。

表 10.3　IExportImage 接口的主要属性

属性名称	描述
BackgroundColor	输出栅格文件的背景色
Height	影像的高度
Width	影像的宽度
ImageType	输出图片类型包括：1 位单色掩膜图；1 位黑白图；8 位灰度图；24 位真彩色

ExportImage 有五个子类，它们分别是 ExportBMP、ExportJPEG、ExportPNG、ExportTIFF 和 ExportGIF，通过这几个对象可以分别将地图数据转存为*.bmp、*.jpg、*.png、*.tif 和*.gif 格式的图形文件。

1. ExportBMP 对象

BMP 是一种典型的栅格图像，其特点是信息量非常丰富，但文件太大。ExportBMP 对象可以将一个布局视图的内容转换为一个 BMP 格式的图片文件。ExportBMP 类实现了 IExportBMP 接口，可使用这个接口定义的属性和方法来设置要产生的 BMP 文件。Bitmap 属性用于获取位图的句柄；Pallete 属性用于获取位图的颜色调色板；RLECompression 属性用于获取或设置位图的压缩方式。

2. ExportJPEG 对象

使用 ExportJPEG 对象可以将布局视图中的地图转换输出为一张 JPEG 格式的图片。JPEG 图片以 24 位颜色存储单个栅格图像，它是一种与平台无关的图形格式，支持最高级别的压缩，但这种压缩是有损压缩。用户可以提高或降低 JPEG 文件的压缩比例，压缩后文件的大小是以牺牲图像质量为代价的。

ExportJPEG 对象实现了 IExportJPEG 接口，使用该接口定义的属性来设置要产生的 JPEG

文件；Quality 属性用于获取或设置压缩的比率，返回值为短整形数，取值范围是 0～100，缺省值 100。

3. ExportGIF 对象

使用 ExportGIF 对象可以将地图转换输出为 GIF 格式的文件。GIF 是一种标准的栅格数据文件，通常使用在网络上，这种文件包含的颜色不超过 256 种，这使得它比同样内容的其他文件格式数据量小。

ExportGIF 对象实现了 IEportGIF 接口，可以使用这个接口定义的属性来设置要产生的 GIF 文件，CompressionType 属性用于获取或者设置文件的压缩方式。TransparentColor 属性用于设置照片的透明度。

4. ExportPNG 对象

当用 PNG 来存储灰度图像时，图像的深度可多达 16 位，在存储彩色图像时，图像的深度可多达 48 位，且还可以存储多达 16 位的 α 通道数据。PNG 采用无损算法，这使得它在图像编辑软件中传播时能够保证良好的信息质量。ExportPNG 对象实现了 IExportPNG 接口，TransparentColor 属性用于设置照片的透明度。

5. ExportTIFF 对象

TIFF 是一种比较灵活的图像格式，文件扩展名为 TIF 或 TIFF。该格式支持 256 色、24 位真彩色、32 位色、48 位色等多重色彩位，同时支持 RGB、CMYK 及 YCbCr 等多种色彩模式，支持多平台。TIFF 文件可以是不压缩的，文件数据量较大，也可以是压缩的。它支持 RAW、RLE、LZW、JPEG、CCITT 三组和四组等多重压缩方式。

ExportTIFF 对象实现了 IExportTIFF 接口，CompressionType 属性用以获取或设置图像的压缩方式。

10.3.2 基于矢量格式的输出

ExportVector 类用于将地图数据转换输出为矢量格式的文件，它是一个抽象类，实现了多个接口，用于确定这些矢量转换对象的一般属性和方法。在 ExportVector 类下面有 ExportEMF、ExportAI、ExportPDF、ExportPS 和 ExportSVG 五个子类，可分别用于生成五种不同格式的矢量数据文件。

1. ExportEMF 对象

增强型图元文件 EMF(Windows Enhanced Metafile)是 32 位格式，可以同时包含矢量信息和位图信息。此格式是对 Windows 图元文件格式的改进，包含了一些扩展功能，如内置缩放比例信息，与文件一起保存的内置说明，以及调色板和设备独立性方面的改进。

EMF 格式是可扩展的格式，这意味着程序员可以修改原始规范以添加功能或满足特定的需要。此修改可能会导致不同类型的 EMF 图片之间不兼容。ExportEMF 对象实现了 IExportEMF 接口，用来控制输出 EMF 属性。

2. ExportAI 对象

AI（Adobe Illustrator）格式是一种使用 Adobe Illustrator 软件产生的高质量格式文件。它通常是使用于印刷领域的交换格式。在 ArcGIS Engine 中使用 ExportAI 对象可以生成 AI 格式文件，它实现了 IExportAI 接口，用于设置输出文件的属性。

3. ExportPDF 对象

Adobe 可移植文档格式（PDF）是全世界电子版文档分发的公开实用标准。Adobe PDF 是一种通用文档格式，能够保存任何源文档的所有字体，格式、颜色和图形。ExportPDF 对象实现了 IExportPDF 接口，用于输出 PDF 格式的属性。

地图的输出，可通过以下开发实例进行说明。程序中添加了一个转换输出菜单项，用于打开保存文件类型的对话框，通过添加地图文档，获得需要打印的地图，输出界面如图 10.6 所示。

图 10.6　地图软拷贝输出界面

在输出菜单中添加以下代码：

```
private void ExportToolStripMenuItem_Click(object sender, EventArgs e)
{
    IExport pExporter;
    SaveFileDialog pOpenFileD = new SaveFileDialog();
    //文件保存对话框过滤器设置
    pOpenFileD.Filter =
"AI(*.ai)|*.ai|BMP(*.BMP)|*.bmp|EMF(*.emf)|*.emf|GIF(*.gif)|*.gif|JPEG(*.jpg)|*.jpg|PDF(*.pdf)|*.pdf|PNG(*.png)|*.png|EPS(*.eps)|*.eps|SVG(*.svg)|*.svg|TIFF(*.tif)|*.tif";
    pOpenFileD.Title = "输出地图";//保存文件对话框标题
    pOpenFileD.RestoreDirectory = true; //对话框在关闭前是否还原当前目录
    pOpenFileD.FilterIndex = 1; //设置文件保存对话框，默认的筛选器索引
    pExporter = new ExportAIClass();
    string sFilePath = null; //定义并初始化文件路径变量
    string sPathName = null; //定义并初始化路径的变量
    string sFileName = null; //定义并初始化文件名字
    //判断对话框是否成功打开
    if (pOpenFileD.ShowDialog() == System.Windows.Forms.DialogResult.OK)
```

```
{
    sFilePath = pOpenFileD.FileName; //获得文件路径
    //判断文件路径是否为空，如果为空，结束执行程序
    if (sFilePath == string.Empty)
    {
        return;
    }
    sPathName = System.IO.Path.GetDirectoryName(sFilePath); //获得路径名字
    sFileName = System.IO.Path.GetFileNameWithoutExtension(sFilePath); //获得文件名
    //运用swith语句，判断文件保存的类型，根据保存类型不同，实例化接口变量
    switch (pOpenFileD.FilterIndex)
    {
        case 1:
            pExporter = new ExportAIClass();
            break;
        case 2:
            pExporter = new ExportBMPClass();
            break;
        case 3:
            pExporter = new ExportEMFClass();
            break;
        case 4:
            pExporter = new ExportGIFClass();
            break;
        case 5:
            pExporter = new ExportJPEGClass();
            break;
        case 6:
            pExporter = new ExportPDFClass();
            break;
        case 7:
            pExporter = new ExportPNGClass();
            break;
        case 8:
            pExporter = new ExportPSClass();
            break;
        case 9:
            pExporter = new ExportSVGClass();
            break;
```

```
                case 10:
                    pExporter = new ExportTIFFClass();
                    break;
            }
        }
        IActiveView pActiveView = axMapControl1.ActiveView;
        IEnvelope pEnvelope = new EnvelopeClass();//定义输出视图大小
        ITrackCancel pTrackCancel = new CancelTrackerClass();
        double dscreenResolution;
        tagRECT ptagRECT;
        ptagRECT.left = 0;
        ptagRECT.top = 0;
        ptagRECT.right = (int)pActiveView.ExportFrame.right;
        ptagRECT.bottom = (int)pActiveView.ExportFrame.bottom;
        dscreenResolution = pActiveView.ScreenDisplay.DisplayTransformation.Resolution;
        pEnvelope.PutCoords(ptagRECT.left, ptagRECT.bottom, ptagRECT.right, ptagRECT.top);
        pExporter.Resolution = Convert.ToInt16(dscreenResolution); //设置输出分辨率
        pExporter.ExportFileName = sFilePath;
        pExporter.PixelBounds = pEnvelope;
        if (sFilePath == null)
        {
            return;
        }
        else
        {
            //输出地图为设置的格式
            pActiveView.Output(pExporter.StartExporting(), (int)pExporter.Resolution, ref ptagRECT,
    pActiveView.Extent, pTrackCancel);
            pExporter.FinishExporting();
        }
    }
```

可以定义接口和类封装地图输出的所有属性和方法，以便在 GIS 软件开发中方便调用，进而增强软件模块的复用性和可维护性，该部分工作读者可自行完成。

第 11 章　三维可视化及三维分析

11.1　概　　述

三维可视化及三维分析包括数据的三维显示和三维分析，在 ArcGIS 软件中可通过 3DAnalysis 扩展模块来完成数据的三维显示及分析功能。3DAnalysis 扩展模块的核心是 ArcScene 应用，可实现三维 GIS 数据的高效管理、分析、创建三维要素及建立具有三维场景属性的图层，可将具有三维坐标的数据准确地放置在三维空间中。在 ArcGIS 中由 3DAnalysis 扩展模块完成的三维可视化分析功能，也可利用 ArcGIS Engine 编程实现。本章重点讲述的内容包括数据的三维显示和三维分析两大部分。

11.2　数据的三维显示

在利用 ArcGIS Engine 进行软件开发时，数据的三维显示和三维分析可利用 SceneControl 控件和相关接口提供的属性及方法来实现。利用 SceneControl 控件，可方便实现数据的三维显示，并在三维场景中对地理数据进行缩放、拖动和旋转等操作。

11.2.1　DEM 数据加载

加载 DEM 数据需要用到 IScene 和 ISceneGraph 接口定义的属性和方法，实现这两个接口的类分别是 Scene 和 SceneGraph。用 Scene 类提供的 AddLayer、AddLayers 方法，可以向场景中添加一个或多个图层，使用 ClearLayers 和 ClearSelection 方法，可以移去场景中的所有图层和清除场景中的选择。使用 SelectionCount 属性，可获取选择的实体数目。SceneGraph 是一个记录在 Scene 中出现的数据和事件的容器，该类提供了控制处理 Scene 中图形的属性和方法。例如，使用 Locate 方法，可通过单击场景中任意点定位一个对象；使用 Remove 方法，可删除角色的一个对象。也可以按打开栅格图像的方式加载 DEM 数据。下面是向 SccncControl 控件中加载 DEM 数据的示例代码。用户选择的 DEM 数据文件被保存在了 m_FileName 字符串变量中，本章后续部分用户选择的各类文件假设均保存在该变量中，并省去利用打开文件对话框选择文件的实现代码。

```
OpenFileDialog openFileDlg = new OpenFileDialog();//打开对话框
openFileDlg.Title = "选择DEM格式数据文件";
openFileDlg.Filter = "image files(*.img)|*.img|Tiff files (*.tif)|*.tif";
openFileDlg.ShowDialog();
string m_FileName = string.Empty;
m_FileName = openFileDlg.FileName;
if (m_FileName == string.Empty)
    return;
//提取栅格数据集名称和打开路径
```

```
string filepath = System.IO.Path.GetDirectoryName(m_FileName);
IWorkspaceFactory pWorkSpaceFactory = new RasterWorkspaceFactory();//工作空间工厂
IRasterWorkspace pRasterWorkSpace; //工作空间类型对象
IRasterDataset pRasterDataset = new RasterDatasetClass();//数据集对象
IRasterLayer pRasterlayer = new RasterLayerClass();//图层对象
string filename = System.IO.Path.GetFileName(m_FileName);
pRasterWorkSpace = (IRasterWorkspace)pWorkSpaceFactory.OpenFromFile(filepath, 0);
pRasterDataset = (IRasterDataset)pRasterWorkSpace.OpenRasterDataset(filename);
//初始化一个新的Rasterlayer
pRasterlayer.CreateFromDataset(pRasterDataset);
pRasterlayer.Name = filename;
//加载栅格数据
axSceneControl1.Scene.AddLayer(pRasterlayer, true);
axSceneControl1.Refresh();
```

加载DEM数据后的示例效果如图11.1所示。在上面的示例代码中，最后两行代码可用以下六行代码替换，以实现相同的功能。

```
ISceneGraph pSceneGraph = axSceneControl1.SceneGraph;
IScene pScene = pSceneGraph.Scene;
ILayer pLayer;
pLayer = pRasterlayer as ILayer;
pScene.AddLayer(pLayer, true);
pSceneGraph.RefreshViewers();
```

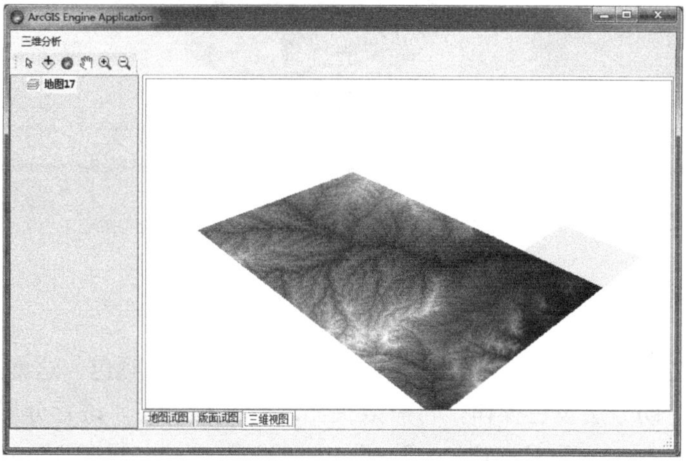

图 11.1　DEM 加载数据后的效果

11.2.2　TIN 数据加载

TIN 数据一般保存在一个文件夹中，包括多个文件。在加载 TIN 数据时，需要利用选择路径对话框选择 TIN 数据所在的文件夹，下面是加载 TIN 数据的示例代码。

```
FolderBrowserDialog FldBrs = new FolderBrowserDialog();
FldBrs.ShowDialog();
string TinPath = FldBrs.SelectedPath;
if (TinPath == string.Empty)
    return;
FileInfo pFileInfo = new FileInfo(TinPath);
IWorkspaceFactory pTinWorkspacefactory;
pTinWorkspacefactory = new TinWorkspaceFactoryClass();
IWorkspace pWorkspace = pTinWorkspacefactory.OpenFromFile(pFileInfo.DirectoryName, 0);
ITinWorkspace pTinWorkspace = pWorkspace as ITinWorkspace;
ITin pTin = pTinWorkspace.OpenTin(pFileInfo.Name);
ITinLayer pTinLayer = new TinLayerClass();
pTinLayer.Dataset = pTin;
axSceneControl1.Scene.AddLayer(pTinLayer, true);
```

加载 TIN 数据后的示例效果如图 11.2 所示。

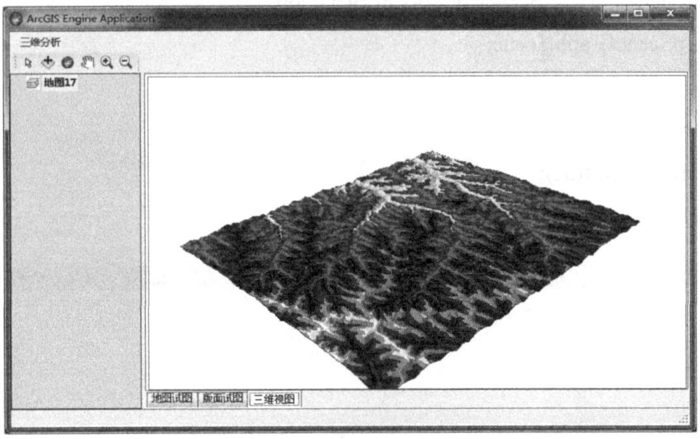

图 11.2　加载 TIN 数据后的效果

11.2.3　分层设色

可根据地面高度划分若干高程层，给不同的层设置不同的颜色，这就是地貌分层设色。在实际工作中，借助分层设色操作，可有效突出地貌高程分布。进行分层设色，需要使用 IAlgorithmicColorRamp、ITinColorRampRenderer、ITinRenderer 和 I3DProperties 等接口定义的属性和方法。AlgorithmicColorRamp 类实现了 IAlgorithmicColorRamp 接口，利用该类提供的 CreateRamp 方法，可创建一定长度的颜色坡面。Size 属性可用于设置颜色的数目。

TinElevationRender 类实现了 ITinColorRampRenderer、IClassBreakUIProperties 和 ITinRender 接口，利用该类提供的 BreakCount 属性，可以设置分类数目，Break 属性可用于设置分类的类别值。对 DEM 模型进行分层设色的示例代码如下：

```
ILayer pLayer;
for(int i=0;i<axSceneControl1.SceneGraph.Scene.LayerCount;i++)
{
    pLayer = axSceneControl1.SceneGraph.Scene.get_Layer(i);
    if(pLayer is ITinLayer)
    {
        ITinLayer pTinlayer=pLayer as ITinLayer ;
        I3DProperties pI3dPropertites=null; //设置缩放因子
        ILayerExtensions pLayerExtension=pLayer as ILayerExtensions;
        for(int j=0;j<pLayerExtension.ExtensionCount;j++)
        {
            if(pLayerExtension.get_Extension(j) is I3DProperties)
            {
                pI3dPropertites =pLayerExtension.get_Extension(j) as I3DProperties;
            }
        }
        if(pI3dPropertites !=null)
        {
            pI3dPropertites.ZFactor =0.0003;
            pI3dPropertites.RenderMode =esriRenderMode.esriRenderCache;
            pI3dPropertites.Apply3DProperties(pLayer);
        }
        ITinRenderer pTinRender=new TinElevationRendererClass() as ITinRenderer;
        if(pTinRender is ITinColorRampRenderer)
        {
            if(pTinRender.Name =="Elevation")
            {
                ITinAdvanced pTinAdvanced=pTinlayer.Dataset as ITinAdvanced;
                double dZMin=pTinAdvanced.Extent.ZMin;
                double dZMax=pTinAdvanced.Extent.ZMax;
                double dInterval=(dZMax -dZMin)/10;
                ITinColorRampRenderer pTinColorRampRender=pTinRender as
ITinColorRampRenderer;
                IClassBreaksUIProperties pClassBreakUiProperties=pTinRender as
IClassBreaksUIProperties;
                INumberFormat pNumberFormat=pClassBreakUiProperties.NumberFormat;
                int piClasses=10;
                pTinColorRampRender.BreakCount =piClasses;
                double dLowBreak=dZMin;
```

```
                double dHeight=dLowBreak+dInterval;
                pClassBreakUiProperties.ColorRamp ="Custom";
                IAlgorithmicColorRamp pAlgorathmicColorRamp=CreateAlgorithmicCR();
                IEnumColors pEnumColor=pAlgorathmicColorRamp.Colors;
                pEnumColor.Reset();
                for(int k=0;k<piClasses;k++)
                {
                    pClassBreakUiProperties.set_LowBreak(k,dLowBreak);
                    pTinColorRampRender.set_Break(k,dHeight);
                    pTinColorRampRender.set_Label(k,pNumberFormat.ValueToString(dLowBr
            eak)+"-"+pNumberFormat.ValueToString(dHeight));
                    dLowBreak =dHeight;
                    dHeight =dHeight +dInterval;
                    ISimpleFillSymbol Psymple=new SimpleFillSymbolClass();
                    Psymple.Color =pEnumColor.Next();
                    pTinColorRampRender.set_Symbol(k,Psymple as ISymbol);
                }
                pTinlayer.ClearRenderers();
                (pTinColorRampRender as ITinRenderer).Visible =true;
                pTinlayer.InsertRenderer(pTinColorRampRender as ITinRenderer,0);
            }
                axSceneControl1.Scene.ClearLayers();
                axSceneControl1.Scene.AddLayer(pTinlayer, true);
        }
    }
}
```

上面的代码需要调用 CreateAlgorithmicCR 方法，该方法的实现代码如下：

```
    private IAlgorithmicColorRamp CreateAlgorithmicCR()
    {
        IAlgorithmicColorRamp pAlgColorRamp = new AlgorithmicColorRampClass();
    IRgbColor pFromColor = new RgbColorClass();
    pFromColor=GetRGB(255,0,0);
    IRgbColor pToColor = new RgbColorClass();
    pToColor=GetRGB(0,255,0);
        pAlgColorRamp.ToColor = pFromColor;
        pAlgColorRamp.FromColor = pToColor;
        pAlgColorRamp.Algorithm = esriColorRampAlgorithm.esriCIELabAlgorithm; //设置梯度类型
        pAlgColorRamp.Size = 10; //设置颜色带数量
        bool btrue = true;
```

```
        pAlgColorRamp.CreateRamp(out btrue);
        return pAlgColorRamp;
    }
```

分层设色的示例效果如图 11.3 所示。

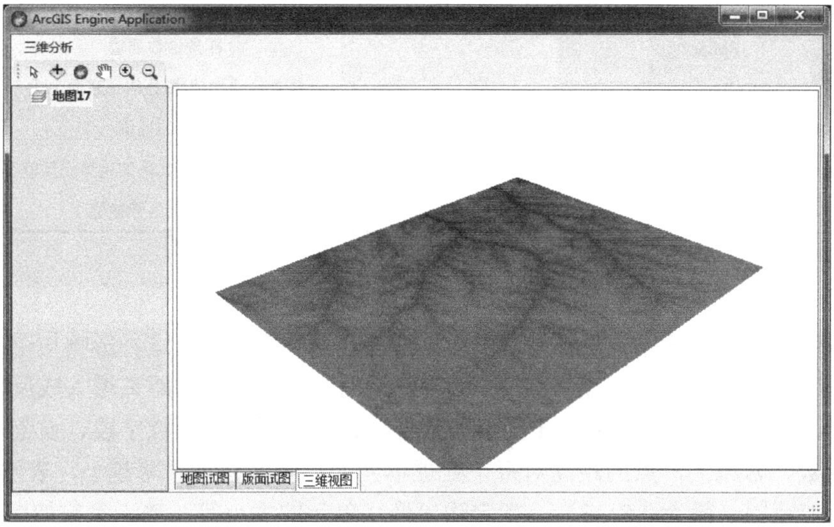

图 11.3　分层着色示例效果

11.3　三 维 分 析

三维分析是指在数字高程模型的基础上，利用空间分析算法，获取研究区域中与空间特征相关信息的过程，包括坡度分析、坡向分析、等值线分析、填挖方分析、获取高程、通视分析和各种插值分析等。ArcGIS Engine 提供了支持 Raster 数据和 TIN 数据进行各种三维分析，本节将简要介绍其中的插值分析、坡度分析、坡向分析和通视分析。

11.3.1　插值分析

在一定范围内的连续 *Z* 值可构成连续的表面，因表面包含无数个点，在实际应用中不可能对所有点进行测量并记录，而表面模型可通过对区域中不同位置的点进行采样，并对采样点插值来生成表面，以实现对真实表面的近似模拟。利用 ArcGIS Engine 可从现有数据集创建新的表面，它容许以规则空间格网（栅格模型）或不规则三角网（TIN 模型）两种形式来创建表面，以满足某些特定需求的数据分析。在 ArcGIS Engine 中，IInterpolationOp3 接口提供了如表 11.1 所示的多种插值方法，RasterInterpolationOpClass 类对该接口进行了实现。要调用表 11.1 中的插值算法，需先定义 IInterpolationOp3 接口的变量，然后用 RasterInterpolationOpClass 组件类实例化该接口变量。下面以反距离加权、样条函数插值和克里格插值为例进行说明。

表 11.1　IInterpolationOp3 接口中包含的插值方法

IInterpolationOp3 提供的方法	方法描述
IDW	反距离加权插值
Krige	克里格插值
NaturalNeighbor	自然邻域插值法
Spline	样条函数插值
TopoToRasterByFile	拓扑栅格插值/拓扑纠正表面生成
Trend	趋势面插值
TrendWithRms	带可选均方误差文件的趋势面插值
Variogram	使用变差函数插值

1. 反距离加权插值

该方法使用的前提条件是假设每个采样点间都有局部影响，且这种影响与距离大小成反比，即采样点离目标点越近，权值就越大。该方法适用于变量影响与距离增大成反比的情况。在调用 IDW 方法时，需要输入用于插值的数据源、选择插值的属性字段、设置幂数（幂数就是距离指数，幂越大，点的距离对每个处理单元的影响就越小；幂越小，表面就越平滑，幂的适合取值范围一般为 0.5～3）、指定输出栅格单元的大小等，输入参数如图 11.4 所示。

在输入图11.4所示的参数后，利用下面的示例代码即可实现反距离加权插值。

```
pOutputRaster = pInterpolationOp.IDW(geoDataset, power, pRadius, ref Missing) as IRaster;
```

2. 样条函数插值

样条函数插值采用样本点拟合光滑曲面，它利用一定的数学函数对采样点周围的特定点进行拟合，且拟合结果需通过所有采样点。该方法一般适合渐变的表面属性，如高程、水深和污染聚集度等，不适合在短距离内属性值有较大变化的地区。使用该方法时需要输入的参数如图 11.5 所示，包括用于插值的数据源、插值的属性字段、插值函数类型（包括规则和张力）、权重等。提供这些基本参数后，利用下面的示例代码，就能完成样条插值。

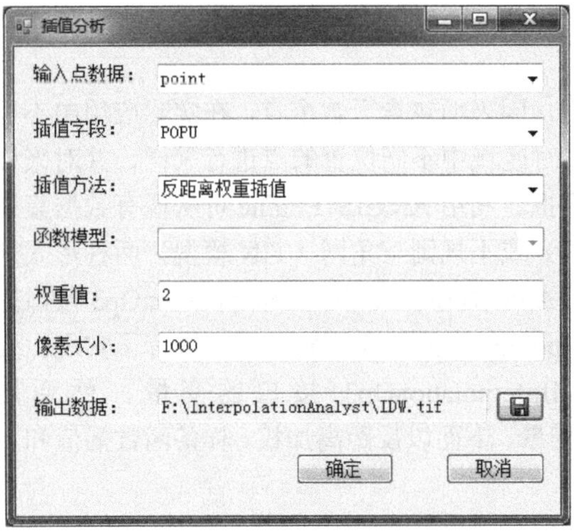

图 11.4　反距离加权插值所需参数输入

图 11.5　样条插值输入参数界面

```
    if (cmbFunctionType.Text == "规则")
    {
        pOutputRaster = pInterpolationOp.Spline(geoDataset,
esriGeoAnalysisSplineEnum.esriGeoAnalysisRegularizedSpline, ref Missing, ref Missing) as IRaster;
    }
    else if (cmbFunctionType.Text == "张力")
    {
        pOutputRaster = pInterpolationOp.Spline(geoDataset,
esriGeoAnalysisSplineEnum.esriGeoAnalysisTensionSpline, ref Missing, ref Missing) as IRaster;
    }
```

3. 克里格插值

克里格插值使用的前提条件是采样点间的距离和方向可反映一定的空间关联，并用它们来解释空间变异。该方法使用一定的数学函数对特定点或是给定搜索半径内的所有点进行拟合来估计每个点的值。使用该方法时，需要输入的参数如图 11.6 所示，主要包括插值数据源、插值所用字段、变异函数类型等。输入这些参数后，利用以下示例代码就能进行克里格插值。

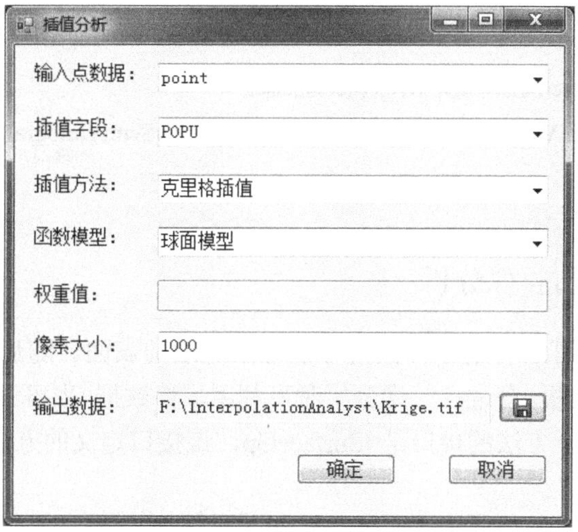

图 11.6　克里格插值参数输入界面

```
    if (cmbFunctionType.Text == "球面模型")
    {
        pOutputRaster = pInterpolationOp.Krige(geoDataset,
        esriGeoAnalysisSemiVariogramEnum.esriGeoAnalysisSphericalSemiVariogram, pRadius,
    true, ref Missing) as IRaster;
    }
    else if (cmbFunctionType.Text == "圆形模型")
    {
        pOutputRaster = pInterpolationOp.Krige(geoDataset,
```

```
        esriGeoAnalysisSemiVariogramEnum.esriGeoAnalysisCircularSemiVariogram, pRadius,
true, ref Missing) as IRaster;
    }
    else if (cmbFunctionType.Text == "指数模型")
    {
        pOutputRaster =pInterpolationOp.Krige(geoDataset,
        esriGeoAnalysisSemiVariogramEnum.esriGeoAnalysisExponentialSemiVariogram, pRadius,
true, ref Missing) as IRaster;
    }
    else if (cmbFunctionType.Text == "高斯模型")
    {
        pOutputRaster = pInterpolationOp.Krige(geoDataset,
        esriGeoAnalysisSemiVariogramEnum.esriGeoAnalysisGaussianSemiVariogram, pRadius,
true,ref Missing) as IRaster;
    }
    else if (cmbFunctionType.Text == "线性模型")
    {
        pOutputRaster = pInterpolationOp.Krige(geoDataset,
        esriGeoAnalysisSemiVariogramEnum.esriGeoAnalysisLinearSemiVariogram, pRadius,
true, ref Missing) as IRaster;
    }
```

11.3.2　坡度、坡向和通视分析

通过上节的介绍，可以利用各种插值方法生成连续的表面。随后就可以利用这些连续表面数据，进行各种三维分析。在进行三维分析时可利用栅格数据，也可利用 TIN 数据。在 ArcGIS Engine 中，定义三维分析方法的接口是 ISurfaceOp，该接口定义的方法如表 11.2 所示。

表 11.2　ISurfaccOp 接口包含的方法

ISurfaceOp 接口方法名称	功能描述
Aspect	坡向分析
Contour	等值线分析
ContourAsPolyline	生成通过特定点或面的单一等值线
ContourList	以一组等值线为基础生成等值线
ContoursAsPolylines	生成通过特定点和面的多条等值线
Curvature	剖面分析
CutFill	填挖方分析
HillShade	阴影分析
Slope	坡度分析
Visibility	通视分析

在此仅以坡度、坡向和通视等分析为例进行说明。需要先由矢量数据或栅格数据创建 TIN 表面。下面将介绍如何利用栅格表面数据进行坡度、坡向和通视分析。

1. 坡度分析

表 11.2 中坡度分析方法 Slope 的调用格式如下：

```
public IgeoDataset slope(IgeoDataset GeoDataset, esriGeoAnalysisSlopeEnum slopeType, ref Object zFactor);
```

下面的示例代码用于实现栅格数据的加载和坡度分析。

```
//加载TIN数据
OpenFileDialog OpenFd = new OpenFileDialog();
OpenFd.Title = "选择TIN图层";
OpenFd.Filter = "(*.tif)|*.tif";
OpenFd.ShowDialog();
string m_FileName = OpenFd.FileName;
if (m_FileName == string.Empty)
    return;
//在三维控件中显示TIN数据
ISceneGraph pSceneGraph = axSceneControl1.SceneGraph;
IScene pScene = pSceneGraph.Scene;
ILayer pLayer;
IRasterLayer pRasterLayer = new RasterLayerClass();
string pPathName = System.IO.Path.GetDirectoryName(m_FileName);
string pFileName = System.IO.Path.GetFileName(m_FileName);
IWorkspaceFactory pWsf = new RasterWorkspaceFactoryClass();
IRasterWorkspace pRasterWorkspace = pWsf.OpenFromFile(pPathName, 0) as IRasterWorkspace;
IRasterDataset pRasterDataset = pRasterWorkspace.OpenRasterDataset(pFileName);
pRasterLayer.CreateFromDataset(pRasterDataset);
pLayer = pRasterLayer as ILayer;
pScene.AddLayer(pLayer, true);
pSceneGraph.RefreshViewers();
//进行坡度分析
ISurfaceOp pSurfaceOp = new RasterSurfaceOpClass();
IRasterAnalysisEnvironment pRasterAnalysisEnviroment;
pRasterAnalysisEnviroment = pSurfaceOp as IRasterAnalysisEnvironment;
pRasterAnalysisEnviroment.OutWorkspace = pWsf as IWorkspace;
object zFactor = new object();
IGeoDataset pGeoDataset, pRasterGetDataset;
pRasterGetDataset = pRasterDataset as IGeoDataset;
pGeoDataset = pSurfaceOp.Slope(pRasterGetDataset,
esriGeoAnalysisSlopeEnum.esriGeoAnalysisSlopePercentrise, ref zFactor);
```

```
IRasterBandCollection pRasterbandCollection = pGeoDataset as IRasterBandCollection;
//保存坡度分析结果
pRasterbandCollection.SaveAs("slope.tif", pRasterWorkspace as Iworkspace, "TIFF");
MessageBox.Show("坡度分析成功！", "信息提示", MessageBoxButtons.OK, MessageBoxIcon.Information);
```

2. 坡向分析

坡向分析方法 Aspect 的调用格式如下：

```
public IGeoDataset Aspect(IGeoDataset GeoDataset);
```

将上面坡度分析中的代码行：

```
pGeoDataset = pSurfaceOp.Slope(pRasterGetDataset,
esriGeoAnalysisSlopeEnum.esriGeoAnalysisSlopePercentrise, ref zFactor);
```

改为 pGeoDataset = pSurfaceOp.Aspect(pRasterGetDataset); 就能完成坡向分析。坡向分析示例如图 11.7 所示。

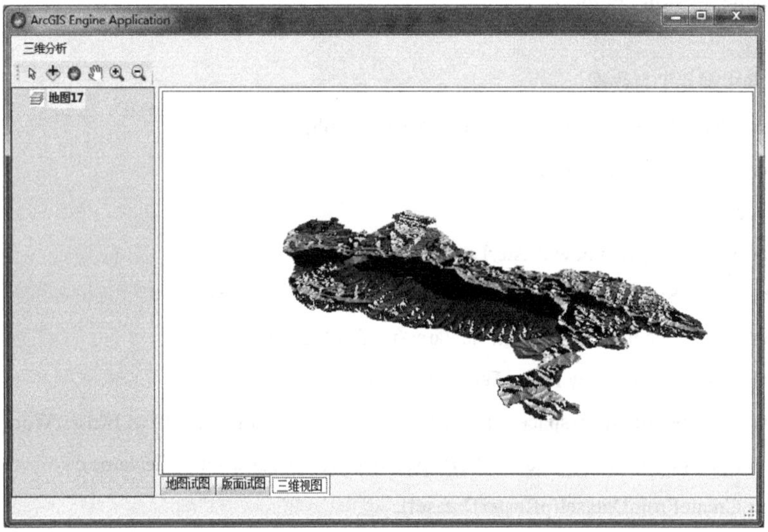

图 11.7　坡向分析结果

3. 通视分析

通视分析 Visibility 的调用格式如下：

```
public IGeoDataset Visibility(IGeoDataset GeoDataset,IGeoDataset
observers,esriGeoAnalysisVisibilityEnum visType);
```

利用下面的示例代码，可实现通视分析。在代码中的 aaa.mdb 文件用于保存要进行通视分析的通视线要素。

```
//加载TIN数据
OpenFileDialog OpenFd = new OpenFileDialog();
OpenFd.Title = "选择TIN图层";
OpenFd.Filter = "(*.tif)|*.tif";
OpenFd.ShowDialog();
```

```
string m_FileName = OpenFd.FileName;
if (m_FileName == string.Empty)
    return;
//在三维控件中显示TIN数据
ISceneGraph pSceneGraph = axSceneControl1.SceneGraph;
IScene pScene = pSceneGraph.Scene;
IRasterLayer pRasterLayer = new RasterLayerClass();
IWorkspaceFactory pWorkspaceFactory = new RasterWorkspaceFactoryClass();
string pFilePath = System.IO.Path.GetDirectoryName(m_FileName);
string pFileName = System.IO.Path.GetFileName(m_FileName);
IRasterWorkspace pRasterWorkspace = pWorkspaceFactory.OpenFromFile(pFilePath, 0) as
IRasterWorkspace;
IRasterDataset pRasterDataset = pRasterWorkspace.OpenRasterDataset(pFileName);
pRasterLayer.CreateFromDataset(pRasterDataset);
ILayer pLayer = pRasterLayer as ILayer;
pScene.AddLayer(pLayer, true);
pSceneGraph.RefreshViewers();
IWorkspaceFactory pPointWorkspaceFactory = new AccessWorkspaceFactoryClass();
IWorkspace pFeatureWorkspace = pPointWorkspaceFactory.OpenFromFile(pFilePath +
@"\aaa.mdb", 0);
IEnumDataset pEnumDataset = pFeatureWorkspace.get_Datasets(esriDatasetType.esriDTAny);
pEnumDataset.Reset();
IGeoDataset pFeatureDataset = pEnumDataset.Next() as IGeoDataset;
//进行通视分析
ISurfaceOp pSurfaceOp = new RasterSurfaceOpClass();
IRasterAnalysisEnvironment pRasterAnalysisEnviroment;
pRasterAnalysisEnviroment = pSurfaceOp as IRasterAnalysisEnvironment;
pRasterAnalysisEnviroment.OutWorkspace = pRasterWorkspace as IWorkspace;
object zFactor = new object();
IGeoDataset pGeoDataset, pRasterGetDataset;
pRasterGetDataset = pRasterDataset as IGeoDataset;
pGeoDataset = pSurfaceOp.Visibility(pRasterGetDataset, pFeatureDataset,
esriGeoAnalysisVisibilityEnum.esriGeoAnalysisVisibilityFrequency);
IRasterBandCollection pRasterbandCollection = pGeoDataset as IRasterBandCollection;
//保存通视分析结果
pRasterbandCollection.SaveAs("TongShi.tif", pRasterWorkspace as IWorkspace, "TIFF");
MessageBox.Show("通视分析成功！ ", "信息提示", MessageBoxButtons.OK,
MessageBoxIcon.Information);
```

11.4　三维分析开发实例

11.4.1　插值分析实例

该实例的功能就是首先选择数据源，选择插值字段，然后选择插值方法，根据选择插值方法的不同分别设置不同的参数，代码中对插值分析的一些参数保持了默认，如搜索半径类型、设置最大搜索半径内用作输入的点数（默认值为 12）、最大搜索半径等，读者可根据使用数据情况参考帮助文档自行设置所需参数。下面列出此功能的代码段。插值分析所用数据如图 11.8 所示。

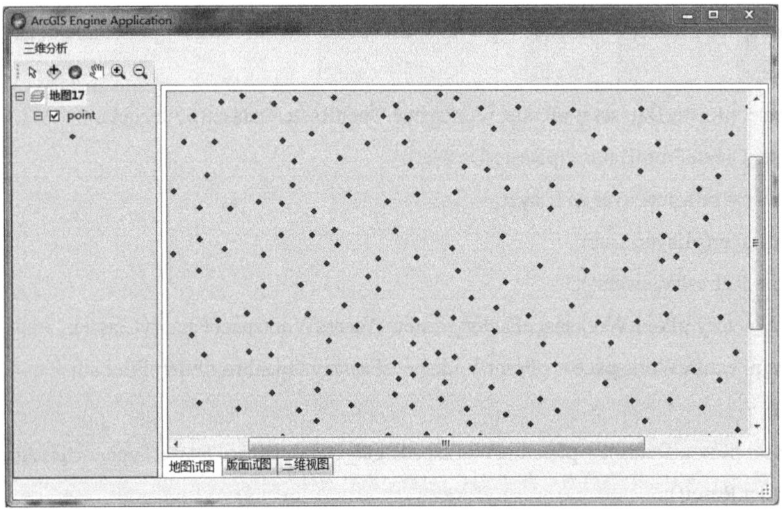

图 11.8　插值分析数据

```
//此处省去命名空间的引用
namespace _3DAnalystPlugins
{
    public partial class FrmIDWInterpolation : Form
    {
        //变量声明
        public IMapControl2 pMapControl;
        public IMap pMap;
        private IFeatureLayer pFeatureLayer;
        private ILayer pLayer;
        IFeatureClass pFeatureClass;
        IFeatureClassDescriptor pfcd;
        IInterpolationOp pInterpolationOp;
        object pCellSize;
```

```
IRasterAnalysisEnvironment pEnv;
IRasterRadius pRadius;
string pInterpolationType;
string pField;
double power;
object Missing = Type.Missing;
public FrmIDWInterpolation(IMapControl2 pFMapControl)
{
    InitializeComponent();
    pMapControl = pFMapControl;
    pMap = pFMapControl.Map;
}
//加载窗体时添加数据源，插值方法ComBox选项
private void FrmIDWInterpolation_Load(object sender, EventArgs e)
{
    for (int i = 0; i < pMap.LayerCount; i++)
    {
        pLayer = pMap.get_Layer(i);
        if (pLayer is IFeatureLayer)
        {

            pFeatureLayer = (IFeatureLayer)pLayer;
            pFeatureClass = pFeatureLayer.FeatureClass;
            if (pFeatureClass != null)
            {
                cmbInputLayer.Items.Add(pLayer.Name);
            }
        }
    }
    cmbInterpolationType.Items.Add("反距离权重插值");
    cmbInterpolationType.Items.Add("样条函数插值");
    cmbInterpolationType.Items.Add("克里格插值");
    cmbFunctionType.Enabled = false;
    textPower.Enabled = false;
}
//数据源图层变化时加载相应的属性字段
private void cmbInputLayer_SelectedIndexChanged(object sender, EventArgs e)
{
    IUID uid = new UIDClass();
```

```
        uid.Value = "{40A9E885-5533-11D0-98BE-00805F7CED21}";
        IEnumLayer pEnumLayer = pMap.get_Layers((UID)(uid), true);
        pLayer = pEnumLayer.Next();
        while (pLayer != null)
        {
            if (pLayer.Name == cmbInputLayer.Text)
            {
                pFeatureLayer = pLayer as IFeatureLayer;
                pFeatureClass = pFeatureLayer.FeatureClass;
                if (pFeatureClass != null)
                {
                    GetFields();
                }
            }
            pLayer = pEnumLayer.Next();
        }
    }
//获取属性字段到ComBox中
    private void GetFields()
    {
        IFields pFields = pFeatureLayer.FeatureClass.Fields;   //获取字段集
        cmbField.Items.Clear();
        for (int i = 0; i < pFields.FieldCount; i++)
        {
            string fieldName;
            fieldName = pFields.get_Field(i).Name;
            cmbField.Items.Add(fieldName);
        }
        cmbField.SelectedIndex = 0;
    }
    //执行插值分析
    private void btnOk_Click(object sender, EventArgs e)
    {
     //读者可在此对窗体层获得的参数进行控制，如保存路径不能为空等
        try
        {
            pField = cmbField.Text.ToString();
            pCellSize = Convert.ToInt32(textCellSize.Text);
            pfcd = new FeatureClassDescriptor() as IFeatureClassDescriptor;
```

```
pfcd.Create(pFeatureClass, null, pField);
pInterpolationOp = new RasterInterpolationOp() as IInterpolationOp;
pEnv = pInterpolationOp as IRasterAnalysisEnvironment;
pEnv.SetCellSize(esriRasterEnvSettingEnum.esriRasterEnvValue, ref pCellSize);
pRadius = new RasterRadius();
pRadius.SetVariable(12, ref Missing);
IRaster pOutputRaster;
IGeoDataset geoDataset = pfcd as IGeoDataset;
switch (pInterpolationType)
{
    case "反距离权重插值":
            power = Convert.ToDouble(textPower.Text);
            pOutputRaster = pInterpolationOp.IDW(geoDataset, power, pRadius, ref
Missing) as IRaster;
        break;
case "样条函数插值":
        power = Convert.ToDouble(textPower.Text);
        if (cmbFunctionType.Text == "规则")
        {
            pOutputRaster = pInterpolationOp.Spline(geoDataset,
esriGeoAnalysisSplineEnum.esriGeoAnalysisRegularizedSpline, ref Missing, ref Missing) as IRaster;
        }
        else if (cmbFunctionType.Text == "张力")
        {
            pOutputRaster = pInterpolationOp.Spline(geoDataset,
esriGeoAnalysisSplineEnum.esriGeoAnalysisTensionSpline, ref Missing, ref Missing) as IRaster;
        }
        break;
case "克里格插值":
        if (cmbFunctionType.Text == "球面模型")
        {
            pOutputRaster = pInterpolationOp.Krige(geoDataset,
esriGeoAnalysisSemiVariogramEnum.esriGeoAnalysisSphericalSemiVariogram, pRadius, true, ref Missing) as
IRaster;
        }
        else if (cmbFunctionType.Text == "圆形模型")
        {
            pOutputRaster = pInterpolationOp.Krige(geoDataset,
esriGeoAnalysisSemiVariogramEnum.esriGeoAnalysisCircularSemiVariogram, pRadius, true, ref Missing) as
```

```
IRaster;
                            }
                            else if (cmbFunctionType.Text == "指数模型")
                            {
                                pOutputRaster = pInterpolationOp.Krige(geoDataset,
esriGeoAnalysisSemiVariogramEnum.esriGeoAnalysisExponentialSemiVariogram, pRadius, true, ref Missing) as
IRaster;
                            }
                            else if (cmbFunctionType.Text == "高斯模型")
                            {
                                pOutputRaster = pInterpolationOp.Krige(geoDataset,
esriGeoAnalysisSemiVariogramEnum.esriGeoAnalysisGaussianSemiVariogram, pRadius, true, ref Missing) as
IRaster;
                            }
                            else if (cmbFunctionType.Text == "线性模型")
                            {
                                pOutputRaster = pInterpolationOp.Krige(geoDataset,
esriGeoAnalysisSemiVariogramEnum.esriGeoAnalysisLinearSemiVariogram, pRadius, true, ref Missing) as
IRaster;
                            }
                            break;
                        }
                        pOutputRaster = pInterpolationOp.IDW(geoDataset, power, pRadius, ref Missing) as
IRaster;
                        string outputDirectory = System.IO.Path.GetDirectoryName(textOutput.Text);
                        string outputRasterFileName =
System.IO.Path.GetFileNameWithoutExtension(textOutput.Text);
                       //保存插值分析结果到本地
                        SaveRaster(pOutputRaster, outputDirectory, outputRasterFileName);
                    }
                    catch (Exception ex)
                    {
                        MessageBox.Show("请检查参数设置是否正确！", "错误提示
",MessageBoxButtons.OK,MessageBoxIcon.Error);
                        return;
                    }
                    MessageBox.Show("插值分析成功！", "信息提示", MessageBoxButtons.OK,
MessageBoxIcon.Information);
                    this.Close();
```

```
    }
    //保存分析结果函数
    private bool SaveRaster(IRaster pRaster, string folderPath, string pFileName)
    {
        IWorkspaceFactory pWSF = new RasterWorkspaceFactoryClass();
        IWorkspace pWS = pWSF.OpenFromFile(folderPath, 0);
        ISaveAs2 pSave = pRaster as ISaveAs2;
        try
        {
            pSave.SaveAs(pFileName+".tif", pWS, "TIFF");
        }
        catch
        {
            return false;
        }
        return true;
}
    private void btnCancel_Click(object sender, EventArgs e)
    {
        this.Close();
    }
    //设置保存路径、名称
    private void btnSave_Click(object sender, EventArgs e)
    {
        SaveFileDialog saveShpFileDia = new SaveFileDialog();
        saveShpFileDia.Title = "保存为";
        saveShpFileDia.Filter = "TIFF文件(*.tif)|*.tif";
        if (saveShpFileDia.ShowDialog() == DialogResult.OK)
        {
            textOutput.Text = saveShpFileDia.FileName;
        }
    }
    //根据插值方法不同调整参数设置界面
    private void cmbInterpolationType_SelectedIndexChanged(object sender, EventArgs e)
    {
        pInterpolationType = cmbInterpolationType.Text.ToString();
        switch (pInterpolationType)
```

```
                {
                    case "反距离权重插值":
                        cmbFunctionType.Items.Clear();
                        cmbFunctionType.Text = "";
                        textPower.Text = "";
                        cmbFunctionType.Enabled = false;
                        textPower.Enabled = true;
                        break;
                    case "样条函数插值":
                        cmbFunctionType.Items.Clear();
                        cmbFunctionType.Text = "";
                        textPower.Text = "";
                        cmbFunctionType.Items.Add("规则");
                        cmbFunctionType.Items.Add("张力");
                        cmbFunctionType.Enabled = true;
                        textPower.Enabled = true;
                        break;
                    case "克里格插值":
                        cmbFunctionType.Items.Clear();
                        cmbFunctionType.Text = "";
                        textPower.Text = "";
                        cmbFunctionType.Items.Add("球面模型");
                        cmbFunctionType.Items.Add("圆形模型");
                        cmbFunctionType.Items.Add("指数模型");
                        cmbFunctionType.Items.Add("高斯模型");
                        cmbFunctionType.Items.Add("线性模型");
                        cmbFunctionType.Enabled = true;
                        textPower.Enabled = false;
                        break;
                }
            }
        }
    }
```

反距离权重插值结果如图11.9所示。

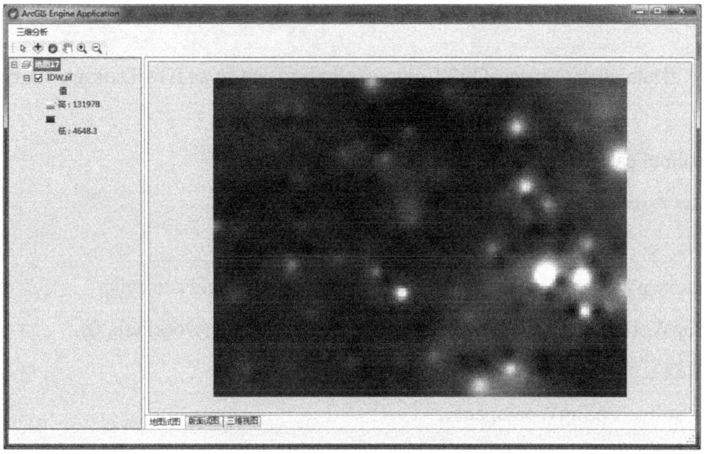

图 11.9　反距离权重插值结果

11.4.2　生成等值线实例

等值线就是将表面上相邻的等值点（如高程、温度、降水、大气压力等）连接起来的线。等值线的分布显示出整个表面上值的变化情况，等值线越密，表面值的变化越大，反之越小。该实例就是得到输入栅格的等值线数据。

等值线分析方法的定义格式如下：

```
public IGeoDataset Contour (IGeoDatasetGeoDataset, double interval, ref objectbase, ref objectzFactor);
```

利用下面的示例代码可得到等值线的矢量数据，默认等值线间距为 50。

```
string workPath = @"F:\tempfile";//定义数据保存路径
if (!System.IO.Directory.Exists(workPath))//如果路径不存在则创建
System.IO.Directory.CreateDirectory(workPath);
//加载栅格数据
OpenFileDialog OpenFd = new OpenFileDialog();
OpenFd.Title = "选择栅格图层";
OpenFd.Filter = "(*.tif)|*.tif";
OpenFd.ShowDialog();
string m_FileName = OpenFd.FileName;
if (m_FileName == string.Empty)
    return;
string pPathName = System.IO.Path.GetDirectoryName(m_FileName);
string pFileName = System.IO.Path.GetFileName(m_FileName);
IWorkspaceFactory pWsf = new RasterWorkspaceFactoryClass();
IRasterWorkspace pRasterWorkspace = pWsf.OpenFromFile(pPathName, 0) as IRasterWorkspace;
IRasterDataset pRasterDataset = pRasterWorkspace.OpenRasterDataset(pFileName);
object Missing = Type.Missing;
ISurfaceOp2 pSurfaceOp2 = new RasterSurfaceOpClass();//定义ISurfaceOp2
```

```
//生成等值线
IGeoDataset pOutDataSet = pSurfaceOp2.Contour(pRasterDataset as IGeoDataset, 50, ref Missing, ref Missing);
IFeatureClass solineFeature = pOutDataSet as IFeatureClass;
IDataset pDataset = solineFeature as IDataset;
//定义工作空间
IWorkspaceFactory pWorkspaceFactory = new ShapefileWorkspaceFactory();
IWorkspace pShpWorkspace = pWorkspaceFactory.OpenFromFile(workPath, 0);
//将输出的等值线复制到新建的soline中
pDataset.Copy("soline", pShpWorkspace);
//添加生成的等值线图
axMapControl1.AddShapeFile("F:\\tempfile\\", "soline");
```

等值线生成示例如图11.10所示。

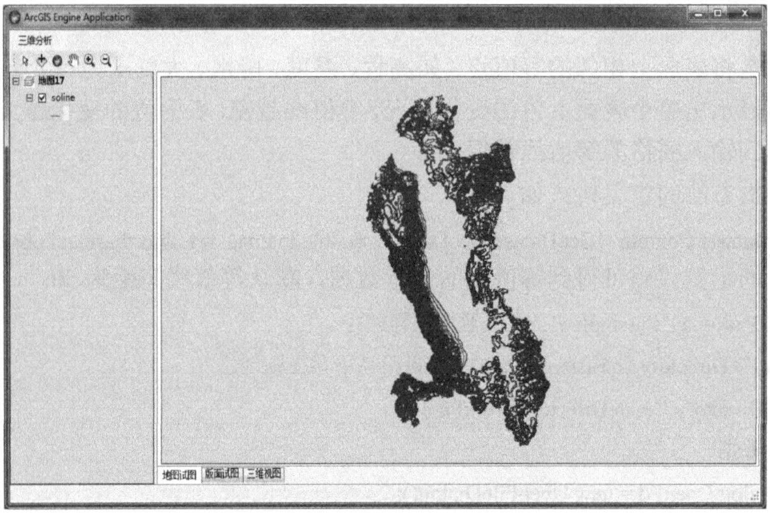

图 11.10　等值线图

第 12 章　基于 ArcGIS Server 的 Web GIS 开发

Web GIS 是 Internet 技术应用于 GIS 开发的产物，它由多个主机、多个数据库的无线终端，通过客户机与服务器（包括 HTTP 服务器和应用服务器）相连接组成，是一个交互式、分布式的动态地理信息系统。从 WWW 的任意一个节点，Internet 用户均可浏览和访问 Web GIS 站点中提供的各种 GIS 服务，包括查询和更新空间数据、专题图制作和空间分析等。Web GIS 为更多用户提供了使用 GIS 的机会，可有效促进 GIS 应用的普及。

12.1　ArcGIS Server 概述

ArcGIS Server 是功能强大的基于服务器的 GIS 产品，可用于构建集中管理、支持多用户、具备高级 GIS 功能的企业级 GIS 应用与服务。ArcGIS Server 是用户创建工作组、部门和企业级 GIS 应用的平台，可提供广泛的基于 Web 的 GIS 服务，以支持在分布式环境下实现地理数据管理、制图、空间分析等 GIS 功能。

ArcGIS Server 包含两个主要部件，分别是 GIS 服务器和.NET 与 Java 的 Web 应用开发框架 ADF（Application Developer Framework）。GIS 服务器是 ArcObjects 对象的宿主，供 Web 应用和企业应用使用，它包含核心的 ArcObjects 库，并为 ArcObjects 能在一个集中、共享的服务器中运行提供一个灵活的环境。ADF 还允许用户使用运行在 GIS 服务器上的 ArcObjects 来构建和部署.NET 或 Java 的桌面和 Web 应用。

ADF 包含一个软件开发包，其中包括软件对象、可视化 Web 控件和 Web 应用模板、帮助及例子源码，提供 GIS 应用的各种工具、可视化控件和 Task，使用户能够快速搭建 GIS 应用。为构建复杂的 GIS 应用，ADF 也提供了许多类库，这些类库能够和后台的 ArcObjects 进行交互，来完成各种强大和复杂的 GIS 功能。ADF 提供了.NET 和 Java 两种开发方式，以便用户对 ArcGIS Server 进行开发。ArcGIS Server 主要包括以下优点：

（1）集中式管理使运行和维护成本降低。无论是数据的维护和管理，还是系统升级，都只需要在服务器端进行集中处理，无需在每个终端用户上做大量的维护工作，不仅有效节约了时间和人力资源，也有利于保证数据的一致性。

（2）客户端可享受到高级的 GIS 服务。过去只能在庞大的桌面软件上实现的高级 GIS 功能，现在通过 ArcGIS Server 搭建的企业 GIS 服务，使得客户端通过 IE 等网络浏览器也能实现高级 GIS 功能。

（3）灵活的数据编辑和高级 GIS 分析功能。用户在野外作业时，可以通过移动设备直接对服务器端的数据库进行维护和更新，极大减少了室内的工作量，为野外调绘和勘查提供了极大便利。ArcGIS Server 也能实现网络分析和三维分析等高级 GIS 功能。

（4）支持大量的并发访问。ArcGIS Server 采用分布式组件技术，可将大量的并发访问均衡地分配到多个服务器上，可大幅降低响应时间，提高并发访问量。

综上所述，ArcGIS Server 的出现，使得 GIS 软件开发可以利用主流网络技术来定制适合具体需要的网络 GIS 解决方案，具有更大的可伸缩性，以便满足多样化的企业需求。

12.1.1　ArcGIS Server 系统组成部分

在进行 ArcGIS Serve 开发之前，需要了解其整体架构。ArcGIS Serve 是一个多层的分布式系统，由多个组件构成。ArcGIS Server 的组件分为两大部分：一是服务器端组件，如 Web 服务器和 GIS 服务器；二是客户端组件，即访问 ArcGIS Server 的程序，如 Web 浏览器、ArcGIS 桌面端和 ArcGIS Engine 产品。ArcGIS Server 体系结构如图 12.1 所示。

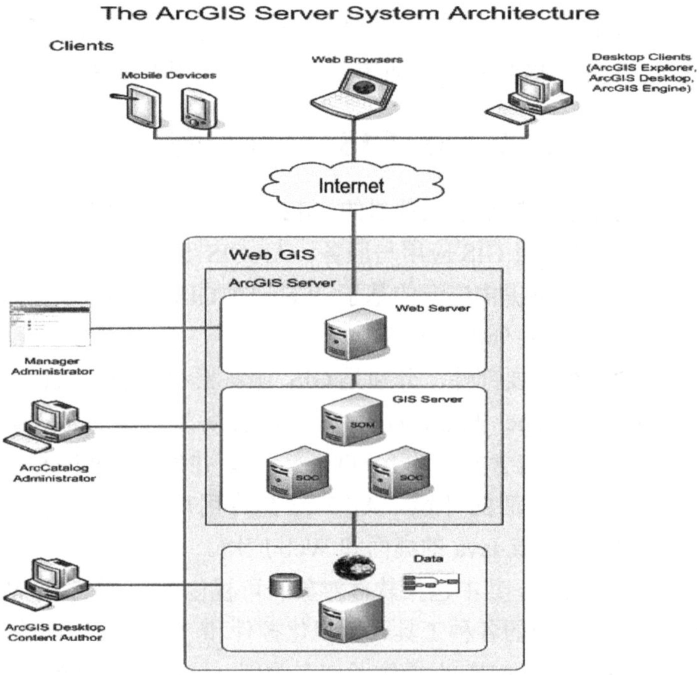

图 12.1　ArcGIS Server 体系结构

1. GIS 服务器

宿主各种 GIS 资源（GIS Server），如 Maps、Globes、Address Locators，并将它们封装为服务，提供给客户端应用。GIS Server 本身包括 Server Object Manager(SOM)和 Server Object Containers(SOC)两大部分，即 GIS Server 包括一个 SOM 和一个或多个 SOC。客户端发送请求到 SOM，SOM 将分配的资源提供给客户端，通过 SOM 对 SOC 进行调度与管理。SOM 是一个用于管理 GIS 资源，如地图或定位器的对象，在 ArcCatalog 中新建服务后添加的 Server Object 就是这个对象，它本身是一个 ArcObjects 组件，并且有权限来使用服务器端的其他 AO 组件，SOM 负责管理一群 SOC。SOC 是一个进程，当用户访问一个 Server Object 时，系统会根据情况决定是否建立一个 SOC。如图 12.1 就是一个 SOM 连接两个 SOC 的示例。

2. Web 服务器

Web 服务器（Web Server）是运行 Web 应用程序或 Web Service 的机器。Web Server 包含 Web 应用的部署及 Web 服务，它们均使用 GIS Server 上的服务资源。

3. 客户端

这里所说的客户端（Clients）是多样化的，可以是 Web 客户端、Mobile 移动设备、通过 HTTP 连接到 ArcGIS Server 的 Internet 服务或通过 LAN/WAN 连接到 ArcGIS Server Local Services 的 ArcGIS 桌面应用。

4. 数据服务器

数据服务器（Data Server）包含 GIS Server 上所发布服务的 GIS 资源，可以是 Mxd 文档、Address Locators、Globe Document、Geodatabase、Toolbox 等。通常采用 DBMS 在数据服务器上部署 ArcSDE Geodatabase，以实现地理数据的安全、完整和高效性。

5. 管理工具

管理工具包括 Manager 和 ArcCatalog Administrators，两者都可以被用来将 GIS 资源作为服务发布，并进行管理。不同的是 Manager 是一个 Web 应用，支持发布服务，管理 GIS Server，创建应用并能够发布 ArcGIS Explorer 地图到服务器上；另一个在桌面软件 ArcCatalog 上管理，由图 12.1 可以看出，它们所针对的层次有所不同。

6. 地图内容制作工具（ArcGIS Desktop content authors）

ArcGIS 桌面软件是 GIS 资源的编辑和制作工具，各种 GIS 资源需要使用各种 ArcGIS Desktop 软件来定制，若需要为地图服务生成缓存，可以用 ArcCatalog 来创建 Cache。

12.1.2　ArcGIS Server 的主要功能

软件开发人员能使用 ArcGIS Server 在 Web 应用上实现如下 GIS 功能：①在浏览器中分图层显示多个图层；②在浏览器中缩放、漫游地图；③在地图上点击查询要素信息；④在地图上查找要素；⑤使用缓冲区选择要素；⑥显示文本标注；⑦显示航片和卫片影像；⑧使用多种方式渲染图层；⑨通过 Internet 编辑空间要素的坐标位置信息和属性信息；⑩动态加载图层；⑪网络分析；⑫三维分析等。

ArcGIS Server 适合创建从简单的地图应用到复杂的企业 GIS 应用等系统工程，也可应用多个扩展模块完成如下额外的高级功能。

1. 空间数据管理

ArcGIS Server 具有两种基于 ArcGIS Geodatabase 模型的空间数据管理级别。借助空间数据服务，管理员可以为发布的数据实现抽取、检入、检出及复制等功能。ArcGIS Server 的基础版、标准版和高级版都具有空间数据管理的能力。

2. 空间可视化

ArcGIS Server 提供了 Web 制图服务，支持二维和三维动态形式或静态缓存形式的地图发布。GIS 分析人员仅需点几下鼠标，就可以配置一个 Web 制图服务的浏览器应用。另外，ArcGIS 的桌面和 ArcGIS Explorer 可以作为 ArcGIS Server 的客户端来浏览二维或三维地图。

3. 空间分析

ArcGIS Server 提供了基于服务器的分析和地理处理，包括矢量和栅格分析、3D 和网络分析；还支持 ArcGIS 地理处理创建的模型、脚本和工具；只有 ArcGIS Server 的高级版具备空间分析扩展的能力。

12.1.3 ArcGIS Server 包含的主要技术

ArcGIS Server 的主要技术包括 ArcSDE、Web 地图应用和 ArcGIS Mobile，下面分别进行介绍。

1. ArcSDE

企业级 GIS 是一个一体化、多部门的系统，既需满足组织内部的单一要求，又要满足综合的需求，为 GIS 和非 GIS 人员访问地理信息和服务提供条件。数据服务器包含了要发布为服务的 GIS 资源，对于大多数 GIS 服务器，这些资源通过 ArcSDE 管理在基于关系型数据库的地理数据库（Geodatabase）中。在任何一个 ArcGIS Server 应用系统中，为了满足这种企业级需求，以 ArcSDE 技术为基础，进行长事务处理的多用户 Geodatabase 是问题的关键，因此 ESRI 将 ArcSDE 技术纳入了 ArcGIS Server 体系中。

2. Web 地图应用

ArcGIS Server 包含一个即拿即用的 Web 地图应用，可直接运行在 Web 浏览器上。该客户端为使用 ArcGIS Server 和其他服务提供了丰富的用户体验。Web 地图应用支持叠加多种类型的地图服务，如来自 ArcIMS、ArcGIS Server、OGC 的 WMS 及 ESRI 发布的 ArcWeb 服务。Web 地图应用框架基于 AJAX 技术，大大增强了用户体验。它支持用户在交互使用 Web 应用的同时，应用程序与其他资源（如 Web 服务器）进行通信。

3. ArcGIS Mobile

ArcGIS Server 为移动用户提供了名为 ArcGIS Mobile 的 Web 应用开发框架，用于创建和部署面向移动的解决方案。其特点是应用在“非实时连接”环境中，且面对大量用户。这些应用为运行 Microsoft Windows Mobile 的野外设备提供移动地图、GPS 及 GIS 数据复制和编辑功能。ArcGIS Mobile 支持在线和离线工作流环境中编辑版本化的 ArcSDE Geodatabase，可以不用返回办公室就通过 ArcGIS Server 定期进行同步更新。ArcGIS Mobile 可运行在大量的移动设备上，包括智能手机、Pocket PC 和 Tablet PC。

12.1.4 ArcGIS Server10.1 安装

1. 安装 GIS 服务

ArcGIS Server 10.1 不支持以前版本，可以使用 101UninstallUtility 来卸载以前版本的 ESRI 系列软件。打开软件安装包，双击 ESRI 应用程序进入 ArcGIS Server 安装界面（图 12.2）。在介质运行界面上，单击 ArcGIS for Server 后的“安装”进行安装连接启动。在安装过程中，阅读许可协议并接受其条款，如果不接受这些条款，将会退出安装程序。

选择需要安装的 GIS Server 的安装路径，选择“更改”可修改安装路径（图 12.3）。

选择 GIS Server 的安装路径后，点击“下一步”继续。点击“浏览”可以选择 Python 的安装路径，默认的安装位置是 C:\Python27\（图 12.4）。

选择 Python 的安装路径后点击“下一步”，开始创建 Server 账户和密码。若已经在另一台计算机上运行过此安装后配置，并且已将账户和代理服务器信息保存到配置文件中，可单击“我的配置文件包含上次运行此安装程序所生成的账户信息”，然后输入路径和名称或单击“浏览”按钮浏览包含账户和代理服务器信息的配置文件，如图 12.5 所示。

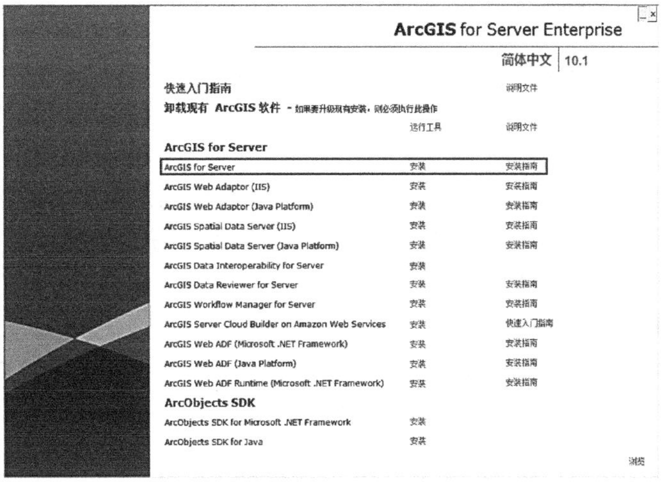

图 12.2　安装 GIS 服务

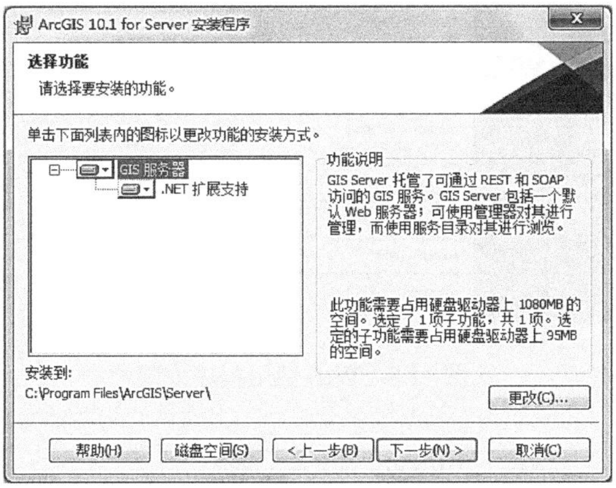

图 12.3　GIS 服务设置

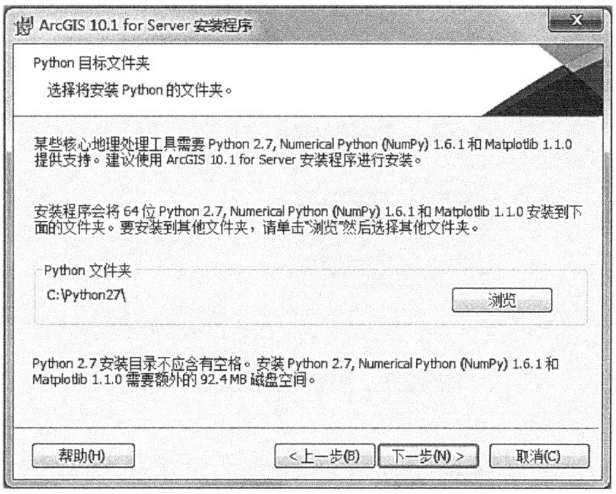

图 12.4　选择 Python 的安装路径

如果之前安装时创建过账户配置文件，则可单击“导出配置文件...”。如不需要，则不需导出（图 12.6）。点击“下一步”继续。

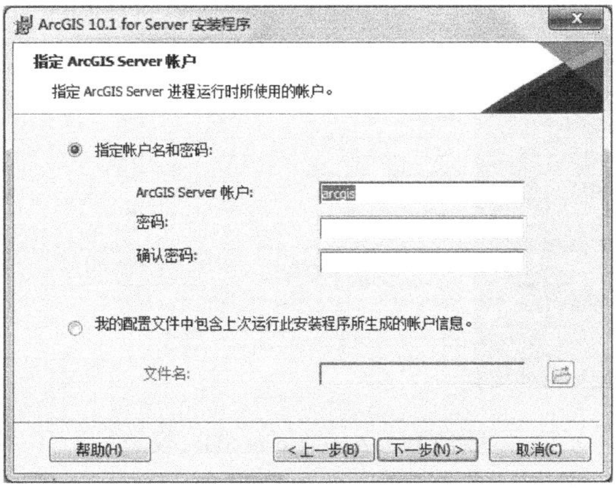

图 12.5　GIS 服务账户设置

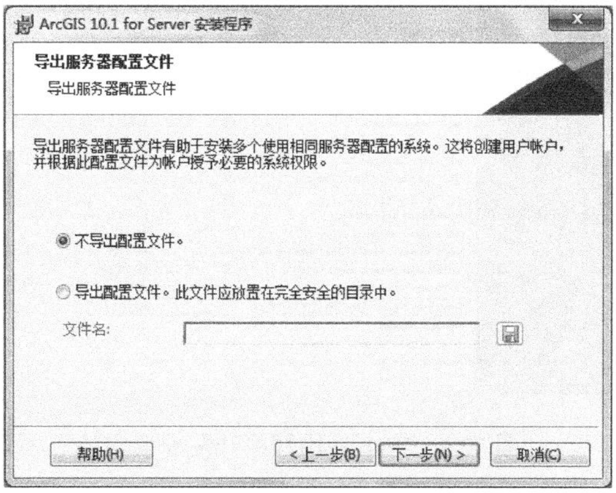

图 12.6 选择是否选择导出配置文件

随后点击“安装”，直到安装结束。进入用户权限设置，ArcGIS Server 安装完成后，创建 Agsadmin 和 Agsusers 两个组，管理和使用 GIS Server 都需要这两个组的权限才能进行。打开控制面板，选择管理工具，打开计算机管理窗口，展开本地用户和组，双击组，如图 12.7 所示。

在组属性对话框中，点击“添加”按钮。在文本框中输入用户名，点击“检查名称”，确认无误后点击“确定”，就能把 Administrator 这个操作系统账户加入到 Agsadmin 组中，Administrator 账户具有管理 ArcGIS Server 的权限。

2. 安装 Web 应用程序

在介质运行界面上，点击 Web 应用程序安装程序链接“安装”启动 ArcGIS Web ADF(Microsoft.NET Framework)安装程序，如图 12.8 所示。

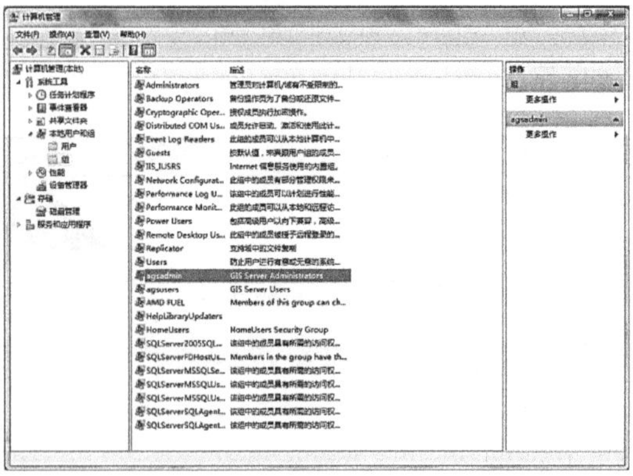

图 12.7　用户权限设置

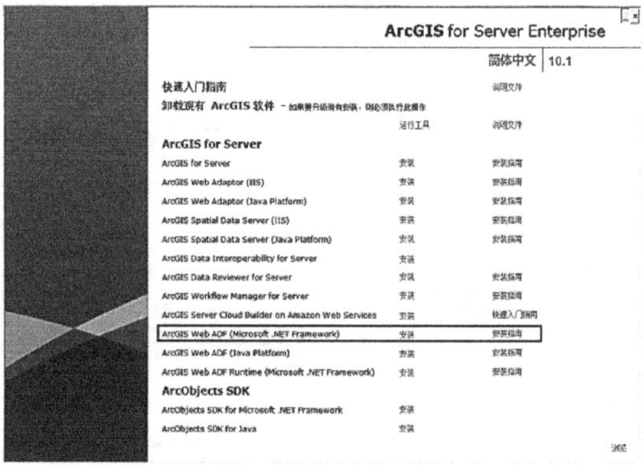

图 12.8　Web 应用程序安装

设置安装路径等，选择下一步直到最后一步，点击“Finish”完成安装。

3. 安装 Web 应用程序开发框架

在介质运行界面上，单击 ArcGIS Web ADF Runtime(Microsoft.NET Framework)后的“安装”启动安装程序，如图 12.9 所示。

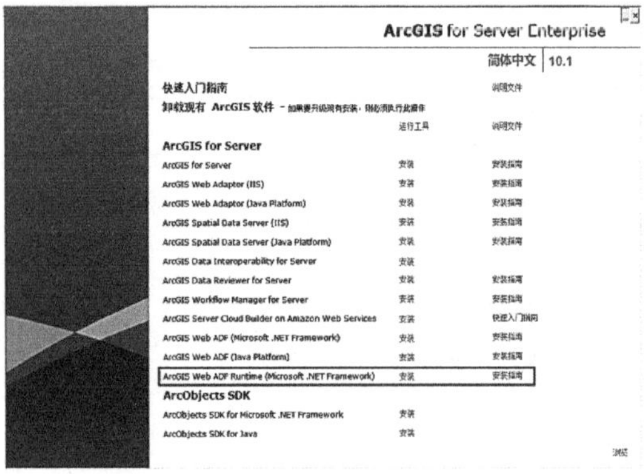

图 12.9　Web 应用程序开发框架安装

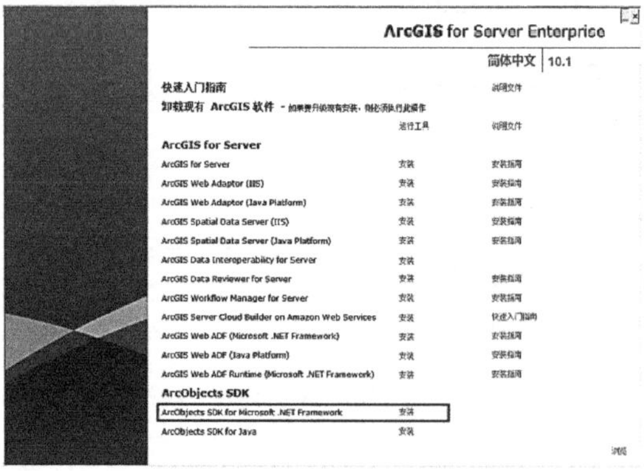

图 12.10　ArcObjects SDK 安装

设置安装路径等，选择下一步直到最后，点击“Finish”完成安装。

4. 安装 ArcObjects SDK 补丁包

在介质运行界面上，单击 ArcGIS SDK for Microsoft.NET Framework 后的“安装”启动程序安装，如图 12.10 所示。

设置安装路径等，选择下一步直到最后，点击“Finish”完成安装。

12.2　ArcGIS Server 管理与服务发布

一个 GIS 服务器可以发布多种类型的 GIS 服务。每一个 GIS 服务代表一个 GIS 资源，如二维矢量地图、三维地图等。要访问这些 GIS 资源服务，客户端应用程序只需要在服务器上查找到这些服务，连接即可。这样可有效简化不同客户端资源共享的问题，更重要的是客户端不再需要安装 GIS 软件，一切资源都存储在服务器上，所有的功能都可以在服务器上完成，包括存储资源、发布服务等，结果常以图片或文本发送给客户端。

ArcGIS Server 可以发布多种服务，包括地图服务、地理编码服务、网络分析服务、空间处理服务等，这些服务的发布与管理可以通过 Manager 或 ArcCatalog 完成。一般在发布服务之前，需要创建和准备好服务要使用的资源，如 ArcMap 生成的 Mxd 文件、ArcGlobe 生成的 3dd 文件等。

12.2.1　使用 Manager 管理和发布服务

1. 登录 Manager

从安装了 ArcGIS Server 的计算机上选择“开始→所有程序→ArcGIS→ArcGIS 10.1 for Server→Manager”，将打开如图 12.11 所示的登录界面。输入用户名和密码，点击“登录”就能完成 Manager 的登录。

2. 发布与管理服务

在 ArcGIS Server10.1 中，Manager 发布服务时只能发布服务定义文件.sd。在 ArcCatalog 中打开 Mxd 地图文档，选中 Mxd 文档点击右键，在弹出的菜单中选择“共享为服务(S)...”，如图 12.12 所示。

图 12.11　ArcGIS Server Manager 登录界面

图 12.12　共享为服务

在弹出的窗口选择“保存服务定义文件”，点击“下一步”。在保存服务窗口中，如果想要连接 Server 服务配置定义文件，选择“选择一个连接”。选择要连接的服务器，填写服务名称。如果当前已经断开服务器连接或无法访问服务器，则选择“无可用连接”，设置服务器类型，并设置是否在 sd 文件中引用 GIS 数据源，点击“下一步”（图 12.13）。

选择服务目录。默认为服务目录的根目录，也可以创建一个新文件夹。点击“下一步”，指定服务定义文件存放路径，点击“继续”。在弹出的服务编辑窗口设置服务的功能、信息等内容。点击“分析”按钮，分析完成后，点击“过渡”按钮。（图 12.14）

图 12.13　选择保存服务定义的类型

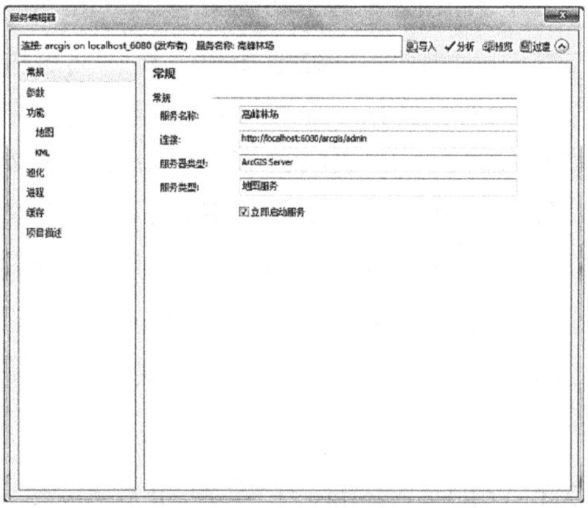

图 12.14　服务编辑器窗口

弹出进度窗口后，会提示数据拷贝至服务器。这样会在生成的 sd 文件中包含 GIS 资源引用的数据，如果不希望拷贝数据，则必须在创建 sd 文件之前将数据注册到服务器。最后弹出创建成功窗口，点击“确定”。

随后登录 ArcGIS Server Manager，登录成功后，在“服务”页面“管理服务”页签下，点击“发布服务”。选择要发布服务的服务定义文件，点击“下一步”。为服务设置相关属性：服务名称、服务类型默认即可（为 sd 文件的名称与服务类型）；指定服务目录，默认为服务根目录；如果 Server 服务器进行了集群部署，在集群下拉列表中选择相应的集群；立即启动复选框控制是否立即启动该服务，如图 12.15 所示。点击“下一步”。

随后选择服务能力，点击“发布”。在服务页面，高峰林场服务已经出现在服务列表中，表明高峰林场服务发布成功，如图 12.16 所示。

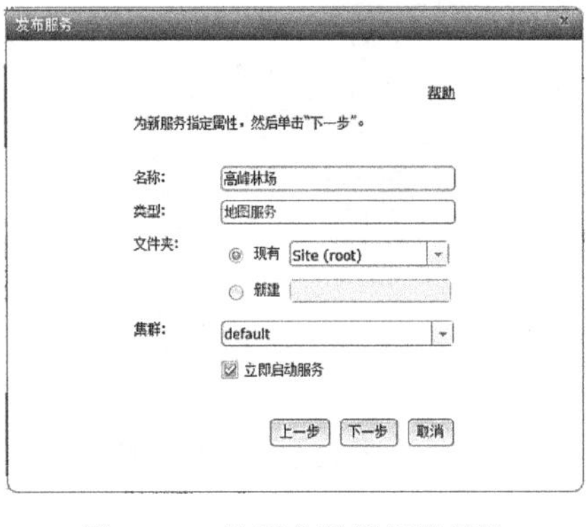

图 12.15　为服务设置相关属性

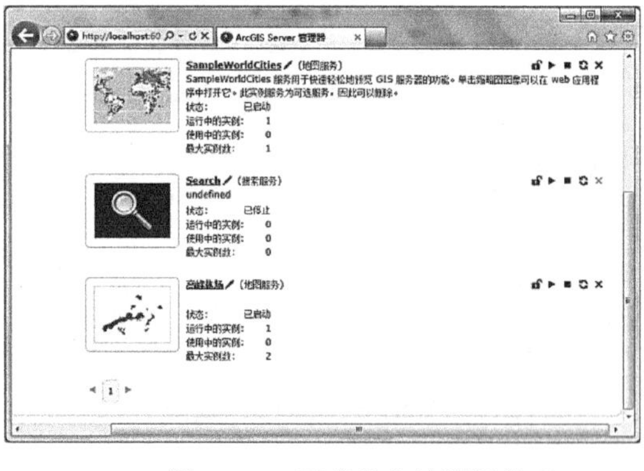

图 12.16　正确发布地图服务后

12.2.2 使用 ArcCatalog 管理和发布服务

1. 连接服务器

启动 ArcCatalog，在目录树中双击 GIS 服务器，再双击添加 ArcGIS Server，在随后的 ArcGIS Server 向导的第一个页面中选择管理 GIS 服务，进入如图 12.17 所示的常规页面。

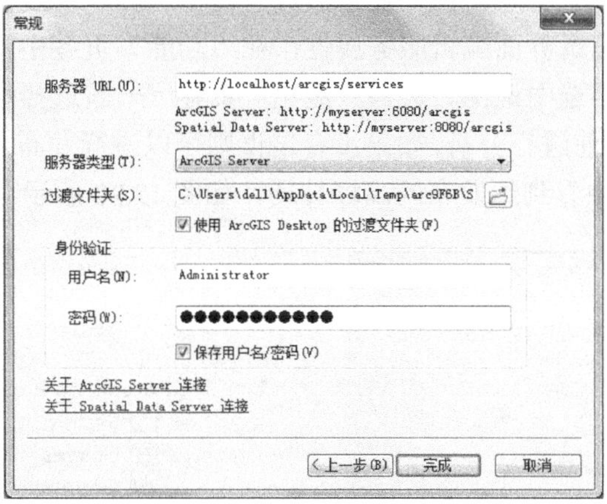

图 12.17 管理员连接界面

在常规页面上的服务器 URL 中，输入需要连接的 ArcGIS Server 实例的 URL。例如，“http://localhost/arcgis/services”。在身份验证中输入用户名、密码。输入完成后，选择“完成”，即可在目录树中见到服务器。

2. 使用 ArcCatalog 管理服务对象

以管理员连接服务器，然后在 ArcCatalog 的目录树中，右击 GIS 服务器名称，选择上下文菜单中的服务器属性项，将弹出 ArcGIS Server 属性对话框，如图 12.18 所示。在该对话框中选择计算机标签进入标签页，在该标签页中选择“添加”按钮，弹出添加计算机对话框，如图 12.19 所示。输入计算机的名称和管理服务 URL。完成后点击“确定”按钮。

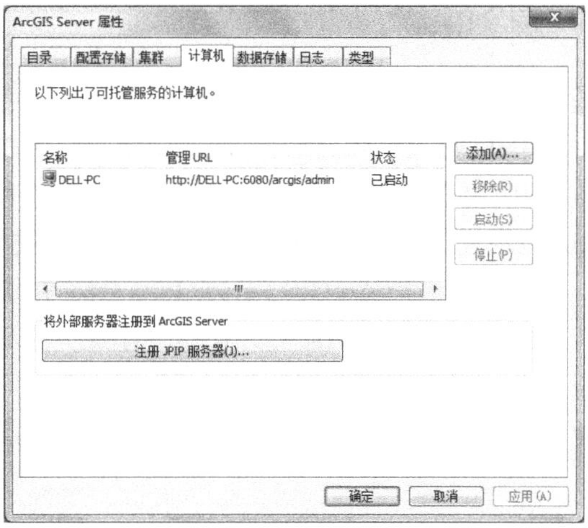

图 12.18 打开 ArcGIS Server 属性对话框

3. 使用 ArcCatalog 发布与管理服务

以管理员方式连接服务器，在 ArcCatalog 的目录树中，右击添加 GIS 服务器命令，进入添加 GIS 服务向导，选择发布 GIS 服务。点击“下一步”后设置“常规页面”，设置服务器 URL，在身份验证栏中输入用户名和密码，点击“完成”实现 GIS Server 的添加。在 Catalog 目录树中，定位到地图文档所在文件夹。右键点击“高峰林场.mxd”文档，选择共享为服务。在弹出的窗口选择“发布服务”，在“发布服务”窗口选择一个连接及输入服务名称，点击“下一步”。在服务器编辑界面编辑服务属性，在“功能”页签中，选择需要的功能，对于地图服务来说，一般只需选中地图。进入“池化”页签，一般选择池化，再根据需要设置服务实例的个数。在发布之前进行分析，如果没有错误则可以进行发布。发布成功后可在 Catalog 目录树下的 GIS 服务器中看到新发布的高峰林场，如图 12.20 所示。

图 12.19　利用 ArcCatalog 添加服务器设置

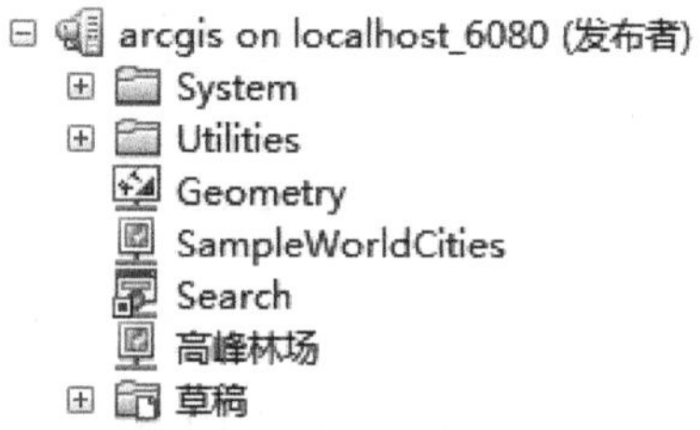

图 12.20　新发布的高峰林场

12.3　创建 Web GIS 应用的几种方法

ArcGIS Server 提供了几种可选方法，用于开发 Web GIS 应用程序。包括利用 Manager 工具来创建、使用 Visual Studio 2010 集成的模板来创建、直接使用 Web 控件创建，第三种方法最灵活，要求也最高。下面将分别介绍如何使用每一种方法来创建 Web GIS 应用程序。

12.3.1　使用 Manager 工具创建

选择“开始→程序→ArcGIS→ArcGIS Web Applications for the Microsoft .NET Framework→ArcGIS Web Applications Manager”，使用用户名和密码登录到 ArcGIS Web Application Manager，切换到应用程序选项卡，点击创建 Web 应用程序，指定要创建应用程序的名称，进入创建 Web 应用程序——图层页面，点击“添加图层”，选择添加 GIS 服务器，在添加服务器窗口下“类型”选择 ArcGIS Server Internet，并指定目录 URL，点击“添加”。选择已经发布的名为“高峰林场”的服务，使用“添加”按钮将该服务加入选择服务的列表框中。在该页面还可以点击“预览地图”按钮查看地图效果，如图 12.21 所示。完成选择服务后，选择“下一步”进入任务页面。

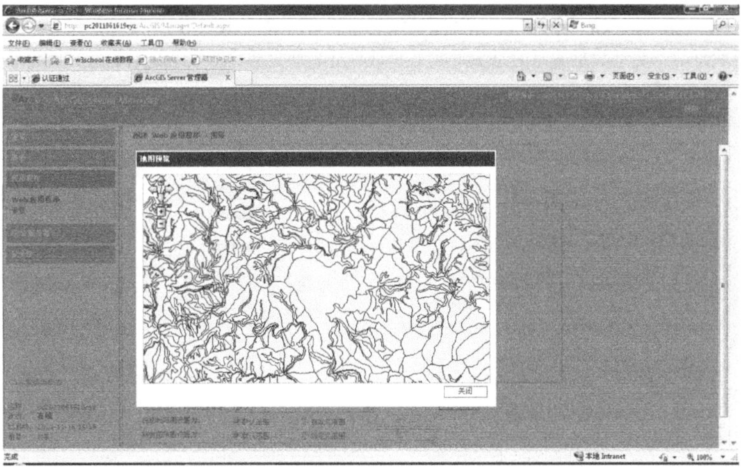

图 12.21　利用 Manager 工具添加图层并浏览

默认任务页面的设置和地图元素页面的设置，进入页面属性页，更改页面标题为“高峰林场”，选择“下一步”，可进入最后摘要页面，显示应用程序的一些基本信息。然后选择“完成”，将在新的浏览器窗口显示该 Web 应用程序的运行结果，如图 12.22 所示。

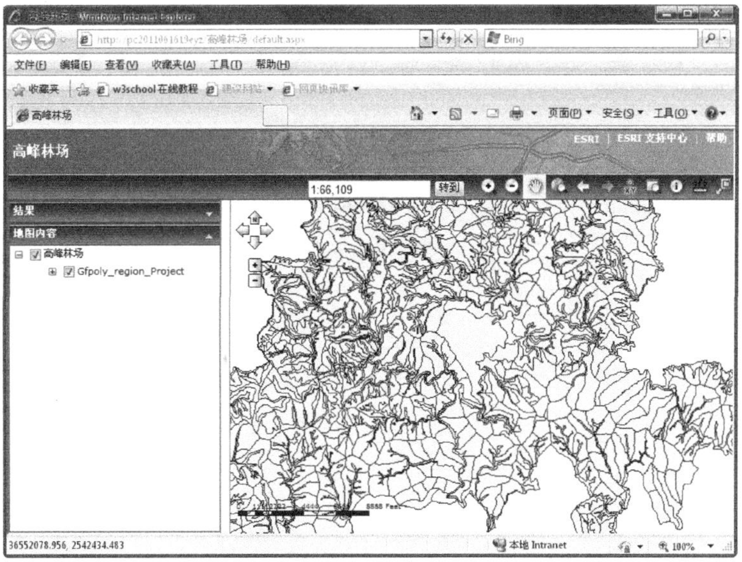

图 12.22　利用 Manager 工具创建 Web 应用示例

12.3.2　使用 Visual Studio 模板创建

（1）启动 VS2010 开发平台，选择“文件→新建→网站”菜单。在新建网站对话框中，依次选择 Visual C#语言、.NET Framework3.5、Web Mapping Application 模板，在 Web 位置选择 HTTP，站点名称默认为 Web Mapping Application，点击“确定”按钮，如图 12.23 所示。

图 12.23　新建 Web Mapping Application 模板

（2）网站创建后，由 Web Mapping Application 模板自动生成 Default 页面的代码。在解决方案管理器中选择 Default.aspx，点击“视图设计器”按钮，主作业区显示如图 12.24 所示的页面设计界面。

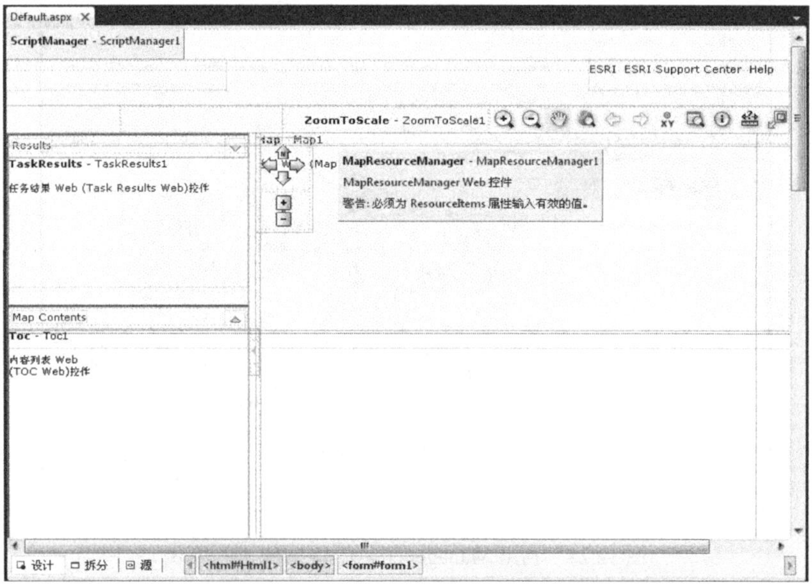

图 12.24　窗体设计器

（3）在设计页面上找到 MapResourceManage 控件，点击控件右上角的小三角，打开 MapResourceManage 任务小窗口，在该窗口中选择“编辑资源”菜单，打开 MapResourceItem 集合编辑器窗口。在弹出的 MapResourceItem 集合编辑器中，点击“添加”按钮，添加一个地图资源项后，修改 Name 为“高峰林场”，如图 12.25 所示。

图 12.25　地图资源集合编辑器

（4）单击 Definition 后面的省略号，打开地图资源定义编辑器窗口，在类型中选择 ArcGIS Server Local，在数据源中选择本地计算机名称，点击资源后面的按钮，选择已经发布的服务高峰林场，并选择默认图层。设置完成后点击"确定"，如图 12.26 所示。

（5）在页面的设计视图下找到 Map1 控件，查看其属性列表，设置 MapResourceManage 属性为 MapResourceManage1。

（6）在启动调试之前，需要设置 Web 应用的身份，右键点击"解决方案"，选择"Add ArcGIS Identity"。在弹出的对话框中，输入用户名、密码、主机名。该用户需要具有 ArcGIS Server 的访问权限，即位于 agsadmin 或 agsuers 组中，点击"OK"，如图 12.27 所示。

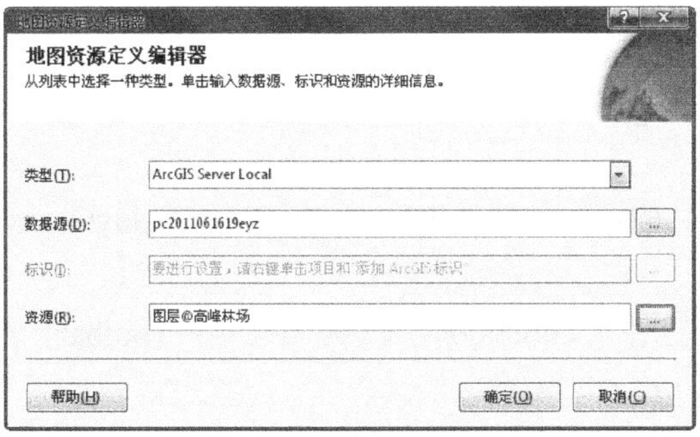

图 12.26　地图资源定义编辑器

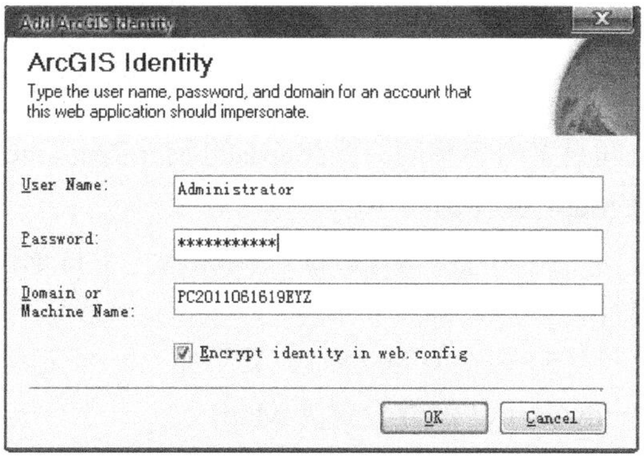

图 12.27　设置 Web 应用的身份

（7）启动调试，页面效果如图 12.28 所示。

图 12.28　发布地图的效果

12.3.3　使用 Web 控件创建

（1）启动 Visual Studio 2010 开发平台，在文件菜单中选择新建网站命令，弹出新建网站对话框。选择 ASP.NET 网站，将 Web 位置设置为 HTTP，将语言设置为 VisualC#。输入该 Web 应用程序的名称和位置，如 http://localhost/WebSite5。然后点击“确定”，将显示一个 Default.aspx 页面，进入设计视图中，可以看到只显示一个空白的页面。

（2）打开 VS 工具箱，并展开 ArcGIS Web Controls 选项卡。向 Default.aspx 页面中拖动一个地图资源管理控件（MapResourceManager）和一个地图控件（Map），保留其默认 ID 设置。

（3）设置 MapResourceManager 控件的地图资源属性。过程及设置与有关地图资源管理空间设置内容相同。将 Map1 的 MapResourceManager 属性设置为 MapResourceManager1，调整 Map1 控件的大小。

（4）在 Default.aspx 页面加入一个目录控件（Toc），默认 ID。将 Toc1 的 BuddyControl 属性设置为 Map1。

（5）在 Default.aspx 页面加入一个工具条控件（Toolbar），默认 ID。将 Toolbar1 的 BuddyControl 属性设置为 Map1。

（6）设置 Toolbar1 控件的 ToolbarItems 属性。通过属性视图打开工具条集合编辑器表单。打开 Map Navigation，选择放大（MapZoomIn）、缩小（MapZoomOut）、漫游（MapPan）及全图（MapFullExtent）选项，并添加进去。

（7）增加身份验证。可以适当使用 HTML 控件中的 Div 控件或者 Table 控件来调整和设置网页的布局，运行后结果如图 12.29 所示。

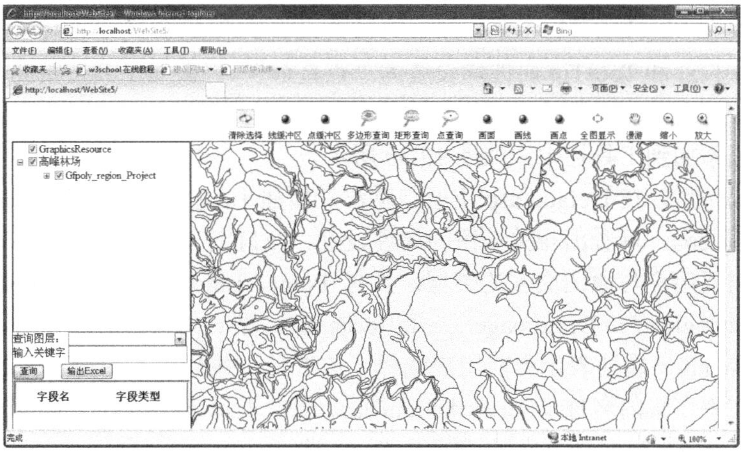

图 12.29　通过 Web 控件创建 Web 应用的示例

12.4　简单 Web 应用开发实例

在具体开发 Web 应用时，仅使用 Web Mapping Application 模板或直接使用 Web 控件中已封装好的诸如地图放大、缩小和漫游等命令或工具，远不能满足实际要求。本节将介绍如何通过自定义命令和工具来实现一些简单和最基本的 GIS 功能，包括图查属性、属性查图、查询结果输出和保存等。在实际项目应用中，读者可根据需要在此基础上进行扩展。

下面通过开发点查询工具来介绍如何添加自定义工具按钮。该点查询工具要实现的功能是用户在地图上通过鼠标单击选择某个地图要素后，弹出一个新网页以显示所选择要素的属性信息，并且高亮显示被选择的要素。

12.4.1　添加自定义工具

要增加工具或命令，第一步是要在设计界面的工具栏中增加一个按钮。通过属性面板选择 Toolbar1 控件的 ToolbarItems 属性，点击右侧的省略号，打开工具条集合编辑器表单对话框。在该对话框左边的工具条项目中选择 Tool，点击“添加”，在当前工具条内容列表中将出现一个新 Tool 工具。

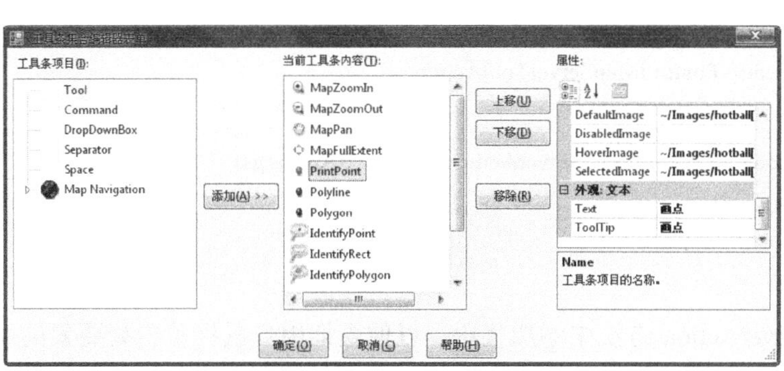

图 12.30　添加自定义画点工具

选择新添加的 Tool 工具，进入右侧的属性设置。在此实例中将 Name 属性设置为 IdentifyPoint。将 Text 和 ToolTip 属性均设置为“点查询”。将新增工具按钮的 DefaultImage、HoverImage 与 SelectImage 属性设置为预先准备好的图标的路径。点击“确定”，就将新添加的点查询按钮添加到工具栏中，如图 12.30 所示。

完成上述操作后，在 Default.asp 中会自动添加新建工具按钮 IdentifyPoint 所对应的属性代码。分析这些代码，可看出相关按钮的属性设置。在自定义 Tool 按钮中，ClientAction 属性表示该工具需要用户与地图交互的类型，共有 Point、Line、PolyLine、Polygon、Circle、Oval、DragRectangle 与 DragImage 八种可选择类型，在此实例中选择了 Point。ServerActionAssembly 属性表示当前用户选择了该工具，并且与地图交互完成后，服务器端执行的代码所在程序集的名称。ServerActionClass 属性表示该代码所在类的名称。在此实例中将分别对应 App_Code 文件夹中的 IdentifyPoint 类。

12.4.2 点查询工具实现

点查询工具需要实现的功能是当用户在地图上用鼠标单击，选择某地物要素后，弹出一个网页，以显示所选择要素的属性，并高亮显示被选中的要素。具体实现步骤如下。

1. 点对象查询功能

在解决方案资源管理器窗口中，用鼠标右键点击工程名，在菜单中选择 Add ASP.NET 文件夹中的 App_Code 命令，在当前工程中添加 App_Code 文件夹。再利用右键菜单的添加新项命令，在 App_Code 文件夹中加入一个名为 IdentifyPoint.cs 的类文件。

在 IdentifyPoint 类中用到了地图控件和点对象等，为避免使用全路径来调用类，需在 IdentifyPoint 类的前面引用以下命名空间。

```
using ESRI.ArcGIS.ADF.Web;
using ESRI.ArcGIS.ADF.Web.Geometry;
using ESRI.ArcGIS.ADF.Web.DataSources;
using ESRI.ArcGIS.ADF.Web.UI.WebControls;
using ESRI.ArcGIS.ADF.Web.UI.WebControls.Tools;
```

自定义工具必须实现IMapServerToolAction接口。因此，需增加两项代码：一项是在类声明的后面加入IMapServerToolAction接口；另一项是需要实现IMapServerToolAction接口的ServerAction方法，在增加此接口名称后，可选择自动生成该方法。该类代码的框架如下：

```
public class IdentifyPoint : IMapServerToolAction
{
    void IMapServerToolAction.ServerAction(ToolEventArgs args)
    {
    }
}
```

只需在 ServerAction 方法中添加代码，以便查询用户鼠标单击处要素的属性。该方法的 args 参数包含了用户单击处的屏幕坐标信息，从该参数还可以得到地图控件的引用。在 ServerAction 方法中需先添加以下代码：

```
// 从方法的参数中得到地图控件的引用
Map map = args.Control asMap;
// 从方法的参数中得到用户单击位置的坐标信息
PointEventArgs pea = (PointEventArgs)args;
System.Drawing.Point screen_point = pea.ScreenPoint;
```

将屏幕像素坐标转为地图坐标，获取鼠标点击处的点位，实现代码如下：

```
Point point = Point.ToMapPoint(screen_point.X, screen_point.Y,
            map.Extent, (int)map.Width.Value, (int)map.Height.Value);
```

下面需要实现的是利用获取的鼠标点击位置查询要素，为实现此功能，需先判断地图资源是否具有查询功能，实现代码如下：

```
IGISFunctionality gisfunc = map.GetFunctionality("高峰林场");
if (gisfunc == null)
     return;
IGISResource gisresource = gisfunc.Resource;
bool supportquery = gisresource.SupportsFunctionality(typeof(IQueryFunctionality));
if (!supportquery)
    return;
```

上面的代码使用地图资源管理器中需要查询图层的资源名称“高峰林场”作为参数，调用地图对象的 GetFunctionality 方法，得到该地图资源可提供的功能。若返回值不为 null，表示该资源能提供查询、地图显示等功能，程序将继续执行。然后，将调用 IGISResource 资源对象的 SupportsFunctionality 方法来判断是否具有查询功能，若有查询功能，则程序继续执行，调用 IGISResource 资源对象的 CreateFunctionality 方法得到查询功能对象，具体实现代码如下：

```
IQueryFunctionality qfunc;
qfunc = gisresource.CreateFunctionality(typeof(IQueryFunctionality), null) as IQueryFunctionality;
```

得到查询功能对象后，调用其 Identify 方法执行查询，实现代码如下：

```
System.Data.DataTable[] qdatatable = qfunc.Identify(null, point, 0, IdentifyOption.AllLayers, null);
```

实现查询功能的 Identify 方法的参数包括，地图功能名称、查询要素的图形对象、误差范围和查询方式。查询方式取值可以是 AllLayers、VisibleLayers 与 TopMostLayer，分别表示查询所有图层、查询可见图层和查询最上层图层；最后一个参数是可查询图层的 ID，若是对所有图层进行查询，该参数应设置为 null。至此，已完成点对象查询要素的功能。

2. 显示要素属性

下面要实现以网页形式显示查询到的要素属性，具体实现代码如下：

```
if (qdatatable == null)
    return;
System.Data.DataSet dataset = new System.Data.DataSet();
for (int i = 0; i < qdatatable.Length; i++)
{
```

```
            dataset.Tables.Add(qdatatable[i]);
    }
    DataTableCollection dtc = dataset.Tables;
    IdentifyHelper.ShowIdentifyResult(map, dtc);
```

为了简化代码并实现代码重用，可将显示查询结果的代码封装到 IdentifyHelper 类的 ShowIdentifyResult 方法中，在 ShowIdentifyResult 方法中又调用了高亮显示的方法 HighLightShow。

```
    public static void ShowIdentifyResult(Map map, DataTableCollection dtc)
    {
        string returnstring = string.Empty;
        foreach (DataTable dt in dtc)
        {
            if (dt.Rows.Count == 0)
                continue;
            returnstring += GetHtmlFromDataTable(dt);
        }
        HighLightShow(map, dtc);   //高亮显示
        returnstring = returnstring.Replace("\r\n", "");
        returnstring = returnstring.Replace("\n", "");
        string functionValue = "var theForm = document.forms[0];";
        functionValue += "theForm.FunctionValue.Value='" + returnstring + "';";
        functionValue += "open('IdentifyResult.htm', 'IdentifyResult');";
        AddJavaScriptCallback(map, functionValue);
    }
```

在上述代码中，调用了 GetHtmlFromDataTable 方法，以实现从数据表到 HTML 表格格式字符串的转换。在得到字符串后，构造了一段 JavaScript 代码，以便将字符串的值赋给 Default.asp 页面的一个不可见文本框 FunctionValue。随后调用 Open 方法弹出 IdentifyResult.htm 网页，最后调用 IdentifyHelper 类的 AddJavaScriptCallback 方法，将该段 JavaScript 代码加入地图对象的 CallbackResults 属性中，该段代码最终将在客户端执行。

因上述代码需利用文本框 FunctionValue，为此需在 Default.asp 文件的</form>代码行之前添加如下内容：

```
    <input type="hidden" name="FunctionValue" value=""/>
```

GetHtmlFromDataTable 方法先将数据表的内容显示到 GridView 中，再设置相关的外观样式，最后利用 HtmlTextWriter 类将表格的内容转换为 HTML 文本格式的字符串，实现代码如下：

```
    public static string GetHtmlFromDataTable(DataTable dt)
    {
        //设置gridview的属性和样式
        GridView gd = newGridView();
```

```
        gd.ToolTip = dt.TableName;
        gd.Caption = dt.TableName;
        gd.DataSource = dt;
        gd.DataBind();
        gd.Visible = true;
        gd.BorderWidth = 0;
        gd.CssClass = "list-line";
        gd.CellPadding = 3;
        gd.CellSpacing = 1;
        gd.HeaderStyle.CssClass = "barbg";
        gd.HeaderStyle.HorizontalAlign = HorizontalAlign.Center;
        gd.RowStyle.CssClass = "listbg";
        //将数据表转换为html表格格式的字符串
        string returnString = string.Empty;
        using (System.IO.StringWriter sw = new System.IO.StringWriter())
        {
            HtmlTextWriter htw = newHtmlTextWriter(sw);
            gd.RenderControl(htw);
            htw.Flush();
            string tempStr = sw.ToString();
            returnString += tempStr;
        }
        return returnString;
    }
```

IdentifyHelper 类的 AddJavaScriptCallback 方法的代码如下：

```
public static void AddJavaScriptCallback(Map map, string executeString)
{
    object[] oa = newobject[1];
    oa[0] = executeString;
    CallbackResult cr = newCallbackResult(null, null, "javascript", oa);
    map.CallbackResults.Add(cr);
}
```

这段代码中的类 CallbackResult 很重要，它简化了 Web ADF 中客户端回调的处理，可以不用创建用户客户端和服务器间的逻辑，使用 CallbackResult 就可将信息传回客户端，更新客户端页面的内容、图片或执行 JavaScript 脚本。

3. 高亮显示查询要素

用于高亮显示的 HighLightShow 方法需设置资源绘图功能 MapDescription 的 Custom-Graphics 属性。在该方法中，需得到高峰林场资源的绘图功能，通过绘图功能的 MapDescription

属性访问 MapDescription 对象，在将原来高亮显示的要素去除高亮显示后，需创建一个新的符号来绘制新选择的要素，实现代码如下：

此处需要添加两个命名空间引用，它们分别是 ESRI.ArcGIS.ADF.ArcGISServer 和 ESRI.ArcGIS.ADF.Web.DataSources.ArcGISServer，添加引用后，在代码窗口应添加以下两行代码：

```
using ESRI.ArcGIS.ADF.ArcGISServer;
using ESRI.ArcGIS.ADF.Web.DataSources.ArcGISServer;
public static void HighLightShow(Map map, DataTableCollection dtc)
{
    MapFunctionality mf = (MapFunctionality)map.GetFunctionality("高峰林场");
    MapDescription mapDescription = mf.MapDescription;
    mapDescription.CustomGraphics = null;  //去掉原来高亮显示要素的高亮
    SimpleFillSymbol sfs = CreateSimpleFillSymbol();  //创建符号
    foreach(DataTable dt in dtc)
    {
     if (dt.Rows.Count == 0)
            continue;
        HighLightPolygon(mapDescription, dt, sfs); //绘制高亮显示要素
    }
    RefreshMap(map, "高峰林场");  //刷新地图
}
//创建符号
public static SimpleFillSymbol CreateSimpleFillSymbol()
{
     ESRI.ArcGIS.ADF.ArcGISServer.RgbColor rgb;
     rgb = new ESRI.ArcGIS.ADF.ArcGISServer.RgbColor();
     rgb.Red = 0;
     rgb.Green = 255;
     rgb.Blue = 255;
     rgb.AlphaValue = 255;
     SimpleLineSymbol lineSym = newSimpleLineSymbol();
     lineSym.Color = rgb;
     lineSym.Width = 2.0;
     lineSym.Style = esriSimpleLineStyle.esriSLSSolid;
     SimpleFillSymbol sfs;
     sfs = newSimpleFillSymbol();
     sfs.Style = esriSimpleFillStyle.esriSFSForwardDiagonal;
     sfs.Color = rgb;
     sfs.Outline = lineSym;
     return sfs;
```

```
}
```

在完成符号绘制后，需调用 HighLightPolygon 方法实现要素绘制，具体代码如下：

```
public static void HighLightPolygon(MapDescription mapDescription, DataTable datatable, SimpleFillSymbol sfs)
{
    int hasCount = 0;
    if (mapDescription.CustomGraphics != null)
    hasCount = mapDescription.CustomGraphics.Length;
    ESRI.ArcGIS.ADF.ArcGISServer.GraphicElement[] ges;
    ges = newGraphicElement[hasCount + datatable.Rows.Count];
    CopyCustomGraphics(ges, mapDescription);
    int geoIndex = GeometryFieldIndex(datatable);
    for (int i = 0; i < datatable.Rows.Count; i++)
    {
        ESRI.ArcGIS.ADF.Web.Geometry.Polygon polygon = datatable.Rows[i][geoIndex] as
ESRI.ArcGIS.ADF.Web.Geometry.Polygon;
        PolygonN ags_map_polyn;
        ags_map_polyn =
ESRI.ArcGIS.ADF.Web.DataSources.ArcGISServer.Converter.FromAdfPolygon(polygon);
         PolygonElement polyelement;
         polyelement = newPolygonElement();
         polyelement.Symbol = sfs;
         polyelement.Polygon = ags_map_polyn;
         ges[hasCount + i] = polyelement;
     }
     mapDescription.CustomGraphics = ges;
}
//将设置的CustomGraphics对象保存到临时变量ges中
public static void CopyCustomGraphics(GraphicElement[] ges, MapDescription mapDescription)
{
    if (mapDescription.CustomGraphics != null)
    {
        for (int i = 0; i < mapDescription.CustomGraphics.Length; i++)
          ges[i] = mapDescription.CustomGraphics[i];
    }
}
//得到集合图形在数据表中字段的序号
public static int GeometryFieldIndex(DataTable datatable)
{
```

```
        int geoIndex = -1;
        for (int i = 0; i < datatable.Columns.Count; i++)
        {
            if (datatable.Columns[i].DataType == typeof(ESRI.ArcGIS.ADF.Web.Geometry.Geometry))
            {
                // 找到Geometry字段的序号
                geoIndex = i;
                break;
            }
        }
        return geoIndex;
    }
```

在完成高亮显示设置后，需刷新地图，以便将高亮显示的要素显示出来，刷新地图的代码如下：

```
    public static void RefreshMap(Map map, string resourceName)
    {
        if (map.ImageBlendingMode == ImageBlendingMode.WebTier)
        {
            map.Refresh();
        }
        elseif (map.ImageBlendingMode == ImageBlendingMode.Browser)
        {
            map.RefreshResource(resourceName);
        }
    }
```

利用上述代码，无需在客户端再编写别的代码，客户端就能执行 IdentifyPoint 类的 ServerAction 方法中编写的 JavaScript 代码。因为 Web ADF 已经写好了客户端代码，所有工具按钮执行完服务器代码后，客户端将执行 C:\Inetpub\wwwroot\aspnet_client\ESRI\WebADF\JavaScript\display_dotnetadf.js 文件中的 processCallbackResult 方法。

4. 查询结果网页设置

最后需利用网页将 FunctionValue 文本框中的内容显示出来。在工程中加入一个 HTML 文件，将其命名为 IdentifyResult.htm，其中的代码如下：

```
    <head>
        <title>图形查询结果</title>
        <link href="css/style1.css" type="text/css" rel="stylesheet"/>
        <scripttype="text/javascript"language="javascript">
            function loadResult()
            {
```

```
            var identifyResult = opener.document.forms[0].FunctionValue.Value;
            var o = document.getElementById("datadiv");
             if (o != null)
             {
                  o.innerHTML=identifyResult;
              }
          }
     </script>
</head>
<body>
     <div runat="server" id="datadiv">
     </div>
</body>
</html>
<script type="text/javascript" language="javascript">
     function window.onload()
     {
          loadResult();
           window.focus();
      }
</script>
```

运行程序，点击“点查询”按钮，在地图上任意位置点击，将自动弹出图形查询结果网页，运行效果如图 12.31 和图 12.32 所示。

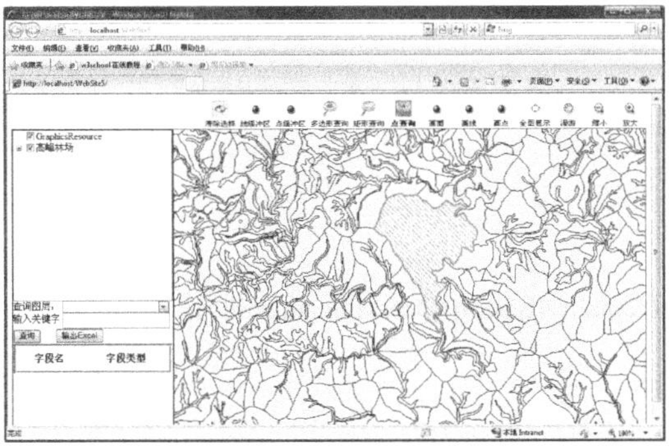

图 12.31　点查询结果

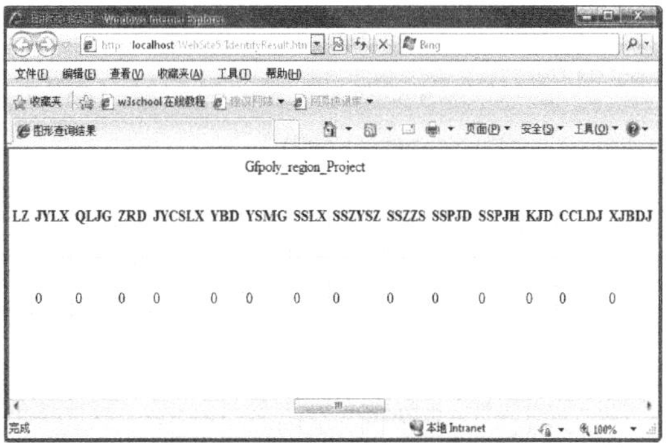

图 12.32　点查询结果网页

12.4.3　矩形框查询工具实现

矩形框查询与点查询基本一致，主要实现当用户在地图上点击画矩形框时，弹出一个网页显示矩形框内的要素属性信息。先在工具栏添加新的 Tool，将其 Name 属性设为 IdentifyRect，

Text 属性设为矩形查询，并对其他属性进行相应设置。

在 App_Code 文件夹中新建一个 IdentifyRectangle 类，该类也要实现 IMapServerToolAction 接口的 ServerAction 方法，该类的实现代码如下：

```
public class IdentifyRectangle:IMapServerToolAction
{
    void IMapServerToolAction.ServerAction(ToolEventArgs args)
    {
        Map mapCtrl = args.Control as Map;
        RectangleEventArgs rectargs=(RectangleEventArgs)args;
        System.Drawing.Rectangle myrect = rectargs.ScreenExtent;
        Point minpnt = Point.ToMapPoint(myrect.Left, myrect.Bottom,
            mapCtrl.Extent, (int)mapCtrl.Width.Value, (int)mapCtrl.Height.Value);
        Point maxpnt = Point.ToMapPoint(myrect.Right, myrect.Top,
            mapCtrl.Extent, (int)mapCtrl.Width.Value, (int)mapCtrl.Height.Value);
        Envelope mapPoly = newEnvelope(minpnt, maxpnt);
        IdentifyHelper.Identify(mapCtrl, mapPoly);
    }
}
```

在 IMapServerToolAction.ServerAction 方法中，利用参数 args 得到用户在地图上拖动矩形的屏幕坐标范围，因 Web ADF 没有提供矩形从屏幕坐标转换为地图坐标的方法，在上面的代码中，将矩形对角的两个点分别转换得到地图坐标，再利用 Envelop 类的构造函数构造一个地图坐标的矩形对象，最后调用 IdentifyHelper 类的 Identify 方法实现查询。Identify 方法的实现代码如下：

```
public static void Identify(Map map,ESRI.ArcGIS.ADF.Web.Geometry.Geometry mapGeometry)
{
        IGISFunctionality gisfunc = map.GetFunctionality("高峰林场");
        if (gisfunc == null)
            return;
        IGISResource gisresource = gisfunc.Resource;
        bool supportquery = gisresource.SupportsFunctionality(typeof(IQueryFunctionality));
        if (!supportquery)
            return;
        IQueryFunctionality qfunc;
    qfunc = gisresource.CreateFunctionality(typeof(IQueryFunctionality),
null) as IQueryFunctionality;
        string[] iIDs, iNames;
    qfunc.GetQueryableLayers(null, out iIDs, out iNames);
    ESRI.ArcGIS.ADF.Web.SpatialFilter spatialfilter =
new ESRI.ArcGIS.ADF.Web.SpatialFilter();
```

```
        spatialfilter.ReturnADFGeometries = false;
        spatialfilter.MaxRecords = 1000;
        spatialfilter.Geometry = mapGeometry;
        System.Data.DataSet dataset = new System.Data.DataSet();
          for (int i = 0; i < iIDs.Length; i++)
        {
              System.Data.DataTable datatable = qfunc.Query(null, iIDs[i], spatialfilter);
                if (datatable == null)
                    continue;
               datatable.TableName = iNames[i];
               dataset.Tables.Add(datatable);
      }
        DataTableCollection dtc = dataset.Tables;
      ShowIdentifyResult(map, dtc);
   }
```

编译并运行程序，示例效果如图 12.33 和图 12.34 所示。还可将要素选择框设置为多边形或圆形，读者可自己进行实践。

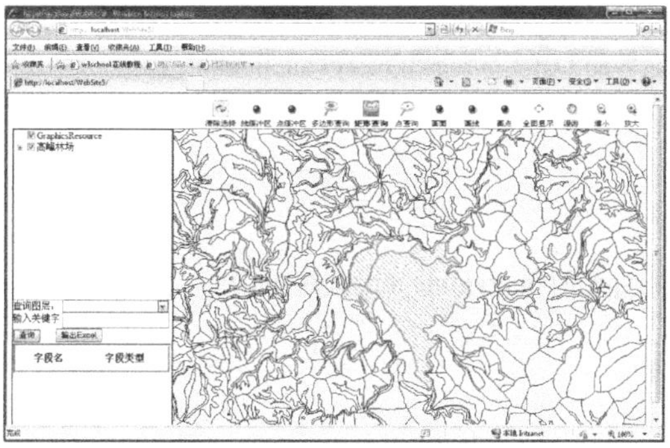

图 12.33　矩形框查询结果

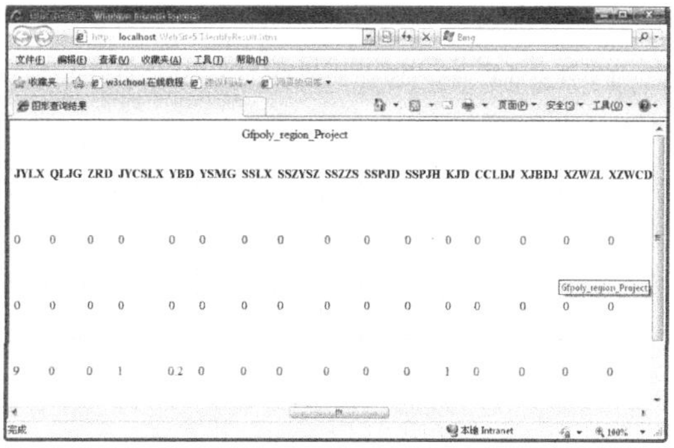

图 12.34　矩形框查询结果网页

12.4.4　属性查图功能实现

上几节详细介绍了通过点查询和矩形查询要素属性的实现过程，下面将讲述属性查图功能的实现，即通过输入要素的属性值，在地图上找到满足输入属性要求的要素，并且高亮显示在屏幕中心。

在 Default.aspx 页面上位于 TOC1 控件的下方加入两个 Label 控件，Label1 的 Text 属性设置为“查询图层”，Label2 的 Text 属性设置为“输入关键字”。在 Label1 右侧添加一个 DropDownList 控件，默认其 ID 为 DropDownList1。在 Label2 控件右侧添加一个文本框控件，将其 ID 属性设置为“txtQuery”。再添加一个 Button 控件，将其 ID 属性设置为“btnQuery”，Text 属性设置为“查询”。再添加一个 Table 控件，默认其 ID 为 Table1，用于当用户在下拉列表框中选择一个图层后，自动显示此图层的所有字段名和字段类型，以便用户在输入查询条件时能正确输入关键字。

查询到的要素需要高亮显示，在此介绍的方法与上一节有所不同，是将需要高亮显示的要素绘制到另一个独立的图形图层资源中。为此，需要在 MapResourceManage 中加入另一资源，并将其命名为“GraphicsResource”，在设置其 Definition 属性时，将 Type 项选择为“GraphicsLayer”。此处的 GraphicsLayer 是图形图层资源，用于在 Web 服务器端快速显示地理要素，图形资源的类型是 System.Data.DataSet，即数据集，可以包含许多数据表。在应用时只能通过程序代码来创建与管理图形图层。

（1）在页面加载事件中，为 DropDownList 控件获取可用的图层名称和索引。在 Default.aspx.cs 类页面加载事件（Page_Load）中获取查询图层的名称和索引，其实现代码如下：

```
protected void Page_Load(object sender, EventArgs e)
{
     if (!IsPostBack)
     {
    IGISFunctionality gisfunc = Map1.GetFunctionality("高峰林场");
    if (gisfunc == null)
        return;
    IGISResource gisresource = gisfunc.Resource;
    bool supported =
gisresource.SupportsFunctionality(typeof(ESRI.ArcGIS.ADF.Web.DataSources.IQueryFunctionality));
    if (supported)
        {
            IQueryFunctionality qfunc;
            qfunc = gisresource.CreateFunctionality(typeof(IQueryFunctionality), null)
 asIQueryFunctionality;
            string[] lids;
            string[] lnames;
            qfunc.GetQueryableLayers(null, out lids, out lnames);
            for (int i = 0; i < lnames.Length; i++)
            {
              //图层名称
              ListItem li = newListItem(lnames[i], lids[i]);
              DropDownList1.Items.Add(li);
            }
        }
     }
}
```

在 App_Code 中加入名为 Query 的类，并在其中添加一个名为 queryFeature 的方法，用此方法先得到地图资源的查询功能对象，再利用查询功能对象的 Query 方法和过滤器对象 SpatialFilter，执行空间查询条件，以便得到查询结果，具体实现代码如下：

```
public class Query
{
    Map map;
    string strQuery;
    int layer_index;
    public Query(Map pMap, String txtQuery, int lyrindex)
        {
            map = pMap;
            strQuery = txtQuery;
            layer_index = lyrindex;
        }
        public void queryFeature()
        {
        IGISFunctionality gisfunc = map.GetFunctionality("高峰林场");
        if (gisfunc == null)
            return;
        IGISResource gisresource = gisfunc.Resource;
        bool supportquery = gisresource.SupportsFunctionality(typeof(IQueryFunctionality));
        if (!supportquery)
            return;
        IQueryFunctionality qfunc;
        qfunc = gisresource.CreateFunctionality(typeof(IQueryFunctionality), null) as IQueryFunctionality;
        ESRI.ArcGIS.ADF.Web.SpatialFilter spatialfilter = new ESRI.ArcGIS.ADF.Web.SpatialFilter();
        //设置过滤器的过滤条件，txtQuery就是panel中Dtext box的ID
        spatialfilter.ReturnADFGeometries = false;
        spatialfilter.MaxRecords = 1000;
        spatialfilter.WhereClause = strQuery;
        //对指定的图层进行查询，查询的结果保存为DataTable
        System.Data.DataTable qdatatable = qfunc.Query(null, layer_index.ToString(), spatialfilter);
        if (qdatatable == null)
            return;
        map.Page.Session["qdatatable"] = qdatatable;
        HighLightShow(map, qdatatable);
    }
 }
```

（2）在一个新的地图资源中高亮显示查询到的要素，实现代码如下：

```
public static void HighLightShow(Map map, DataTable datatable)
{
    IGISFunctionality gisfunctionality = map.GetFunctionality("GraphicsResource");
```

```
if (gisfunctionality == null)
    return;
ESRI.ArcGIS.ADF.Web.DataSources.Graphics.MapResource gResource = null;
gResource = (ESRI.ArcGIS.ADF.Web.DataSources.Graphics.MapResource)gisfunctionality.Resource;
if (gResource == null)
    return;
//从GraphicsResource资源中寻找ElementGraphicsLayer
ESRI.ArcGIS.ADF.Web.Display.Graphics.ElementGraphicsLayer glayer = null;
foreach (System.Data.DataTable dt in gResource.Graphics.Tables)
    {
    if (dt is ESRI.ArcGIS.ADF.Web.Display.Graphics.ElementGraphicsLayer)
        {
            glayer = (ESRI.ArcGIS.ADF.Web.Display.Graphics.ElementGraphicsLayer)dt;
            break;
        }
    }
    //第一次调用时ElementGraphicsLayer不存在，需要创建一个
    if (glayer == null)
    {
        glayer = new ESRI.ArcGIS.ADF.Web.Display.Graphics.ElementGraphicsLayer();
        gResource.Graphics.Tables.Add(glayer);
    }
    //清楚已有数据
  glayer.Clear();
  DataRowCollection drs = datatable.Rows;
  int shpind = -1;
  for (int i = 0; i < datatable.Columns.Count; i++)
  {
      if (datatable.Columns[i].DataType == typeof(ESRI.ArcGIS.ADF.Web.Geometry.Geometry))
      {
          //geometry字段的索引号
          shpind = i;
          break;
      }
  }
    try
    {
    foreach (DataRow dr in drs)
    {
```

```
            ESRI.ArcGIS.ADF.Web.Geometry.Geometry geom =
               (ESRI.ArcGIS.ADF.Web.Geometry.Geometry)dr[shpind];
             //创建一个GraphicElement
            ESRI.ArcGIS.ADF.Web.Display.Graphics.GraphicElement ge = new
                ESRI.ArcGIS.ADF.Web.Display.Graphics.GraphicElement(geom,
                System.Drawing.Color.Yellow);
                ge.Symbol.Transparency = 50.0;
             //将GraphicElement添加到ElementGraphicsLayer中
                glayer.Add(ge);
             //获取查询到的这个Geometry的中心点
            ESRI.ArcGIS.ADF.Web.Geometry.Point centerpoint =
               ESRI.ArcGIS.ADF.Web.Geometry.Geometry.GetCenterPoint(geom);
             //以这个中心点重新设置地图的中心
                map.CenterAt(centerpoint);
            }
        }
      catch (InvalidCastException ice)
      {
            thrownewException("No geometry available in datatable");
        }
      }
```

（3）实现查询功能。在 btnQuery 按钮的 Click 事件中实例化 Query 类，调用 Query 类中的 queryFeature 方法，实现代码如下：

```
protected void btnQuery_Click(object sender, EventArgs e)
{
    Query query = newQuery(Map1, txtQuery.Text, int.Parse(DropDownList1.SelectedValue));
    query.queryFeature();
}
```

编译运行程序，在下拉列表框中选择要查询的图层名称，在文本框中输入合适的查询条件，如在查询图层的下拉列表框中选择“Gfpoly_region_Project”图层，在输入关键字文本框中，输入“地类=‘纯林’”，点击“查询”按钮，系统将高亮显示满足查询条件的要素，并且将其显示在地图中心，示例效果如图 12.35 所示。

12.4.5　去除高亮状态

通过查询，地图上高亮显示了查询所得到的地物要素。在具体操作时，也需要清除和刷新地图的高亮显示状态。本小节将介绍如何使用自定义命令实现此功能。

同自定义工具一样，需先在工具栏新增一个按钮，只是该按钮是一个 Command，而不是 Tool，并在属性栏设置其 Name 和 Text 等其他属性信息。

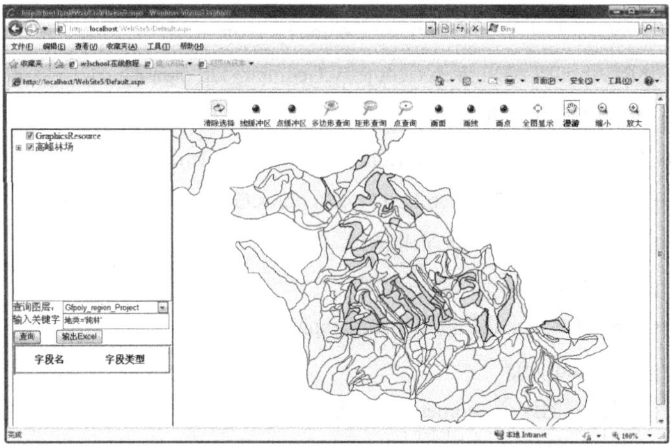

图 12.35　属性查询结果

在 App_Code 文件夹中增加一个名为 ClearSelection 的类，与前面介绍的实现自定义工具一样，必须在这个自定义命令的类声明之后，实现 IMapServerCommandAction 接口，该类的实现代码如下：

```
public class ClearSelection :IMapServerCommandAction
{
    #region IServerAction Members
    void IServerAction.ServerAction(ToolbarItemInfo info)
    {
        Map map = info.BuddyControls[0] asMap;
        ESRI.ArcGIS.ADF.Web.DataSources.ArcGISServer.MapFunctionality mf;
        mf = map.GetFunctionality("高峰林场")
asESRI.ArcGIS.ADF.Web.DataSources.ArcGISServer.MapFunctionality;
        MapDescription md = mf.MapDescription;
        if (md.CustomGraphics == null)
            return;
        if (md.CustomGraphics.Length == 0)
            return;
        md.CustomGraphics = null;
        IdentifyHelper.RefreshMap(map, "高峰林场");
    }
   #endregion
}
```

此功能实现的原理是先得到地图资源的绘图功能，再将绘图功能的 MapDescription 属性设置为 null，则可清除高亮显示状态，最后刷新地图即可。

12.4.6　查询结果保存

在得到查询结果后，有时候需要将其以报表形式输出，并保存为某种格式的文件。现以保存为 Excel 文件为例进行介绍。

在 Default.aspx 页面中加入一个 Button 按钮，将 ID 属性设置为“btnOutputExcel”，Text 属性设置为“输出 Excel”，在此按钮的 Click 事件中添加如下实现代码：

```
protected void btnToExcel_Click(object sender, EventArgs e)
{
    Response.Clear();  //清除缓冲区的数据
    Response.Buffer = true;  // 是否缓冲页输出
    Response.Charset = "GB2312";
    Response.AppendHeader("Content-Disposition", "attachment;filename=FileName.xls");
    // 如果设置为 GetEncoding("GB2312");导出的文件将会出现乱码！！！
    Response.ContentEncoding = System.Text.Encoding.UTF7;
    Response.ContentType = "application/ms-excel";  //指定服务器响应的HTTP类型
    System.Globalization.CultureInfo myCItrad = new System.Globalization.CultureInfo("ZH-CN", true);
    System.IO.StringWriter oStringWriter = new System.IO.StringWriter(myCItrad);
    System.Web.UI.HtmlTextWriter oHtmlTextWriter = new
  System.Web.UI.HtmlTextWriter(oStringWriter);
    GridView gd = newGridView();
    System.Data.DataTable[] qdatatable = (DataTable[])Session["qdatatable"];
    for (int i = 0; i < qdatatable.Length; i++)
    {
        gd.DataSource = qdatatable[i] asDataTable;
        gd.DataBind();
        gd.AllowPaging = false;
        gd.RenderControl(oHtmlTextWriter);
        Response.Output.Write(oStringWriter.ToString());  // 输出数据
        Response.Flush();  // 将缓冲区的数据输出到客户端浏览器
        Response.End();  // 停止并结束ASP网页的处理
        gd.AllowPaging = true;
    }
}
```

上面代码中的 Respones 对象可将数据输出到客户端的浏览器，在 ASP.NET 中属于 Page 对象的成员，可不经声明就直接使用。Session 对象是一个会话状态，用于维护与当前浏览器的一些相关信息，此处用 Session 保存查询到的要素属性表，以方便其他功能使用。读者可以对以上两个对象进行深入研究，本书在此不再赘述。将查询结果保存为 Excel 的示例效果如图 12.36 和图 12.37 所示。

图 12.36　保存查询结果

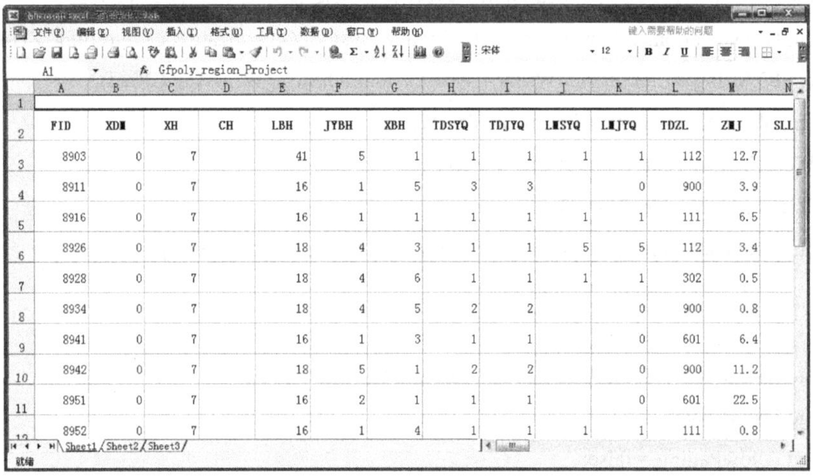

图 12.37　打开保存的 Excel 表

12.4.7　Callback 机制

通过前面所介绍几个功能的实现，在程序运行时会发现页面刷新很剧烈，页面和控件都会重建，这将增加服务器的运行负担。为实现部分页面刷新，在项目开发时可利用 ASP.NET 2.0 的 Callback 机制。在 ASP.NET 的页面实现 ICallbackEventHandle，以便确保程序运行时没有剧烈的页面刷新现象，进而改善用户体验。Callback 机制的这部分内容读者可自行学习。

12.5　高级 Web 应用开发实例

创建几何对象、制作专题图、缓冲区分析、路径分析等都是 GIS 最核心的功能，本节将详细介绍如何在 Web GIS 应用开发中实现这些功能。

12.5.1　创建几何对象

Web ADF 中图形与相关类包含在 ESRI.ArcGIS.ADF.Web.dll 程序集中。在 12.4 节学习了高亮显示查询得到的图形，知道 ArcGIS Server 与 ArcIMS 资源使用它们各自在 GIS 服务器端的服务功能来创建图形图层，并与地图中其他图层数据合并成一张地图图片。本例在 12.4 节中创建的应用程序框架基础上继续开发实现下面的功能。

1. 创建点对象

在设计界面的工具栏中增加一个名为 PrintPoint 的 Tool 工具。按前面介绍过的方法，在 Toolbar1 的 Item 属性面板中可设置 PrintPoint 工具按钮的诸如 Name 和 Text 等属性信息。

在 App_Code 文件夹中新建一个名为 PrintPoint.cs 的类，该类必须实现 IMapServerTool-Action 接口的 ServerAction 方法，该方法的实现代码如下：

```
public void ServerAction(ToolEventArgs args)
{
   //获取map控件
    ESRI.ArcGIS.ADF.Web.UI.WebControls.Map adfMap =
                        (ESRI.ArcGIS.ADF.Web.UI.WebControls.Map)args.Control;
    ESRI.ArcGIS.ADF.Web.DataSources.Graphics.MapFunctionality adfGraphicsMapFunctionality = null;
    if (args isPointEventArgs)
    {
        PointEventArgs pointEventArgs = (PointEventArgs)args;
        System.Drawing.Point screenPoint = pointEventArgs.ScreenPoint;
        //屏幕坐标转成地理坐标
        ESRI.ArcGIS.ADF.Web.Geometry.Point adfPoint =
                    ESRI.ArcGIS.ADF.Web.Geometry.Point.ToMapPoint(screenPoint.X,
                    screenPoint.Y, adfMap.GetTransformationParams
                    (ESRI.ArcGIS.ADF.Web.Geometry.TransformationDirection.ToMap));
         //MapFunctionality
         foreach (ESRI.ArcGIS.ADF.Web.DataSources.IMapFunctionality mapFunctionality in
adfMap.GetFunctionalities())
        {
          //当Resource为ADFGraphicsResource,ADFGraphicsResource为GraphicsLayer时，保存在内存
中用于显示临时图层
            if (mapFunctionality.Resource.Name == "GraphicsResource")
            {
                adfGraphicsMapFunctionality =
(ESRI.ArcGIS.ADF.Web.DataSources.Graphics.MapFunctionality)mapFunctionality;
                break;
            }
```

```
            }
            //从adfGraphicsMapFunctionality获取名为Element Graphics的DataTable
            ESRI.ArcGIS.ADF.Web.Display.Graphics.ElementGraphicsLayer
            elementGraphicsLayer = null;
foreach (System.Data.DataTable dataTable in adfGraphicsMapFunctionality.GraphicsDataSet.Tables)
            {
                if (dataTable.TableName == "Element Graphics")
                {
                    elementGraphicsLayer =
(ESRI.ArcGIS.ADF.Web.Display.Graphics.ElementGraphicsLayer)dataTable;
                    break;
                }
            }
            //如果名为Element Graphics的DataTable为null，就新建Element Graphics DataTable添加到
adfGraphicsMapFunctionality.GraphicsDataSet中
            if (elementGraphicsLayer == null)
            {
                elementGraphicsLayer = new
ESRI.ArcGIS.ADF.Web.Display.Graphics.ElementGraphicsLayer();
                elementGraphicsLayer.TableName = "Element Graphics";
adfGraphicsMapFunctionality.GraphicsDataSet.Tables.Add(elementGraphicsLayer);
            }
            //定义标点样式
            ESRI.ArcGIS.ADF.Web.Display.Symbol.SimpleMarkerSymbol simpleMarkerSymbol =
new ESRI.ArcGIS.ADF.Web.Display.Symbol.SimpleMarkerSymbol();
            simpleMarkerSymbol.Color = System.Drawing.Color.Green;
            simpleMarkerSymbol.Width = 10;
            //定义标点选中样式
            ESRI.ArcGIS.ADF.Web.Display.Symbol.SimpleMarkerSymbol
simpleSelectedMarkerSymbol = new ESRI.ArcGIS.ADF.Web.Display.Symbol.SimpleMarkerSymbol();
            simpleSelectedMarkerSymbol.Color = System.Drawing.Color.Yellow;
            simpleSelectedMarkerSymbol.Width = 12;
            impleSelectedMarkerSymbol.Type =
ESRI.ArcGIS.ADF.Web.Display.Symbol.MarkerSymbolType.Star;
            ESRI.ArcGIS.ADF.Web.Display.Graphics.GraphicElement graphicElement = new
ESRI.ArcGIS.ADF.Web.Display.Graphics.GraphicElement(adfPoint, simpleMarkerSymbol,
simpleSelectedMarkerSymbol);
            //把标点添加到elementGraphicsLayer
            elementGraphicsLayer.Add(graphicElement);
```

```
        }
        //刷新显示
        if (adfMap.ImageBlendingMode == ImageBlendingMode.WebTier)
        {
            //整个地图控件刷新
            adfMap.Refresh();
        }
        else
        {
            //只刷新Resource
            adfMap.RefreshResource(adfGraphicsMapFunctionality.Resource.Name);
        }
    }
```

运行程序，在工具栏中选择该工具，用鼠标在地图上单击即可画点，如图 12.38 所示。

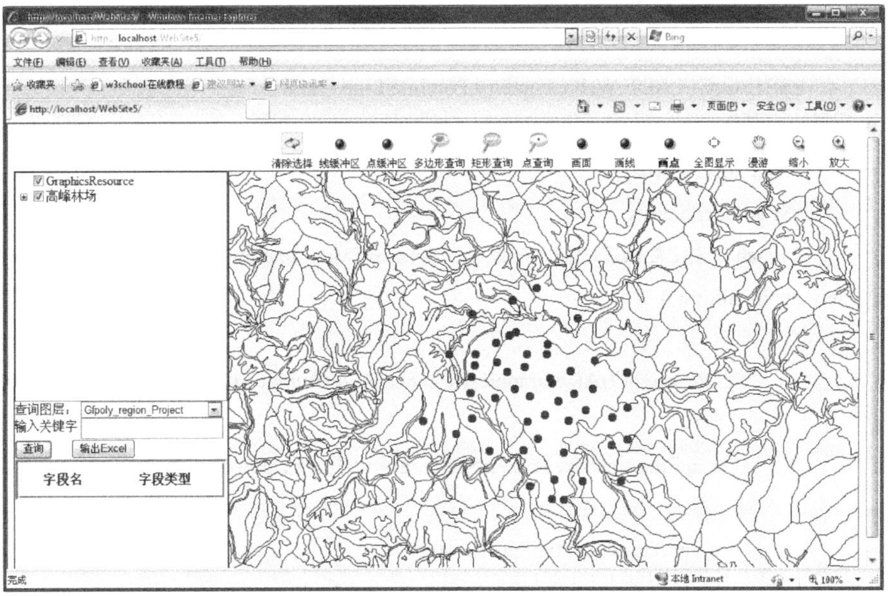

图 12.38　创建点对象

2. 创建线对象

实现方法与画点工具类似，在设计界面的工具栏中增加一个 Tool 工具。设置其 Name 和 Text 属性值分别为 PrintPolyline 和画线。在 App_Code 文件夹中新加一个 PrintPolyLine 类，在 IMapServerToolAction 接口的 ServerAction 方法中，判断该工具的 ClientAction 属性，若为“PolyLine”，即表示执行线操作。实现代码如下：

```
public void ServerAction(ToolEventArgs args)
{
    //获取map控件
```

```
        ESRI.ArcGIS.ADF.Web.UI.WebControls.Map adfMap =
(ESRI.ArcGIS.ADF.Web.UI.WebControls.Map)args.Control;
        ESRI.ArcGIS.ADF.Web.DataSources.Graphics.MapFunctionality adfGraphicsMapFunctionality =
null;
 if (args isPolylineEventArgs)
 {
      PolylineEventArgs lineEventArgs = (PolylineEventArgs)args;
      ESRI.ArcGIS.ADF.Web.Geometry.Path pa = new ESRI.ArcGIS.ADF.Web.Geometry.Path();
      for (int i = 0; i <= lineEventArgs.Vectors.Length - 1; i++)
      {
          ESRI.ArcGIS.ADF.Web.Geometry.Point point =
ESRI.ArcGIS.ADF.Web.Geometry.Point.ToMapPoint(
          lineEventArgs.Vectors[i].X, lineEventArgs.Vectors[i].Y, adfMap.GetTransformationParams
               (ESRI.ArcGIS.ADF.Web.Geometry.TransformationDirection.ToMap));
                    pa.Points.Add(point);
       }
            ESRI.ArcGIS.ADF.Web.Geometry.Polyline Line = new
ESRI.ArcGIS.ADF.Web.Geometry.Polyline();
            Line.Paths.Add(pa);
            //MapFunctionality
            foreach (ESRI.ArcGIS.ADF.Web.DataSources.IMapFunctionality mapFunctionality in
adfMap.GetFunctionalities())
            {
                //当Resource为ADFGraphicsResource,ADFGraphicsResource为GraphicsLayer时， 保存
在内存中用于显示临时图层
                if (mapFunctionality.Resource.Name == "GraphicsResource")
                {
                    adfGraphicsMapFunctionality =
(ESRI.ArcGIS.ADF.Web.DataSources.Graphics.MapFunctionality)mapFunctionality;
                     break;
                 }
             }
            //从adfGraphicsMapFunctionality获取名为Element Graphics的DataTable
            ESRI.ArcGIS.ADF.Web.Display.Graphics.ElementGraphicsLayer elementGraphicsLayer =
null;
            foreach (System.Data.DataTable dataTable in
adfGraphicsMapFunctionality.GraphicsDataSet.Tables)
            {
                if (dataTable.TableName == "Element Graphics")
```

```
                {
                    elementGraphicsLayer =
(ESRI.ArcGIS.ADF.Web.Display.Graphics.ElementGraphicsLayer)dataTable;
                    break;
                }
            }
            //如果名为Element Graphics的DataTable为null，就新建Element Graphics DataTable
            if (elementGraphicsLayer == null)
            {
                elementGraphicsLayer = new
ESRI.ArcGIS.ADF.Web.Display.Graphics.ElementGraphicsLayer();
                elementGraphicsLayer.TableName = "Element Graphics";
                adfGraphicsMapFunctionality.GraphicsDataSet.Tables.Add(elementGraphicsLayer);
            }
            //定义标点样式
            ESRI.ArcGIS.ADF.Web.Display.Symbol.SimpleLineSymbol simpleMarkerSymbol = new
ESRI.ArcGIS.ADF.
            Web.Display.Symbol.SimpleLineSymbol();
            simpleMarkerSymbol.Color = System.Drawing.Color.Red;
            simpleMarkerSymbol.Width = 3;
            simpleMarkerSymbol.Type = ESRI.ArcGIS.ADF.Web.Display.Symbol.LineType.Dash;
            //定义标点选中样式
            ESRI.ArcGIS.ADF.Web.Display.Symbol.SimpleLineSymbol simpleSelectedMarkerSymbol =
new ESRI.ArcGIS.ADF.Web.Display.Symbol.SimpleLineSymbol();
            simpleSelectedMarkerSymbol.Color = System.Drawing.Color.Yellow;
            simpleSelectedMarkerSymbol.Width = 3;
            ESRI.ArcGIS.ADF.Web.Display.Graphics.GraphicElement graphicElement = new
ESRI.ArcGIS.ADF.Web.Display.Graphics.GraphicElement(Line, simpleMarkerSymbol,
simpleSelectedMarkerSymbol);
            //把标点添加到elementGraphicsLayer
            elementGraphicsLayer.Add(graphicElement);
        }
    }
    //刷新显示
    if (adfMap.ImageBlendingMode == ImageBlendingMode.WebTier)
    {
        //整个地图控件刷新
        adfMap.Refresh();
    }
```

```
        else
        {
            //只刷新Resource
            adfMap.RefreshResource(adfGraphicsMapFunctionality.Resource.Name);
        }
    }
```

运行程序，在工具栏中选择画线的按钮，用鼠标在地图上单击即可绘制折线，如图 12.39 所示。

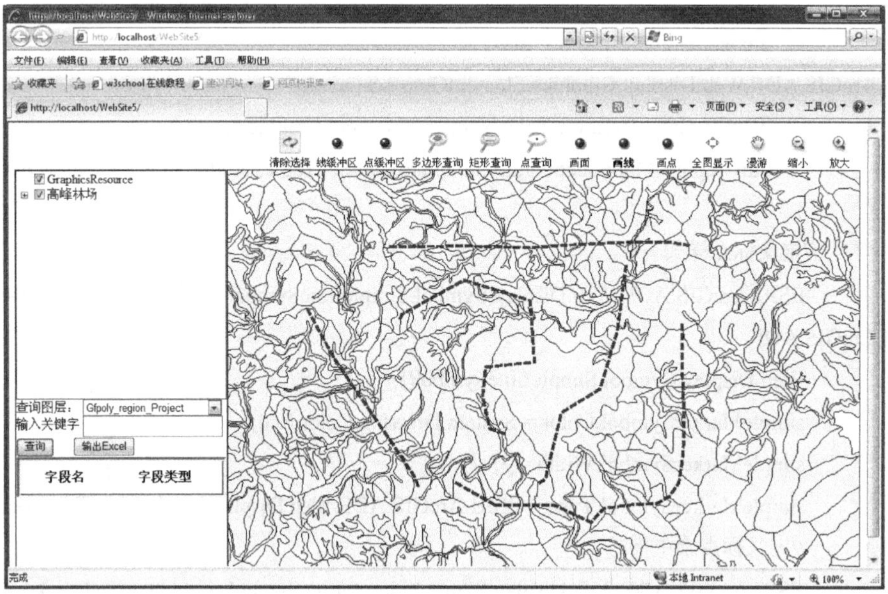

图 12.39　创建线对象

3. 创建多边形

在设计界面的工具栏中增加一个 Tool 工具，设置其 Name 和 Text 属性值分别为 PrintPolygon 和画面。在 App_Code 文件夹中新加一个 PrintPolyGon 类，在 IMapServerTool-Action 接口的 ServerAction 方法中，判断该工具的 ClientAction 属性，若为“Polygon”，即表示执行多边形操作。实现代码如下：

```
public void ServerAction(ToolEventArgs args)
{
    //获取map控件
    ESRI.ArcGIS.ADF.Web.UI.WebControls.Map adfMap =
                    (ESRI.ArcGIS.ADF.Web.UI.WebControls.Map)args.Control;
    ESRI.ArcGIS.ADF.Web.DataSources.Graphics.MapFunctionality adfGraphicsMapFunctionality =
                    null;
    if (args isPolygonEventArgs)
        {
```

```
PolygonEventArgs polygonEventArgs = (PolygonEventArgs)args;
ESRI.ArcGIS.ADF.Web.Geometry.Ring points = new
         ESRI.ArcGIS.ADF.Web.Geometry.Ring();
for (int i = 0; i <= polygonEventArgs.Vectors.Length - 1; i++)
{
ESRI.ArcGIS.ADF.Web.Geometry.Point point =
          ESRI.ArcGIS.ADF.Web.Geometry.Point.ToMapPoint
        (polygonEventArgs.Vectors[i].X, polygonEventArgs.Vectors[i].Y,
          adfMap.GetTransformationParams
            (ESRI.ArcGIS.ADF.Web.Geometry.TransformationDirection.ToMap));
    points.Points.Add(point);
 }
 ESRI.ArcGIS.ADF.Web.Geometry.Polygon polygon = new
       ESRI.ArcGIS.ADF.Web.Geometry.Polygon();
 polygon.Rings.Add(points);
 //MapFunctionality
 foreach (ESRI.ArcGIS.ADF.Web.DataSources.IMapFunctionality mapFunctionality in
        adfMap.GetFunctionalities())
 {
    //当Resource为ADFGraphicsResource,ADFGraphicsResource为GraphicsLayer时， 保
存在内存中用于显示临时图层
    if (mapFunctionality.Resource.Name == "GraphicsResource")
    {
        adfGraphicsMapFunctionality =
        (ESRI.ArcGIS.ADF.Web.DataSources.Graphics.MapFunctionality)mapFunctionali
        ty;
        break;
     }
}
///从adfGraphicsMapFunctionality获取名为Element Graphics的DataTable
ESRI.ArcGIS.ADF.Web.Display.Graphics.ElementGraphicsLayer elementGraphicsLayer =
        null;
foreach (System.Data.DataTable dataTable in
        adfGraphicsMapFunctionality.GraphicsDataSet.Tables)
{
    if (dataTable.TableName == "Element Graphics")
    {
        elementGraphicsLayer =
        (ESRI.ArcGIS.ADF.Web.Display.Graphics.ElementGraphicsLayer)dataTable;
```

```
                        break;
                    }
            }
            //如果名为Element Graphics的DataTable为null，就新建Element Graphics DataTable添加到
adfGraphicsMapFunctionality.GraphicsDataSet中
            if (elementGraphicsLayer == null)
            {
            elementGraphicsLayer = new
                    ESRI.ArcGIS.ADF.Web.Display.Graphics.ElementGraphicsLayer();
                elementGraphicsLayer.TableName = "Element Graphics";
            adfGraphicsMapFunctionality.GraphicsDataSet.Tables.Add(elementGraphicsLayer);
            }
        ESRI.ArcGIS.ADF.Web.Display.Symbol.SimpleFillSymbol simpleMarkerSymbol = new
                    ESRI.ArcGIS.ADF.Web.Display.Symbol.SimpleFillSymbol();
            simpleMarkerSymbol.Color = System.Drawing.Color.Green;
        simpleMarkerSymbol.FillType=
                ESRI.ArcGIS.ADF.Web.Display.Symbol.PolygonFillType.DiagCross;
        ESRI.ArcGIS.ADF.Web.Display.Symbol.SimpleFillSymbol simpleSelectedMarkerSymbol =
                new ESRI.ArcGIS.
                    ADF.Web.Display.Symbol.SimpleFillSymbol();
        ESRI.ArcGIS.ADF.Web.Display.Graphics.GraphicElement graphicElement = new
                ESRI.ArcGIS.ADF.Web.Display.
                Graphics.GraphicElement(polygon,
               simpleMarkerSymbol, simpleSelectedMarkerSymbol);
            //把标点添加到elementGraphicsLayer
            elementGraphicsLayer.Add(graphicElement);
        }
        //刷新显示
        if (adfMap.ImageBlendingMode == ImageBlendingMode.WebTier)
        {   //整个地图控件刷新
            adfMap.Refresh();
        }
        else
        {   //只刷新Resource
            adfMap.RefreshResource(adfGraphicsMapFunctionality.Resource.Name);
        }
    }
```

运行程序，在工具栏中选择画面的按钮，用鼠标在地图上单击绘制任意多边形。实例效果如图 12.40 所示。

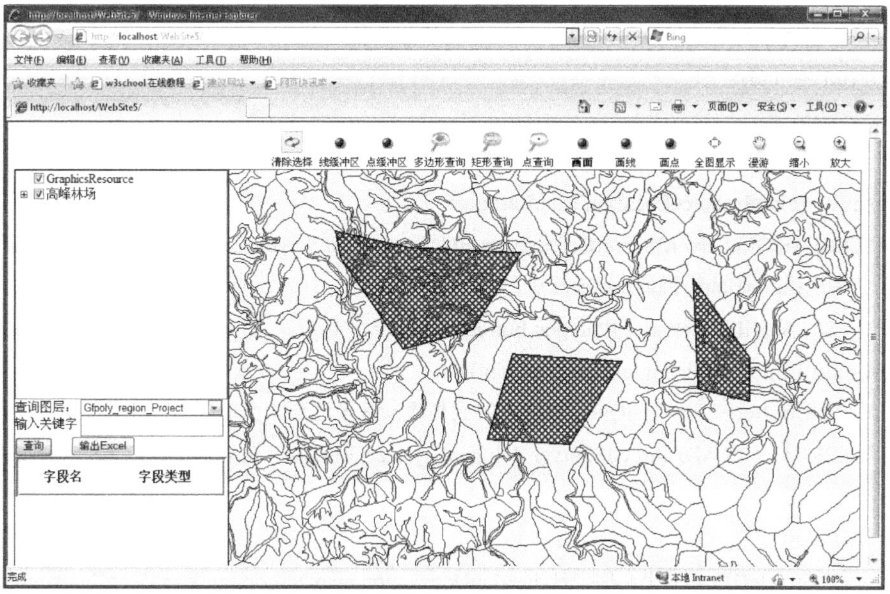

图 12.40　创建多边形对象

12.5.2　缓冲区分析

缓冲区分析是 GIS 中重要的空间分析之一。缓冲区是指地理空间目标的一种影响范围或服务范围。在很多 GIS 项目开发中，如水域淹没范围分析、城市建设道路规划等，都会用到缓冲区分析功能。本节将通过点、线、多边形的缓冲区分析，介绍图形对象在客户端、Web 端及 GIS 服务器端之间的转换。

（1）自定义点、线的缓冲区分析工具，方法同前。

（2）点缓冲区分析工具实现。在 App_Code 文件夹中新增加一个点缓冲区分析的类，命名为 PointBuffer，该类同样要继承 IMapServerToolAction 接口，该接口的 ServerAction 方法实现代码如下：

```
void IMapServerToolAction.ServerAction(ToolEventArgs args)
{
    //首先将屏幕坐标的点转成地图坐标的点
     Map map = args.Control as Map;
     PointEventArgs pea = (PointEventArgs)args;
     System.Drawing.Point screenPoint = pea.ScreenPoint;
     Point adfmapPoint = Point.ToMapPoint(screenPoint.X, screenPoint.Y , map.Extent,
(int)map.Width.Value, (int)map.Height.Value);
     //将Web ADF的点对象转成ArcGIS Server的点对象
     ESRI.ArcGIS.ADF.ArcGISServer.PointN agsmapPoint;
     agsmapPoint =
ESRI.ArcGIS.ADF.Web.DataSources.ArcGISServer.Converter.FromAdfPoint(adfmapPoint);
      MapFunctionality mf;
```

```
mf = (MapFunctionality)map.GetFunctionality("高峰林场");
if (mf == null)
    return;
MapResourceLocal mrl;
mrl = (MapResourceLocal)mf.MapResource;
ESRI.ArcGIS.Server.IServerContext serverContext = mrl.ServerContextInfo.ServerContext;
//调用BufferHelper类的Buffer方法
 ESRI.ArcGIS.Geometry.IPolygon bufferpolygon =
BufferHelper.Buffer(serverContext,agsmapPoint);
//调用BufferHelper类的Query方法，得到与缓冲区多边形相交的要素
 ESRI.ArcGIS.ADF.ArcGISServer.PolygonN[] queryResults = BufferHelper.Query(serverContext,
bufferpolygon);
 //显示
 ESRI.ArcGIS.ADF.ArcGISServer.MapDescription mapDescription = mf.MapDescription;
 //创建图形元素
ESRI.ArcGIS.ADF.ArcGISServer.GraphicElement[] ges;
 ges = new ESRI.ArcGIS.ADF.ArcGISServer.GraphicElement[2+queryResults.Length];
 //设置图形图像元素
  ESRI.ArcGIS.ADF.ArcGISServer.SimpleFillSymbol querySym =
  BufferHelper.CreateSolidFillSymbol(255,0,0);
 for (int i = 0; i < queryResults.Length; i++)
 {
     ESRI.ArcGIS.ADF.ArcGISServer.PolygonElement queryPolygon;
     queryPolygon = new ESRI.ArcGIS.ADF.ArcGISServer.PolygonElement();
     queryPolygon.Symbol = querySym;
     queryPolygon.Polygon = queryResults[i];
     ges[i] = queryPolygon;
 }
 //将COM类型的缓冲区对象转成Web ADF的多边形对象
 ESRI.ArcGIS.ADF.ArcGISServer.PolygonN bufferPolyn;
 bufferPolyn = (ESRI.ArcGIS.ADF.ArcGISServer.PolygonN)ESRI.ArcGIS.ADF.Web.DataSources
     .ArcGISServer.Converter.ComObjectToValueObject(bufferpolygon, serverContext,
     typeof(ESRI.ArcGIS.ADF.ArcGISServer.PolygonN));
 //绘制缓冲区多边形
 ESRI.ArcGIS.ADF.ArcGISServer.LineSymbol lnSymbol = null;
 lnSymbol = new ESRI.ArcGIS.ADF.ArcGISServer.SimpleLineSymbol();
 lnSymbol.Color = BufferHelper.CreateColor(0, 255, 0);
 lnSymbol.Width = 1;
 ESRI.ArcGIS.ADF.ArcGISServer.SimpleFillSymbol sfs1 =
```

```
BufferHelper.CreateFillSymbol(255,255,0,lnSymbol);
        ESRI.ArcGIS.ADF.ArcGISServer.PolygonElement bufferPolyElement;
        bufferPolyElement = new ESRI.ArcGIS.ADF.ArcGISServer.PolygonElement();
        bufferPolyElement.Symbol = sfs1;
        bufferPolyElement.Polygon = bufferPolyn;
        //绘制用户在地图上单击的点
        ESRI.ArcGIS.ADF.ArcGISServer.SimpleMarkerSymbol sms;
        sms = new ESRI.ArcGIS.ADF.ArcGISServer.SimpleMarkerSymbol();
        sms.Style = ESRI.ArcGIS.ADF.ArcGISServer.esriSimpleMarkerStyle.esriSMSCircle;
        sms.Color = BufferHelper.CreateColor(0, 255,0);
        sms.Size = 5.0;
        ESRI.ArcGIS.ADF.ArcGISServer.MarkerElement marker;
        marker = new ESRI.ArcGIS.ADF.ArcGISServer.MarkerElement();
        marker.Symbol = sms;
        marker.Point = agsmapPoint;
        //设置图形元素数组
        ges[queryResults.Length] = bufferPolyElement;
        ges[queryResults.Length + 1] = marker;
        mapDescription.CustomGraphics = ges;
        map.Refresh();   //刷新地图
}
```

在上面的 ServerAction 方法中，为简化代码，避免冲突，将缓冲区分析的代码单独封装在一个 BufferHelper 类中。该方法利用了 ITopologicalOperataor 接口的 Buffer 方法实现。在该类中还加入了两种方法：一种是创建填充符号的 CreateSolidFillSymbol 方法；另一种是 CreateFillSymbol 方法，用来创建一个交叉线填充的符号。这三种方法的具体代码如下：

```
public class BufferHelper
{
    //Buffer方法的实现代码
    public static ESRI.ArcGIS.Geometry.IPolygon Buffer(ESRI.ArcGIS.Server.IServerContext
serverContext,ESRI.ArcGIS.ADF.ArcGISServer.Geometry agsmapgeo)
    {
        IGeometry geo = ESRI.ArcGIS.ADF.Web.DataSources.ArcGISServer.Converter.
          ValueObjectToComObject(agsmapgeo, serverContext) as ESRI.ArcGIS.Geometry.IGeometry;
        ITopologicalOperator topop = (ITopologicalOperator)geo;
        double bufferdistance = 200;
        return (ESRI.ArcGIS.Geometry.IPolygon)topop.Buffer(bufferdistance);
    }
    //CreateSolidFillSymbol方法实现代码
    public static SimpleFillSymbol CreateSolidFillSymbol(byte red, byte green, byte blue)
```

```
        {
            SimpleFillSymbol querySym = newSimpleFillSymbol();
            querySym.Style = esriSimpleFillStyle.esriSFSSolid;
            querySym.Color = CreateColor(red, green,blue);
            return querySym;
            }
            public static RgbColor CreateColor(byte red, byte green, byte blue)
            {
            RgbColor rgb = newRgbColor();
                rgb.Red = red;
                rgb.Green = green;
                rgb.Blue = blue;
                rgb.AlphaValue = 255;
                return rgb;
            }
            public static SimpleFillSymbol CreateFillSymbol(byte red, byte green, byte blue, LineSymbol
    outline)
            {
                SimpleFillSymbol querySym = newSimpleFillSymbol();
                querySym.Style = esriSimpleFillStyle.esriSFSCross;
                querySym.Color = CreateColor(red, green, blue);
                querySym.Outline = outline;
                return querySym;
        }
    }
```

运行程序，选择点缓冲区分析工具，在地图上用鼠标点击某一点，即可在地图上显示该点的缓冲区范围及该缓冲区影响的所有要素，如图 12.41 所示。

（3）线缓冲区分析工具实现。过程类同于点缓冲区分析的实现，新建 Tool 工具后，在 App_Code 文件夹中新增加一个类，命名为 LineBuffer。在 IMapServerToolAction 接口的 ServerAction 方法中实现线缓冲区分析功能。具体代码如下：

```
        void IMapServerToolAction.ServerAction(ToolEventArgs args)
        {
            //将屏幕坐标的线转成地图坐标的线
            Map map = args.Control asMap;
            VectorEventArgs vectorargs =(VectorEventArgs)args;
            //调用Convert类的GetMapPolyline方法
            Polyline mapPoly = Convert.GetMapPolyline(map, vectorargs);
            ESRI.ArcGIS.ADF.ArcGISServer.PolylineN agsmappolyline;
```

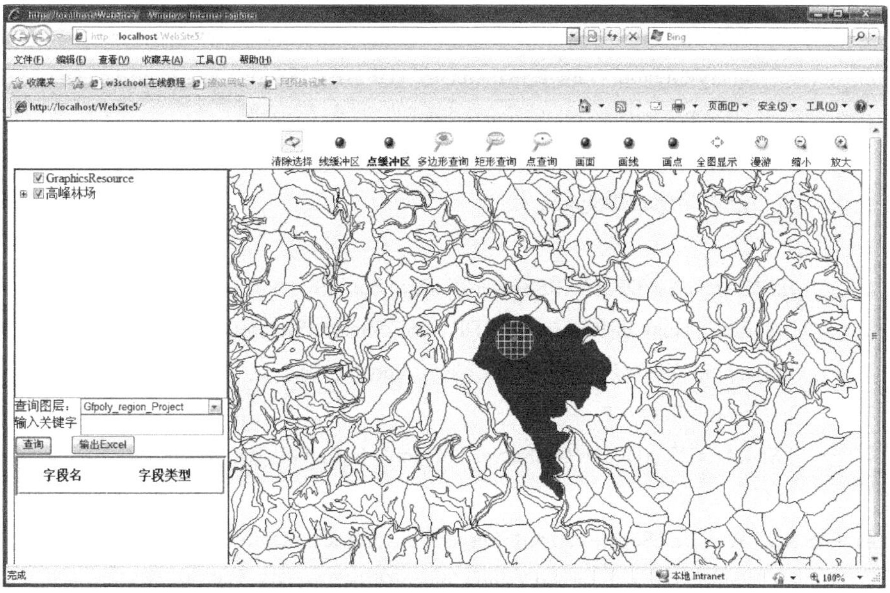

图 12.41　点缓冲区分析

```
        agsmappolyline =
ESRI.ArcGIS.ADF.Web.DataSources.ArcGISServer.Converter.FromAdfGeometry(
                mapPoly) as ESRI.ArcGIS.ADF.ArcGISServer.PolylineN;
        MapFunctionality mf;
            mf = (MapFunctionality)map.GetFunctionality("高峰林场");
        if (mf == null)
            return;
        MapResourceLocal mrl;
            mrl = (MapResourceLocal)mf.MapResource;
            ESRI.ArcGIS.Server.IServerContext serverContext = mrl.ServerContextInfo.ServerContext;
        //调用BufferHelper类的Buffer方法
            ESRI.ArcGIS.Geometry.IPolygon ibufferpolygon =
BufferHelper.Buffer(serverContext,agsmappolyline);
        ESRI.ArcGIS.ADF.ArcGISServer.PolygonN[] queryResults = BufferHelper.Query(serverContext,
        ibufferpolygon);
        //显示几何图像
        ESRI.ArcGIS.ADF.ArcGISServer.MapDescription mapDescription = mf.MapDescription;
        ESRI.ArcGIS.ADF.ArcGISServer.GraphicElement[] ges;
        ges = new ESRI.ArcGIS.ADF.ArcGISServer.GraphicElement[2+queryResults.Length];
        ESRI.ArcGIS.ADF.ArcGISServer.SimpleFillSymbol querySym =
BufferHelper.CreateSolidFillSymbol(255,0,0);
        for (int i = 0; i < queryResults.Length; i++)
            {
```

```
                ESRI.ArcGIS.ADF.ArcGISServer.PolygonElement queryPolygon;
                queryPolygon = new ESRI.ArcGIS.ADF.ArcGISServer.PolygonElement();
                queryPolygon.Symbol = querySym;
                queryPolygon.Polygon = queryResults[i];
                ges[i] = queryPolygon;
            }
            ESRI.ArcGIS.ADF.ArcGISServer.LineSymbol lnSymbol;
            lnSymbol = new ESRI.ArcGIS.ADF.ArcGISServer.SimpleLineSymbol();
            lnSymbol.Color = BufferHelper.CreateColor(0, 0, 0);
            lnSymbol.Width = 1;
            ESRI.ArcGIS.ADF.ArcGISServer.PolygonN bufferpolygon;
            bufferpolygon =
ESRI.ArcGIS.ADF.Web.DataSources.ArcGISServer.Converter.ComObjectToValueObject(
                ibufferpolygon, serverContext, typeof(ESRI.ArcGIS.ADF.ArcGISServer.PolygonN))as
ESRI.ArcGIS.ADF
                .ArcGISServer.PolygonN;
            ESRI.ArcGIS.ADF.ArcGISServer.SimpleFillSymbol buffersym =
BufferHelper.CreateFillSymbol(255,255,0,lnSymbol);
            ESRI.ArcGIS.ADF.ArcGISServer.PolygonElement bufferPolyElement;
            bufferPolyElement = new ESRI.ArcGIS.ADF.ArcGISServer.PolygonElement();
            bufferPolyElement.Symbol =buffersym;
            bufferPolyElement.Polygon = bufferpolygon;
            ESRI.ArcGIS.ADF.ArcGISServer.LineElement drawPolyElement;
            drawPolyElement = new ESRI.ArcGIS.ADF.ArcGISServer.LineElement();
            drawPolyElement.Symbol = lnSymbol;
            drawPolyElement.Line = agsmappolyline;
            // 设置图形元素数组
            ges[queryResults.Length] = bufferPolyElement;
            ges[queryResults.Length+1] = drawPolyElement;
            mapDescription.CustomGraphics = ges;
            //刷新地图
            map.Refresh();
    }
}
```

运行程序，选择线缓冲区分析工具，在地图上用鼠标画一条线，即可在地图上显示该线的缓冲区范围及该线缓冲区影响的所有要素，如图 12.42 所示。

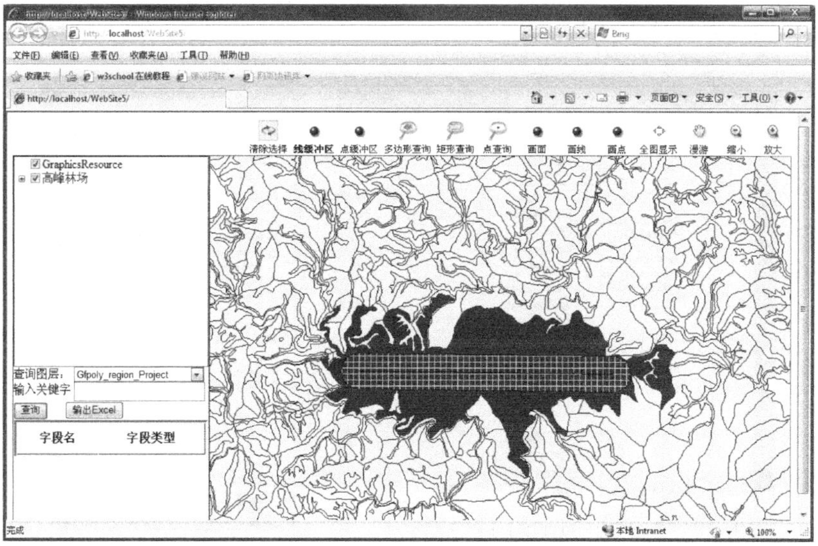

图 12.42　线缓冲区分析

面缓冲区分析工具的实现类同于点、线缓冲区分析的实现，读者可以自己实践。

12.6　Web 应用程序的部署

Web 应用程序开发完成后，需要对它进行部署和发布。一般情况下，软件使用者会要求安装过程尽可能简单，同时又要具有较好的用户体验。但在某些情况下对安装程序要求比较高，如要将一些安装配置信息写到注册表中、创建数据库等。在 ASP.NET 2.0 及后继版本发布之前，安装部署一个 Web 应用程序相对比较困难。但现在的版本安装部署 Web 应用程序就很简单。

12.6.1 发布网站

Visual Studio 2010 提供的“发布网站”实用工具，可以预编译网站的内容。该工具将编译后输出的文件复制到指定本地目录或服务器上，可以作为预编译过程的一部分直接发布，也可以在本地预编译，然后复制文件。“发布网站”工具编译网站，并从文件中去除源代码，仅保留页和已编译程序集文件。 一个 Web 程序开发好以后，通常都不将源代码发布，而是将它编译成程序集文件，如动态链接库。使用“发布网站”工具的操作如下：

（1）选定要发布的 Web 应用程序，右键单击“发布网站”，如图 12.43 所示。

（2）选择要发布的位置：本地文件夹，IIS 或者远程站点，如图 12.44 所示。

（3）创建或者选择已有网络程序，在图 12.44 中已经标出。

12.6.2　复制网站

Visual Studio 2010 提供了“复制网站”工具，该工具能将需要部署的 Web 应用程序文件复制到目标服务器中。另外，它还提供了“发布网站”工具，该工具能将网站编译为一组可执行文件，就像窗体程序的安装包一样。“复制网站”工具提供了下列功能：

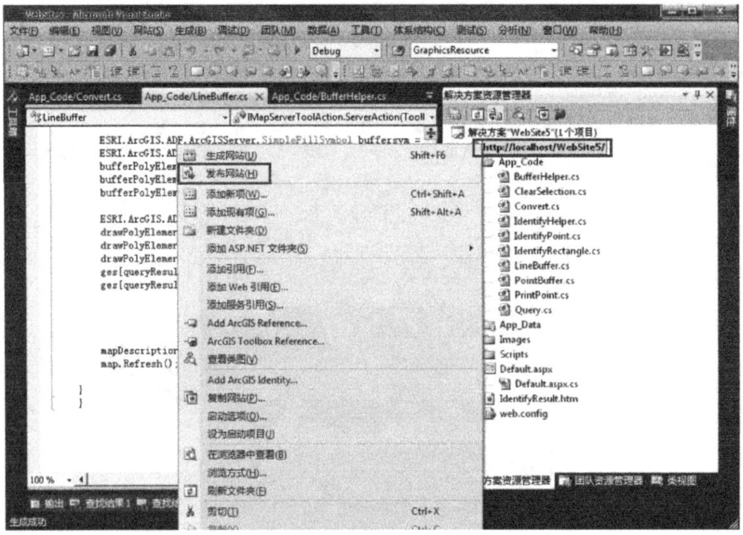

图 12.43　发布网站

图 12.44　选择发布网站位置

（1）将源文件，包括.aspx 文件和.cs 或.vb 类文件，复制到目标服务器。

（2）从 Visual Studio 2010 所支持的任何类型网站中打开和复制文件，包括本地 Internet 信息服务（IIS）、远程的 Internet 信息服务（IIS）和 FTP 网站。

（3）同步功能，能同时检查两个网站中的文件，并自动确保两个网站都有最新版本的文件。

主要参考文献

傅仲良. 2008. ArcObjects 二次开发教程. 北京:测绘出版社.

韩鹏，徐占华，褚海峰，等. 2005. 地理信息系统开发——ArcObjects.武汉:武汉大学出版社.

蒋波涛. 2006. ArcObjects开发基础与技巧——基于VisualBasic.NET.武汉:武汉大学出版社.

荆平. 2013.基于 C#的地理信息系统设计与开发. 北京:冶金工业出版社.

兰小机，刘德儿, 魏瑞娟. 2011.基于 ArcObjects 与 C#.NET 的 GIS 应用开发. 北京:冶金工业出版社.

刘光，唐大仕. 2009. Web GIS 开发——ArcGIS Server 与.NET.北京:清华大学出版社.

邱洪钢，张青莲，陆绍强.2010. ArcGIS Engine 开发从入门到精通. 北京:人民邮电出版社.

汤国安，杨昕.2006. ArcGIS 地理信息系统空间分析实验教程. 北京:科学出版社.